地表水生态监测作业指导书（试行）

生态环境部生态环境监测司
中国环境监测总站
生态环境部卫星环境应用中心

中国环境出版集团 · 北京

图书在版编目（CIP）数据

地表水生态监测作业指导书 ： 试行 / 生态环境部生态环境监测司，中国环境监测总站，生态环境部卫星环境应用中心编. -- 北京 ： 中国环境出版集团，2025.1

ISBN 978-7-5111-5765-2

Ⅰ. ①地… Ⅱ. ①生… ②中… ③生… Ⅲ. ①水环境—生态环境—环境监测 Ⅳ. ①X832

中国国家版本馆CIP数据核字（2023）第254792号

责任编辑 曲 婷
封面设计 彭 杉

出版发行 中国环境出版集团
（100062 北京市东城区广渠门内大街16号）
网 址：http://www.cesp.com.cn
电子邮箱：bjgl@cesp.com.cn
联系电话：010-67112765（编辑管理部）
发行热线：010-67125803，010-67113405（传真）

印 刷 北京中科印刷有限公司
经 销 各地新华书店
版 次 2025年1月第1版
印 次 2025年1月第1次印刷
开 本 880×1230 1/16
印 张 20.5
字 数 580千字
定 价 96.00元

《地表水生态监测作业指导书（试行）》

编写指导委员会

主　　任　蒋火华　　张大伟　　吴季友

副 主 任　汪志国　　陈传忠　　杨一鹏

《地表水生态监测作业指导书（试行）》

编写委员会

主　　编　李　罂　　孔东星　　嵇晓燕　　田　爽　　王业耀

副 主 编　李文攀　　王雪蕾　　张　咏　　殷守敬　　孙冰皎　　胡　圣

编　　委（以姓氏笔画为序）

丁　页　　丁　森　　卜亚谦　　于宗灵　　于海燕　　于颖卓
马孟迪　　王　航　　王　晨　　王　楠　　王文林　　王丑明
王步英　　毋振海　　石雅峰　　叶　晟　　叶　鑫　　吕学研
刘　帅　　刘　昔　　刘　俊　　刘　巍　　许小娟　　孙诗雨
孙海涛　　杜泽瑞　　李　杨　　李　勇　　李中宇　　李晓宇
李继影　　李辈辈　　杨中文　　杨雅楠　　连　纲　　吴　斌
汪志国　　何　劲　　沈　伟　　张　峥　　张　翔　　张　静
张小琼　　张玥彤　　张浩彬　　张家卫　　陈　勇　　陈　桥
陈华杰　　陈佳林　　邵圆圆　　尚光霞　　周子琦　　周绪申
周琳普　　郑琳琳　　单　楠　　孟凡乐　　赵　焕　　赵　越
赵　然　　赵瑞雪　　胡愈炘　　俞　建　　姜永伟　　袁俊斌
袁赛波　　贾　兴　　晁爱敏　　徐杭英　　徐恒省　　高　欣
高锋亮　　黄　杰　　黄　辉　　黄少峰　　黄代中　　黄迎艳
曹秉帅　　龚紫娟　　常　淼　　梁舒汀　　董亚萍　　景　明
蔡　杰　　蔡　琨

PREFACE 序言

随着近年来我国地表水环境质量的持续改善，水生态环境保护工作进入新阶段。党中央、国务院高度重视，习近平总书记在中国共产党第二十次全国代表大会上的报告提出要“统筹水资源、水环境、水生态治理”,《中共中央 国务院关于全面推进美丽中国建设的意见》要求“建立水生态考核机制”，为新时期水生态环境保护工作指明了方向。

2023 年生态环境部会同相关部委印发《重点流域水生态环境保护规划》，提出“以改善水生态环境质量为核心，持续深入打好碧水保卫战”。水生态环境监测是水生态环境保护的重要基础，水生态环境保护向水资源、水生态、水环境等流域要素系统治理、统筹推进转变，对水生态环境监测工作提出了新要求。《生态环境监测规划纲要（2020—2035 年）》明确提出“‘十四五’期间，国家建立统一的水生态监测技术体系”“到 2035 年，形成科学、成熟的水生态监测体系并业务化运行”等目标。

生态环境部高度重视水生态监测工作，2012 年起在松花江流域组织开展水生态监测试点。2020 年起将水生态监测试点工作范围扩展到全国重点流域、重点湖库，并部署开展长江流域水生态考核试点专项监测工作，积累了大量实践经验，初步构建了全国水生态监测网络，建立水生态监测技术体系，各级生态环境监测机构水生态监测能力不断提升。

为进一步规范水生态监测方法，指导各级生态环境监测机构提升水生态监测业务水平，提高水生态监测数据的科学性、可比性，2023 年以来，生态环境监测司组织中国环境监测总站、卫星环境应用中心等单位，共同编制了《地表水生态监测作业指导书（试行）》。本书汇集了多年试点监测的工作成果，内容包括水生生物、水生境等各监测要素在内的全流程作业要求，并对监测能力和水生生物基础库建设提供指导案例，内容全面、技术前瞻性较强，是一本权威、实用、方便的工具用书。

相信本书的出版，能够进一步促进各级生态环境监测机构补齐水生态监测能力短板，指导一线监测人员提升技术水平，更加科学、规范地做好水生态监测工作，保障监测数据质量，逐步形成较为完备的水生态监测技术体系，为全国水生态保护提供更科学的技术支撑。

生态环境部副部长 董保同

CONTENTS 目录

第 1 章　监测实施方案制定

本章依据《水生态监测技术指南　河流水生生物监测与评价（试行）》（HJ 1295—2023）、《水生态监测技术指南　湖泊和水库水生生物监测与评价（试行）》（HJ 1296—2023）等文件编写，水生态监测实施方案应包括任务概况、监测流程、监测指标、监测频次与时间、监测点位 / 范围、监测分析方法、组织形式与分工、采样前准备、质量保证与质量控制、应急预案等内容。

1　总体要求

为保证水生态监测任务的顺利实施，根据监测任务制定监测实施方案，监测实施方案编制需要符合国家相关监测规范要求，立足现有监测设备和人员条件，具有实用性和可操作性。

针对有明确点位、指标、频次等要求的监测任务，按照监测任务编制监测实施方案；针对没有明确要求的监测任务，需充分调研监测区域相关背景资料，根据现行规范标准和技术规定，结合监测目的和区域特点确定监测点位、指标、频次等内容后编制监测实施方案。

2　编制原则

监测实施方案的编制遵循以下原则：

（1）满足国家或地方监测任务所规定的要求；

（2）符合国家相关监测技术标准要求；

（3）充分利用现有资料和成果；

（4）立足现有监测设备和人员条件；

（5）实用性和可操作性强；

（6）方便查询和检查。

3　资料准备

在编制监测实施方案前，应收集或整理以下基本资料：

（1）国家（地方）水生态环境质量监测的监测方案或工作计划；

（2）监测区域的地形、地貌和水文气象资料；

（3）监测区域的污染源资料；

（4）监测区域的水功能区划、环境功能区划；

（5）流域经济、社会发展规划资料；

（6）监测区域的资源开发利用现状及存在的主要环境问题；

（7）监测区域的水生态环境监测历史资料；

（8）使用监测车、船的基本情况。

4 监测实施方案内容

（1）任务概况

介绍监测任务基本情况。

（2）监测流程

以流程图的形式展示，包括监测任务实施过程中涉及的采样位置核定、样品采集、现场记录、样品运输、样品交接、样品分析、样品保存等基本流程。

（3）监测指标

包括指标名称、指标监测内容、指标适用水体类型等。监测指标主要分为水环境、水生境、水生生物、水资源四大类，选用指标需根据实际确定。

（4）监测频次与时间

明确不同监测指标的实施频次和每次监测的时间范围。

（5）监测点位 / 范围

包括监测点位或范围的名称、属性、行政区划、经纬度等相关信息。

（6）监测分析方法

现行的野外监测及实验室分析相关规范标准和技术规定。

（7）组织形式与分工

根据监测任务的实际情况确定采样时间计划、采样人员分工、任务整体进度安排等。

（8）采样前准备

包括监测前培训、采样仪器设备准备、监测设备检定与校准、车船安排等。监测前需要对实际参与监测工作的人员和预备人员集中开展培训，培训内容包括但不限于监测任务涉及指标的监测方法、分析方法、现场及实验室安全防护等，培训合格后方可开展监测工作；提前准备采样所需仪器设备并列出清单，并于出发前再次逐一核对，需要检定或校准的监测仪器须保证在有效期内；提前安排好野外监测所需车、船等。

（9）质量保证与质量控制

根据《水生态监测技术要求　水生生物监测质量保证和质量控制（试行）》（总站水字〔2022〕386 号）制定监测任务的质量保证与质量控制措施，建立监测数据的全程序溯源体系；设置质控负责人，对监测全过程进行有效的监督检查，记录监督检查中发现的典型问题并监督整改。

（10）应急预案

制定应对车辆故障、仪器设备故障、恶劣天气、人员伤病、意外落水、跌倒扭伤、蛇虫叮咬、血吸虫预防等情况的应急预案。

参编单位：

中国环境监测总站

四川省生态环境监测总站

第 2 章　水生态监测网络设置

1　术语和定义

1.1　水生态监测点位 Monitoring Point of Aquatic Ecology

为采集大型底栖无脊椎动物、浮游动物、浮游植物、着生藻类等水生生物样品，评估栖息生境质量，设置在河流、湖泊、水库的监测点位。

1.2　监测单元 Monitoring Unit

指根据影响水生生物分布特征的气候、海拔、降水量、生态功能区划、底质类型、地形地貌、水文特点、阻隔、人类活动强度、行政区划等条件，将河段或湖库进行分类，作为监测点位设置的最小单元。

2　设置原则

2.1　代表性原则

紧扣管理需求，突出重点水体，涵盖流域河流的干流、主要支流和重点湖库，优先考虑国家级自然保护地、重大水利工程、人类活动密集区。同时，应覆盖流域内主要生境类型，可捕捉和体现人为活动的影响，力求全面反映监测区域水生态环境的整体状况。

2.2　科学性原则

遵循水生态系统特点，综合考虑地理条件、水体类型、生物群落、流域开发利用等因素，充分考虑流域内上中下游、左右岸、干支流和江河湖库水生态功能分区特点，以获得真实反映流域水生态状况的第一手监测数据。

2.3　延续性原则

在重点流域水生态监测调查的基础上，尽可能延续历史及现有监测点位，以保持监测结果的连续性和可比性，同时尽量选择现有国（省）控水环境监测点位作为新增点位，从而保障流域水质数据的持续性，从水生生物和水质监测数据等方面掌握流域水生态状况变化趋势。

2.4　针对性原则

考虑流域水生态环境保护规划的工作重点，围绕群众关注及中央生态环境保护督察发现的重要水生态问题，结合各流域水生态监测安排，选择典型水体开展加密监测，提高流域水生态监测结果的代表性和有效性。

2.5 可行性原则

综合考虑人力、资金、后勤保障、安全性等条件，充分利用现有资源，立足于监测目标，优化监测点位布设，保证监测外业工作的可行性。监测点位具备良好监测条件，确保监测人员的人身安全。

3 技术路线

根据重点流域水生态监测点位设置原则，按照水体筛选、划分监测单元、点位设置、现场踏勘、点位确认、登记备案等流程开展监测点位设置工作，具体技术路线如图 1 所示。

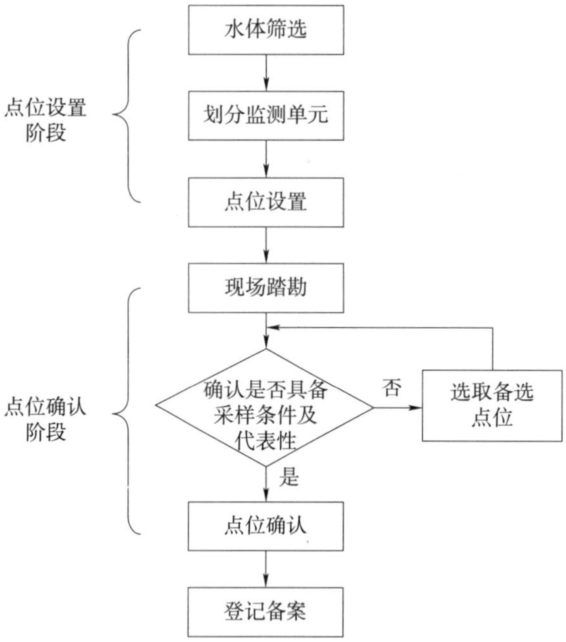

图 1 水生态监测点位设置技术路线

4 水体筛选

4.1 河流

4.1.1 优先选择区域内具有重要生态功能或社会关注度高的代表性水体开展监测工作。6—9 月无稳定地表径流的水体，原则上不纳入监测范围。一般包括干流及主要一级支流（流域面积 1 000 km^2 以上的河流）、二级支流（流域面积 500 km^2 以上的河流）及独流入海河流（流域面积 1 000 km^2 以上的河流）。

4.1.2 纳入重点流域水生态环境保护规划开展水生态保护和修复的河流。

4.1.3 地市级及以上有关部门实施水生态保护修复的河流。

4.1.4 设有国家级自然保护区、湿地公园、水产种质资源保护区的河流。

4.1.5 三峡、南水北调等大型水利工程所在河流或对其水质影响较大的重要支流。

4.1.6 社会各界高度关注或生态环境问题突出的河流。

4.1.7 新三湖和老三湖等的主要入湖、出湖、环湖河流。

4.1.8 年径流量超过地级及以上城市来水总径流量 80% 的主要河流。

4.2　湖库

4.2.1　覆盖面积大于 100 km^2 的大型湖泊、库容大于 10 亿 m^3 以上的大型水库。

4.2.2　纳入重点流域水生态环境保护规划开展水生态保护和修复的湖库。

4.2.3　地市级及以上有关部门实施水生态保护修复的湖库。

4.2.4　设有国家级自然保护区、湿地公园、水产种质资源保护区的湖库。

4.2.5　三峡、南水北调等大型水利工程所在水库。

4.2.6　社会各界高度关注或生态环境问题突出的湖库。

5　监测单元划分

根据每个水体所在地区的气候、海拔、降水量、生态功能区划、底质类型、地形地貌、水文特点、阻隔、人类活动强度、省市级行政区划等要素，将水体进行划分，划分后的水体，作为一个独立的监测单元。不同要素划分时，选取最小监测单元作为最终独立监测单元。湖泊、水库作为一个独立的监测单元。监测单元划分依据如表 1 所示。

表 1　监测单元划分依据

要素	描述
气候	寒温带、中温带、暖温带、亚热带、热带、高寒气候区
海拔 （分类方法二选一）	1. 地势第一阶梯、第二阶梯、第三阶梯。 2. 超高海拔：3 500 m 以上；高海拔：1 500～3 500 m；中海拔：500～1 500 m；低海拔：500 m 以下
降水量	干旱区：多年平均降水量在 200 mm 以下的地区；半干旱区：多年平均降水量在 200～400 mm 的地区；半湿润区：多年平均降水量在 400～800 mm 的地区；湿润区：多年平均降水量在 800 mm 以上的地区
人类活动影响（滨岸带向陆 1 km 范围内不同强度利用类型土地）	高扰动：城镇、工业园区岸线（连续长度 10 km 以上）；中低扰动：农田 / 耕地、未利用地、草地、林地、湿地（连续长度 50 km 以上）
地形	山地、丘陵、平原
水文特点	上游、中游、下游
生态功能区划（可选）	水源涵养区、生物多样性保护区、土壤保持区、防风固沙区、洪水调蓄区、大都市群、重点城镇群、农产品提供区、林产品提供区
区划（可选）	省市级行政区域边界
河流阻隔（可选）	大型闸坝、瀑布、水库、电站
底质类型（可选）	卵石、砂质、有机质

6　点位设置

6.1　河流

6.1.1　每个监测单元至少设置 1 个监测点位。同一河流监测单元长度 50～100 km 增设 1 个点位。导致水生态系统失衡的原因不明时，可阶段性增设监测点位，支撑压力和治理效果评估。

6.1.2 优先选择国控、省控地表水监测点位以及开展水生生物监测的历史点位。在同等条件下，优先选择有水质自动监测站的点位。不具备采样条件或代表性不满足要求的，不作为水生态监测点位。

6.1.3 监测点位设置应避开桥梁、码头、支流汇入、排污口、闸坝等人类活动干扰明显的区域，与水环境监测点位位置一致的水生态监测点位周边有上述情形时，在下游 1 km 外采样。优先选择漫滩、植被分布多等生境类型多样的地点。

6.1.4 水生态严重受损的河段及水生境变化剧烈的河段，应加密布设点位；源头区或上游区受人类活动影响较小的区域，可适当减少点位。

6.1.5 一般不在行政区域边界设置点位，左右岸共界河段除外。流经地级及以上城市建成区河流监测点位设置应兼顾城市上下游。

6.1.6 省级行政区域边界内，应适当包括未受干扰或干扰程度较轻的点位（如河流源头区，自然形态完整、水文条件稳定、基本无污染汇入的河道等）。

6.2 湖泊

6.2.1 湖库根据水域面积设置监测点位，每个湖库监测点位数量不低于 5 个，如表 2 所示。导致水生态系统失衡的原因不明时，可阶段性增设监测点位，支撑压力和治理效果评估。

表 2 湖库设置点位参考数量

湖库面积（km^2）	＜100	100～500	500～1 000	1 000～2 000	＞2 000
湖（库）滨带点位数量（个）	4	4～10	10～15	10～15	15～20
湖（库）心点位数量（个）	1	1～2	2～3	3～4	4～5

6.2.2 湖滨带监测点位原则上均匀布设，兼顾主要出入湖河流河口区域。

6.2.3 湖心监测点位原则上均匀布设，湖体有明显分区的，应兼顾主要湖体分区区域。

6.2.4 湖体范围内大型水生植被分布集中的区域，应设置监测点位。

6.2.5 设置监测点位优先选择国控、省控地表水监测点位以及开展水生生物监测的历史点位。在同等条件下，优先选择有水质自动监测站的点位。不具备采样条件或代表性不满足要求的，不作为水生态监测点位。

6.2.6 同一湖库范围内，应覆盖不同人类活动强度的区域。水生态严重受损的区域及水生境变化剧烈的区域，应加密布设点位；受人类活动影响较小的湖库，可适当减少点位。

6.2.7 监测点位设置应避开桥梁、码头、排污口、闸坝等人类活动干扰明显的区域，与水环境监测点位位置一致的水生态监测点位周边有上述情形时，在 1 km 范围外采样。

6.2.8 同一湖库内，应适当包括未受干扰或干扰程度较轻的点位（如沉水植被多样性高、覆盖度大，水体透明度高等）。

7 现场踏勘

根据初步设置结果，到达预设位置并进行定位，判断到达点位的难易程度，对于交通不便且存在安全隐患的点位，应就近选取备选点位，经现场确认后备案。

观察水体情况，避开湍流、漩涡、深泥潭、泥潭沼泽等危险区域，确保采样的安全性。

观察点位周边是否存在桥梁、码头、支流汇入、排污口、闸坝等人类活动干扰明显情况，确保符合点位设置相关要求。

观察周边生境情况，点位周边生境与监测单元分类的依据基本保持一致，并能够满足大型底栖无脊椎动物等类群采样条件。优先选取水生生物幼虫或成虫栖息、采食等活动的适宜环境，或在植被类型多样、植被较丰富的分布区与开阔水面处。

现场踏勘结束后，完成水生态监测点位现场踏勘记录表（详见附录 A）。

8　点位信息管理

8.1　点位名称

水生态监测点位若与地表水环境监测点位位置相同，则水生态监测点位名称与之保持一致；若位置不同，则水生态监测点位名称以其所在行政区（县）或村镇 / 码头 / 河口 / 港口 / 桥 / 路等命名。

8.2　点位备案

水生态监测点位按照“一点一档、逐级备案”的原则，将每个点位属性信息（包括名称、经纬度、生境情况等）进行登记备案，形成点位档案，动态更新与管理，确保点位信息的准确性和监测点位的可持续性，完成监测点位设置登记备案表（详见附录 B）。点位一经备案，评价考核期内原则上不进行调整。

参编单位：
中国环境监测总站
中国环境科学研究院
生态环境部太湖流域东海海域生态环境监督管理局生态环境监测与科学研究中心
生态环境部松辽流域生态环境监督管理局生态环境监测与科学研究中心

附录 A　水生态监测点位现场踏勘记录表

<table>
<tr><td colspan="2">登记日期：</td><td>点位名称：</td></tr>
<tr><td colspan="2">点位编码：</td><td>所属流域：</td></tr>
<tr><td colspan="2">所在水体名称：</td><td>点位属性：□国控　□历史点位　□新增</td></tr>
<tr><td colspan="2">经纬度：E______________　N______________</td><td>海拔：________m</td></tr>
<tr><td colspan="2">水体源头：</td><td>水体时间变化性：□潮汐　□季节性　□常流</td></tr>
<tr><td colspan="2">登记人：</td><td>校对人：</td></tr>
<tr><td colspan="3">监测点位周围生境</td></tr>
<tr><td rowspan="3">岸边带及水域特征</td><td colspan="2">周围土地利用优势类型：□森林　□牧场 / 草原　□农业　□居民区　□商业　□工业　□其他________</td></tr>
<tr><td colspan="2">监测点位所在区域人类活动影响
区域类型：□ 自然保护区　□ 水产种质自然保护区　□ 湿地公园　□ 其他
人类活动分类：□ 矿场资源开发 □工业开发　□能源开发　□旅游开发　□交通开发
□养殖开发　□农业开发　□居民点与其他活动</td></tr>
<tr><td>可涉水河流</td><td>不可涉水河流</td></tr>
<tr><td>水生植物</td><td colspan="2">优势类型　□挺水型　□沉水型　□浮叶型　□漂浮型　□浮游藻类　□着生藻类
优势物种______________　水生植物覆盖河段百分比________%</td></tr>
<tr><td rowspan="2">水体特征</td><td colspan="2">所属水体长度________m 或面积________m^2；
水体宽度：__________m，水体深度：________m；
水体淹没河道百分比________%</td></tr>
<tr><td>可涉水河流</td><td>不可涉水河流</td></tr>
<tr><td>表观水质</td><td colspan="2">水体气味：□正常 / 无 □污物 □石油 □化学药品 □腥臭 □其他________
水表油污：□平滑 □闪光 □油珠 □斑块 □无 □其他________
浊度：□清澈 □轻微混浊 □混浊 □不透明 □着色　□其他________</td></tr>
<tr><td>沉积物 / 底质</td><td>气味：
□正常　□污物 □石油 □化学药品
□厌氧　□无　□其他________
油污：
□无　□轻微　□中等　□严重
栖境类型：（可多选）
□水生植被 □树枝 □落叶 □倒木
□树根 □倒凹河岸 □巨石　□其他________</td><td>沉积物：
□淤泥　□木屑　□造纸纤维　□沙　□其他________
底质构成比例：
碎石____% 卵石____%　砾石____%　粗砂____%
细沉积物（泥沙、黏土、淤泥）____%
陷入河床的石块，其底部是否为黑色？□是　□否
细底质沉积影响区域：
□ 0～5%　□ 5%～25%　□ 25%～50%　□>50%</td></tr>
<tr><td>图片 / 影像</td><td colspan="2">应记录监测点位现场不同生境及周围环境的照片（不少于 4 张），并保留一定视频资料。</td></tr>
</table>

附录 B　水生态监测点位登记备案表

<table>
<tr><td>登记日期：</td><td>点位名称：</td></tr>
<tr><td>点位编码：</td><td>所属流域：</td></tr>
<tr><td>所在水体名称：</td><td>点位属性：□国控　□历史点位 □新增</td></tr>
<tr><td>经纬度：E________________　N________________</td><td>设置批准部门：</td></tr>
<tr><td>调整时间：
调整批准部门：</td><td>弃用时间：
弃用原因：</td></tr>
<tr><td>登记人：</td><td>校对人：</td></tr>
<tr><td colspan="2">监测点位周围生境</td></tr>
<tr><td>图片</td><td>应记录监测点位上下游、左右岸生境情况等。</td></tr>
</table>

第3章　安全要求

本要求依据《地表水环境质量监测技术规范》（HJ 91.2—2022 部分代替 HJ/T 91—2002）编写，作为全国水生生物监测安全的统一要求。

1　目的

确保监测过程的人员和设备安全。

2　适用范围

适用于全国水生态监测中的样品采集和实验室安全保障。

3　安全要求

水生态监测实验室应制定监测安全管理制度，内容至少包括采样、实验室安全操作、化学试剂的管理等，并严格执行和定期检查，保证监测工作的顺利进行。

为了保障采样人员安全，现场应考虑采样方式和气象条件，使用救生衣和救生绳；船只采样，应选用坚固的船只，在航道上采样时，应悬挂信号旗；在桥上采样时，应放置安全警示牌；涉水采样时，应注意河流水位变化；结冰期、封冻期、解冻期采样时，应检查冰层的位置和范围。

参编单位：
中国环境监测总站
四川省生态环境监测总站

第 4 章　淡水浮游植物监测

1　术语和定义

1.1　浮游植物 Phytoplankton

在水中营浮游生活的微小植物。

1.2　分类单元 Taxon

物种分类工作中的客观操作单位，有特定的名称和分类特征，主要包括门（Phylum）、纲（Class）、目（Order）、科（Family）、属（Genus）、种（Species）等。

1.3　计数单位 Counting Unit

显微镜视野下选择计数的最小单元，如细胞。

1.4　浮游植物密度 Abundance of Phytoplankton

单位体积的浮游植物细胞数，cells/L。

1.5　生物量 Biomass

单位体积内某种（类）或全部淡水浮游植物的湿重。

1.6　优势种 Dominant Species

在群落中占优势的种类，优势度≥0.02。

2　监测原则及流程

2.1　科学性原则

监测断面（点位）及监测结果应具有代表性，能够全面反映监测区域淡水浮游植物的整体状况。

选择具有代表性的采样点位是项很复杂且困难的工作。因此，必须掌握选定区域的各种资料，这些资料可从历史调查记录中获得，必要时需要进行实地勘测，全面了解采样对象、采样点位本身及周围各种环境参数。

2.2　可操作性原则

淡水浮游植物监测需要综合考虑人力、资金和后勤保障等条件，充分利用现有资源，立足于环境监测业务及环境管理需求。

2.3 持续性原则

考虑到生物群落演替具有长期性、复杂性等特点，建议监测断面（点位）、方法、时间和频次等一经确定，应保持延续性，对水生态环境状况进行持续跟踪。

2.4 保护性原则

监测以保护和恢复为最终目标，因此在监测过程中应避免对野生生物造成伤害，避免超出客观需要的采样。

2.5 安全性原则

野外监测相关人员应接受专业培训，并做好安全防护措施。

2.6 监测流程

浮游植物监测流程见图 1。

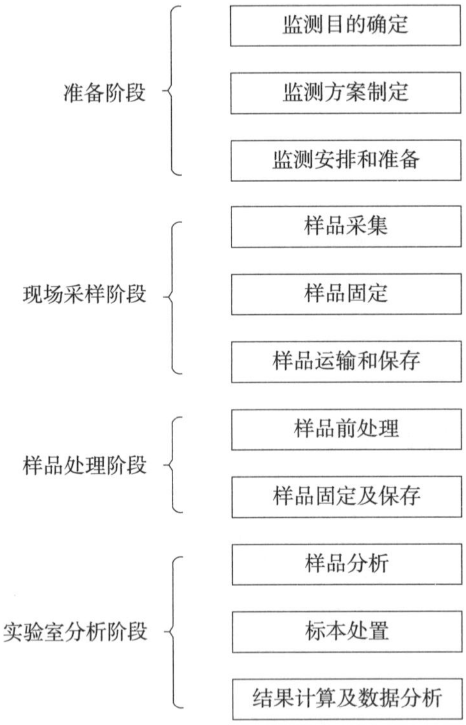

图 1　浮游植物监测流程

3 试剂和材料

除非另有说明，分析时均使用符合国家标准的分析纯试剂，实验用水为新制备的去离子水或蒸馏水。

3.1　碘（I_2）。

3.2　碘化钾（KI）。

3.3　鲁哥氏液：称取 60 g 碘化钾溶解在 100 mL 蒸馏水中，加入 40 g 碘，充分搅拌使其完全溶解，加水定容至 1 000 mL，转移至棕色磨口玻璃瓶。鲁哥氏液在室温避光条件下保存。

3.4　甲醛溶液：*w*（HCHO）=37%～40%。

3.5　滤膜－显微镜计数法相关试剂和材料依据 HJ 1215—2021。

4　仪器和设备

4.1　25 号浮游生物网：网孔直径为（0.064±0.005）mm，网呈圆锥体，网口套在环上，网底端有出水开关活塞。

4.2　定性采样瓶：30～100 mL 广口聚乙烯瓶。

4.3　采水器：采水器为圆柱形，上下底面均有活门。采水器沉入水中，活门可自动打开。容量和深度规格要满足采样要求。

4.4　塞氏盘：黑白盘。配重锤及带刻度的绳索。

4.5　定量采样瓶：1～2 L 广口聚乙烯瓶或塑料桶。

4.6　浓缩装置：1～2 L 具刻度直型漏斗和铁架台，直型漏斗 50 mL 处有标记。

4.7　筛绢：网孔直径为（0.064±0.005）mm。

4.8　虹吸装置：由吸耳球、虹吸软管、硬质玻璃管或塑料管组成，玻璃管前段以 0.064 mm 及以下孔径的筛绢封口。

4.9　冷藏箱。

4.10　载玻片：（26×76）mm。

4.11　盖玻片：（25×25）mm、（22×22）mm。

4.12　正置显微镜或倒置显微镜：物镜 10×、20×、40×、100×，目镜 10× 或 15×。建议选用带成像系统的显微镜。

4.13　浮游生物计数框：容积 0.1 mL，内框（20×20）mm，横竖划分为 10×10 行，共 100 个计数小格，每个计数小格内框为（2×2）mm，浮游生物计数框在使用前需标定。

4.14　目镜分划板：网格形、十字形或工字形。

4.15　计数器。

4.16　镜台测微尺：1 mm/100 Div。

注：Div 指等分格，1 mm/100 Div 即 1 mm 等分成 100 格。下述 Div 同。

4.17　一般实验室常用设备：去离子水设备、不同规格量筒、离心管、微量移液管或移液器、巴斯德吸管或胶头滴管、烧杯、玻璃搅拌棒等。

4.18　超声发生装置：频率 40 kHz 可调。

4.19　一般防护设备：救生衣、水裤、防水服、防晒服、防寒服、劳保鞋、橡胶手套、急救包等。

5　样品采集

5.1　点位布设

点位布设参考本书“第 2 章　水生态监测网络设置”、“附录 A”和“附录 B”相关内容，同时兼顾不同生态功能（如重点饮用水水源地、重要物种保护区等）、不同生态类型（草型湖库、藻型湖库、重要出入湖河口区等）、不同污染水平和富营养化程度的湖区等需要重点关注的区域，适当增设点位。

5.2 采样层次

浮游植物分层采样应满足以下要求：

a）对于水深小于 5 m 或者混合均匀的水体，在水面下 0.5 m 处布设一个采样点；

b）当水深为 5～10 m 时，分别在水面下 0.5 m 处和透光层底部各布设一个采样点（透光层深度以 3 倍透明度计），进行分层采样或取混合样；

c）当水深大于 10 m 时，分别在水面下 0.5 m、1/2 透光层处及透光层底部各布设 1 个采样点，进行分层采样或取混合样。

分层采样应满足监测要求。

5.3 监测频次及时间

监测频次取决于监测目的。一般情况下，监测频次按照季节、水期（丰水期、平水期、枯水期）或月份确定。监测频次确定需同时考虑下列事项：

a）若进行逐季或逐月监测，各季或各月监测时间间隔应基本相同；

b）同一水体的监测应使水质、水文及生物采样时间保持一致。

5.4 样品的采集

5.4.1 定性样品采集

使用 25 号浮游生物网在水体表层至 0.5 m 水深处以 20～30 cm/s 的速度做“∞”形往复、缓慢拖动约 1～3 min，将浮游生物网提出水面，定性样品被收集在网底部容器中，将底端出口伸入定性采样瓶，打开底端活塞开关收集定性样品。

需获取不同水层定性样品时，直接用 25 号浮游生物网过滤该水层水样即可。

定性样品采集完成后应及时清洗 25 号浮游生物网，避免不同样品间交叉干扰。

5.4.2 定量样品采集

使用采水器定量采集 1～2 L 水样至定量采样瓶中。

注 1：当浮游植物（如蓝藻）浮在水面或成片、条带分布，需采集此藻类密集区域的水样作为峰值参考。

注 2：定量样品采集应在定性样品采集之前，样品采集完后应及时清洗浮游生物网。

注 3：样品采集完成后，应在样品瓶液面至瓶盖间留有一定空间以便摇匀和添加固定剂。

5.5 样品固定和保存

浮游植物样品采集后应立即加入鲁哥氏液固定，用量为水样体积的 1.0%～1.5%。若不能及时开展鉴定，每两周检查一次样品的颜色，如果样品颜色变浅，则需补加鲁哥氏液。当需镜检活体样本时不加固定剂。

已固定的样品可室温避光保存，保存时间不超过 3 周；1～5 ℃冷藏避光条件下可保存 12 个月。活体样品应保存在 4～10 ℃ 环境条件下，保存时间不超过 36 h。

注 1：活体样本应放入冷藏箱中运输。

注 2：长期保存样品，应加入甲醛溶液，用量为水样体积的 4%，蜡封存放于阴暗避光处。

5.6 样品标识和记录

样品标签应包含采集项目（浮游植物定量或浮游植物定性）、样品编号、采样日期、采样点位、采样体积、浓缩体积等相关信息。现场采样记录表格按照附录 B 填写。

5.7 样品运输

根据采样记录核对样品。运输中应确保样品无破损、无污染。

5.8 样品处理

5.8.1 沉淀浓缩

测量并记录样品的准确体积，将全部定量样品摇匀倒入浓缩装置中，室温静置不少于 48 h。用虹吸装置吸取上清液，直至浮游植物沉淀物处于 50 mL 标记线左右（样品浓缩体积可根据实际情况适当调整）。旋开浓缩装置底部活塞，将浮游植物沉淀物收集在量筒中，再用少许上清液冲洗浓缩装置 1～3 次，将冲洗水一并收集在量筒中，读取量筒中样品体积，即为浓缩体积，将浓缩液转入样品瓶中。静置初期，应适时轻敲浓缩装置器壁减少吸附。虹吸过程中，吸液口与浮游植物沉淀物间距离应大于 3 cm。

注：样品也可在原定量采样瓶中直接浓缩，具体操作步骤同浓缩装置。如果浓缩后藻类浓度过高或过低应适当稀释或再度浓缩。

5.8.2 超声处理

当样品有大量细胞团（如微囊藻）存在时，可通过超声处理将细胞团打散。取混匀的适量定量样品（30 mL 左右）于容器中，用超声发生装置，40 kHz 条件下超声 10 min，显微镜下观察样品，若仍有大量未分散的细胞团，需延长超声处理，直至细胞团分散至便于计数。

5.8.3 硅藻酸化处理

若需对样品中硅藻内含物做酸化处理，按照“淡水着生藻类监测”章节中硅藻类样品预处理方法执行。

5.8.4 滤膜封片制备

若需快速测定样品中浮游植物，可选择滤膜－显微镜计数法。其原理是样品通过一定孔径的滤膜，群体、丝状体及单细胞浮游植物截留在滤膜上，滤膜经透明处理后在显微镜下镜检。滤膜装片按照 HJ 1215—2021 第 8.1.5 执行。

6 样品分析

6.1 定性分析

用微量移液器或巴斯德吸管在样品瓶底部吸取 60 μL 左右的定性样品，滴于载玻片上，盖上盖玻片，制成临时装片，在显微镜下观察。优势种类鉴定到种，其他种类至少应鉴定到属。部分鉴定参考资料见附录 F。每个样品应观察不少于 2～3 个装片，实验室分析表格按照附录 C 填写。

注 1：种类鉴定除用定性样品观察外，还可吸取已经完成定量分析的定量样品进行观察。

注 2：若有已发布浮游植物测定标准，按相关标准执行。

6.2 定量分析

6.2.1 预检

用移液器定量吸取 0.1 mL 混匀样品，注入浮游植物计数框中，盖上盖玻片，静置片刻，无气泡方可观察样品，如有气泡应重新取样。随机选取若干计数小格或视野，初步估计浮游植物的数量。

6.2.2 显微镜标定

计数前标定显微镜，确定计数视野面积。显微镜标定设备包括目镜分划板和 1 mm 镜台测微尺。用镜台测微尺测量标定一定放大倍数下的视野直径，然后按照圆面积计算公式求得视野面积。或者由所用目镜的视场数除以物镜放大倍数求得视野直径，再按照圆面积计算公式求得视野面积。

注：标定显微镜和视野面积的具体操作方法按照 HJ 1215—2021 附录 B 和 HJ 1216—2021 附录 B 执行。

6.2.3 显微计数

将样品充分摇匀，用移液器吸取 0.1 mL 样品到 0.1 mL 计数框中，盖上盖玻片，静置片刻，无气泡方可观察样品，如有气泡应重新取样。将装片置于显微镜载物台上进行镜检计数。记录显微镜视野下浮游植物的种类及数量，其中丝状体和似球形群体通过估算获得细胞数，估算方法按照 HJ 1215—2021 附录 C 执行。为减少工作量，每次抽样一般不对整个计数框内的浮游植物全部计数，只需选取其中一部分计数，选取过程是一个次级抽样过程，应做到在计数框的区域内均匀抽样。对于藻类密度很低（104 cells/L 及以下）的样品，需全片计数。标本片应尽快完成镜检，标本片如出现气泡需再次装片。

计数一般从 0.1 mL 计数框的右下角开始，并约定计数规则。计数小格左对角边缘区域不予计数，右对角边缘区域的藻类予以计数，计数规则见图 2。实验室分析表格按照附录 D 填写。

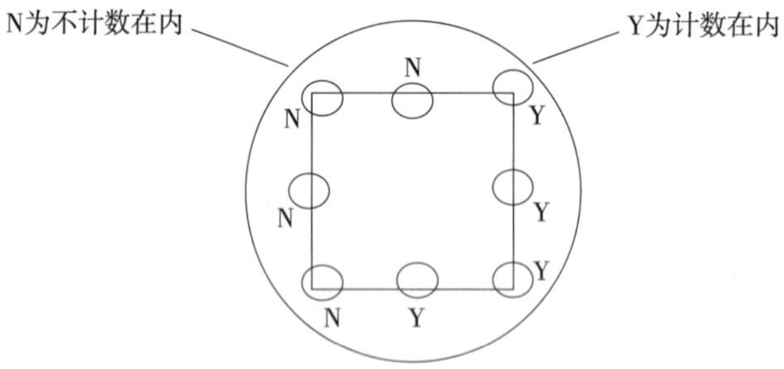

图 2 视野计数约定规则

可供选择的计数方法如下：

a. 行格法

按照 0.1 mL 计数框上的第二、第五、第八行共 30 个计数小格进行藻类分类计数，计数方法见图 3。

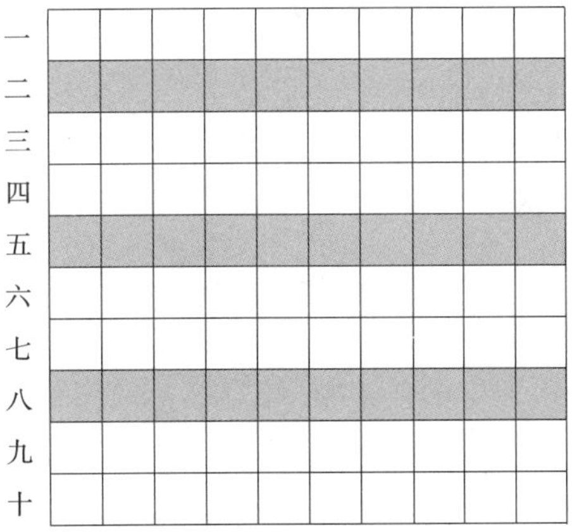

图 3　行格法

b. 对角线法

按照 0.1 mL 计数框对角线上的计数小格进行藻类分类计数，每 0.1 mL 样品计数 5 格或 10 格，直至达到 30 格，计数方法见图 4。

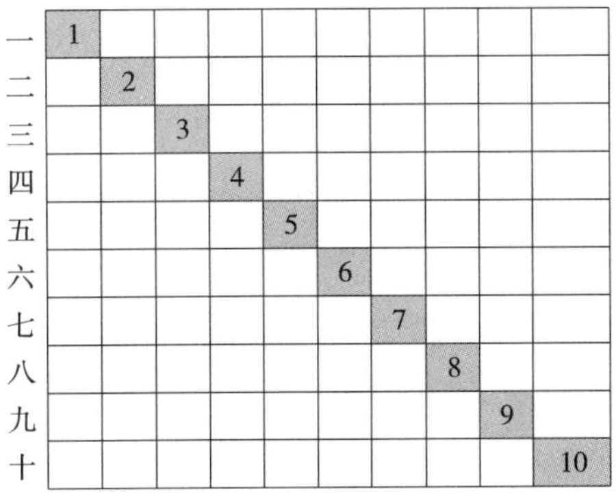

图 4　对角线法

c. 视野法

计数的视野数目应根据样品中浮游植物数量确定。计数视野在计数框内尽量均匀分布，计数视野数量按照 HJ 1216—2021 第 8.3.2.2 执行。

7　结果计算与表示

7.1　0.1 mL 计数框法

当使用计数框法对样品计数时，样品中浮游植物细胞密度（cells/L），按照公式（1）进行计算：

$$N=\frac{A}{A_c}\times\frac{n}{V}\times\frac{V_1}{V_0}\times 1\,000 \tag{1}$$

式中：N——样品中浮游植物细胞密度，cells/L；

A——计数框面积，mm^2；

A_c——计数面积：计数方式为对角线、行格和全片时，计数面积分别为 $A/10$、$3A/10$ 和 A；计数方式为随机视野时，为计数的总视野面积，mm^2；

n——浮游植物细胞计数量，cells；

V——计数框容积，mL；

V_0——稀释或浓缩前的取样体积，mL；

V_1——稀释或浓缩后的体积，mL；

1 000——体积换算系数。

7.2 滤膜－显微镜计数法

使用滤膜－显微镜计数法计数时，样品中浮游植物细胞密度计算方法按照 HJ 1215—2021 第 9 执行。

7.3 生物量分析

浮游植物生物量分析采用体积测量法，换算成生物量。生物量具体分析方法按照 SL 733—2016 第 6.5 执行。

7.4 优势种分析

每个样品浮游植物优势种种类计数最少 100～150 cells。根据样品优势度指数 Y' 判别样品浮游植物优势种，Y' 值最高的种类为该样品浮游植物优势种。按照公式（2）计算 Y' 值。

$$Y' = \frac{n'_i}{N'} f'_i \tag{2}$$

式中：Y'——样品优势度值；

n'_i——样品中第 i 种的个体数；

N'——样品中物种的总个体数；

f'_i——第 i 种在样品中出现的频率。

注：物种优势度指数 Y 是针对调查区域或断面所有采样点的物种优势度，根据 Y 各参数物理意义、将参数对象稍作改动得出样品优势度指数 Y'。按照样品优势度指数 Y' 判断样品浮游植物优势种。一般将 Y' 值最高种类确定为浮游植物优势种。

8 质量保证和质量控制

8.1 样品的采集

按照监测方案实施样品采集。制定合理的采样操作方案，确定采样时间、采样点位和采样层次，用符合质量要求的统一设备采样，采样量尽量保持一致，以保证采集的样品具有代表性和可比性。保证所有野外设备处于良好运行状态，须制订常规检查、维护和校准计划，确保野外监测数据质量。合理安排各类样品采集顺序，避免浮游植物在采集前受到较大扰动。及时在现场固定样品，清点样品数量，正确填写样品标签。每次采样前后及时清洗所有接触过样品的采样设备，并仔细检查，防止污染。

8.2 每批次样品中，随机抽取 10% 的样品做平行测定，用计数差异百分比（Percent Difference in Enumeration，PDE）评估计数精密度，用物种分类差异百分比（Percent Taxonomic Disagreement，PTD）评估分类精密度。

计数差异百分比（PDE）按照公式（3）计算：

$$\text{PDE}=\frac{\left|\bar{N}_1-\bar{N}_2\right|}{\bar{N}_1+\bar{N}_2}\times 100\% \qquad (3)$$

式中：PDE——计数差异百分比，%；

$\bar{N}_1$——平行样 1 测定结果的均值，cells/L；

$\bar{N}_2$——平行样 2 测定结果的均值，cells/L。

物种分类差异百分比（PTD）按照公式（4）计算：

$$\text{PTD}=\left(1-\frac{\text{comp}_{\text{pos}}}{N}\right)\times 100\% \qquad (4)$$

式中：PTD——物种分类差异百分比，%；

comp_{pos}——物种分类单元一致的数量，个；

N——物种分类单元较多一方的数量，个。

一般计数差异百分比控制在 PDE≤20%，属级分类差异百分比控制在 PTD≤15%，种级分类差异百分比控制在 PTD≤40%。质控记录表按照附录 E 填写。

8.3　定期标定显微镜，标定目镜分划板及视野面积，每年至少 1 次。

8.4　从事浮游植物鉴定的技术人员需定期参加专业技术培训。定期开展人员或实验室间比对，比对数据结果分析参照 8.2，按照附录 E 填写。

参编单位：

中国环境监测总站

生态环境部珠江流域南海海域生态环境监督管理局生态环境监测与科学研究中心

湖南省洞庭湖生态环境监测中心

浙江省生态环境监测中心

江苏省苏州环境监测中心

山东省济南生态环境监测中心

附录 A　水生态监测现场记录表

项目名称：	点位名称：
经纬度：经度（°）：____.____°　纬度（°）：____.____°　□ 临时替代点位（需备注）	
采样日期：________年________月________日	采样时间：________时________分至________时________分
天气情况：□ 晴　□ 多云　□ 阴天　□ 阵雨　□ 小雨　□ 中雨　□ 大雨　□ 暴雨　□ 降雪　□ 24 h 内降雨	
气象情况：风向：____________风速等级：____________气温（℃）：____________	
水体类型：□ 涉水可过河流　□ 涉水不可过河流　□ 不可涉水河流　□ 浅水湖泊　□ 深水湖泊　□ 水库	
水位情况：□ 低水位（水面覆盖部分河床）　□ 中水位（水面基本覆盖河床） □ 高水位（水面覆盖河漫滩） 水深（m，河流型选填）：____________河宽（m，湖库型不填）：____________ 水流情况：□ 静水　□ 缓流　□ 急流　□ 湍流　流速（m/s，选填）：____________	
周边生境：□ 林地　□ 草地　□ 农田　□ 城镇　□ 工业　□ 道路　□ 航道　□ 其他____________ 湖库周边 / 河流上游：□ 桥梁　□ 码头　□ 闸坝　□ 支流汇入　□ 排污口 河流下游：□ 桥梁　□ 码头　□ 闸坝　□ 支流汇入　□ 排污口 水生植被：□ 挺水型　□ 沉水型　□ 浮叶型　□ 漂浮型　植被覆盖（%）：____________	
岸线类型：□ 自然植被　□ 自然砂石　□ 生态改造　□ 石质　□ 混凝土　□ 堤坝　□ 木质残体	
底质类型（周边 500 m）： □ 鹅卵石______%　□ 砂石______%　□ 基岩______%　□ 软泥______%　□ 其他______%	
现场分析：水温（℃）：________ 溶解氧：（mg/L）：________ pH：________ 浊度（NTU）：________ 电导率（S/cm）：________ 透明度（cm，湖库）：________ 叶绿素（g/L，选填）：________ 仪器编号（可填多项）：____________	监测内容：□ 浮游植物　□ 浮游动物 □ 着生藻类　□ 鱼类 □ 大型底栖无脊椎动物 □ 水生维管束植物 □ 环境 DNA（鱼类） □ 环境 DNA（其他）________ □ 生境现场评价 □ 水质
特殊情况及备注：□ 水华　□ 断流　□ 疏浚　□ 施工 （河流对上游、下游、左岸、右岸分别拍照，湖库向岸方向拍照，采样状态拍照。遇特殊情况拍照或影像记录，记录水库放水周期和时间等）	

记录：　　　　　现场分析：　　　　　复核：　　　　　审核：

附录 B　浮游植物现场采样记录表

<table>
<tr><td colspan="3">点位名称：</td><td colspan="2">采样时间：________年________月________日
________时________分至________时________分</td></tr>
<tr><td colspan="3">固定剂类型
□ 鲁哥氏液（优先选择）
□ 甲醛溶液</td><td colspan="2">采样工具及编号
□ 25 号浮游生物网—编号：______________
□ 采　水　器—编号：______________</td></tr>
<tr><td colspan="3">样品类型
□ 定量样品______L
□ 定性样品</td><td colspan="2">水深______m</td></tr>
<tr><td rowspan="8">样品采集</td><td>□ 不分层
（水深≤5 m）</td><td colspan="2">水面下 0.5 m</td><td rowspan="8">样品类型及编号
（根据实际采样情况选填）
A. 水面下 0.5 m 或混合样
定量样品____________
定性样品____________
B. 1/2 透光层
定量样品____________
定性样品____________
C. 透光层底部
定量样品____________
定性样品____________</td></tr>
<tr><td rowspan="3">□ 2 层
（5 m<水深≤10 m）</td><td colspan="2">□ 混合样（优先选择）</td></tr>
<tr><td rowspan="2">□ 分层采样</td><td>水面下 0.5 m</td></tr>
<tr><td>透光层底部</td></tr>
<tr><td rowspan="4">□ 3 层
（水深>10 m）</td><td colspan="2">□ 混合样（优先选择）</td></tr>
<tr><td rowspan="3">□ 分层采样</td><td>水面下 0.5 m</td></tr>
<tr><td>1/2 透光层</td></tr>
<tr><td>透光层底部</td></tr>
<tr><td>备注</td><td colspan="4"></td></tr>
</table>

采样人员：　　　　　　　　复核人员：　　　　　　　　审核人员：

附录 C　浮游植物定性样品分析记录表

项目名称：____________　样品编号：______________　点位名称：____________

分析日期：____________　显微镜编号：____________

所属门类	物种名称	多度	所属门类	物种名称	多度
注：物种多度表示：非常多："+++"；较多："++"；常见："+"；偶见："－"。 物种多度判别依据：按照物种数量百分占比划分多度：小于 10% 为偶见，10%～30% 为常见，30%～50% 为较多，50%～100% 为非常多。					

分析人员：　复核人员：　审核人员：

附录 D　浮游植物定量样品分析记录表

项目名称:____________　　样品编号:____________　　点位名称:____________

分析日期:____________　　显微镜编号:____________　　计数方式: □ 全片法　□ 行格法　□ 视野法　□ 对角线法

第____片 / 共____片

物种名称	计数 n (cells)	小计 (cells)

采样体积 (V_0):________L　　浓缩体积 (V_1):________mL　　计数框容积 (V):________mL

计数框面积 (A):______mm^2　　计数面积 / 计数行格数 (A_c):________mm^2

细胞密度 N 依据公式计算: $N = \frac{A}{A_c} \times \frac{n}{V} \times \frac{V_1}{V_0} \times 1\,000$

分析人员:　　　　　　　　复核人员:　　　　　　　　审核人员:

附录 E　浮游植物分析质控记录表

项目名称：____________　样品编号：______________　点位名称：____________

比对日期：____________　显微镜编号：______________　计数方式：□ 全片法　□ 行格法　□ 视野法　□ 对角线法

计数框容积（V）：____mL　计数框面积（A）：____mm^2　计数面积（A_c）：____mm^2

第____片 / 共____片

物种名称	计数 n（cells）	备注

<table>
<tr><td>□ 定量样品
□ 定性样品</td><td>□ 计数差异百分比（PDE）
□ 物种分类差异百分比（PTD）</td><td>________%</td></tr>
<tr><td>质控目标</td><td>PDE≤20%</td><td>属级 PTD≤15%；种级 PTD≤40%</td></tr>
<tr><td rowspan="2">质控内容</td><td>$\mathrm{PDE}=\frac{\left|\bar{N}_1-\bar{N}_2\right|}{\bar{N}_1+\bar{N}_2}\times 100\%$
PDE——计数差异百分比，%；
$\bar{N}_1$——平行样 1 测定结果的均值，cells/L；
$\bar{N}_2$——平行样 2 测定结果的均值，cells/L</td><td>$\mathrm{PTD}=\left(1-\frac{\mathrm{comp}_{\mathrm{pos}}}{N}\right)\times 100\%$
PTD——物种分类差异百分比，%；
$\mathrm{comp}_{\mathrm{pos}}$——物种分类单元一致的数量，个；
N——物种分类单元较多一方的数量，个</td></tr>
<tr><td colspan="2">质控结果：□ 合格　□ 重新分析</td></tr>
</table>

分析人员：　　　　复核人员：　　　　审核人员：

附录 F　浮游植物分类鉴定参考书目

[1] 胡鸿钧，魏印心 . 中国淡水藻类：系统、分类及生态 [M]. 北京：科学出版社，2006.

[2] 中国科学院中国孢子植物志编辑委员会 . 中国淡水藻志（1–23 卷）[M]. 北京：科学出版社 .

[3] 浙江省主要常见淡水藻类图集［饮用水水源］编委会 . 浙江省主要常见淡水藻类图集［饮用水水源］[M]. 北京：中国环境科学出版社，2010.

[4] 王业耀，等 . 中国流域常见水生生物图集 [M]. 北京：科学出版社，2020.

[5] 胡鸿钧 . 水华蓝藻生物学 [M]. 北京：科学出版社，2011.

[6] 朱蕙忠，陈嘉佑 . 中国西藏硅藻 [M]. 北京：科学出版社，2000.

[7] Kremmer K，Lange-bertalot H. 欧洲硅藻鉴定系统 [M]. 刘威，朱远生，黄迎艳，译 . 广州：中山大学出版社，2012.

[8] 王全喜，庞婉婷 . 长江下游地区常见浮游植物图集 [M]. 北京：科学出版社，2023.

第 5 章　淡水浮游动物监测

1　术语和定义

1.1　浮游动物 Zooplankton

在水中营浮游生活的，不具备游泳能力或者游泳能力弱的一类动物类群，主要包括原生动物（Protist）、轮虫（Rotifer）、枝角类（Cladocera）、桡足类（Copepod）。本技术要求中仅指轮虫、枝角类和桡足类。

1.2　分类单元 Taxon

物种分类工作中的客观操作单位，有特定的名称和分类特征，主要包括门（Phylum）、纲（Class）、目（Order）、科（Family）、属（Genus）、种（Species）等。

1.3　物种数 Number of Species

水样中浮游动物的物种数量。

1.4　浮游动物密度 Abundance of Zooplankton

单位体积的某种（类）或全部浮游动物的个体数，ind./L。

1.5　生物量 Biomass

单位体积内某种（类）或全部浮游动物的湿重。

1.6　常见种 Common Species

指在生态调查中出现频率较高的物种。

1.7　优势种 Dominant Species

在群落中占优势的种类，优势度≥0.02。

2　监测原则及流程

2.1　科学性原则

浮游动物监测应客观、科学地反映监测对象的实际状况，符合生态学和环境科学的基本原理与要求。

2.2　可操作性原则

浮游动物监测应具有可操作性及实施性，要充分利用最少的监测点位和人力、物力、时间的投入获得最有效的监测数据结果。

2.3　持续性原则

考虑到生物群落演替具有长期性、复杂性等特点，监测断面（点位）、方法、时间和频次等一经确定，应保持延续性，对水生态环境状况进行持续跟踪。

2.4　保护性原则

监测以保护和恢复为最终目标，因此在监测过程中应避免对野生动植物造成伤害，避免超出客观需要的采样。

2.5　安全性原则

野外监测相关人员应接受专业培训，并做好安全防护措施。

2.6　监测流程

浮游动物监测流程见图 1。

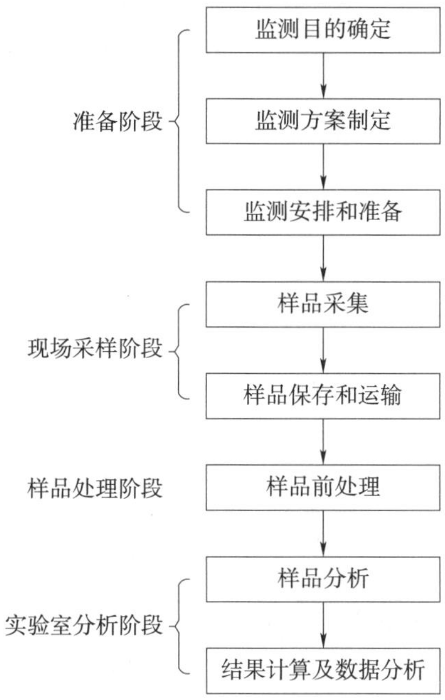

图 1　浮游动物监测流程

3　试剂与材料

除非另有说明，分析时均使用符合国家标准的分析纯试剂，实验用水为新制备的去离子水或蒸馏水。

3.1　碘化钾（KI）。

3.2　碘（I_2）。

3.3　鲁哥氏液：称取 60 g 碘化钾溶解在 100 mL 蒸馏水中，加入 40 g 碘，充分搅拌使其完全溶解，加水定容至 1 000 mL，转移至棕色磨口玻璃瓶。鲁哥氏液在室温避光条件下保存。

3.4　甲醛溶液：w（HCHO）=37%～40%。

4 仪器与设备

4.1 25 号浮游生物网：网孔直径为（0.064±0.005）mm，网呈圆锥体，网口套在环上，网底端有出水开关活塞。

4.2 13 号浮游生物网：网孔直径为（0.112±0.005）mm，网呈圆锥体，网口套在环上，网底端有出水开关活塞。

4.3 采样瓶：1 L、2 L 聚乙烯瓶；100 mL 具塞聚乙烯瓶。

4.4 采水器：容量 1 L 和 5 L。采水器为圆柱形，上下底面均有活门。采水器沉入水中，活门可自动打开。

4.5 塞氏盘：黑白盘。配重锤及带刻度的绳索。

4.6 水桶：10 L 塑料水桶。

4.7 浓缩装置：1～2 L 具刻度直型漏斗和铁架台，直型漏斗 50 mL 处有标记。

4.8 筛绢：网孔直径为（0.064±0.005）mm；网孔直径为（0.112±0.005）mm。

4.9 虹吸装置：由吸耳球、虹吸软管、硬质玻璃管或塑料管组成，玻璃管前端以筛绢封口。

4.10 计数框：1 mL 及 5 mL 定量计数框，浮游生物计数框在使用前需标定。

4.11 移液枪：1 mL 及 5 mL 移液枪。

4.12 载玻片：（26×76）mm。

4.13 盖玻片：（25×25）mm。

4.14 生物显微镜（建议选用带成像系统的显微镜）：物镜 10×、20×、40×，目镜 10×、15×。

4.15 体视显微镜（建议选用带成像系统的显微镜）。

4.16 计数器。

4.17 镜台测微尺：1 mm/100 Div。

注：Div 指等分格，1 mm/100 Div 即 1 mm 等分成 100 格。下述 Div 同。

4.18 解剖针。

4.19 吸水纸。

4.20 防护设备：救生衣、防水裤、防水服、防晒服、防寒服、高筒胶鞋、橡胶手套、帽子、急救包（含各类药品）等。

4.21 现场设备：手持式全球定位系统、卷尺、测距仪、计时器、照相机、记号笔、防水签字笔等，具备条件的可配备无人机。

4.22 生物实验室其他常用设备和器材。

5 样品采集

5.1 点位布设

点位布设参考本书“第 2 章　水生态监测网络设置”、“附录 A”和“附录 B”相关内容，同时兼顾不同生态功能（如重点饮用水水源地、重要物种保护区等）、不同生态类型（草型湖库、藻型湖库、重要出入湖河口区等）、不同污染水平和富营养化程度的湖区等需要重点关注的区域，适当增设点位。

5.2　采样层次

浮游动物分层采样应满足以下要求：

a）对于水深小于 5 m 或者混合均匀的水体，在水面下 0.5 m 处布设一个采样点；

b）当水深为 5～10 m 时，分别在水面下 0.5 m 处和透光层底部各布设一个采样点（透光层深度以 3 倍透明度计），进行分层采样或取混合样；

c）当水深大于 10 m 时，分别在水面下 0.5 m、1/2 透光层处及透光层底部各布设 1 个采样点，进行分层采样或取混合样。

分层采样应满足监测要求。

5.3　监测频次及时间

监测频次取决于监测目的。一般情况下，监测频次按照季节、水期（丰水期、平水期、枯水期）或月份确定。对于地区特定种类有特殊繁殖时间段的，采样时间需在此繁殖时间段内。监测频次确定需同时考虑下列事项：

a）若进行逐季或逐月监测，各季或各月监测时间间隔应基本相同；

b）同一水体的监测应与水质、水文及生物采样时间保持一致。

5.4　样品的采集

在采集水体中浮游动物样品时，须遵循先采定量样品，后采定性样品的原则。

5.4.1　定量样品采集

轮虫定量样品采集量一般为 1 L。

枝角类和桡足类浮游动物一般采集 20 L，蓝藻水华暴发期间采集 10 L，水体叶绿素浓度较低的点位采集 30～50 L，并通过 25 号浮游生物网过滤浓缩，加入 100 mL 具塞聚乙烯瓶。

5.4.2　定性样品采集

只监测轮虫时，定性样品的采集使用 25 号浮游生物网；只监测枝角类和桡足类时，定性样品的采集使用 13 号浮游生物网；监测轮虫、枝角类和桡足类时，定性样品的采集可仅用 25 号浮游生物网。在水体表层至 0.5 m 水深处以 20～30 cm/s 的速度做“∞”形往复、缓慢拖动约 1～3 min，将底端出口伸入 100 mL 具塞聚乙烯瓶打开底端活塞开关收集定性样品。

注 1：定量样品采集应在定性样品采集之前，样品采集完后应及时清洗浮游生物网。

注 2：样品采集完成后，应在样品瓶液面至瓶盖间留有一定空间以便摇匀和添加固定剂。

5.5　样品固定和保存

浮游动物样品采集后应立即加入鲁哥氏液固定，用量为水样体积的 1.0%～1.5%。若不能及时开展鉴定，每两周检查一次样品的颜色，如果样品颜色变浅，则需补加鲁哥氏液。当需镜检活体样本时不加固定剂。

注 1：活体样本应放入冷藏箱中运输。

注 2：长期保存样品，应加入甲醛溶液，用量为水样体积的 4%，蜡封存放于阴暗避光处。

5.6 样品标识和记录

样品标签应包含采集项目（浮游动物定量或浮游动物定性）、样品编号、采样日期、采样点位、采样体积、浓缩体积等相关信息。现场记录表格按照附录 C 填写。

5.7 样品运输

根据采样记录核对样品。运输中应确保样品无破损、无污染。

5.8 样品前处理

5.8.1 轮虫定量样品

测量并记录样品的准确体积，将轮虫全部定量样品摇匀倒入浓缩装置中，室温静置不少于 48 h。用虹吸装置吸取上清液，直至样品沉淀物处于 50 mL 标记线左右（样品浓缩体积可根据实际情况适当调整）。旋开浓缩装置底部活塞，将轮虫沉淀物收集在 100 mL 量筒中，再用少许上清液冲洗浓缩装置 1～3 次，将冲洗水一并收集在量筒中，读取量筒中样品体积，即为浓缩体积，将浓缩液转入样品瓶中。静置初期，应适时轻敲浓缩装置器壁减少吸附。虹吸过程中，吸液口与样品沉淀物间距离应大于 3 cm。

注：样品也可在原定量采样瓶中直接浓缩，具体操作步骤同浓缩装置。

5.8.2 枝角类和桡足类定量样品及浮游动物定性样品

枝角类和桡足类定量样品及浮游动物定性样品无须进行此前处理，可以直接用于鉴定。

6 样品分析

6.1 定量分析

轮虫：将浓缩样品充分摇匀，摇匀后迅速用移液器准确吸取 1 mL 样品，置于 1 mL 浮游生物计数框内，在显微镜 10× 或 20× 下全片计数。每一样品需平行计数 2 次，取平均值，两片计数结果相对偏差在 ±15%，否则应增加计数 1 次，直至有两次计数结果符合要求为止。

枝角类和桡足类：将样品充分摇匀，摇匀后迅速用移液器准确吸取 5 mL 样品，置于 5 mL 浮游生物计数框内，在显微镜 4× 或 10× 下计数。枝角类和桡足类样品需要全样计数，水华样品、沉积物较多或者浮游动物密度较高的样品稀释后再进行计数。

残体以头部或尾部计数，同一种类（或同一态）的残体只能按其中一种方法计数，以数量较多者为准。

枝角类、桡足类、轮虫的常见种和优势种一般鉴定到种，其余一般鉴定到属。

实验室分析表格按照附录 F 填写。

6.2 定性分析

浮游动物定性样品需进行物种鉴定，鉴定方法及要求同定量样品。

定性样品取样前不需要摇匀，轮虫定性样品鉴定时使用吸管从瓶底吸取约 1 mL 样品放于 1 mL 计数框中，枝角类和桡足类样品鉴定时从瓶底吸取约 5 mL 样品放于 5 mL 计数框中，在显微镜下观察鉴定。对于密度较高或杂质较多的样品，需要稀释后再进行物种鉴定。

实验室分析表格按照附录 E 填写。

7　结果计算与表示

7.1　密度计算

水样中浮游动物的密度按照公式（1）计算：

$$N = \frac{n}{V_1} \times \frac{V_2}{V_3} \tag{1}$$

式中：N——浮游动物密度，ind./L；

n——计数所得个体数，ind.；

V_1——计数体积，mL；

V_2——浓缩样体积，mL；

V_3——采样量，L。

原水样中浮游动物总密度等于各类群密度之和。

7.2　生物量计算

轮虫按照体积法计算生物量，即相对密度取 1，再根据体积换算公式计算生物量。通常轮虫重量按照淡水常见轮虫近似求积公式计算（附录 A）。

枝角类和桡足类利用体长 - 体重回归方程（附录 B），由体长计算体重（湿重）。桡足幼体按照 0.003 mg/ 个计算。枝角类和桡足类体长的测定，通过对每个种类随机选取 30 个不同大小的个体进行测量体长，其中枝角类测量从头部顶端（不含头盔）至壳刺基部的长度，桡足类测量从头部顶端至尾叉末端的长度，最后取平均值得到每种的体长。对于数量少于 30 个的种类，尽可能全部测量。

8　质量保证和质量控制

8.1　样品的采集

制定合理的采样操作程序，在确定的采样时间、采样点、采样层次，使用符合质量要求的统一设备采样，以保证采集的样品具有代表性和可比性。合理安排样品采集顺序，遵循先采定量样品，后采定性样品的原则。采样完成后按照要求及时加入固定剂，防止样品变质影响监测结果。采样记录除了样品相关信息，采样时间、地点、水温、气温、水文、植被等也应有详细记录，确保样品数据的完整性。

8.2　样品的记录

新种、新记录种必须拍摄照片，根据种类大小，选择不同放大倍数进行拍摄。同时留出典型、完好的样品制作标本，永久保存。

8.3　样品的比对

样品鉴定完毕后，随机抽取 10% 样品做平行测定，一般计数差异百分比（Percent Difference in

Enumeration，PDE）控制在 PDE≤15%，属级分类差异百分比（Percent Taxonomic Disagreement，PTD）控制在 PTD≤30%，种级分类差异百分比（PTD）控制在 PTD≤40%。PDE 和 PTD 按照公式（2）和公式（3）计算。

$$\text{PDE}=\frac{\left|\bar{N}_1-\bar{N}_2\right|}{\bar{N}_1+\bar{N}_2}\times100\% \tag{2}$$

式中：PDE——计数差异百分比，%；

$\bar{N}_1$——平行样 1 测定结果，ind./L；

$\bar{N}_2$——平行样 2 测定结果，ind./L。

$$\text{PTD}=\left(1-\frac{\text{comp}_{\text{pos}}}{N}\right)\times100\% \tag{3}$$

式中：PTD——物种分类差异百分比，%；

comp_{pos}——物种分类单元一致的数量，个；

N——物种分类单元较多一方的数量，个。

质控记录表按照附录 G 填写。将优势种类拍照共享并由专业分类学专家检查，确保分类的准确性。

8.4 定期标定显微镜，检测目测微尺准确性，每年至少 1 次。

8.5 从事浮游动物鉴定的技术人员需定期参加专业技术培训。定期开展人员或实验室间比对。

参编单位：

中国环境监测总站

生态环境部长江流域生态环境监督管理局生态环境监测与科学研究中心

生态环境部海河流域北海海域生态环境监督管理局生态环境监测与科学研究中心

浙江省生态环境监测中心

江苏省环境监测中心

附录 A　淡水常见轮虫的近似求积公式

种类	几何图形及计算公式	简化公式		附属物占体重的（%）	个体重（μg）
		当	则		
长三肢轮虫 *Filinia longiseta*	变形椭圆形，$V=0.52ab^2$	$b=0.5a$	$V=0.13a^3$	4	0.284
较大三肢轮虫 *F.major*	变形椭圆形，$V=0.52ab^2$	$b=0.47a$	$V=0.12a^3$	3	0.166
螺形龟甲轮虫（有棘）*Keratella cochlearis*	1/2 锥形，$V=0.13ab^2$	$b=0.41a$	$V=0.02a^3$	0.027	
螺形龟甲轮虫（无棘）*K.cochlearis*	1/2 椭圆形，$V=0.52abc$	$b=0.56a$，$c=0.45$	$V=0.13a^3$	0.034	
矩形龟甲轮虫 *K.quadrata*	平行六面体，$V=abc$	$b=0.7a$，$c=0.33a$	$V=0.23a^3$	5	0.431
曲腿龟甲轮虫 *K.valga*	平行六面体，$V=abc$	$b=0.64a$，$c=0.37a$	$V=0.24a^3$	3	0.258
蹄形腔轮虫 *Lecane ungulate*	一般椭圆形，$V=0.52abc$	$b=0.8a$，$c=0.4a$	$V=0.17a^3$	1.717	
尖趾单趾轮虫 *Monostyla closterocerca*	一般椭圆形，$V=0.52abc$	$b=0.8a$，$c=0.4a$	$V=0.17a^3$	0.049	
梨形单趾轮虫 *M.priformis*	一般椭圆形，$V=0.52abc$	$b=0.8a$，$c=0.4a$	$V=0.17a^3$	0.091	
奇异六腕轮虫 *Hexarthra mira*	锥形，$V=0.26ab^2$	$b=0.75a$	$V=0.13a^3$	33	0.205
针簇多肢轮虫 *Polyarthra trigla*	平行六面体，$V=abc$	$b=0.68a$，$c=0.39a$	$V=0.27a^3$	10	0.331
沟痕泡轮虫 *Pompholyx sulcata*	圆柱形，$V=0.4abc$	$b=0.7a$，$c=0.5a$	$V=0.15a^3$	0.127	
裂足臂尾轮虫 *Brachionus diversicornis*	一般椭圆形，$V=0.52abc$	$b=0.62a$，$c=0.19$	$V=0.06a^3$	10	0.524
梳状疣毛轮虫 *Synchaeta pectinata*	圆柱形十锥形，$V=0.52ab^2$	a，b 必须逐个个体测量	2	4.19	
尖尾疣毛轮虫 *S.tremula*	圆形，$V=0.26ab^2$	a，b 必须逐个个体测量	0.76		
长圆疣毛轮虫 *S.oblonga*	圆柱形十锥形，$V=0.52ab^2$	a，b 必须逐个个体测量	1.158		
脾状四肢轮虫 *Tetramastix opoliensis*	圆柱形十锥形，$V=0.52ab^2$	a，b 必须逐个个体测量	0.461		
刺盖异尾轮虫 *Trichocerca capucina*	圆柱形十锥形，$V=0.52ab^2$	a，b 必须逐个个体测量	0.374		
暗小异尾轮虫 *T.pusilla*	圆柱形十锥形，$V=0.52ab^2$	a，b 必须逐个个体测量	0.045		
裂痕龟纹轮虫 *Anuraecpsis fissa*	截锥体，$V=0.33abc$	$b=0.5a$，$c=0.2a$	$V=0.03a^3$	0.013	
卜氏晶囊轮虫 *Asplanchna brightwelli*	变形椭圆形，$V=0.52ab^2$	$b=0.62a$	$V=0.2a^3$	52.43	
前节晶囊轮虫 *A.priodonata*	变形椭圆形，$V=0.52ab^2$	$b=0.63a$	$V=0.21a^3$	16.74	

续表

种类	几何图形及计算公式	简化公式		附属物占体重的（%）	个体重（μg）
		当	则		
角突臂尾轮虫 *Brachionus angularis*	一般椭圆形，$V=0.52abc$	$b=0.76a$，$c=0.39a$	$V=0.15a^3$	10	0.408
萼花臂尾轮虫 *B.calyciflorus*	一般椭圆形，$V=0.52abc$	$b=0.65a$，$c=0.37a$	$V=0.13a^3$	10	2.5
剪形臂尾轮虫 *B.forficula*	一般椭圆形，$V=0.52abc$	$b=0.6a$，$c=0.4a$	$V=0.12a^3$	20	0.13
壶状臂尾轮虫 *B.urceolaris*	一般椭圆形，$V=0.52abc$	$b=0.82a$，$c=0.38a$	$V=0.14a^3$	10	1.02
敞水胶鞘轮虫 *Collotheca pelagica*	锥形，$V=0.26ab^2$	$a=6.5b$	$V=1.7b^3$	200	0.261
独角聚花轮虫（个体）*Conochilus unicornis*	锥形，$V=0.26ab^2$	a，b 必须逐个个体测量	0.174		
独角聚花轮虫（群体）	球形，$V=4.2a^3$	81.32			
田奈同尾轮虫 *Diurella dixonnuttalli*	圆柱形十锥形，$V=0.52ab$	a，b 必须逐个个体测量	0.177		
对棘同尾轮虫 *D.stylata*	圆柱形十锥形，$V=0.52ab$	a，b 必须逐个个体测量	0.103		
大肚须足轮虫 *Euchlanis dilatata*	1/2 椭圆形，$V=0.52abc$	$b=0.59a$，$c=0.31a$	$V=0.1a^3$	2.84	

注：a 为体长、b 为体宽、c 为体厚，单位为 μm；V 为体积，单位为 μm^3。

附录 B　常见甲壳动物的体长－体重回归方程

体长 L（mm）	溞属 $W=0.075L^{2.8501}$	裸腹溞属 $W=0.083L^{2.3814}$	秀体溞属 $W=0.042L^{1.7300}$	薄皮溞属 $W=0.0189L^{2.3660}$	象鼻溞属 $W=0.1845L^{2.6723}$	桡足类 $W=0.0285L^{2.9505}$
0.3					0.007	
0.4	0.006	0.009			0.016	0.002
0.5	0.010	0.016	0.013		0.029	0.004
0.6	0.017	0.025	0.018		0.047	0.006
0.7	0.027	0.036	0.023		0.051	0.010
0.8	0.040	0.049	0.029		0.102	0.015
0.9	0.055	0.065	0.036		0.139	0.021
1.0	0.075	0.083	0.042	0.019	0.185	0.029
1.1	0.098	0.104	0.050	0.024		0.038
1.2	0.126		0.058	0.029		0.050
1.3	0.158		0.067	0.035		0.063
1.4	0.195		0.076	0.042		0.078
1.5	0.238			0.049		0.096
1.6	0.286			0.057		0.116
1.7	0.339			0.066		0.139
1.8	0.400			0.076		0.164
1.9	0.466			0.086		0.193
2.0	0.539			0.098		0.224
2.1	0.620			0.109		
2.2	0.708			0.122		
2.3				0.136		
2.4				0.150		
2.5				0.165		
3.0				0.254		
4.0				0.502		
5.0				0.852		

注：L 单位为 mm；W 单位为 mg。

附录 C　水生态监测现场记录表

<table>
<tr><td>项目名称：</td><td>点位名称：</td></tr>
<tr><td colspan="2">经纬度：经度（°）：____.____°　纬度（°）：____.____°　☐ 临时替代点位（需备注）</td></tr>
<tr><td>采样日期：
________年________月________日</td><td>采样时间：
________时________分至________时________分</td></tr>
<tr><td colspan="2">天气情况：☐ 晴　☐ 多云　☐ 阴天　☐ 阵雨　☐ 小雨　☐ 中雨　☐ 大雨　☐ 暴雨　☐ 降雪　☐ 24 h 内降雨</td></tr>
<tr><td colspan="2">气象情况：风向：____________风速等级：____________气温（℃）：____________</td></tr>
<tr><td colspan="2">水体类型：☐ 涉水可过河流　☐ 涉水不可过河流　☐ 不可涉水河流　☐ 浅水湖泊　☐ 深水湖泊　☐ 水库</td></tr>
<tr><td colspan="2">水位情况：☐ 低水位（水面覆盖部分河床）☐ 中水位（水面基本覆盖河床）
☐ 高水位（水面覆盖河漫滩）
水深（m，河流型选填）：____________河宽（m，湖库型不填）：____________
水流情况：☐ 静水　☐ 缓流　☐ 急流　☐ 湍流　流速（m/s，选填）：____________</td></tr>
<tr><td colspan="2">周边生境：☐ 林地　☐ 草地　☐ 农田　☐ 城镇　☐ 工业　☐ 道路　☐ 航道　☐ 其他____________
湖库周边 / 河流上游：☐ 桥梁　☐ 码头　☐ 闸坝　☐ 支流汇入　☐ 排污口
河流下游：☐ 桥梁　☐ 码头　☐ 闸坝　☐ 支流汇入　☐ 排污口
水生植被：☐ 挺水型　☐ 沉水型　☐ 浮叶型　☐ 漂浮型　植被覆盖（%）：____________</td></tr>
<tr><td colspan="2">岸线类型：☐ 自然植被　☐ 自然砂石　☐ 生态改造　☐ 石质　☐ 混凝土　☐ 堤坝　☐ 木质残体</td></tr>
<tr><td colspan="2">底质类型（周边 500 m）：
☐ 鹅卵石______%　☐ 砂石______%　☐ 基岩______%　☐ 软泥______%　☐ 其他______%</td></tr>
<tr><td>现场分析：水温（℃）：________
溶解氧：（mg/L）：________
pH：________
浊度（NTU）：________
电导率（S/cm）：________
透明度（cm，湖库）：________
叶绿素（g/L，选填）：________
仪器编号（可填多项）：______________</td><td>监测内容：☐ 浮游植物　☐ 浮游动物
☐ 着生藻类　☐ 鱼类
☐ 大型底栖无脊椎动物
☐ 大型水生植物
☐ 环境 DNA（鱼类）
☐ 环境 DNA（其他）________
☐ 生境现场评价
☐ 水质</td></tr>
<tr><td colspan="2">特殊情况及备注：☐ 水华　☐ 断流　☐ 疏浚　☐ 施工

（河流对上游、下游、左岸、右岸分别拍照，湖库向岸方向拍照，采样状态拍照。遇特殊情况拍照或影像记录，记录水库放水周期和时间等）</td></tr>
</table>

记录：　　　　　　现场分析：　　　　　　复核：　　　　　　审核：

附录 D　浮游动物现场采样记录表

<table>
<tr><td colspan="3">点位名称：</td><td colspan="2">采样时间：______年______月______日
______时______分至______时______分</td></tr>
<tr><td colspan="3">固定剂类型
□ 鲁哥氏液（优先选择）
□ 甲醛溶液</td><td colspan="2">采样工具及编号
□ 25 号浮游生物网—编号：__________
□ 13 号浮游生物网—编号：__________
□ 采　　水　　器—编号：__________</td></tr>
<tr><td colspan="3">样品类型
□ 定量样品_____L
□ 定性样品</td><td colspan="2">水深_____m</td></tr>
<tr><td rowspan="8">样品采集</td><td>□ 不分层
（水深≤5 m）</td><td colspan="2">水面下 0.5 m</td><td rowspan="8">样品类型及编号
（根据实际采样情况选填）
A. 水面下 0.5 m 或混合样
（轮虫和原生动物）
定量样品__________
定性样品__________
（枝角类和桡足类，采样体积_____L）
定量样品__________
定性样品__________
B. 1/2 透光层
（轮虫和原生动物）
定量样品__________
定性样品__________
（枝角类和桡足类，采样体积_____L）
定量样品__________
定性样品__________
C. 透光层底部
（轮虫和原生动物）
定量样品__________
定性样品__________
（枝角类和桡足类，采样体积_____L）
定量样品__________
定性样品__________</td></tr>
<tr><td rowspan="3">□ 2 层
（5 m＜水深≤10 m）</td><td colspan="2">□ 混合样（优先选择）</td></tr>
<tr><td rowspan="2">□ 分层采样</td><td>水面下 0.5 m</td></tr>
<tr><td>透光层底部</td></tr>
<tr><td rowspan="4">□ 3 层
（水深＞10 m）</td><td colspan="2">□ 混合样（优先选择）</td></tr>
<tr><td rowspan="3">□ 分层采样</td><td>水面下 0.5 m</td></tr>
<tr><td>1/2 透光层</td></tr>
<tr><td>透光层底部</td></tr>
<tr><td>备注</td><td colspan="4"></td></tr>
</table>

采样人员：　　　　　　　　　　复核人员：　　　　　　　　　　审核人员：

附录 E　浮游动物定性样品分析记录表

项目名称:____________　样品编号:_____________　点位名称:____________

分析日期:____________　显微镜编号:___________

□轮虫和原生动物类　□枝角类和桡足类					
轮虫和原生动物类		枝角类		桡足类	
物种名称	多度	物种名称	多度	物种名称	多度

注：物种多度表示：非常多："+++"；较多："++"；常见："+"；偶见："－"。

物种多度判别依据：按照物种数量百分占比划分多度：小于 10% 为偶见，10%～30% 为常见，30%～50% 为较多，50%～100% 为非常多。

分析人员：　复核人员：　审核人员：

附录 F　浮游动物定量样品分析记录表

项目名称：____________　　样品编号：______________　　点位名称：____________

分析日期：____________　　显微镜编号：____________　　计数方式：□全样法 □抽样法

第____片 / 共____片

□轮虫和原生动物　　□枝角类和桡足类			
类别	种（属）名	计数数量 n	小计
计数体积（V_1）________mL　浓缩体积（V_2）________mL　采样量（V_3）________L 细胞密度 N 依据公式计算：$N=n/V_1 \times V_2/V_3$			

分析人员：　　　　复核人员：　　　　审核人员：

附录 G　浮游动物分析质控记录表

项目名称：____________　　　　样品编号：____________　　　　点位名称：____________

比对日期：____________　　　　显微镜编号：____________　　　　计数方式：全样法

计数体积（V_1）______mL

□ 轮虫和原生动物　　□ 枝角类和桡足类			
类别	种（属）名	计数数量 n	备注
□ 定量样品 □ 定性样品	□ 计数差异百分比（PDE） □ 物种分类差异百分比（PTD）	________%	
质控目标	PDE≤15%	属级 PTD≤30%；种级 PTD≤40%	
质控内容	$\mathrm{PDE}=\frac{\lvert\bar{N}_1-\bar{N}_2\rvert}{\bar{N}_1+\bar{N}_2}\times100\%$ PDE——计数差异百分比，%； $\bar{N}_1$——平行样 1 测定结果，ind./L； $\bar{N}_2$——平行样 2 测定结果，ind./L	$\mathrm{PTD}=\left(1-\frac{\mathrm{comp_{pos}}}{N}\right)\times100\%$ PTD——物种分类差异百分比，%； $\mathrm{comp_{pos}}$——物种分类单元一致的数量，个； N——物种分类单元较多一方的数量，个	
	质控结果：□ 合格　□ 重新分析		

分析人员：　　　　　　　　　　复核人员：　　　　　　　　　　审核人员：

附录 H　浮游动物分类鉴定参考书目

[1] 王家楫 . 中国淡水轮虫志 [M]. 北京：科学出版社，1952.

[2] 蒋燮治，堵南山 . 中国动物志（节肢动物门　甲壳纲　淡水枝角类）[M]. 北京：科学出版社，1979.

[3] 沈嘉瑞，等 . 中国动物志（节肢动物门　甲壳纲　淡水桡足类）[M]. 北京：科学出版社，1979.

[4] 诸葛燕 . 中国典型地带轮虫的研究 [D]. 武汉：中国科学院水生生物研究所，1997.

[5] 沈蕴芬 . 原生动物学 [M]. 北京：科学出版社，1999.

[6] JAMES H. THORP，ALAN P. COVICH. Ecology and classification of North American Freshwater Invertebrates[M]. New York: Academic Press，2009.

第 6 章　淡水着生藻类监测

1　术语和定义

1.1　着生藻类 Periphyton

生长在浸没于水中的各种基质表面上的藻类。根据基质的不同，着生藻类可分为附石藻类、附植藻类、附砂藻类、附泥藻类和附动藻类等。淡水着生藻类以硅藻门（Bacillariophyta）为主，其次包括绿藻门（Chlorophyta）、蓝藻门（Cyanophyta）等。

1.2　硅藻 Diatom

一类细胞壁高度硅质化的真核藻类，细胞壁由上下两个硅质外壳嵌套组成，壳面纹理是其重要分类特征。目前该类群在水生态监测中被广泛应用。

1.3　分类单元 Taxon

物种分类工作中的客观操作单位，有特定的名称和分类特征，包括门（Phylum）、纲（Class）、目（Order）、科（Family）、属（Genus）、种（Species）等。

1.4　密度 Abundance

单位面积或体积内某分类单元或全部着生藻类分类单元的个体数量。

1.5　相对密度 Relative Abundance

在某样品的检测计数中，每个分类单元的数量与计数总数的比值即为该分类单元的相对密度。

1.6　基质 Substratum

着生藻类定居、建群发展的介质（载体）。按基质的来源，可分为天然基质和人工基质。

2　监测原则及流程

2.1　科学性原则

监测断面（点位）及监测结果应具有代表性，能够全面反映监测区域着生藻类的整体状况。

2.2　可行性原则

淡水着生藻类监测应综合考虑人力、资金和后勤保障等条件，充分利用现有资源，立足于监测目标，优化监测点位布设，优先采用效率高、成本低的监测方法。

2.3　保护性原则

监测应以生态保护和恢复为最终目标，在监测过程中应避免对河湖生态环境造成破坏，避免超出客观需要的采样。

2.4　持续性原则

考虑到生物群落演替长期性、复杂性等特点，监测点位、方法、时间和频次等一经确定，应尽量保持延续性，便于对生态环境状况持续跟踪。

2.5　安全性原则

现场监测工作具有一定的安全风险，采样人员应接受相关专业培训，并做好安全防护措施，确保在安全的前提下开展工作。

2.6　监测流程

淡水着生藻类监测流程见图 1。

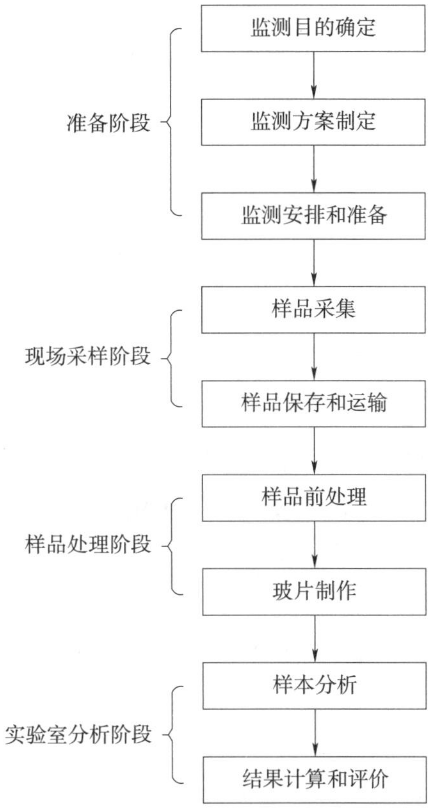

图 1　淡水着生藻类监测流程

3　试剂和材料

除非另有说明，分析时均使用符合国家标准的分析纯试剂，实验用水为新制备的去离子水或蒸馏水。

3.1　甲醛溶液[①]：w（HCHO）= 37%～40%。

3.2　鲁哥氏液：称取 60 g 碘化钾溶于少量水中，待完全溶解后，加入 40 g 碘，摇动至碘完全溶解，加蒸馏水定容至 1 000 mL，贮存于磨口棕色试剂瓶中。可加入 5% 冰醋酸，以防止藻类收缩变形。

3.3　甘油（丙三醇）。

3.4　浓盐酸：市售，浓度为 36%～38%。

3.5　浓硝酸：市售，浓度为 68%。

3.6　过氧化氢：30% 水溶液。

3.7　硅藻胶 Naphrax：一种折射率为 1.73 的合成树脂，作为硅藻壳封固剂。

3.8　加拿大树胶。

3.9　二甲苯或甲苯[②]。

4　仪器和设备

4.1　采样器

应根据生境条件选择合适的采样工具，各采样工具规格、使用方法及适用条件参照附录 A。常见的采样工具包括硬质毛刷或硬毛牙刷、镊子、刮刀、抹刀、不锈钢勺、剪刀、硅藻计、载玻片、搪瓷盘、注射器、透明管、筛绢网兜（孔径不大于 0.064 mm）、洗瓶、三角漏斗、培养皿、移液器、毛细管、自封袋。

4.2　样品瓶：塑料材质样品瓶，50 mL、100 mL、500 mL。

4.3　其他采样设备：冷藏箱、铅笔、记号笔、防水标签纸、现场记录表、GPS 定位仪、便携式多参数水质检测仪。

4.4　实验室处理：水浴锅、移液器、烧杯、天平、试管（带塞）、试管夹、试管架、防酸手套、离心机、离心管、震荡器、微波消解仪、加热板。

4.5　硅藻封片：

载玻片：规格为（76 × 26）mm，厚 0.8～1.2 mm。

盖玻片：方形边长 18～22 mm、圆形直径 12～16 mm。

其他：胶头滴管、镊子、加热板、标本盒。

4.6　实验室分析：

生物显微镜：配备 10 × 、20 × 、40 × 、100 ×（油镜）物镜及 10 × 、15 × 目镜的光学显微镜，建议配备 DIC 微分干涉显微镜。

0.1 mL 浮游生物计数框，使用前需标定。

其他：镊子、100～200 μL 移液器、胶头滴管、计数器等。

5　监测方法

5.1　采样位置选择

点位布设参考本书“第 2 章　水生态监测网络设置”、“附录 A”和“附录 B”相关内容，根据监

---

① 注意：在操作时要注意甲醛溶液对身体的危害，避免吸入或接触皮肤。

② 注意：在操作时要注意二甲苯溶液对身体的危害，避免吸入或接触皮肤。

测研究目的、水体自然生态类型、人类干扰的空间特性和点位周边生态环境等因素确定。着生藻类的采样点位应尽量与大型底栖无脊椎动物及常规理化监测采样点位保持一致，以保持监测数据的可获得性和监测结果的可比性。

着生藻类采样应在河流采样点位上下游 50 m 的河段范围内开展；若针对湖泊的着生藻类监测，宜在可涉水湖滨带（或浅水区）开展；在无可涉水河岸的河流或存在明显消落带的水库可考虑在监测点位采用人工基质进行硅藻样品采集。

通常情况下，所选采样生境应满足以下微环境条件：

a）采样位置应有良好的光照条件，避免在有阴影或树荫遮挡的区域采样。

b）采样基质应在水中浸没足够长的时间，以确保着生藻类群落发育至与其环境保持平衡。建议浸没时间至少 15 天，但具体时间取决于基质表面生物膜生长情况，一般情况下，生长较好的生物膜为表面光滑的深褐色、淡褐色或绿色。

c）对可涉水河段，在整个河段随机采样，以兼顾多个生境类型；对不可涉水的河段及湖（库），在可涉水的河岸带或湖（库）滨带采样。

d）采样位置应尽量远离河流汇入口或入湖河流和明显人为干扰区域；湖泊着生藻类采样应在与湖区有水体交换的湖滨带设点，避免在封闭湖湾采样，除非以监测其生态状况为目的。

e）若无法满足以上条件，则选择其他生境并记录该情况。

5.2　监测频次及时间

每年至少监测 1 次，建议枯水期或平水期开展监测；也可根据监测目的调整采样频次，按水期、季节或月度等开展监测。

注：丰水期水位变化较大，采样操作难度高，且无法确定采集到的基质是否有足够的浸没时间使着生藻类群落发育稳定；如丰水期开展监测，需保证水位至少稳定 15 天后采样。北方地区生物群落受冬季温度影响呈单一化，宜选择比较适宜生物生长、繁殖的时期进行监测。

5.3　采样方法

5.3.1　基质选择原则

建议采用单一生境法，即每个采样点位尽量选择采集同一基质类型的样品，保证各点位间监测结果可比性。也可根据监测目的，采用多生境法，即从调查河段内所有可达的生境和基质中采集着生藻类，获得一个能够代表该河段内现存着生藻类群落的混合样品。

着生藻类可以在大多数水下基质表面生长，其群落组成因其附着基质而异。在保证采样安全的前提下，建议在河床或湖滨带优先选择天然存在的可从水中移出的坚硬基质（如卵石、砾石和岩块等）。另外，可对码头和桥墩等稳定的人造基质的垂直面进行取样，取样区域应为基质水下非木质结构部分；或选择其他人造基质的硬表面取样，如瓷砖、砖块、人造石板等。若调查河段无法满足上述两类采样基质，则选择采集表层 1 cm 左右的沉积物或沉水植物和挺水植物的水下部分。需保证以上基质已经在水中浸没足够长的时间（至少 15 天），以确保基质表面着生藻类群落发育稳定。

当调查河段无以上任何满足采集条件的基质时，可选择投放人工基质，放置至少 15 天，以确保基质表面着生藻类群落发育稳定。

着生藻类样品应从以上基质与水体接触的上表面收集，并记录基质表面采集面积，如无法估计采集面积应说明情况。

如无法在现场完成从可移动基质上采集着生藻类，可将基质放入适当的洁净容器中，并加入固定剂后带回实验室作进一步处理。

5.3.2 原位基质法

5.3.2.1 天然坚硬基质

一般来说，卵石（64～256 mm）是取样的首选基质，其满足了采样所要求的基质稳定性和可操作性；也可以使用砾石（16～64 mm）和岩块（>256 mm）。在采集过程中，要至少采集 5 块卵石，如果没有卵石，那么应该采集 5 块岩块或 10 块砾石，取样面积至少达到 100 cm^2。

将采集获得的基质在水中轻轻晃动，以清除松散附着的表面污染物（如泥沙、有机碎屑和死亡生物个体），将基质从水中取出并置于洁净搪瓷盘中，用装有蒸馏水或无藻水的洗瓶轻微冲洗基质表面以清除基质表面松散泥沙，使用干净的硬质毛刷或者硬毛牙刷用力刮刷基质表面 30 s 以上，至基质表面无肉眼可见的生物着生印迹；刮刷过程中用洗瓶冲洗基质表面，将刷取获得的着生藻类生物膜收集于搪瓷盘中；最终将盘中褐色混浊液完全收集入样品瓶中，并用少量蒸馏水或无藻水冲洗搪瓷盘并收集于样品瓶中，记录样品体积；在样品瓶上贴上与样品相关的详细标签。

5.3.2.2 人造稳定基质

在缺少天然坚硬基质的情况下，可利用人造稳定基质（如桥墩、板柱、码头、堤坝处）进行采样，考虑水位波动和波浪的影响，建议取样水深约为 30 cm。需要注意的是，应避免选择木质人造基质。

对这类基质垂直面可采用带筛绢网兜的长柄刮刀进行采样，采样前先用刮刀搅动采样面附近水体，以清除松散附着的表面污染物（如泥沙、有机碎屑和死亡生物个体）；用刮刀反复多次刮擦载体表面以获取着生藻类，取样面积至少 100 cm^2；采样完成后，用洗瓶将黏附在刀刃上和网兜内的生物膜冲洗到搪瓷盘中并收集至样品瓶中；在样品瓶上贴上与样品相关的详细标签。

其他可移出水面的人造基质（如瓷砖、砖块、人造石板等）的硬表面可参考 5.3.2.1 方法进行采样。

5.3.2.3 水生植物载体

采集至少 5 株沉水植物或截取挺水植物水下茎部分，在水中轻轻晃动以清除松散附着的表面污染物后放入密封袋或容器中，加入蒸馏水或无藻水后通过剧烈振荡、搅拌或揉拭来获取附着在其表面的着生藻类，从袋中取出大型植物，将袋中的液体装入样品瓶中；若截取获得的挺水植物水下茎部分足够坚硬，可使用 5.3.2.1 方法进行采样。对于大型丝状植物，可将其置于搪瓷盘中，轻轻揉拭、挤压，将获取的悬浊液收集在样品瓶中。将上述获得的样品瓶贴上与样品相关的详细标签。

经采样的水生植物若能现场辨识，则记录该植物种类和生境。

5.3.2.4 其他基质

对于河床中不可移动的天然基质（如基岩、巨石），可采用连接了橡胶导管的注射器对其进行取样；用导管一端以刮擦基质表面，同时拉回注射器柱塞，将刮取的着生藻类吸入注射器；将注射器中的液体转移至样品瓶中，如此重复采集多次。将上述获得的样品瓶贴上与样品相关的详细标签。

如果调查河段没有其他合适的采样基质时，也可从沉积物中采集着生藻类；将培养皿倒置在沉积物上，在培养皿下插入抹刀至约 1 cm 厚度，将沉淀物收集在培养皿中；将培养皿从河中取出，同时将抹刀固定在培养皿下，并冲洗到样品瓶中；也可以用勺子、镊子、毛细管或移液器收集沉积生境的样品，如使用连接透明导管的注射器吸取底质表面约 1 cm 厚的松软沉积物，转移至样品瓶中，贴上与样品相关的详细标签。

5.3.3　人工基质法

当调查区域无 5.3.2 所述基质条件时，则选择投放人工基质以获取该调查区域着生藻类样品。推荐采取硅藻计作为人工基质材料，也可以根据实际情况使用其他材料作为人工基质。

人工基质的投放应避开溪流中的急流和漩涡，可与河中固定物相连，通过调节绳子的长短保证基质浸没水中，浸没深度 20～30 cm。要求尽量将人工基质隐藏，避开走航、观光河流的主干道，最大限度地降低被破坏风险。定期了解着生藻类建群情况，如采样前发生洪水或冲刷等情况，待水体平稳后，需重新安置人工基质，如样品丢失应及时补样，条件允许可以雇周边人员照看。放置时间至少 15 天，以确保基质表面着生藻类群落稳定发育。人工基质容易发生损坏和遗失，应在每个站位重复投放至少 3 个硅藻计，每个硅藻计应至少包含 5 个玻片，尺寸为（76×26）mm（ISO 8037-1—1986），建议采用磨砂材质玻片便于着生藻类固着生长。

待满足投放时间后，将硅藻计中的玻片按照 5.3.2.1 方法描述，刷取后收集入样品瓶中，将获得的样品瓶贴上与样品相关的详细标签。

5.3.4　现场信息记录

5.3.4.1　样品标签

应在样品容器（塑料袋、样品瓶）外部贴好标签；如有必要，可使用铅笔或不可擦除的记号笔在防水纸上记录标签，放在样品容器内。样品标签应提供以下信息：采样点位、样品编号、取样基质、采样人员和日期、固定液类型。

5.3.4.2　采样现场记录

每个采样点位应填写现场记录表。

第一次调查或取样时，需详细描述采样现场地点标识，应记录的信息包括水道 / 河段名称、地点名称、地点代码、经纬度或周边永久性标记和岸边稳定物体，应明确定义采样点的位置，以便其他调查人员可以准确地重新定位；如果必要，还应拍摄现场周边照片以辅助确定采样点的相对位置。

除此之外，现场记录信息包括：

a）采样日期；

b）采样人员的姓名；

c）取样方法、采样基质、对应样品编号；

d）天气状况（天气、气温）；

e）水质参数（水温、pH、溶解氧、盐度、电导率、总溶解固体等）。

应记录的其他信息取决于调查类型和地点类型。取样后，检查所有标签和现场记录表上记录的信息的准确性和完整性。

现场记录表参见附录 C。

5.3.5　样品保存与运输

样本若能在 24 h 内带回实验室并及时处理，则可将样品遮光冷藏保存；否则应在现场添加固定剂。如需分析全部门类的藻类，按 1.0 %～1.5 % 比例加入鲁哥氏液；如仅需分析硅藻群落结构，按 1%～4% 体积比加入甲醛溶液；样品如需长期保存，应按 1%～4% 体积比追加甲醛溶液。

在将样品带回实验室或物流运输时，应注意样品瓶的密封和缓冲保护，防止在运输过程中样品瓶破损导致样品流失。

5.4 实验室处理及分析

若采集到的着生藻类样品中含有大量的泥沙，可剧烈摇匀后短暂静置 30 s 使泥沙迅速沉淀至样品瓶底，转移中下层液体至其他样品瓶中进行下一步处理，若泥沙仍过多，可以重复此步骤 3～5 次。着生藻类样品应根据监测评价所需选择不同的处理分析方法，一般可按硅藻类和全藻类进行处理及分析。

5.4.1 硅藻类样品

5.4.1.1 预处理

由于硅藻种类的形态学鉴定主要依据其细胞壁的纹饰和壳体形状，应在鉴定之前，对样品进行预处理，以去除藻体中的原生质，只保留主要由二氧化硅组成的硅质外壳。

预处理常用方法有以下三种，可根据实际情况选取适合的方式。

注 1：在保证试剂比例不变的情况下，所使用的试剂量可根据实际情况进行调整。

注 2：杂质较多的样品建议采用三酸法，杂质较少的样品建议采用双氧水法。

方法一：双氧水法。双氧水法操作步骤如下：

（1）摇匀硅藻样品，取 2～3 mL 样品放入 20 mL 玻璃试管中，可根据硅藻密度酌情调整取样量。

（2）在试管中加入 4 倍样品体积的过氧化氢，试管加塞，水浴（90℃ ±5℃）加热 3～6 h 以去除有机物质，如样品杂质较多，可延长加热时间，最终得到白色悬浊液。

（3）将试管从水浴锅中取出，添加几滴盐酸以去除剩余的过氧化氢和碳酸盐，并用蒸馏水清洗试管侧壁，此步骤需在通风橱中进行。

方法二：微波硝酸消解法。微波硝酸消解法操作步骤如下：

（1）摇匀硅藻样品，吸取 10～15 mL 样品至离心管内，1 500 r/min 离心 5 min，去上清液后将离心管内的沉淀物转至消解管内；如果野外采集的样品中有大型植物如水草、苔藓或移液枪不能吸取的其他物质，首先振荡标本瓶，尽可能使附着在这些基质上的硅藻脱落，然后在吸取完 10 mL 液体以后，再用镊子镊取少许水草、苔藓等基质装入消解管中等待下一步处理。

（2）在消解管内加入 10 mL 浓硝酸，盖好消解管的内外盖后放入消解仪内，选择 180℃消解 2 h，消解过程应在通风橱内进行。

（3）待消解完成后，将消解管在通风橱下开盖冷却，然后将冷却的样品转移到玻璃试管中。

方法三：三酸法。三酸法操作步骤如下：

（1）摇匀硅藻样品，吸取 10～15 mL 样品至离心管内，1 500 r/min 离心 5 min，去上清液后将离心管内的沉淀物转至消解管内。

（2）在通风橱中进行以下操作：

①用试管夹夹住试管在酒精灯上加热，至标本中的液体全部蒸发；

②加入 3～4 滴浓盐酸继续加热，至颜色变深，液体大部分蒸发；

③加入 2～4 滴浓硫酸加热，至试管中的液体逐渐变黑，并产生大量气泡；

④加热直至试管中的液体变为炭黑色，不再产生气泡并伴有白色气体冒出；

⑤加入 2～3 滴浓硝酸，此时反应剧烈并伴有响声，有大量棕红色气体冒出；

⑥继续加热直至沉淀物变为淡黄色或无色，气体变为白色。

5.4.1.2　样品清洗

将预处理后的样品静置沉降 24 h，移除上清液，向试管中加入蒸馏水，混匀后静置沉降，移除上清液。如此反复操作 3～5 次，至悬浮液接近中性。清洗工作也可以通过离心分离的方式进行，将预处理后的样品转移至离心管内，1 500 r/min 离心 5 min。

5.4.1.3　样品干燥

最后一次沉降或离心结束后，加入 95% 酒精稀释至合适浓度混匀；合适浓度可通过在光线照射下，悬浮液中的颗粒应是可见的来大致判断。如果悬浮液呈乳白色或浑浊，加入 95% 酒精降低其浓度，以保证玻片中硅藻细胞不重叠，分布均匀；如果悬浮物非常稀，则再次浓缩样品。

吸取稀释后的样品滴加在清洗干净的盖玻片上，直至样品覆盖整个盖玻片而不溢出。

将滴加样品的盖玻片在室温环境下进行干燥处理，干燥时可将玻片用罩子罩住以免样品被污染。干燥工作可通过在加热板或烘箱中干燥盖玻片的方式来提速，建议温度不超过 50℃。

5.4.1.4　初步检测

将干燥后的盖玻片放在载玻片上，在显微镜 10 × 40 倍数下观察，以每个视野中平均出现 30～50 个硅藻壳面为宜，若单个视野中出现的硅藻细胞过多或过少则调整样品稀释度，重新干燥处理样品。

5.4.1.5　制片

在载玻片上滴一滴封片胶（Naphrax），将检验合格的盖玻片有硅藻的一面朝下放到封片胶上，使胶慢慢散开，接近或完全扩散到整张盖玻片上；将载玻片放到电热板或光波炉上加热，待封片胶溶化后继续加热直至气泡消失，迅速将载玻片取下，用镊子或玻璃棒轻轻按压盖玻片以除去玻片中残留的气泡，并使得硅藻细胞分散在同一个层面上；待玻片冷却后进行质量检查，合格的玻片标本应尽可能少含矿物晶体、泥沙杂质和气泡，盖玻片应完全充满封片胶，在显微镜 10 × 40 倍数下观察，玻片中硅藻细胞应分布较均匀，密度适中。

在玻片上贴好标签，记录样品的详细信息。

5.4.1.6　种类鉴定

将制作合格的硅藻玻片置于光学显微镜 10 × 100 倍油镜下观察，鉴定分析至属或种，其中优势种应尽量鉴定到种；对于部分个体较小的优势种类，若光学显微镜无法鉴定种类，有条件情况下可借助电子显微镜鉴定分析。观察的视野在玻片中应尽可能地分布均匀，可通过呈“已”字形来移动载物台。每个视野内所有完整及破损面积不超过 1/4 的硅藻外壳都要鉴定和计数，至少计数 400 个硅藻外壳。

5.4.1.7　结果记录

结果记录鉴定分类单元学名及相应计数个数，鉴定记录表格参见附录 D。

5.4.1.8　样品保存

将稀释至合适浓度的硅藻样品转移至干净的小瓶中，加入终浓度为 1% 的甲醛防止真菌生长，贴好标签，样品可长期保存。

制作成玻片的标本放入标本盒中，可长期保存。

5.4.2 全藻类样品

5.4.2.1 预处理

全藻类样品可参考浮游植物样品处理方法。

方法一：常规制片法。将采集到的样品根据其样品中个体密度沉淀、浓缩至适宜体积。观察时，将样品充分摇晃均匀后静置 5～10 s，用移液枪吸取液体中间略偏下位置的样品 0.1 mL 置于浮游生物计数框中，制成临时装片鉴定、计数。

方法二：甘油制片法。甘油制片法操作步骤如下：

①配置甘油封片试剂：按照甲醛：甘油：蒸馏水的体积比为 4：10：86 配置甘油封片试剂；

②按照一份（滴）样品加两份（滴）甘油封片试剂的比例置于浮游生物计数框中；

③待蒸馏水挥发后（根据室温、湿度条件不同有一定的差异，一般为 24 h），补充加封片试剂一次（两份 / 两滴）；

④待蒸馏水再次挥发后盖上盖玻片置于显微镜下进行鉴定，使用时间与外界条件有关，一般为 2～3 天。

注：由于从事生物监测时间较短的人员开展种类鉴定工作较为困难，而受空气、光源等因素影响，临时装片样品中的水分可能快速挥发，影响对样品的观察。因此也可以将样品制成甘油封片，减少鉴定中因外界因素产生的困难。

5.4.2.2 镜检、计数和结果记录

全藻类样品的分析、计算参考《淡水浮游植物监测》。

6 结果计算与表示

6.1 半定量分析

半定量分析结果采用物种相对密度进行计算。

根据鉴定、计数结果，按照公式（1）计算着生藻类的相对密度。

$$D_i = d_i / d_{\mathrm{T}} \tag{1}$$

式中：D_i——i 种相对密度；

d_i——i 种计数个体数，ind.；

d_{T}——总计数个体数，ind.。

示例：某样品共镜检着生藻类细胞个数 400 个体，其中 a 种检出 80 个体，则 a 种相对密度为 80/400=0.2。

6.2 定量分析

定量分析结果按照公式（2）计算原基质单位面积上着生藻类个体数量：

$$N_i = \frac{n_i \times V_1}{V_2 \times S} \tag{2}$$

式中：N_i——i 种密度，即单位面积个体数量，ind./cm^2；

n_i——i 种计数个体数，ind.；

V_1——样品定容体积，mL；

V_2——样品镜检观察体积，mL；

S——采样面积，cm^2。

7　质量保证和质量控制

7.1　野外采样

7.1.1　样品采集

制订合理的采样计划，用符合质量要求的合适的仪器设备采样，采样地点以 GPS 定位为准，保证采集样品的代表性和可比性。

采集现场负责人对采样点位、采样实施、采集效果进行评估。

严格按照采样方法采集着生藻类样品，并正确填写现场采样记录表及样品标签。

采样结束后，及时清洗需重复使用的采样设备，并仔细检查，防止采样污染。

7.1.2　样品保存与运输

现场及时处理及保存样品，按要求添加合适的保存剂以保证着生藻类个体被固定。

样品运输过程中应避免强光照射及强烈振动，确保样品无破损、无污染。

7.1.3　信息记录

现场记录信息应包括样品编号、日期、水体名称、采样位置、生境特征、采样基质、采样量以及采样人姓名等。

信息记录必须完整、规范、清晰。

7.2　实验室分析

7.2.1　生物鉴定

从事着生藻类样品检测的人员必须经过相关培训和课程，具备一定的生物鉴定专业知识。

建议以流域为单位开展着生藻类名录和图谱库数据平台建设，流域内分析鉴定应基于统一的分类资料进行，命名需与权威资料中的名称一致。

对于样品中的优势种、存疑或不确定种应拍摄照片或视频，请分类学专家对该物种进行确认。新种、新记录种必须留出典型、完好的标本，永久保存，并请分类学专家进行确认。

定期邀请相关专业的分类学专家和生态学专家检查鉴定结果的合理性。

7.2.2　人员比对

由内部检测技术人员或邀请外部分类学专家开展人员比对，比对样品应为同一玻片。

7.2.2.1　分类鉴定差异比对

抽取一定比例的样品（如 10%），分别由 2 名技术人员或 1 名技术人员和 1 名质控专家重复计数，以分类鉴定误差率（Percent Taxonomic Disagreement，PTD）来评估分类鉴定结果的准确性，计算公式如下：

$$PTD = 1 - \frac{comp_{pos}(n_1, n_2)}{max(n_1, n_2)} \tag{3}$$

式中：PTD——分类鉴定误差率，%；

$comp_{pos}(n_1, n_2)$——两名人员鉴定结果一致的分类单元个体数，ind.；

$max(n_1, n_2)$——两名人员鉴定结果中个体计数值较大者，ind.。

7.2.2.2 **计数差异比对**

定量样品随机抽取一定比例的样品（如 10%）作平行测定，以计数差异率（Percent Difference in Enumeration，PDE）评估计数精密度，计算公式如下：

$$PDE=\frac{|\bar{N}_1 - \bar{N}_2|}{\bar{N}_1 + \bar{N}_2} \times 100\% \tag{4}$$

式中：PDE——物种分类差异百分比，%；

$\bar{N}_1$——平行样 1 测定结果，ind./cm²；

$\bar{N}_2$——平行样 2 测定结果，ind./cm²。

7.2.2.3 **控制目标**

可根据监测目的制定人员比对质控目标，如一般计数差异百分比控制在 PDE≤20%，属级分类差异百分比控制在 PTD≤15%，种级分类差异百分比控制在 PTD≤40%。

7.2.3 结果记录

详细记录样品信息（名称、属性、固定剂情况等）、方法依据及关键技术参数（包括样品体积、浓缩或稀释情况、取样体积、镜检范围等）。

样品镜检记录包括物种学名、计数数量及结果计算方法等信息。其中，物种学名记录以拉丁名为准，并记录通用中文学名。

7.2.4 样品保存及处置

按照要求保存样品，每隔几周定期检查固定液，必要时进行添加，样品至少保留 4 个月以上，有条件的实验室可长期保存。

硅藻玻片应标记样本标签，置于标本盒中保存。

参编单位：

中国环境监测总站

生态环境部珠江流域南海海域生态环境监督管理局生态环境监测与科学研究中心

浙江省生态环境监测中心

江苏省泰州环境监测中心

附录 A　着生藻类采样工具及其适用条件和使用方法

采样工具	规格	适用条件	使用方法	示例图片
硬质毛刷	猪鬃刷 [（4×2）cm]	可移动天然坚硬基质	使用干净的硬质毛刷或者硬毛牙刷用力刷基质表面（刷取时，持续刮刷 30 s 以上），刷取着生藻类生物膜，至基质取样范围表面无肉眼可见的着生印迹。刷取完毕后用蒸馏水或无藻水冲洗刷毛上的藻类，将其一并收集。为避免样品交叉污染，该工具不建议循环使用	图 A.1
硬毛牙刷	碳纤维硬毛材质			图 A.2
解剖刀	4 号刀柄（14 cm）	可移动天然坚硬基质	刮取可移动天然坚硬基质表面较厚的着生藻类生物膜	图 A.3
刮刀	—	人造稳定基质	用带有筛绢网兜的刮刀刮取载体表面，获取着生藻类。应该刮至少 100 cm^2 的面积。然后，将黏附在刀刃上和网兜内的生物膜直接移至样品瓶中	图 A.4
抹刀	宽＞7 cm	泥沙基质	将培养皿倒置在沉淀物上。通过在培养皿下插入抹刀，将沉淀物收集在培养皿中。将培养皿从河中取出，同时将抹刀固定在培养皿下，并冲洗到样品瓶中	图 A.5
培养皿	7 cm			
注射器	100～300 mL	不可移动天然坚硬基质	用连接了透明管的注射器抽取以刮擦形式采集的基质表面着生藻类样品。用透明管口擦取着生藻类的同时拉回注射器柱塞，将刮取的着生藻类吸入注射器；将注射器中的液体转移至样品瓶中，如此重复采集多次	图 A.6
透明胶管	长 30～100 cm 直径 0.5 cm			
密封袋	11 号	水生植物载体	采集沉水植物（至少 5 株），轻微冲洗后放入密封袋中，加入蒸馏水或无藻水后剧烈振荡或搅动植物，以获取附着的藻细胞，从袋中取出大型植物，将袋中的液体装入样品瓶中	图 A.7
硅藻计	纳片量至少 5 片；总面积不少于 100 cm^2	人工基质	将硅藻计部署入靠近下层水的深度，以确保它们不会干扰河流或湖泊使用者的活动，并最大限度地降低被破坏风险。投放时间不少于 15 天，以便使着生藻类很好的附着以及与水环境平衡。此外，应在每个站位重复投放至少 3 个硅藻计，每个硅藻计应至少包含 5 个玻片，以考虑到由于遗失或破坏造成的潜在损失	图 A.8

图 A.1　硬质毛刷

图 A.2　硬毛牙刷

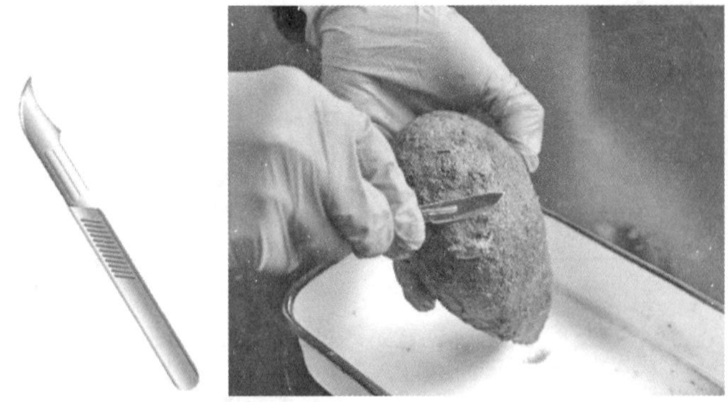

图 **A.3**　解剖刀

图 **A.4**　带有筛绢网兜的刮刀

图 **A.5**　抹刀和培养皿

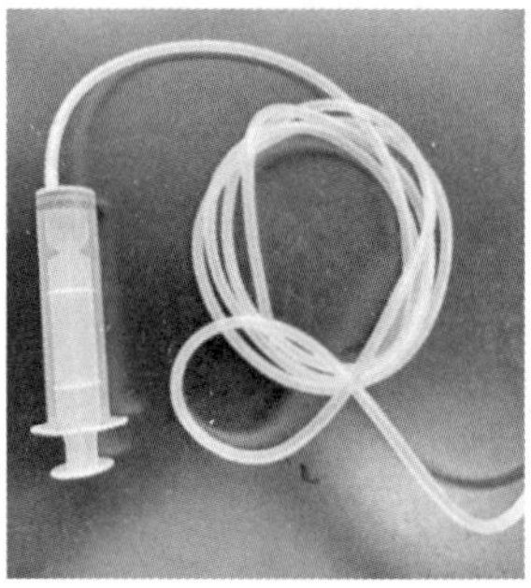

图 **A.6**　注射器软管抽取装置

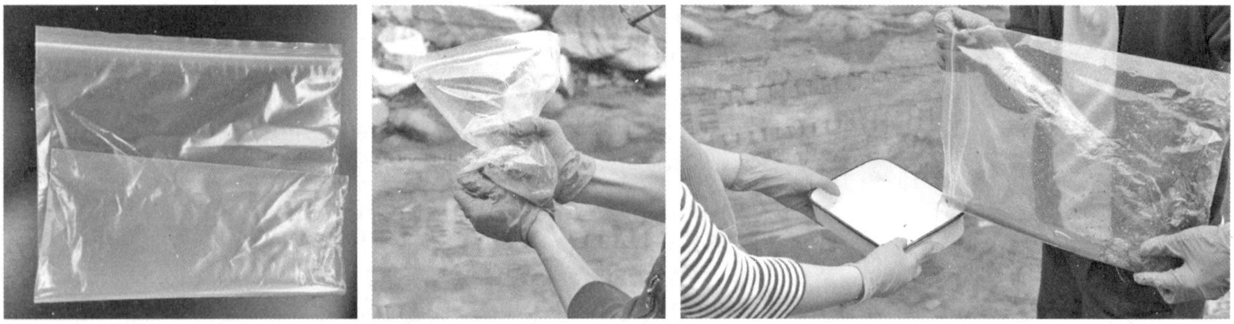

图 **A.7**　密封袋

图 **A.8**　硅藻计

附录 B　水生态监测现场记录表

项目名称：	点位名称：
经纬度：经度（°）：____.____° 纬度（°）：____.____° ☐ 临时替代点位（需备注）	
采样日期： ________年________月________日	采样时间： ________时________分至________时________分
天气情况：☐ 晴 ☐ 多云 ☐ 阴天 ☐ 阵雨 ☐ 小雨 ☐ 中雨 ☐ 大雨 ☐ 暴雨 ☐ 降雪 ☐ 24 h 内降雨	
气象情况：风向：____________风速等级：____________气温（℃）：____________	
水体类型：☐ 涉水可过河流 ☐ 涉水不可过河流 ☐ 不可涉水河流 ☐ 浅水湖泊 ☐ 深水湖泊 ☐ 水库	
水位情况：☐ 低水位（水面覆盖部分河床） ☐ 中水位（水面基本覆盖河床） ☐ 高水位（水面覆盖河漫滩） 水深（m，河流型选填）：____________河宽（m，湖库型不填）：____________ 水流情况：☐ 静水 ☐ 缓流 ☐ 急流 ☐ 湍流 流速（m/s，选填）：____________	
周边生境：☐ 林地 ☐ 草地 ☐ 农田 ☐ 城镇 ☐ 工业 ☐ 道路 ☐ 航道 ☐ 其他____________ 湖库周边 / 河流上游：☐ 桥梁 ☐ 码头 ☐ 闸坝 ☐ 支流汇入 ☐ 排污口 河流下游：☐ 桥梁 ☐ 码头 ☐ 闸坝 ☐ 支流汇入 ☐ 排污口 水生植被：☐ 挺水型 ☐ 沉水型 ☐ 浮叶型 ☐ 漂浮型 植被覆盖（%）：____________	
岸线类型：☐ 自然植被 ☐ 自然砂石 ☐ 生态改造 ☐ 石质 ☐ 混凝土 ☐ 堤坝 ☐ 木质残体	
底质类型（周边 500 m）： ☐ 鹅卵石______% ☐ 砂石______% ☐ 基岩______% ☐ 软泥______% ☐ 其他______%	
现场分析：水温（℃）：________ 溶解氧：（mg/L）：________ pH：________ 浊度（NTU）：________ 电导率（S/cm）：________ 透明度（cm，湖库）：________ 叶绿素（g/L，选填）：________ 仪器编号（可填多项）：________________	监测内容：☐ 浮游植物 ☐ 浮游动物 ☐ 着生藻类 ☐ 鱼类 ☐ 大型底栖无脊椎动物 ☐ 大型水生植物 ☐ 环境 DNA（鱼类） ☐ 环境 DNA（其他）________ ☐ 生境现场评价 ☐ 水质
特殊情况及备注：☐ 水华 ☐ 断流 ☐ 疏浚 ☐ 施工 （河流对上游、下游、左岸、右岸分别拍照，湖库向岸方向拍照，采样状态拍照。遇特殊情况拍照或影像记录，记录水库放水周期和时间等）	

记录：　　　　　　　　现场分析：　　　　　　　　复核：　　　　　　　　审核：

附录 C　着生藻类现场采样记录表

<table>
<tr><td colspan="2">点位名称：</td><td colspan="2">采样时间：_______年_______月_______日
_______时_______分至_______时_______分</td></tr>
<tr><td colspan="4">采样工具：☐ 硬毛刷　☐ 刮刀　☐ 镊子　☐ 剪刀　☐ 其他_______</td></tr>
<tr><td colspan="2">样品类型及编号
☐ 定　量—样品编号：____________
☐ 半定量—样品编号：____________</td><td colspan="2">固定剂类型
☐ 鲁哥氏液（优先选择）
☐ 甲醛溶液</td></tr>
<tr><td>采样位置</td><td colspan="3">☐ 岸边　　☐ 中泓　　☐ 岸边＋中泓</td></tr>
<tr><td rowspan="3">样品采集</td><td rowspan="2">原位基质法</td><td colspan="2">☐ 单一基质法：
☐ 卵　石（64～256 mm），_____个
☐ 其　他：________，_____个
采样面积：________cm²</td></tr>
<tr><td colspan="2">☐ 复合基质法：
☐ 附石藻类_______%
☐ 附砂藻类_______%
☐ 附泥藻类_______%
☐ 附植藻类_______%
☐ 附动藻类_______%
☐ 其　　他：_______
采样面积：________cm²</td></tr>
<tr><td>人工基质法</td><td colspan="2">☐ 人工基质法：
☐ 硅藻计（仪器编号：____________）
☐ 其　他：____________________
采样面积：________cm²
布设时间：_______—_______，共计_______天</td></tr>
<tr><td>备注</td><td colspan="3"></td></tr>
</table>

采样人员：　　　　　　　　复核人员：　　　　　　　　审核人员：

附录 D　着生藻类半定量样品分析记录表

项目名称:____________　样品编号:______________　点位名称:____________

分析日期:____________　显微镜编号:____________

物种名称	数量 d_i（cells）	相对丰度 D_i
总计个体数 d_T（cells）		
相对丰度 D_i 依据公式计算：$D_i=d_i/d_T$		

分析人员:　　　　　　　　复核人员:　　　　　　　　审核人员:

附录 E　着生藻类定量样品分析记录表

项目名称:__________　　样品编号:__________　　点位名称:__________　　分析日期:__________

显微镜编号:__________　　计数方式: □ 全片法　□ 行格法　□ 视野法　□ 对角线法

第___片 / 共___片

物种名称	计数 n_i（cells）	小计（cells）

采样体积（V_0）:____L　定容体积（V_1）:____mL　计数框容积（V_2）:____mL

计数框面积 / 总行格数（A）:____mm^2　计数面积 / 计数行格数（A_c）:____mm^2　采样面积 S:____cm^2

细胞密度 N 依据公式计算：$N_i = \frac{A}{A_c} \times \frac{n}{V_2} \times \frac{V_1}{S}$

分析人员：　　　　　　　　复核人员：　　　　　　　　审核人员：

附录 F　着生藻类分析质控记录表

项目名称：____________　　样品编号：____________　　点位名称：____________　　分析日期：____________

显微镜编号：____________　　计数方式：☐ 全片法　☐ 行格法　☐ 视野法　☐ 对角线法

第____片 / 共____片

物种名称	计数 n_i（cells）	备注

<table>
<tr><td>☐ 定量样品
☐ 半定量样品</td><td>☐ 计数差异百分比（PDE）
☐ 物种分类差异百分比（PTD）</td><td>________%</td></tr>
<tr><td>质控目标</td><td>PDE≤20%</td><td>属级 PTD≤15%；种级 PTD≤40%</td></tr>
<tr><td rowspan="2">质控内容</td><td>$\mathrm{PDE}=\dfrac{\left|\bar{N}_1-\bar{N}_2\right|}{\bar{N}_1+\bar{N}_2}\times100\%$
PDE——计数差异百分比，%；
$\bar{N}_1$——平行样 1 测定结果均值，cells/cm^2；
$\bar{N}_2$——平行样 2 测定结果均值，cells/cm^2</td><td>$\mathrm{PTD}=\left(1-\dfrac{\mathrm{comp}_{\mathrm{pos}}}{N}\right)\times100\%$
PTD——物种分类差异百分比，%；
$\mathrm{comp}_{\mathrm{pos}}$——物种分类单元一致的数量，个；
N——物种分类单元较多一方的数量，个</td></tr>
<tr><td colspan="2">质控结果：☐ 合格　☐ 重新分析</td></tr>
</table>

分析人员：　　　　　　　　复核人员：　　　　　　　　审核人员：

附录G　着生藻类分类鉴定参考书目

[1] 中国科学院中国孢子植物志编辑委员会．中国淡水藻志（1-23卷）[M]. 北京：科学出版社，1988—2018.

[2] 胡鸿均，魏印心．中国淡水藻类：系统、分类及生态 [M]. 北京：科学出版社，2006.

[3] Kremmer K，Lange-bertalot H. 欧洲硅藻鉴定系统 [M]. 刘威，朱远生，黄迎艳，译．广州：中山大学出版社，2012.

[4] 朱惠忠，陈嘉佑．中国西藏硅藻 [M]. 北京：科学出版社，2000.

[5] 水利部水文局．中国内陆水域常见藻类图谱 [M]. 武汉：长江出版社，2012.

[6] 翁建中，徐恒省．中国常见浮游藻类图谱 [M]. 上海：上海科技出版社，2010.

[7] 硅藻分类网站：https: //diatoms.org/.

第 7 章　淡水大型底栖无脊椎动物监测

1　术语和定义

1.1　淡水大型底栖无脊椎动物 Freshwater Benthic Macroinvertebrate

生活史全部或至少一个时期栖息于内陆淡水（包括流水与静水）水体底部表面或基质中且个体不能通过 425 μm（40 目）网筛的无脊椎动物，它们具有相对稳定的生活环境，移动能力差。淡水中常见的大型底栖无脊椎动物主要包括水生的扁形动物（Platyhelminthes）、线形动物（Nematomorpha）、环节动物（Annelida）、软体动物（Mollusca）、节肢动物（Arthropoda）等。

1.2　分类单元 Taxon

物种分类工作中的客观操作单位，有特定的名称和分类特征，主要包括门（Phylum）、纲（Class）、目（Order）、科（Family）、属（Genus）、种（Species）等分类等级。此外，还包括亚纲（Subclass）、亚目（Suborder）、亚科（Subfamily）、族（Tribe）、亚种（Subspecies）等辅助分类等级。

1.3　密度 Density

单位面积（或一定体积）内某种（类）或全部淡水大型底栖无脊椎动物分类单元的个体数量。

1.4　生物量 Biomass

单位面积（或一定体积）内某种（类）或全部淡水大型底栖无脊椎动物分类单元的湿重。其中，软体动物应为带壳湿重。

1.5　可涉水河流 Wadeable River

不借助工具的条件下可徒步蹚水而过的河流。

1.6　不可涉水河流 Non-wadeable River

不借助运输工具的条件下不可蹚水而过的河流。

1.7　参考标本 Reference Specimen

拥有明确分类名称和图鉴，可用于实验室内和实验室间的质量保证与质量控制，保存完整的实物标本。

2 监测原则及流程

2.1 科学性原则

淡水大型底栖无脊椎动物监测与评价应客观、科学地反映监测对象的实际状况，符合生态学和环境科学的基本原理与要求。

2.2 代表性原则

监测结果应能在物种及数量等方面全面客观反映监测水域淡水大型底栖无脊椎动物群落的整体状况。

2.3 可操作性原则

在水生态环境监测业务部门现有技术水平和资源配置的条件下，以支撑环境管理为目标，优先采用效率高、成本低、方法简、操作易的监测方法。

2.4 可比性原则

淡水大型底栖无脊椎动物群落及生境的时空变化具有长期性、复杂性，监测点位、方法、指标、时间和频次等一经确定，应尽量保持延续性，使监测结果可比。

2.5 保护性原则

监测与评价活动以保护和恢复为最终目标，因此在监测过程中应避免伤害重点保护野生生物、破坏生态环境和超出客观需要的频繁采样。

2.6 安全性原则

现场监测工作具有一定的风险，监测人员应接受相关专业培训，并做好安全防护措施。

2.7 监测流程

淡水大型底栖无脊椎动物监测流程见图 1。

3 试剂和材料

除非另有说明，分析时均使用符合国家标准的分析纯试剂，实验用水为新制备的去离子水或蒸馏水。

3.1 甲醛溶液：w（HCHO）= 37%～40%。

3.2 甲醛溶液：w（HCHO）≈4%。量取 37%～40% 的甲醛溶液约 10 mL，用水定容至 100 mL。

3.3 无水乙醇：ρ（C_2H_5OH）= 0.79 g/ mL。

3.4 乙醇溶液：w（C_2H_5OH）= 75%。量取无水乙醇 75 mL，用水定容至 100 mL。

3.5 丙三醇。

3.6 加拿大树胶。

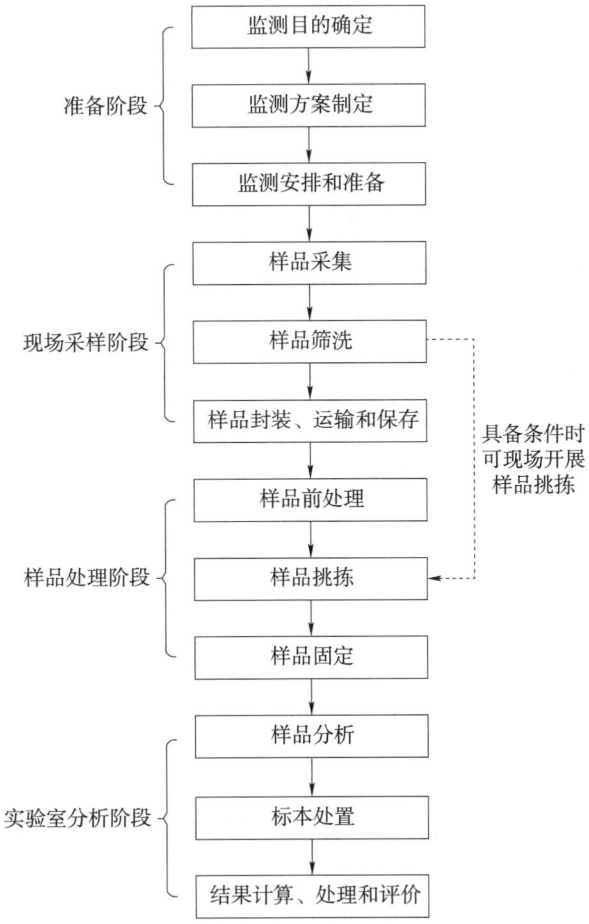

图 1　淡水大型底栖无脊椎动物监测流程

3.7　普氏（Puris）胶：将 8 g 阿拉伯胶和 10 mL 蒸馏水加入烧杯中，并将其置于 80℃恒温水浴，用玻璃棒搅动，待胶溶后，依次加入 30 g 水合氯醛、7 mL 甘油和 3 mL 冰醋酸，继续用玻璃棒搅拌均匀，最后以薄棉过滤即成。

4　仪器和设备

4.1　采样器：根据生境条件选择合适的采样工具，各采样工具规格、使用方法及适用条件参照附录 A。

4.2　筛网：孔径 425 μm（40 目），筛网材质为钢制、尼龙制或其他不易破损的材料。

4.3　便携式冷藏箱：1～10℃。

4.4　其他采样设备：直流潜水泵（12 V）、蓄电池（12 V，≥40 AH）、盆、桶、塑料自封袋或广口塑料瓶、铁锹等。

4.5　搪瓷盘：白色，表面光滑，对介质不黏附，易清洗。

4.6　细口吸管：1 mL、3 mL、5 mL、10 mL。

4.7　镊子：尖嘴、弯嘴，耐腐蚀。

4.8　标本瓶或标本盒：20 mL、50 mL、100 mL、1 000 mL，塑料制，具盖。

4.9　冷藏冰箱：0～4℃。

4.10　台灯。

4.11　放大镜。

4.12　折叠台和折叠凳。

4.13　体视显微镜：物镜 0.8× 或 1.0×，可调变倍比≥4：1，目镜 10× 或 15×，带摄影系统。

4.14　生物显微镜：物镜 4×、10×、20×、40×、100×，目镜 10× 或 15×，带摄影系统。

4.15　标本成像系统：含标本托架、照明、摄影及调节系统，直接用于生物标本的摄影记录。

4.16　电子天平：最大称量 220 g，分度值 0.000 1 g；最大称量 500 g，分度值 0.001 g；最大称量 3 000 g，分度值 0.01 g。

4.17　载玻片：（76×26）mm，厚（0.8～1.2）mm。

4.18　矩形盖玻片：（22×22）mm，厚 0.17 mm。

4.19　圆形盖玻片：直径 6 mm，厚 0.17 mm。

4.20　计数器。

4.21　解剖针。

4.22　培养皿。

4.23　吸水纸。

4.24　防护设备：救生衣、防水裤、防水服、防晒服、防寒服、高筒胶鞋、橡胶手套、帽子、急救包（含各类药品）等。

4.25　现场设备：手持式全球定位系统、卷尺、测距仪、计时器、照相机、记号笔、防水签字笔等，具备条件的可配备无人机。

4.26　生物实验室其他常用设备及器材。

5　样品

5.1　监测方案制定及准备

5.1.1　监测点位布设

点位布设参考本书“第 2 章　水生态监测网络设置”、“附录 A”和“附录 B”相关内容，根据监测目的，结合水体自然条件和人类干扰特点布设有代表性的监测点位。通常情况下，湖泊和水库可在沿岸带、湾区、敞水区、河口区、草型区、藻型区等区域布设监测点位，深水区应仅设少量具代表性的监测点位；在深水、浅水复合生境的情况下，可只在浅水区设置采样样方、样带。河流（可涉水河流和不可涉水河流）可在上游河段、中游河段、下游河段、支流汇入口上下游、城镇上下游等区域布设监测点位，监测点位设置应尽可能与理化监测点位一致，监测点位已布设完成的按相关监测方案执行，同时可结合实际，在前期摸底监测的基础上对点位进行适当优化调整，应避开主航道、航标塔、闸坝下方、渡口等地。

5.1.2　采样位置

5.1.2.1　湖泊和水库

以监测点位经纬度坐标为中心，半径 100 m 的圆形范围为采样区域，根据采样区域内的不同生境选定样方或样带。每一个不同生境至少选择一个样方，样带必须覆盖采样区域的主要生境。湖泊和水库的监测点位、采样区域、样方和样带的空间关系参照图 2。

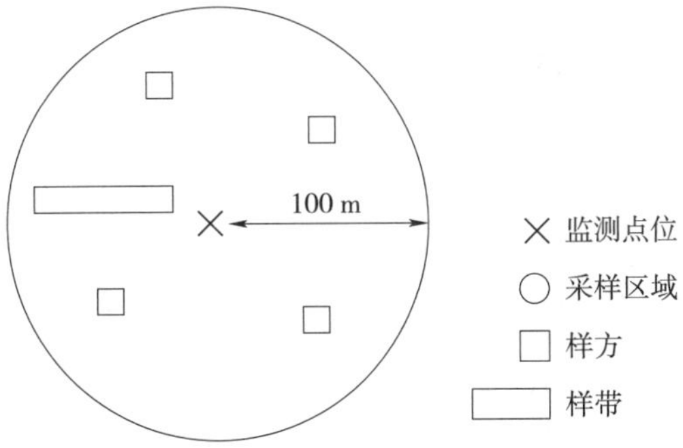

图 2　湖泊和水库监测点位、采样区域、样方和样带的空间关系示意图

5.1.2.2　河流

对于可涉水河流，以监测点位经纬度坐标为中心，上下游各 50 m 范围的河段为采样区域；对于不可涉水河流，当河宽不超过 200 m 时，以监测点位经纬度坐标为中心，上下游各 100 m 范围的河段为采样区域，当河宽为 200 m 及以上时，以监测点位经纬度坐标为中心，上下游各 200 m 范围的河段为采样区域。根据采样区域内的不同生境选定样方或样带，每一个不同生境至少选择一个样方，样带必须覆盖采样区域的主要生境。若河流左右岸生境相似仅在一侧采集，明显不同时，需两侧同时采集。监测点位、采样区域、样方和样带的空间关系参照图 3。

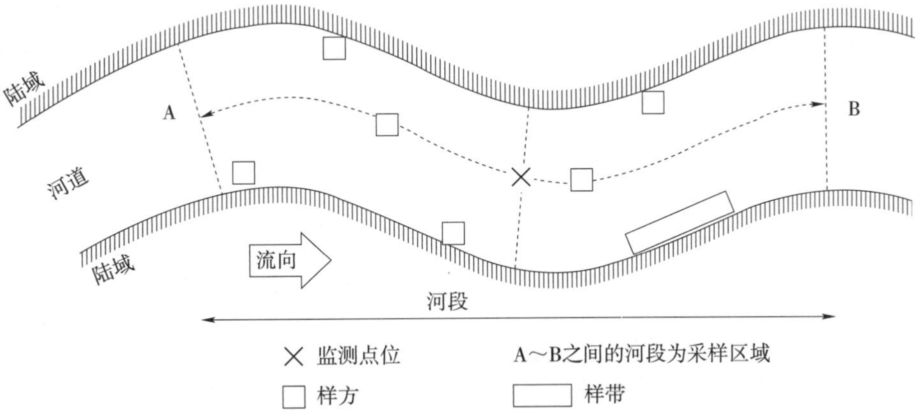

图 3　河流监测点位、采样区域、样方和样带的空间关系示意图

5.1.3　采样量

一般情况下，河流、湖泊和水库单个采样区域中设置不少于 4 个定量采集的样方和 1 个半定量采集的样带，单个样方不少于 0.062 5 m^2，单个样带不少于 0.9 m^2，或单个采样区域放置不少于 2 个人工基质采样器（篮式采样器或十字采样器）。为进一步保证采样代表性，可按以下步骤确定适宜采样量，首先判别生态类型状况，在生态类型一致的区域选取至少 3 个生态条件良好（尽量选择表 1 中物种多样性高的生境影响因子）的点位，再以最小单位采样量（如采泥器抓取一次或一个人工基质采样器的采样量）逐个增加的形式增加采样量，当新出现的物种分类单元数增加量不足一种时，所对应的总采样量为该区域适宜的采样量。

表 1　大型底栖无脊椎动物多样性生境影响因子梯度分布表

生境影响因子			物种多样性由高到低的一般顺序		
物理条件	底质	硬质底质	鹅卵石、砾石	基岩、漂石	砂石
		软质底质	软泥	黏土	—
	水深		可涉水河流、湖泊和水库的沿岸带浅水区	不可涉水河流、湖泊和水库的深水区	—
	流速		0.3～1.2 m/s	1.2～5.5 m/s	＜0.3 m/s 或＞5.5 m/s
	水位		平水期	枯水期	丰水期
	水体	河流	常年流水	季节河流	—
		湖泊和水库	沿岸带及水量稳定	沿岸带破碎，水量涨落频繁	—
	地形地貌		低山丘陵	平原	高山
	土地利用		林地、湿地	农田	城镇
化学条件	溶解氧		5～7.5 mg/L	＜5 mg/L 或＞7.5 mg/L	—
	污染程度		清洁	污染	严重污染
生物条件	水生植物		有适量水生植物	无水生植物或被大量水生植物覆盖	—

5.1.4　监测频次及时间

以年为周期，每年至少监测 2 次，可分别在春季、秋季开展监测。对于特殊区域，如大型底栖无脊椎动物生长繁殖仅有一季的区域则可选择适宜生物生长、繁殖的时段每年仅进行 1 次监测。对于地区特定种类有特殊繁殖时间段的，采样时间需在此繁殖时间段内。

5.1.5　监测安排和准备

5.1.5.1　根据监测点位及所在水体的实际情况制订具有较强可操作性的监测工作计划，明确人员分工、监测任务、时间进度及后勤保障等，开展监测前的技术及安全培训。按计划清单准备仪器设备、试剂材料、防护器材及交通工具等并确认。

5.1.5.2　淡水大型底栖无脊椎动物与生境、水质或其他生物类群样品同步采样时，一般情况下最后采集淡水大型底栖无脊椎动物样品。淡水大型底栖无脊椎动物监测过程中，应保证至少 2 人参与。

5.2　样品采集

5.2.1　生境观测及水质监测

到达监测点位后，按 5.1.2 规定的采样位置开展监测工作。使用手持式全球定位系统准确定位监测点位经纬度，于采样之前，观测、记录并拍摄生境状况。按照 HJ/T 91—2002 的要求，测定并记录水深、水温、pH、溶解氧、电导率、浊度等现场指标，湖泊和水库增测透明度，也可根据需要同步采集水样进行水化学指标的实验室分析。

5.2.2　湖泊和水库

5.2.2.1　根据 5.1.2.1 选定样方和样带，参照表 2 湖泊和水库的水体类型选择相应的采样工具，采样工具规格、适用条件及使用方法参照附录 A。依据 5.1.2.1 规定的采样位置开展样品采集。

5.2.2.2　采样一般顺序依次为定量采样、半定量采样和定性采样。结合定量、半定量和定性等各种采样方式。

5.2.2.3　如需了解湖泊和水库的大型底栖无脊椎动物整体状况，则必须采集滨岸带的大型底栖无脊椎动物。

5.2.3　河流

5.2.3.1　根据水流方向，按照逆流采样原则，自下而上开展样品采集。

5.2.3.2　根据 5.1.2.2 选定样方和样带，分别参照表 2 可涉水河流和不可涉水河流的水体类型，选择相应的采样工具，采样工具规格、适用条件及使用方法参照附录 A。依据 5.1.2.2 规定的采样位置开展样品采集。

5.2.3.3　采样顺序和采样方式参照 5.2.2.2。

表 2　淡水大型底栖无脊椎动物采样工具选择一览表

水体类型	采样方式	采样工具	备注
湖泊和水库	定量	采泥器或篮式采样器或十字采样器	需多人辅助或借助机械绞盘采集
	半定量	手抄网或三角拖网等	
	定性	借助铲子的手工捡拾或大孔径（孔径 1 cm）拖网或地笼或耙等	
可涉水河流	定量	索伯网或篮式采样器或十字采样器	逆流采样
	半定量	手抄网或踢网等	
	定性	借助铲子的手工捡拾等	
不可涉水河流	定量	采泥器或篮式采样器或十字采样器	a）逆流采样； b）需多人辅助或借助机械绞盘采集
	半定量	手抄网或三角拖网等	
	定性	大孔径（孔径 1 cm）拖网或地笼等	

5.3　样品筛洗

5.3.1　某监测点位的样品采集完成后，彻底冲洗并仔细检查采样器具，冲洗水过筛网，避免有动物个体残留造成交叉干扰。

5.3.2　通常情况下，将每个监测点位的样品经孔径为 425 μm（40 目）的筛网筛洗，直至过筛网后的出水澄清。拣出筛网内较大的杂物，如叶片、植物残枝、石块、塑料袋等，将附着在其表面的动物个体冲洗入筛网后丢弃。

5.3.3　当样品中含有较多沙粒、砂石和石块时，可将样品放入塑料盆内冲水进行浮洗分离，将上层泥水等混合物倒入筛网，如此重复 3～5 次。肉眼检查塑料盆内剩余残渣，将遗留的动物个体挑拣放入筛内，确认无遗留后丢弃残渣。

5.3.4　当样品较干净且挑拣条件具备时，可在现场开展样品挑拣，否则将样品筛洗、封装并按要求保存后，运送回驻地或实验室进行处理。

5.4　样品封装、运输和保存

5.4.1　将样品筛洗后的剩余物全部装入塑料自封袋或广口塑料瓶内，并检查筛网，确保无动物个体遗留。贴上标签，注明监测点位名称、样品采集日期、采集人员以及样品唯一性标识码等信息，当某个点位的样品需分装多个样品袋或样品瓶时，标明样品编号及总数；必要时，可在样品袋或样品瓶内放入相同信息的标签。封好袋口或盖紧瓶盖，填写现场采样记录表（参照附录 C）。整理、清点、核对样品无误后，冷藏保存并运送回实验室处理。

5.4.2 若样品中的动物样本无法及时挑拣（冷藏保存一般不宜超过 24 h，室温保存一般不宜超过 5 h），则在样品袋或样品瓶中加入适量的无水乙醇或甲醛溶液进行固定。需保证样品袋或样品瓶中乙醇终浓度约 75% 或甲醛终浓度约 4%，以防样品腐烂。固定保存时间一般不超过 2 周。

6 分析步骤

6.1 样品前处理

6.1.1 将现场采回的样品，参照 5.3 的方法使用自来水再次筛洗，直至出水完全澄清。若样品中已添加了固定液，则将样品在水中浸泡 15 min 左右，洗脱固定液并使动物样本充分吸水。

6.1.2 若某个点位的同一采样方式（如定量、半定量和定性）样品分装了多个样品袋或样品瓶时，将其合并处理，并在筛洗过程中保持水流速度较缓，轻轻搅动，混合均匀。

6.2 样品挑拣

6.2.1 动物样本的挑拣不包括空壳。

注：如挑拣出大量动物空壳，则要重新设置采样时间或采样位置。

6.2.2 一般情况下，样品中的动物个体全部挑拣。将经过 6.1 处理的单个样品放入 1 个至数个搪瓷盘中，由数个挑样人员挑拣，首先通过肉眼观察，使用镊子挑拣出个体相对较大的动物样本，再使用镊子或细口吸管挑拣出个体相对较小的动物样本，当肉眼视力无法识别时，借助放大镜或体视显微镜挑拣。当日的挑拣工作出现中断时，将待挑拣样品冷藏保存，保存时间一般不超过 24 h。

6.2.3 当单个样品量很大且杂质很多时，先对整个样品进行初步查看，将形态、大小、颜色等有明显特征差异的较特别动物个体挑出，再将样品进行均等分样，按形态、大小、颜色等差异特征分不同组分别放置。当任一组内挑拣到的动物个体达 50 头时，继续挑拣该最小分样单元，完成后，停止样品挑拣。对单个样品多人累计挑拣时间达 8 h，仍无法完成的，亦停止挑拣。记录样品的挑拣比例。

6.2.4 挑拣过程中，若发现小个体样本、偶见物种样本或暂时难以辨认的样本时，单独保存，并予以记录。

6.2.5 对每个挑样人员挑拣的搪瓷盘样品，由挑拣经验丰富的质控人员抽取不低于 10% 的量进行复拣，记录拣出的大型底栖无脊椎动物个体数，按 8.1 要求进行样品挑拣质控。将拣出的物种样本合并于相应监测点位的样品瓶中。

6.2.6 挑拣结束前，检查并确保用于样品挑拣的工具均无动物样本残留，避免交叉干扰。

6.2.7 根据样品挑拣情况，填写大型底栖无脊椎动物样品挑拣及固定记录表（参照附录 D）及大型底栖无脊椎动物样品质量控制记录表（参照附录 H）的挑样质控部分。

6.3 样品固定

6.3.1 软体动物和水生昆虫样本先用 4% 甲醛溶液至少固定 2 天以上，随后可用孔径 425 μm（40 目）

筛网兜住瓶口，将甲醛固定液倒出并加入 75% 乙醇溶液固定。

6.3.2　水栖寡毛类和其他动物先放入培养皿中，加少量水，并缓缓滴加数滴 75% 乙醇溶液将其麻醉，待其完全舒展伸直后，按 6.3.1 固定。

6.3.3　无法进行 6.3.1 和 6.3.2 的固定时，可直接用无水乙醇固定，固定液中乙醇终浓度约 75%。

6.3.4　挑拣剩余的样品用无水乙醇固定，固定液中乙醇终浓度约 75%，保存备检。

6.3.5　固定液完全浸没动物样本，加入固定液后的 2～3 天检查固定液是否澄清，出现浑浊则需更换一次固定液。在动物样本瓶外贴上标签，注明监测点位名称、样品固定日期、样品处理人员、样品挑拣比例等相关信息，当某个点位的动物样本需分装多个样本瓶或样本盒时，标明样本编号及分装总数；必要时，可在样本瓶或样本盒内放入相同信息的标签。填写大型底栖无脊椎动物样品挑拣及固定记录表（参照附录 D）的相关内容。

6.3.6　将倒出的乙醇溶液和甲醛溶液等固定液存放至专用的废液桶，按危险废物处理。

6.4　样品分析

6.4.1　物种鉴定

6.4.1.1　分析实验室应统一系统分类学检索书目、图谱及参考标本，建立淡水大型底栖无脊椎动物参考标本库。

注：单独保存的较典型实物标本可与物种发现时的模式标本、权威实验室的参考标本比对或经本类群权威专家确认形成参考标本。

6.4.1.2　根据动物样本的大小，选择肉眼、放大镜、体视显微镜或生物显微镜对其进行形态学观察，进行分类鉴定。若存在卵、蛹等且可以被鉴定的，标明其生命阶段。使用生物显微镜对摇蚊幼虫、寡毛纲等类群中的一些较小个体样本进行制片观察时，加 1～2 滴丙三醇，增加透光性，辅助观察分类特征。

6.4.1.3　一般情况下，物种的鉴定要求分类到属，优势种或常见种尽可能区分到种，也可依据监测工作目标的实际需求，将其鉴定到不同分类级别。鉴定完成后，将个体完整、分类特征明显的样本单独存放，添加约 75% 的乙醇溶液进行固定。需进一步观察、研究或尚有异议的物种，用加拿大树胶或普氏胶制作典型分类特征部位的封片，保存待研究。

6.4.1.4　建议对于一些不能确认的物种，拍摄典型特征照片或提供动物样本，邀请专家指导鉴定，做好信息记录，包括鉴定人姓名、所在单位、日期等；对于样品中完整个体较少且鉴定过程会造成不可逆破坏的样本（如需制片观察的摇蚊幼虫），尽可能多地拍摄典型特征照片，以备复核和长期保存。此外，建议有条件的实验室可借助分子生物学技术辅助鉴定。

6.4.1.5　当发现外来入侵物种时，单独保存并记录。

6.4.1.6　至少选择 10% 已完成分析的样品，开展实验室内人员比对或实验室间比对或与分类鉴定质控专家比对。依据双方鉴定和计数结果，按 8.2 要求进行样品分析质控。

6.4.2　计数和称重

6.4.2.1　每个监测点位的物种按 6.4.1 的鉴定结果分别一一对应统计个体数。若遇不完整的动物个体，一般只以头部计数，其中节肢动物只统计包含头节和胸节的个体，不统计零散的腹部、附肢等。

6.4.2.2　大型底栖无脊椎动物的空壳、枝角类（Cladocera）、桡足类（Copepoda）以及陆生无脊椎动物不计。

6.4.2.3　有生物量测定需求的实验室，按动物样本的个体大小选择相应量程及分度值的天平，对每个监测点位的物种进行分类称重。去除待称重个体样本附着的杂物，使用吸水纸吸干表面水分。吸干软体动物等外套腔内的水分，并带壳称重。对于个体较小且无法直接称量获得生物量数据的物种，其生物量以天平的最小分度值（0.000 1 g）计。

6.4.2.4　填写大型底栖无脊椎动物分析记录表（参照附录 E 和附录 F）及大型底栖无脊椎动物样品质量控制记录表（参照附录 H）的分析质控部分。

6.5　标本处置

6.5.1　经物种鉴定、计数和称重完成后的动物标本，按种类分类存放，固定液为 75% 乙醇溶液，对较典型的实物标本拍摄特征图片并单独保存，贴上标签，注明中文学名、拉丁名、监测点位名称、采集日期、固定剂以及鉴定人员等信息，填写大型底栖无脊椎动物标本保存记录表（参照附录 G）。

6.5.2　日常监测的样品和动物标本一般保存 1 年或至任务完成为止。有条件的实验室可长期保存。

7　结果计算与表示

7.1　结果计算

7.1.1　挑拣遗漏比（Picking Omissions Ratio，POR）按公式（1）计算。

$$\mathrm{POR} = P / C \tag{1}$$

式中：POR——挑拣遗漏比，无量纲；

P——挑样人员发现的大型底栖无脊椎动物个体数，个（ind.）；

C——挑拣质控人员发现的大型底栖无脊椎动物个体数，个（ind.）。

7.1.2　物种分类差异百分比（Percent Taxonomic Disagreement，PTD）按公式（2）计算。

$$\mathrm{PTD} = \left(1 - \frac{\mathrm{comp_{pos}}}{M}\right) \times 100\% \tag{2}$$

式中：PTD——物种分类差异百分比，%；

$\mathrm{comp_{pos}}$——比对分类结果中，物种分类一致的数量，个（ind.）；

M——比对分类结果中，物种分类单元较多一方数量，个（ind.）。

7.1.3　计数差异百分比（Percent Difference in Enumeration，PDE）按公式（3）计算。

$$\mathrm{PDE} = \frac{|n_1 - n_2|}{n_1 + n_2} \times 100\% \tag{3}$$

式中：PDE——计数差异百分比，%；

n_1——比对计数结果 1，个（ind.）；

n_2——比对计数结果 2，个（ind.）。

7.1.4　根据 6.4 的鉴定、计数及称重结果，按公式（4）和公式（5）分别计算淡水大型底栖无脊椎动物分类单元的密度和生物量。

$$D_i = d_i / (A_c \cdot A) \tag{4}$$

式中：D_i——分类单元 i 的密度，ind./m^2 或 ind./ 笼；

d_i——样品计数所得分类单元 i 的个体数量，个（ind.）；

A_c——样品的挑拣比例，以分数表示；

A——现场样品采集面积或体积，m^2 或笼数。

$$B_i = b_i / (A_c \cdot A) \tag{5}$$

式中：B_i——分类单元 i 的生物量，g/m^2 或 g/ 笼；

b_i——样品称重所得分类单元 i 的重量，g。

7.1.5　基于 5.2 的采样方式，监测点位的淡水大型底栖无脊椎动物分类单元的密度和生物量计算分别见公式（6）和公式（7）。

$$D = \sum_{i=1}^{N} D_i \tag{6}$$

式中：D——基于某种采样方式的监测点位淡水大型底栖无脊椎动物分类单元的密度，ind./m^2 或 ind./ 笼；

N——基于某种采样方式的监测点位淡水大型底栖无脊椎动物分类单元数。

$$B = \sum_{i=1}^{N} B_i \tag{7}$$

式中：B——基于某种采样方式的监测点位淡水大型底栖无脊椎动物分类单元的生物量，g/m^2 或 g/ 笼。

7.2　结果处理

7.2.1　分类单元以定量、半定量、定性结果的并集统计。

7.2.2　密度和生物量：当定量和半定量样品均有检出时，以定量和半定量计算结果的均值计；当定量和半定量样品仅有其一检出时，以检出样品的计算结果计；当定量和半定量样品均无物种检出，且定性样品有物种检出时，则用“+”标注物种存在，其余情况均不考虑定性结果。

7.2.3　数据处理及修约应按照本书“第 18 章　数据处理与信息管理”相关要求进行。密度或生物量计算结果 = 0 时，按“未检出”计。计算完成后，填写大型底栖无脊椎动物统计记录表（参照附录 F）。

8　质量保证和质量控制

8.1　样品挑拣：在每批样品中，每个挑拣员的任一挑拣遗漏比（POR）应≥10，否则该挑拣员所挑拣的搪瓷盘样品按 6.2 步骤重新挑拣。

8.2　样品分析：样品分析结果符合下列要求，分析结果方为有效。否则，查明原因后按 6.4 步骤重新进行样品相应分析。

a）物种分类差异百分比（PTD）≤15%。

b）计数差异百分比（PDE）≤5%。

参编单位：

中国环境监测总站

生态环境部海河流域北海海域生态环境监督管理局生态环境监测与科学研究中心

江苏省常州环境监测中心

黑龙江省生态环境监测中心

辽宁省生态环境监测中心

附录 A　淡水大型底栖无脊椎动物采样工具规格、适用条件及使用方法

<table>
<tr><th colspan="2" rowspan="2">采样工具</th><th rowspan="2">规格</th><th colspan="2">适用条件</th><th rowspan="2">使用方法</th><th rowspan="2">示例图片</th></tr>
<tr><th>底质类型</th><th>水体类型</th></tr>
<tr><td rowspan="3">采泥器</td><td>彼得森（Peter-son）采泥器</td><td>开口面积 0.062 5 m²</td><td rowspan="3">淤泥、泥沙等软质底质生境</td><td rowspan="3">湖泊、水库、不可涉水河流</td><td>打开闭合夹双页，挂好两侧提钩；缓慢放至水底，采泥器触底后继续放绳，抖脱两侧提钩；轻轻向上拉紧提绳使闭合夹双页慢慢闭合采集底质，手感提绳变沉后，双页即闭合完成；将采泥器拉出水面、置于桶或盆内，打开闭合夹双页获取采得的底质</td><td>图 A.1
图 A.2</td></tr>
<tr><td>Ekman 采泥器</td><td>开口面积 0.04 m²</td><td>拉起闭合夹拉绳，固定在拉绳固定器上；缓慢放至水底，采泥器触底后，将使锤沿不锈钢缆或尼龙绳释放落下；等待使锤落下片刻即闭合夹闭合（落下的使锤击中弹簧释放管后，闭合夹拉绳会从拉绳固定器上脱落，闭合夹弹簧会使闭合夹闭合）；将采泥器拉出水面、置于桶或盆内，打开闭合夹拉绳获取采得的底质</td><td>图 A.3</td></tr>
<tr><td>Van Veen 采泥器</td><td>开口面积 0.062 5 m²</td><td>打开闭合夹双侧连接杆，挂上挂钩；缓慢放至水底，采泥器触底后，挂钩自动脱落，闭合夹被释放；缓慢拉紧提绳，闭合夹就会慢慢关闭，手感提绳变沉后，双页即闭合完成；将采泥器拉出水面、置于桶或盆内，打开闭合夹双侧连接杆获取采得的底质</td><td>图 A.4</td></tr>
<tr><td colspan="2">索伯网</td><td>网框边长（30 × 30）cm，高 30 cm，网孔径 425 μm（40 目）</td><td>沙质、砂石、碎石、石块等</td><td>涉水可过河流</td><td>将网开口面向水流方向，用铁锹将采样框范围内的泥砂、植物根垫、枯枝落叶等均装进索伯网；如有石块等较大的基质，则将其表面生物洗进索伯网后弃去；反复冲洗纱网袋将所有生物冲进底部收集区中</td><td>图 A.5</td></tr>
<tr><td colspan="2">三角拖网</td><td>网框边长 30 cm × 30 cm × 30 cm，网孔径 425 μm（40 目）</td><td rowspan="2">淤泥、泥沙等软质底质生境；硬质底质生境；草型生境等</td><td>湖泊和水库不可涉水的采样区域，不可涉水河流</td><td>当使用船采样时，选择三角拖网采集样品。在船静止状态下抛入水中，沉底后拉紧拖绳，在水底缓慢拖行，累计拖拽距离一般为 10～15 m。其中，淤积较为严重的点可以适当缩短拖拽距离约为 5 m，以硬质底为主的点可以适当延长拖拽距离至 20～30 m。当流速较快时，需配重锤，避免拖网上浮</td><td>图 A.6</td></tr>
<tr><td colspan="2">D 形 / 直角手抄网</td><td>网框底边长 30 cm，网孔径 425 μm（40 目）</td><td>湖泊和水库可涉水的采样区域，可涉水河流</td><td>当沿岸水深不超过 1 m 时，使用手抄网采集样品。使手抄网底的直边紧贴底质，迎向水流方向移动手抄网一定距离，采集点位附近所有底质类型，累计扫过底质的距离为 3～5 m</td><td>图 A.7
图 A.8</td></tr>
<tr><td colspan="2">踢网</td><td>底边长 1 m，网孔径 425 μm（40 目）</td><td>沙质、砂石、碎石、石块等</td><td>涉水可过河流</td><td>迎向水流方向布置踢网，以石头将其底边压实，于上游不断踢动不同生境底质，累计采集时间一般为 15 min</td><td>图 A.9</td></tr>
<tr><td colspan="2">篮式采样器</td><td>高 20 cm、直径 18 cm 的圆柱形铁笼，用 8 号和 14 号铁丝编织，孔径面积为 4～6 cm²</td><td>不限</td><td>水深大于 20 cm 的河流或湖泊、水库滨岸带</td><td>笼底先铺一层尼龙筛绢，再放上长约 8 cm 的卵石，样方要选择采样区域上下一定范围内生境最好的（最具代表性）点位，以便表达出水质最佳（最具代表性）的状态。每个监测点位至少放置 2 个采样器，两个采样器用 5～6 m 的尼龙绳连接，或用尼龙绳固定在岸边的固定物上，或用浮漂做标记。采样器安放的位置要考虑到流速和生境的不同，放置时间为 14 天</td><td>图 A.10</td></tr>
</table>

续表

采样工具	规格	适用条件		使用方法	示例图片
		底质类型	水体类型		
十字采样器	边长 40 cm，高 20 cm，中间十字分格，用铁丝编织或用塑料网包围	不限	水深大于 20 cm 的河流或湖泊、水库滨岸带	可根据实际将采样器中分别放置鹅卵石、水草、泥和沙等不同的基质，鹅卵石、水草下面放一层尼龙筛绢铺底，泥、沙放入尼龙筛绢制作的网兜里，安置方法与篮式采样器采集方法相同	图 A.11
地笼	边框圆形或拱形或长方形，边长或直径 10～30 cm，网布孔径 ＞3 mm	不限	不限	笼做好浮球标记，放置于水底一段时间后，收取笼具内所获	图 A.12
耙	耙齿长＞10 cm，耙齿间距＞2 cm	不限	不限	耙齿向下在水底基质中拖动一段距离后，转至耙齿向上出水，收取耙齿内所获	图 A.13

注：通常情况下，选用网孔径为 425 μm（40 目）的采样工具。

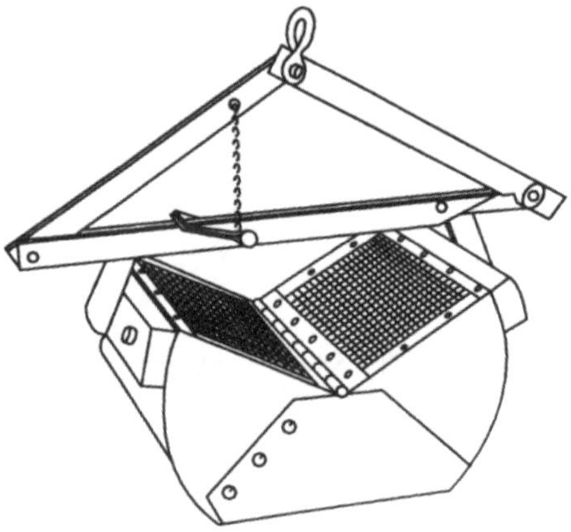

图 A.1　彼得森（Peterson）采泥器

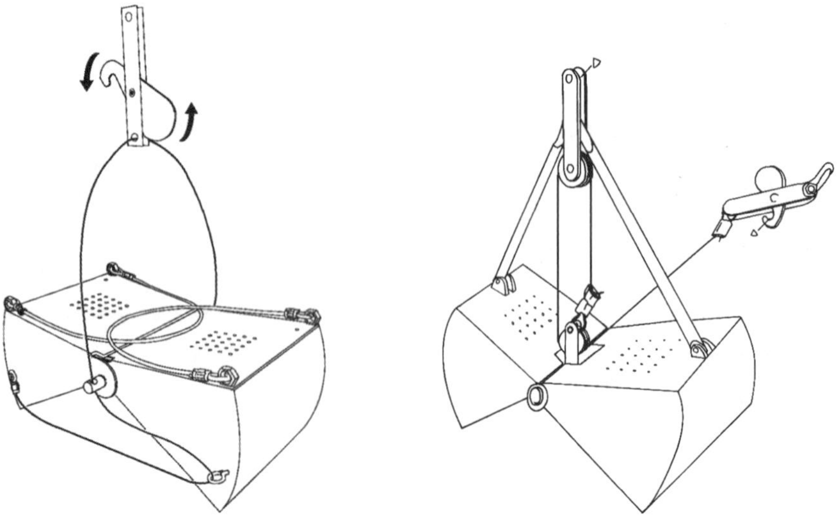

图 A.2　改良型彼得森（Peterson）采泥器

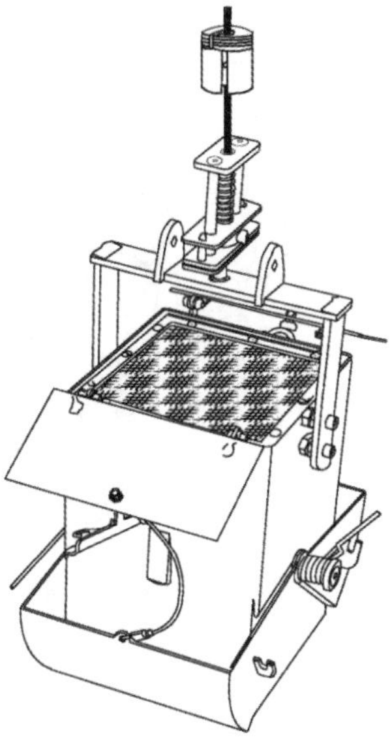

图 A.3　**Ekman 采泥器**

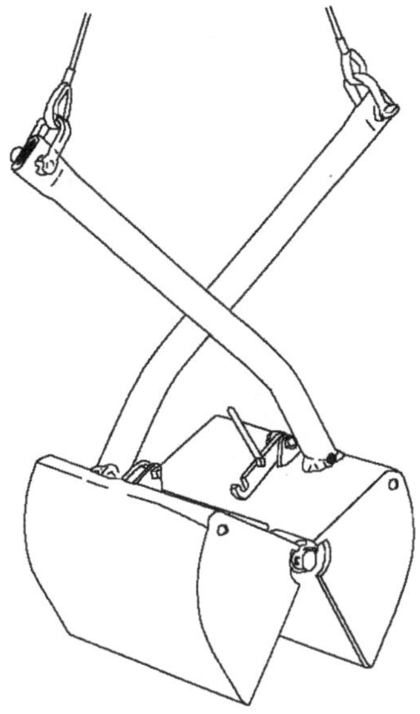

图 A.4　**Van Veen 采泥器**

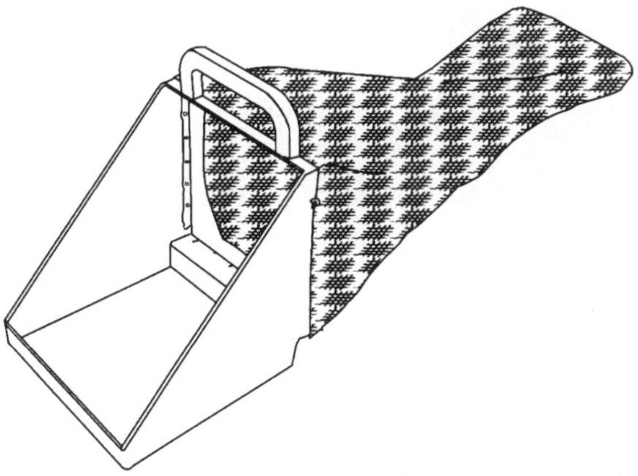

图 A.5　索伯网

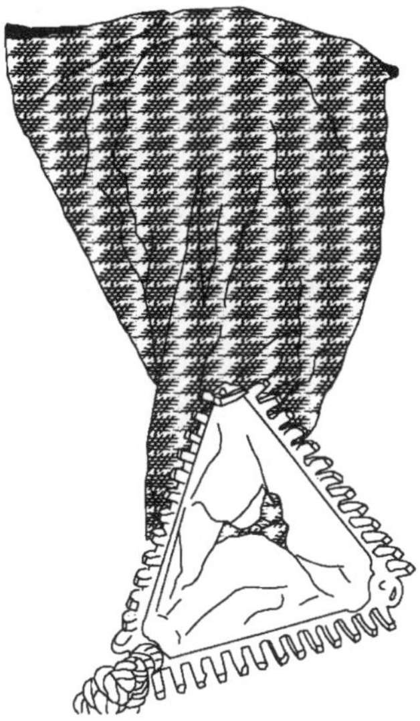

图 A.6　三角拖网

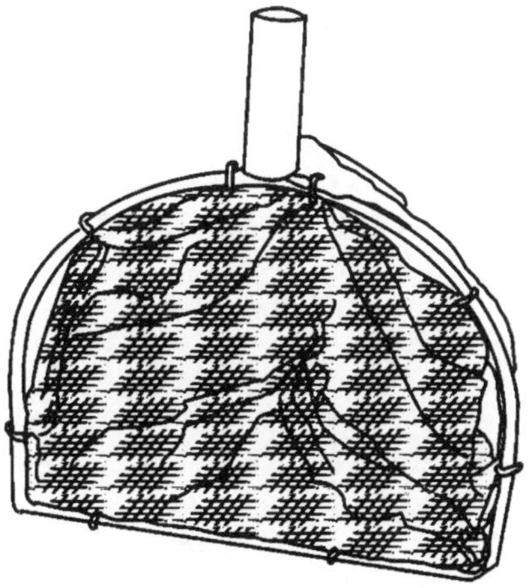

图 A.7　**D 形手抄网**

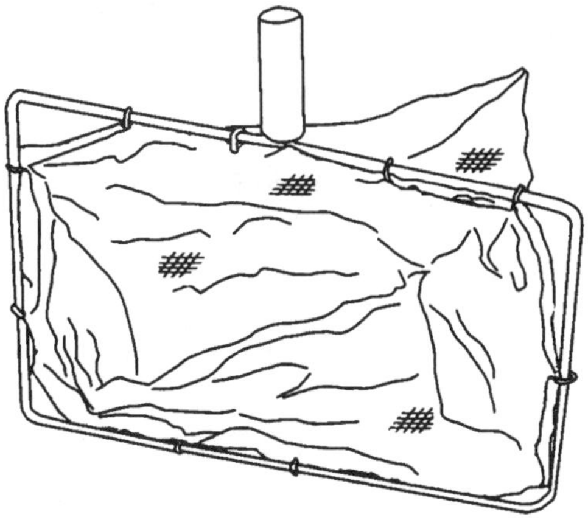

图 A.8　直角手抄网

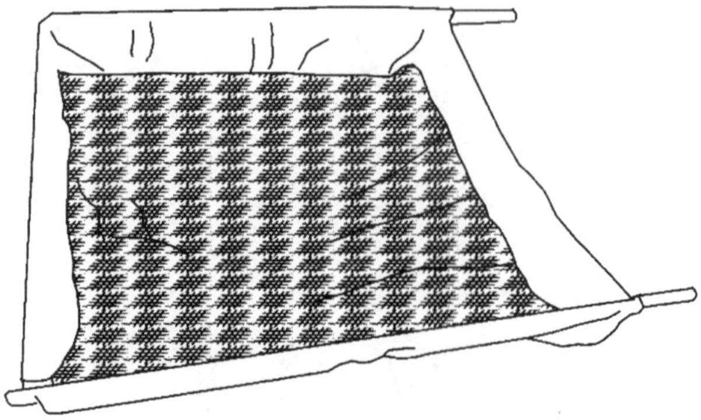

图 A.9　踢网

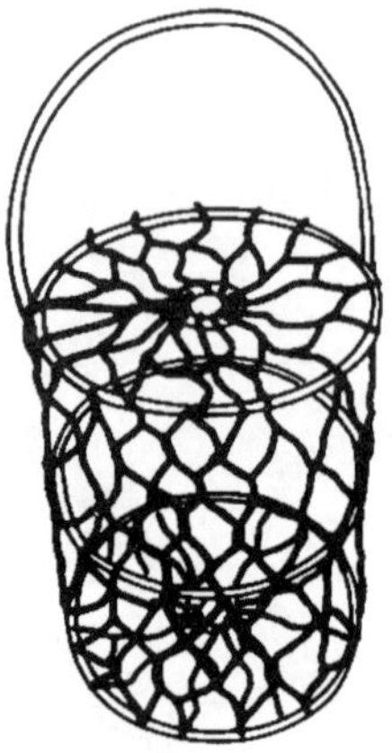

图 A.10　篮式采样器

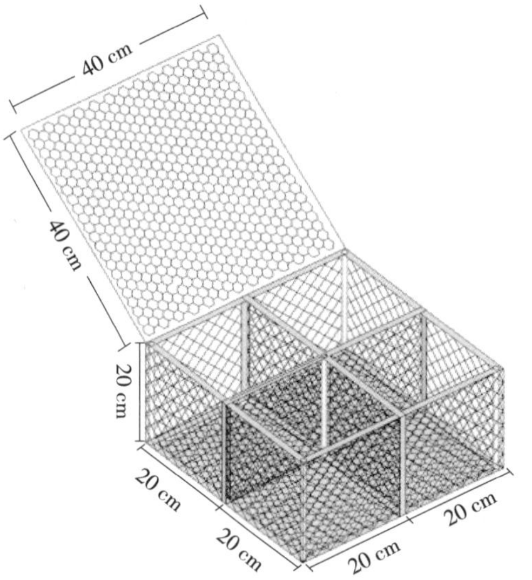

图 A.11　十字采样器

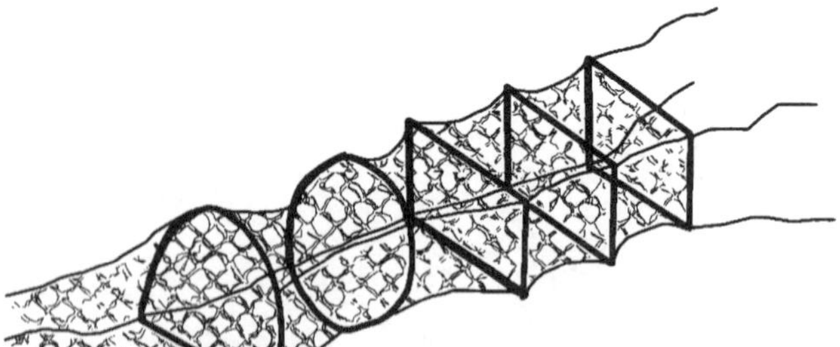

图 A.12　地笼

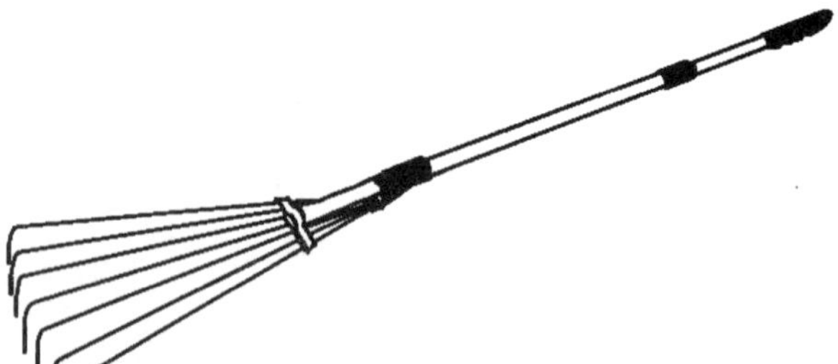

图 A.13　耙

附录 B　水生态监测现场记录表

项目名称：	点位名称：
经纬度：经度（°）：____.____°　纬度（°）：____.____°　□ 临时替代点位（需备注）	
采样日期： ________年________月________日	采样时间： ________时________分至________时________分
天气情况：□ 晴　□ 多云　□ 阴天　□ 阵雨　□ 小雨　□ 中雨　□ 大雨　□ 暴雨　□ 降雪　□ 24 h 内降雨	
气象情况：风向：____________风速等级：____________气温（℃）：____________	
水体类型：□ 涉水可过河流　□ 涉水不可过河流　□ 不可涉水河流　□ 浅水湖泊　□ 深水湖泊　□ 水库	
水位情况：□ 低水位（水面覆盖部分河床）□ 中水位（水面基本覆盖河床） □ 高水位（水面覆盖河漫滩） 水深（m，河流型选填）：____________河宽（m，湖库型不填）：____________ 水流情况：□ 静水　□ 缓流　□ 急流　□ 湍流　流速（m/s，选填）：____________	
周边生境：□ 林地　□ 草地　□ 农田　□ 城镇　□ 工业　□ 道路　□ 航道　□ 其他____________ 湖库周边 / 河流上游：□ 桥梁　□ 码头　□ 闸坝　□ 支流汇入　□ 排污口 河流下游：□ 桥梁　□ 码头　□ 闸坝　□ 支流汇入　□ 排污口 水生植被：□ 挺水型　□ 沉水型　□ 浮叶型　□ 漂浮型　植被覆盖（%）：____________	
岸线类型：□ 自然植被　□ 自然砂石　□ 生态改造　□ 石质　□ 混凝土　□ 堤坝　□ 木质残体	
底质类型（周边 500 m）： □ 鹅卵石______%　□ 砂石______%　□ 基岩______%　□ 软泥______%　□ 其他______%	
现场分析：水温（℃）：________ 溶解氧：（mg/L）：________ pH：________ 浊度（NTU）：________ 电导率（S/cm）：________ 透明度（cm，湖库）：________ 叶绿素（g/L，选填）：________ 仪器编号（可填多项）：________________	监测内容：□ 浮游植物　□ 浮游动物 □ 着生藻类　□ 鱼类 □ 大型底栖无脊椎动物 □ 大型水生植物 □ 环境 DNA（鱼类） □ 环境 DNA（其他）________ □ 生境现场评价 □ 水质
特殊情况及备注：□ 水华　□ 断流　□ 疏浚　□ 施工 （河流对上游、下游、左岸、右岸分别拍照，湖库向岸方向拍照，采样状态拍照。遇特殊情况拍照或影像记录，记录水库放水周期和时间等）	

记录：　　　　　　　　现场分析：　　　　　　　　复核：　　　　　　　　审核：

附录C　大型底栖无脊椎动物现场采样记录表

点位名称：	采样时间：______年______月______日 ______时______分至______时______分

现场采样示意图：

生境观测：

生境类型	采样区域										
	样方1	样方2	样方3	样方4	样方5	样方6	样方7	样方8	样方9	样方10	样方11
水流情况											
底质类型											
水草生长情况											
藻类水华情况											
其他											

水流情况：静水（SW）缓流（SF）急流（RS）湍流（SC）
底质类型：鹅卵石（P）砾石（G）基岩（B）漂石（F）砂石（D）软泥（O）黏土（C）
水草生长情况及藻类水华情况：有（Y）无（N）

样品采集：

采样工具											
面积（m^2）											
体积（笼）											

采样工具（设备编号，本点位未使用不填写）：
①彼得森采泥器（__________），②Ekman采泥器（__________），③Van Veen采泥器（__________），④索伯网（__________），⑤三角拖网（__________），⑥D形手抄网（__________），⑦直角手抄网（__________），⑧踢网（__________），⑨篮式采样器（__________），⑩十字采样器（__________）

样品封装与保存：

□ 定　量—样品编号：____________________　□ 分装（数量：______）
□ 半定量—样品编号：____________________　□ 分装（数量：______）
□ 定　性—样品编号：____________________　□ 分装（数量：______）
□ 其　他—样品编号：____________________　□ 分装（数量：______）
固定剂：□ 乙醇（优先选择，终浓度约75%）　□ 甲醛溶液（终浓度约4%）□ 无
样品保存条件：□ 常温保存　□ 冷藏保存　挑拣：□ 现场挑拣　□ 非现场挑拣

特殊情况及备注：

采样人员：　　　　复核人员：　　　　审核人员：

附录 D　大型底栖无脊椎动物样品挑拣记录表

<table>
<tr><td colspan="2">点位名称：</td><td colspan="2">采样日期：______年______月______日</td></tr>
<tr><td colspan="2">样品编码：
□ 定　量____________分装数量：______
□ 半定量____________分装数量：______
□ 定　性____________分装数量：______
□ 其　他____________分装数量：______</td><td colspan="2">样品保存状态：
固定剂：□ 乙醇　□ 甲醛　□ 无
保存条件：□ 常温　□ 冷藏</td></tr>
<tr><td colspan="4">挑拣样品编号：________________</td></tr>
<tr><td colspan="2">挑拣人：</td><td colspan="2" rowspan="2">挑拣时间：______年___月___日
___时___分至___时___分</td></tr>
<tr><td colspan="2">状态：□ 正常　□ 变质：________</td></tr>
<tr><td>是否分样：□ 是　□ 否</td><td>样品编号</td><td>单独保存样本</td><td>复拣情况</td></tr>
<tr><td rowspan="2">______：挑拣比例___/___
______：挑拣比例___/___
______：挑拣比例___/___</td><td rowspan="2">________
____
________</td><td rowspan="2">□是，________
□否</td><td>复检人员：</td></tr>
<tr><td>是否遗漏：□ 否　□ 是，______头</td></tr>
<tr><td colspan="4">固定剂：□ 乙醇（优先选择，终浓度约 75%）□ 甲醛溶液（终浓度约 4%）</td></tr>
<tr><td colspan="4">挑拣样品编号：____________</td></tr>
<tr><td colspan="2">挑拣人：</td><td colspan="2" rowspan="2">挑拣时间：______年___月___日
___时___分至___时___分</td></tr>
<tr><td colspan="2">状态：□ 正常　□ 变质：______</td></tr>
<tr><td>是否分样：□ 是　□ 否</td><td>样品编号</td><td>单独保存样本</td><td>复拣情况</td></tr>
<tr><td rowspan="2">______：挑拣比例___/___
______：挑拣比例___/___
______：挑拣比例___/___</td><td rowspan="2">________
____
________</td><td rowspan="2">□是，________
□否</td><td>复检人员：</td></tr>
<tr><td>是否遗漏：□ 否　□ 是，______头</td></tr>
<tr><td colspan="4">固定剂：□ 乙醇（优先选择，终浓度约 75%）□ 甲醛溶液（终浓度约 4%）</td></tr>
<tr><td colspan="4">挑拣样品编号：____________</td></tr>
<tr><td colspan="2">挑拣人：</td><td colspan="2" rowspan="2">挑拣时间：______年___月___日
___时___分至___时___分</td></tr>
<tr><td colspan="2">状态：□ 正常　□ 变质：______</td></tr>
<tr><td>是否分样：□ 是　□ 否</td><td>样品编号</td><td>单独保存样本</td><td>复拣情况</td></tr>
<tr><td rowspan="2">______：挑拣比例___/___
______：挑拣比例___/___
______：挑拣比例___/___</td><td rowspan="2">________
____
________</td><td rowspan="2">□是，________
□否</td><td>复检人员：</td></tr>
<tr><td>是否遗漏：□ 否　□ 是，______头</td></tr>
<tr><td colspan="4">固定剂：□ 乙醇（优先选择，终浓度约 75%）□ 甲醛溶液（终浓度约 4%）</td></tr>
<tr><td colspan="4">挑拣样品编号：____________</td></tr>
<tr><td colspan="2">挑拣人：</td><td colspan="2" rowspan="2">挑拣时间：______年___月___日
___时___分至___时___分</td></tr>
<tr><td colspan="2">状态：□ 正常　□ 变质：______</td></tr>
<tr><td>是否分样：□ 是　□ 否</td><td>样品编号</td><td>单独保存样本</td><td>复拣情况</td></tr>
<tr><td rowspan="2">______：挑拣比例___/___
______：挑拣比例___/___
______：挑拣比例___/___</td><td rowspan="2">________
____
________</td><td rowspan="2">□是，________
□否</td><td>复检人员：</td></tr>
<tr><td>是否遗漏：□ 否　□ 是，______头</td></tr>
<tr><td colspan="4">固定剂：□ 乙醇（优先选择，终浓度约 75%）□ 甲醛溶液（终浓度约 4%）</td></tr>
</table>

挑拣人员：　　　　　　　　　　复检人员：　　　　　　　　　　审核人员：

附录 E　大型底栖无脊椎动物定性样品分析记录表

项目名称:____________　样品编号:______________　点位名称:____________

分析日期:____________　显微镜编号:____________　挑拣比例:____________

种（属）名	基本分类单元	备注

分析人员:　　　　复核人员:　　　　审核人员:

附录 F　大型底栖无脊椎动物定量 / 半定量样品分析记录表

项目名称:____________　样品编号:____________　点位名称:____________

分析日期:____________　显微镜编号:____________　电子天平编号:____________

种（属）名	基本分类单元	数量 d_i（ind.）	重量 b_i（g）

样品挑拣比例（A_c）:________（分数表示）　采样面积或体积（A）:________m^2（笼）

密度 D_i 依据公式计算：$D_i=d_i/(A_c \cdot A)$

生物量 B_i 依据公式计算：$B_i=b_i/(A_c \cdot A)$

分析人员:　复核人员:　审核人员:

附录 G　大型底栖无脊椎动物标本保存记录表

标本属性：☐ 实物标本　☐ 数字标本　☐ 参考标本　☐ 监测点位混合标本

所属分类单元：________门，________纲，________目，________科，________亚科，________属

编号	物种鉴定信息			标本来源			保存信息			
	中文学名	拉丁名	鉴定人员	水体名称	监测点位	采集日期	保存号	保存方式	保存日期	保存人员
备注：										

附录 H　大型底栖无脊椎动物质控记录表

项目名称：＿＿＿＿＿＿　　样品编号：＿＿＿＿＿＿　　点位名称：＿＿＿＿＿＿

比对日期：＿＿＿＿＿＿　　显微镜编号：＿＿＿＿＿＿　　电子天平编号：＿＿＿＿＿＿

挑样质控						
样品编号	挑样人员发现个体数 P（ind.）	质控人员发现个体数 C（ind.）	POR 值（P/C）	挑样人员	质控人员	质控结果
						□ 合格　□ 重新挑拣
						□ 合格　□ 重新挑拣
						□ 合格　□ 重新挑拣
						□ 合格　□ 重新挑拣
						□ 合格　□ 重新挑拣
						□ 合格　□ 重新挑拣
……	……	……	……	……	……	……

分析质控		
物种名称	基本分类单元	数量 d_i（ind.）
……	……	……
□ 定量样品 □ 定性样品 □ 半定量样品	□ 计数差异百分比（PDE） □ 物种分类差异百分比（PTD）	＿＿＿＿%
质控目标	PDE≤5%	PTD≤15%
质控内容	$\mathrm{PDE}=\frac{\lvert\bar{N}_1-\bar{N}_2\rvert}{\bar{N}_1+\bar{N}_2}\times100\%$ PDE——计数差异百分比，%； $\bar{N}_1$——平行样 1 测定结果，个（ind.）； $\bar{N}_2$——平行样 2 测定结果，个（ind.）	$\mathrm{PTD}=\left(1-\frac{\mathrm{comp}_{\mathrm{pos}}}{N}\right)\times100\%$ PTD——物种分类差异百分比，%； $\mathrm{comp}_{\mathrm{pos}}$——物种分类单元一致的数量，个（ind.）； N——物种分类单元较多一方的数量，个（ind.）
	质控结果：□ 合格　□ 重新分析	

挑样人员：　　　　　　复核人员：　　　　　　审核人员：

附录Ⅰ 底栖动物分类鉴定参考书目

综合类：

[1] 王业耀，等 . 中国流域常见水生生物图集 [M]. 北京：科学出版社，2020.

[2] 大连水产学院 . 淡水生物学（上册）[M]. 北京：农业出版社，1982.

环节动物门：

[3] 王洪铸 . 中国小蚓类研究 [M]. 北京：高等教育出版社，2002.

[4] 杨德渐，孙瑞平 . 中国近海多毛环节动物 [M]. 北京：农业出版社，1988.

[5] 杨潼 . 中国动物志：环节动物门，蛭纲 [M]. 北京：科学出版社，1996.

节肢动物门：

[6] Morse J C，Yang L，Tian L. Aquatic Insects of China Useful for Monitoring Water Quality[M]. 南京：河海大学出版社，1994.

[7] 李新正 . 中国动物志：无脊椎动物，甲壳动物亚门，十足目，长臂虾总科 [M]. 北京：科学出版社，2007.

[8] 梁象秋 . 中国动物志：无脊椎动物，甲壳动物亚门，十足目，匙指虾科 [M]. 北京：科学出版社，2004.

[9] 任先秋 . 中国动物志：无脊椎动物，甲壳动物亚门，端足目，钩虾亚目 [M]. 北京：科学出版社，2006.

[10] 王俊才，王新华 . 中国北方摇蚊幼虫 [M]. 北京：中国言实出版社，2011.

[11] 唐红渠 . 中国摇蚊科幼虫生物系统学研究（双翅目：摇蚊科）[D]. 天津：南开大学，2012.

[12] 中国科学院 . 中国经济昆虫志 [M]. 北京：科学出版社，1997.

[13] 周长发，苏翠荣，归鸿 . 中国蜉蝣概述 [M]. 北京：科学出版社，2015.

软体动物门：

[14] 刘月英 . 中国经济动物志：淡水软体动物 [M]. 北京：科学出版社，1979.

第 8 章　淡水大型水生植物地面监测

1　术语和定义

1.1　淡水大型水生植物 Aquatic Macrophytes

淡水中肉眼可见的大型植物，根据其生态类型，一般包括挺水植物、浮叶植物、漂浮植物和沉水植物。系统分类上包括所有水生维管植物、苔藓植物、轮藻和大型藻类。

1.2　挺水植物 Emergent Plant

指主要由根生于底质中，茎直立，光合作用组织气生的植物组成的植被群落。

1.3　浮叶植物 Floating-leaved Plants

指主要由茎叶浮水，根固着的底质植物组成的植被群落。

1.4　沉水植物 Submersed Plant

指主要由大部分生活史中植株沉水生活、根生底质中的植物组成的植被群落。

1.5　漂浮植物 Free-floating Plants

指主要由整个植物体浮于水面，自由漂浮的植物组成的植被群落。

1.6　分类单元 Taxon

物种分类工作中的客观操作单位，有特定的名称和分类特征，主要包括门（Phylum）、纲（Class）、目（Order）、科（Family）、属（Genus）、种（Species）等分类等级。此外，还包括亚纲（Subclass）、亚目（Suborder）、亚科（Subfamily）、族（Tribe）、亚种（Subspecies）等辅助分类等级。

1.7　样线 Transect

用于调查植物群落数量而设置的有一定宽度的采样带。

1.8　样方 Quadrats

用于调查植物群落数量而随机设置的取样地块。

2　监测总体要求

2.1　科学性原则

监测对象应具有代表性，能全面反映区域水生植物的整体状况；应采用统一、标准化的监测方法，同时根据不同类群物种分布的差异采用适当的采样方式和采样量。

2.2 代表性原则

监测结果应能在物种及数量等方面全面客观反映监测水域淡水大型水生植物群落的整体状况，同时也应反映监测水域的生境条件。

2.3 可操作性原则

淡水水生植物监测应考虑所拥有的人力、资金和后勤保障等条件，充分利用现有资料和成果，立足于监测目标，优化监测样点布设，优先采用效率高、低成本的监测方法。

2.4 保护性原则

监测活动应以保护和恢复为最终目标，因此在监测过程中应避免对野生生物造成伤害，当采集到国家重点保护野生动物名录中的物种时，进行必要的记录并拍照后应原地放回，避免超出客观需要的采样。

2.5 安全性原则

现场监测工作具有一定的安全风险，采样人员应接受相关专业培训，并做好安全防护措施。当在寄生虫病（如血吸虫病）防治水域采样时，需注意个人防护，避免直接接触水体及动物样本。

3 仪器和设备

3.1 采样框：正方形，面积为（1 × 1）m。

3.2 水草定量夹。

3.3 带柄手抄网。

3.4 采样耙。

3.5 抓钩。

3.6 镰刀。

3.7 天平（最大称量 500 g，分度值 0.001 g）或台秤（最大称量 10 000 g，分度值 5 g）。

3.8 样品袋。

3.9 标本保存：吸水纸、标本夹、带密封盖的标本瓶。

3.10 现场设备：手持式全球定位系统、卷尺、测距仪、照相机、记号笔、防水签字笔、防水记录纸等，具备条件的可配备无人机。

3.11 防护设备：救生衣、防水裤、防水服、防晒服、防寒服、高筒胶鞋、橡胶手套、帽子、急救包等。

4 监测步骤

4.1 监测步骤流程见图 1。

4.2 监测方案制定

制定监测方案应该了解监测区域的地形地貌、水体的水文特征、所属的生态区域等基本信息。也可收集以往的监测数据，了解种群特征等。

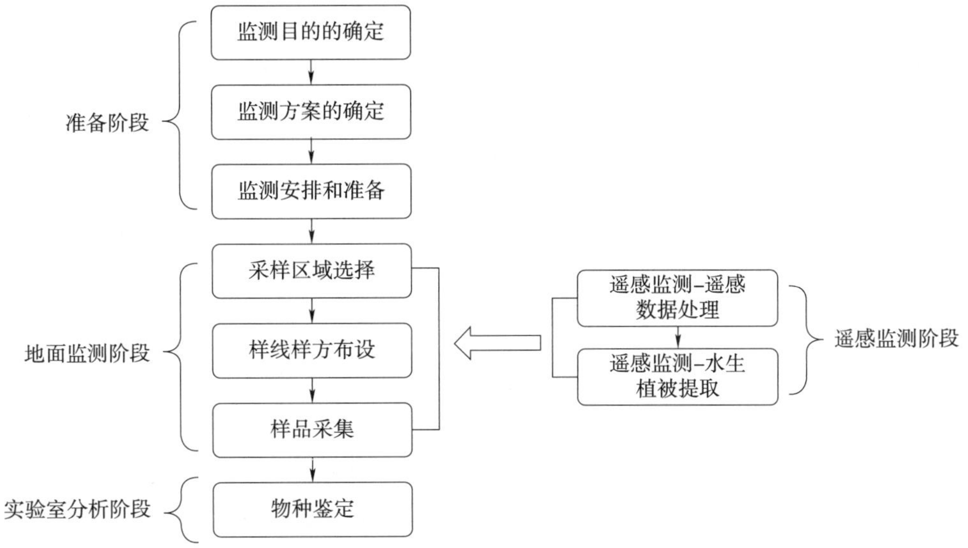

图 1　大型水生植物地面监测流程

大型水生植物地面监测主要目的是获得表征监测点位 / 区域相应物种及群落构成的数据，同时辅以遥感手段进行监测，采用遥感和地面监测相结合的方式，达到科学评价大型水生植物现状及变化趋势的目的。

为全面且充分地调查水体中水生大型植物的种类和数量，应按需要尽量多设样方，但同时又要考虑人力、时间和经费等可行性。在制定某一水体监测方案时，应根据监测目的和要求、水体具体情况，并查阅有关的历史资料，合理选定样线、样方的位置和数量。

考虑到水生态评价的统一性，监测区域要尽量以理化指标监测评价点位为基础，扩展到周边一定的范围。

4.2.1　地面监测

测定大型水生植物物种构成、植株长度、密度、生物量等指标。

4.2.1.1　点位布设

监测点位根据监测目的不同而分为两种情况，一种以整个水体（湖泊、水库、河流）为监测对象，根据水体大小按表 1 选择有代表性的监测点位；另一种以湖泊、水库或河流内的某个水体为监测对象，即某个区域为监测对象，一般指以理化监测点位为基础选择采样点位。

湖库沿岸浅水区域是大型水生植物分布的典型区域，点位布设时应着重考虑该区域。

表 1　不同规模水体的监测点位参考布设数量

水体类型	水体规模	点位数量
湖泊、水库	＜50 km^2	3～10 个
	50～500 km^2	10～15 个
	500～1 000 km^2	15～20 个
	1 000～2 000 km^2	20～30 个
	＞2 000 km^2	30～50 个
河流	河宽≤200 m	按长度≤10 km 对河流进行分段，每段布设 2～5 个监测点位
	河宽＞200 m	按长度≤50 km 对河流进行分段，每段布设 2～5 个监测点位

根据监测目的，结合水体自然条件和人类干扰特点布设有代表性的监测点位。通常情况下，湖泊和水库可在沿岸带、湾区、河口区等区域布设监测点位，深水区不设或应尽可能不设监测点位；在深水、浅水复合生境的情况下，可只在浅水区设置采样样方、样带。河流可在上游河段、中游河段、下游河段、支流汇入口上下游、排污口上下游、城镇上下游等区域布设监测点位。点位设置应避开主航道、航标塔、闸坝下方、渡口等地。

4.2.1.2　监测区域的选择

对大型水生植物监测区域的设置要包含一个较大范围的天然梯度单元，即包含被测区域所有不同的水深等各种生境条件。当对水体整体监测时，沿着河岸或湖岸，在水草的生长区域设置离散的采样区域，每个采样区域为从河岸或湖岸向一定深度延伸的有一定宽度的区域。

河流：以监测点为基础，上下游范围各 100 m，确定为待测区域。当河宽较宽（超过 200 m），待测区域可延长，最长不超过 500 m。河流点位的监测区域同时也是大型水生植物作为生境条件的监测区域。

湖库：从监测点往沿岸画垂线，另一端为湖心，待测区域为垂线两侧各 100 m，上下各 250 m 的范围，当范围达到陆域部分时，则以岸线为起点沿垂线向湖心方向 500 m 的范围为准。湖库点位的监测区域沿垂线延伸到岸边的整个区域也是大型水生植物作为生境条件的监测区域。

4.2.1.3　样线、样方设置

河流：水生植物监测设置垂直于河道的样线，按 40～100 m 间距设置至少 3～6 条样线，样线设置要包含所有的水生植物群落类型。样线上，在不同水深处对所有不同类型的水生植物群落设置至少 1 个样方。

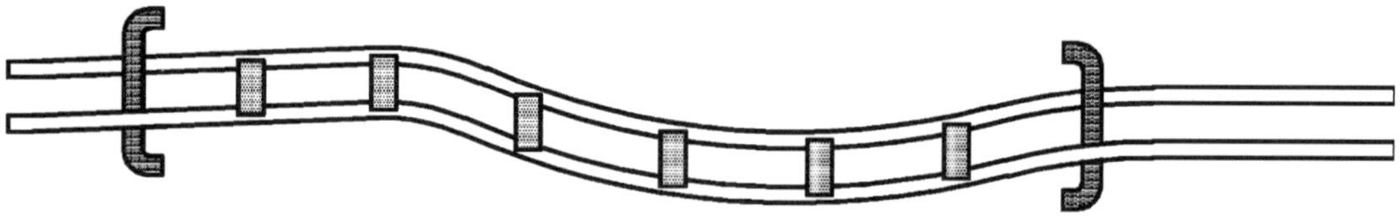

湖库：以湖心为中心，向采样点方向画垂线。待测区域为垂线两侧各 100 m，沿湖滨带挺水植物向湖心方向 500 m 的范围。以湖滨带为起点，沿湖盆按 50～100 m 间距设置至少 3～6 条样线，样线设置要包含所有的水生植物群落类型。每个样线按照水生植物的生长情况设置 1～3 个样方，样方设置首要考虑代表性，尽量涵盖该样线内所有大型水生植物的种类。

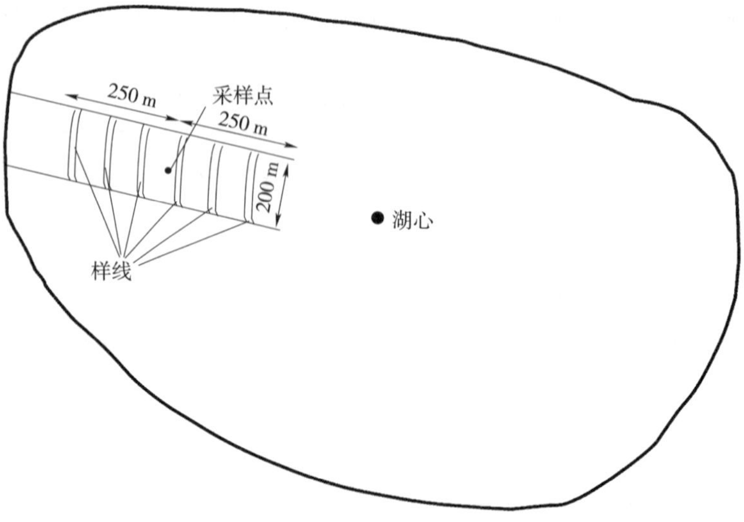

4.2.2　遥感监测

通过遥感监测验证上述地面监测结果，识别被监测水体挺水植被、浮叶（漂浮）植被、沉水植被等大型水生植被分布的区域及面积，得到大型水生植物总体分布的情况。大型水生植被遥感监测方法参考“第 9 章　水生植被遥感监测”。

4.2.3　采样时间安排

水生大型植物监测应尽可能在春末秋初进行，采样时间安排为一年两次，分别在每年的 4—5 月和 9—11 月。主要取决于当地气候和地理区域，确保大型植物的生长处于最佳状态。

最好是在水位较低的时候进行，从而提高了能见度，尽可能多地观测到被淹没的大型植物。

4.2.4　参考点的选择

为科学评估受测点（区域）的生态状况，在确定待测水体生态状况前，有必要为每种类型的水体建立生态状况的参考条件。对参考点的物种组成和每一种的丰富程度、物理和化学变量以及水文地貌背景而言，应尽可能接近自然条件，有害物质应该完全不存在或接近检出限。营养状况或水质状况应接近本底水平，并考虑到当地地质和地理位置的影响。例如，来自农业和林业的影响应该很低，而且不存在重要的污染排放源。如果无法找到可靠的参考点，也可通过历史资料或咨询专家意见确定。

4.3　监测准备

准备好现场信息，水体名称、地图位置、周边人为因素和其他相关信息。在可能的情况下提前准备水生大型植物物种清单，清单应为本地的常见物种，以便于现场记录。

根据监测点和参考点的条件，准备采样设备及辅助装备，明确人员分工、监测任务及时间进度，并开展监测前的技术培训和安全培训。

4.4　地面监测

4.4.1　定量监测

4.4.1.1　依据 GPS 定位确认监测点位，最好在点位上设置标识；有条件的拍摄现场照片，以便留存并便于后期对现场状况的描述。建议由岸边向开阔水域方向拍摄第一张照片，第二张照片从开阔水域向沿岸方向拍摄。

4.4.1.2　按照 4.2.1.2 划定监测区域，用 GPS 定位并记录区域边界，便于下一次监测工作。现场最好用木棍等工具标记区域的边界。

4.4.1.3　按照 4.2.1.3 的要求确定监测样线，样线的布设根据现场情况调整，覆盖到大型水生植物主要的生长区域。并记录大型水生植物生长的最大深度。

4.4.1.4　样线内大型水生植物监测：按照 4.2.2.3 确定采样样方，样方大小一般为 0.25～1 m^2，用采样框、水草定量夹、带柄手抄网、采样耙、抓钩、镰刀等工具采集样方内的所有大型水生植物。现场处理时，去除枯死的枝、叶及污泥等杂质，并去根，抹去植株表面多余的水分，按不同物种分别计数株数、测量鲜重及平均株长。也可将样品带回室内后进行上述测定，对于菹草、大茨藻等易因折断、缠结等而影响计数的植株，用重量法进行核算计数结果。若需称量干重，取部分鲜样品（不得少于 10%），在 105℃的干燥箱内烘干，直至恒重，即为样品干重。

4.4.2　定性监测

4.4.2.1　在采样区域内，选取并采集定量监测中出现的植株大小适中的所有物种标本，找到同时具备根、茎、叶和生殖结构的植株。如在非生殖季采样，也应尽量使根、茎、叶齐全，如遇地下茎，也要一并采集，带回实验室用于分类鉴定和标本制作。

4.4.2.2　在采样区域内，在可能有其他不同物种出现的生境下，补充采集可能不同的物种样品。水下用采样耙、抓钩等采样工具水平拖动适当距离，以采样耙或抓钩最大植物抓取量的 80% 左右采集；水面用带柄手抄网等采样工具采集。

4.5　物种鉴定

采样人员经过适当培训，鉴定物种的外形和关键特征应拍照记录。如果一个物种的特性不能被确定，那么应采集样本返回实验室确认。用贴上标签的塑料袋或其他适当的密封容器运输样品。如有必要，应寻求本领域专家确认。

4.6　固定与保存

每个采样区域收集每种植物类型的代表性标本。将标本压在贴好标签的报纸之间，用吸水纸帮助干燥，吸水纸最初应在 24 h 更换 1 次，后续可 48 h 更换 1 次。定期更换吸水纸，直到标本完全干燥。在制作沉水植物标本（如金鱼藻、穗状狐尾藻、狸藻等）时，由于其茎叶脆弱易碎，使用吸水纸与纱布进行固定，再放入标本夹中进行脱水干燥处理。样品干燥平整后（一周左右，取决于环境湿度），存放在安全干燥的地方，可长期保存。

5　结果计算

根据 4.4 的鉴定、计数及称重结果，按公式（1）、公式（2）和公式（3）分别计算淡水大型水生植物分类单元的密度、生物量和平均株长。

$$D_k = \sum_{i=1}^{N} Z_{ki} / \sum_{i=1}^{N} Y_i \tag{1}$$

式中：D_k——分类单元 k 的密度，株 /m²；

Z_{ki}——第 i 个样方中分类单元 k 的个体株数，株；

Y_i——第 i 个样方的面积，m²。

$$B_k = \sum_{i=1}^{N} X_{ki} / \sum_{i=1}^{N} Y_i \tag{2}$$

式中：B_k——分类单元 k 的生物量（注明鲜重或干重），g/m²；

X_{ki}——第 i 个样方中分类单元 k 的鲜重（或干重），g；

Y_i——第 i 个样方的面积，m²。

$$C_k = \sum_{i=1}^{N} L_{ki} / \sum_{i=1}^{N} Y_i \tag{3}$$

式中：C_k——分类单元 k 的平均株长，m/m²；

L_{ki}——第 i 个样方中分类单元 k 的平均株长，m；

Y_i——第 i 个样方的面积，m²。

6　质量保证

6.1　现场采样

6.1.1　制订合理的采样计划，使用手持式全球定位系统准确定位监测点位并用符合质量要求的设备进行现场采样。

6.1.2　现场采样人员应经过针对性训练，现场负责人对样品采集、保存及记录等现场采样全过程进行监督和审核。

6.1.3　与生境、水质或其他生物类群样品进行同步采样时，一般情况下最后采集大型水生植物样品。

6.2　样品分析

6.2.1　分析实验室需建立并统一淡水水生植物系统分类学检索资料、图谱及参考标本。

6.2.2　实验室分析人员应定期参加专题培训并持证上岗。

6.2.3　样品分析结果记录应经实验室第二位专业分析人员校核并签字确认。

6.2.4　若遇无法确认且需委托相关分类学专家对标本进行鉴定时，应做好信息记录，包括鉴定人姓名、所在单位、日期等。

6.2.5　数据处理及修约应按照本书“第 18 章　数据处理与信息管理”相关要求进行。

6.2.6　具备条件的实验室，建议选择约 10% 已完成分析的样品，开展实验室内人员比对、实验室间比对或者与分类鉴定质控专家比对。依据双方鉴定和计数结果，计算物种分类差异百分比 PTD 和计数差异百分比 PDE，如 PTD≤30% 且 PDE≤30%，物种分类鉴定计数合格。否则，实验室应组织比对人员围绕分析结果开展讨论，查找原因。

物种分类差异百分比按公式（4）计算。

$$\mathrm{PTD}=\left(1-\frac{\mathrm{comp_{pos}}}{N}\right)\times 100\% \tag{4}$$

式中：PTD——物种分类差异百分比，%；

$\mathrm{comp_{pos}}$——比对分析结果中，物种分类一致的数量，个；

N——比对分析结果中，物种较多一方的数量，个。

计数差异百分比按公式（5）计算。

$$\mathrm{PDE}=\frac{|n_1-n_2|}{n_1+n_2}\times 100\% \tag{5}$$

式中：PDE——计数差异百分比，%；

n_1——比对计数结果 1，个；

n_2——比对计数结果 2，个。

参编单位：

中国环境监测总站

生态环境部长江流域生态环境监督管理局生态环境监测与科学研究中心

江苏省常州环境监测中心

附录 A　采样工具及其适用条件和使用方法

采样工具	规格	适用条件	使用方法
采样框	（1×1）m	所有水生植物	用于框定样方边界及样方内水生植物，以便开展后续的采样工作
水草定量夹	开口面积 0.25 m^2	浮叶植物和沉水植物	用双手提起水草定量夹，将其展开，然后用挂钩勾住两边的钢丝绳；将水草定量夹放入水中，让其自然下沉，等沉到水底，抖动绳子，让挂钩松开勾住的钢丝绳；双手用力提采样绳，此时水草定量夹活页关闭，将水草定量夹提出水面，然后提起两侧的钢丝绳，把水草倒出来，收集水生植物
采样耙	—	浮叶植物和沉水植物	用手绳拴牢水草耙系绳部位，将水草耙放入或抛入采样位置；水草耙落在水草上后，均匀用力将其和水草一起拉回。重复以上动作，直至样方内水草采集完毕
带柄手抄网	—	漂浮植物	采集时，缓慢将带柄手抄网斜插入漂浮植物的下方，等待水面缓慢恢复平静后，慢慢提起，待水滤完，收集水生植物
抓钩	—	深水区水生植物	将抓钩沉入水底，在样方内缓慢匀速拖动，收集水生植物

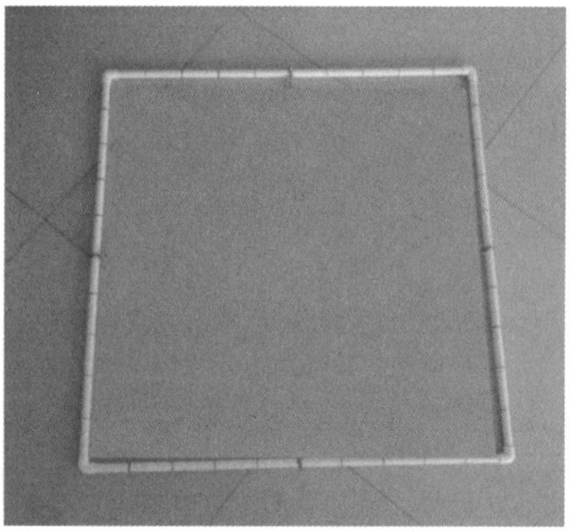

图 A.1　采样框

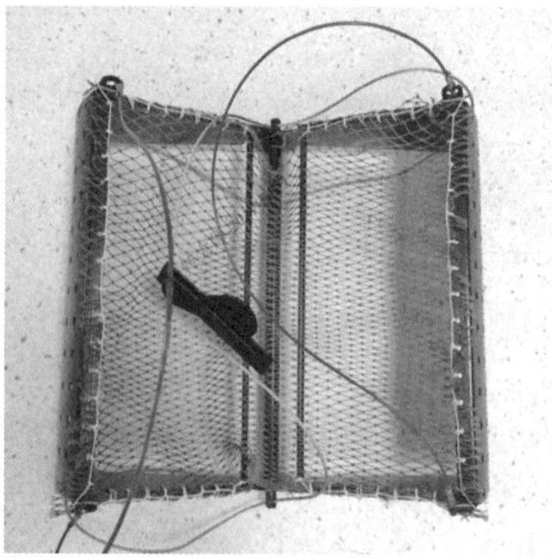

图 A.2　水草定量夹

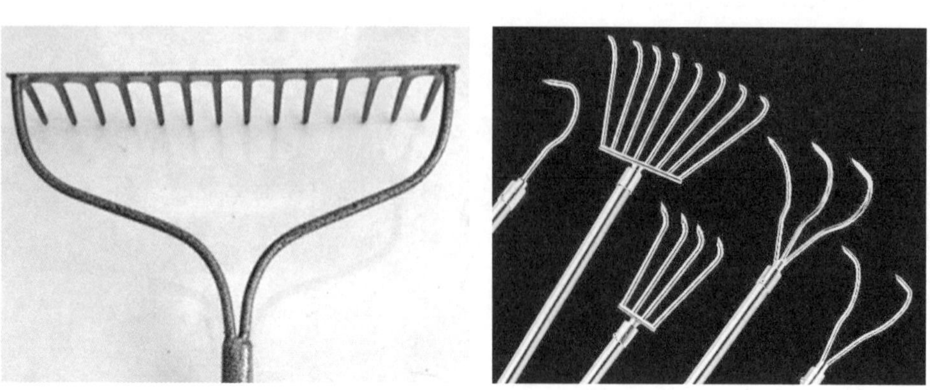

图 A.3　采样耙

图 A.4　带柄手抄网

图 A.5　抓钩

附录 B　水生态监测现场记录表

项目名称：　　　　　　　　　　　　　　　　点位名称：

经纬度：经度（°）：____.____°　纬度（°）：____.____°　□ 临时替代点位（需备注）

采样日期：________年________月________日　　　　采样时间：________时________分至________时________分

天气情况：□ 晴　□ 多云　□ 阴天　□ 阵雨　□ 小雨　□ 中雨　□ 大雨　□ 暴雨　□ 降雪　□ 24 h 内降雨

气象情况：风向：____________风速等级：____________气温（℃）：____________

水体类型：□ 涉水可过河流　□ 涉水不可过河流　□ 不可涉水河流　□ 浅水湖泊　□ 深水湖泊　□ 水库

水位情况：□ 低水位（水面覆盖部分河床）□ 中水位（水面基本覆盖河床）
□ 高水位（水面覆盖河漫滩）
水深（m，河流型选填）：____________河宽（m，湖库型不填）：____________
水流情况：□ 静水　□ 缓流　□ 急流　□ 湍流　流速（m/s，选填）：____________

周边生境：□ 林地　□ 草地　□ 农田　□ 城镇　□ 工业　□ 道路　□ 航道　□ 其他____________
湖库周边 / 河流上游：□ 桥梁　□ 码头　□ 闸坝　□ 支流汇入　□ 排污口
河流下游：□ 桥梁　□ 码头　□ 闸坝　□ 支流汇入　□ 排污口
水生植被：□ 挺水型　□ 沉水型　□ 浮叶型　□ 漂浮型　植被覆盖（%）：____________

岸线类型：□ 自然植被　□ 自然砂石　□ 生态改造　□ 石质　□ 混凝土　□ 堤坝　□ 木质残体

底质类型（周边 500 m）：
□ 鹅卵石______%　□ 砂石______%　□ 基岩______%　□ 软泥______%　□ 其他______%

现场分析：水温（℃）：________
溶解氧：（mg/L）：________
pH：________
浊度（NTU）：________
电导率（S/cm）：________
透明度（cm，湖库）：________
叶绿素（g/L，选填）：________
仪器编号（可填多项）：________________

监测内容：□ 浮游植物　□ 浮游动物
□ 着生藻类　□ 鱼类
□ 大型底栖无脊椎动物
□ 大型水生植物
□ 环境 DNA（鱼类）
□ 环境 DNA（其他）________
□ 生境现场评价
□ 水质

特殊情况及备注：□ 水华　□ 断流　□ 疏浚　□ 施工

（河流对上游、下游、左岸、右岸分别拍照，湖库向岸方向拍照，采样状态拍照。遇特殊情况拍照或影像记录，记录水库放水周期和时间等）

记录：　　　　　　　现场分析：　　　　　　　复核：　　　　　　　审核：

附录 C　大型水生植物现场采样记录表

水体名称：______________　　点位名称：______________
经度：______________　纬度：______________　海拔：______________
采样日期：_____年_____月_____日　　采样时间：_____时_____分至_____时_____分
监测点位所在水体类型：○湖泊　○水库　○河流　○溪流

现场采样示意图：

样品采集：

样方序号	1	2	3	4	5	6	7	8	9	10	11
采样工具											
面积（m^2）											

采样工具（设备编号）：

样品封装与保存：

样品名称：______________　样品标识码：______________　样品是否分装：○是，分装数量：________　○否
样品保存条件：○常温保存　○冷藏保存
保存时间：_____时_____分

备注	简要记录采样当天现场情况

采样人员：______________　复核人员：______________　现场负责人：______________

附录 D　大型水生植物样品分析记录表

点位名称：________________　　采样日期：_____年_____月_____日
样方编号________________　　总采样面积：________________

样品采集：

样方编号	1			2			3			4			均值		
种类	鲜重 / 干重（g）	株数（株）	平均株长（m）	鲜重 / 干重（g）	株数（株）	平均株长（m）	鲜重 / 干重（g）	株数（株）	平均株长（m）	鲜重 / 干重（g）	株数（株）	平均株长（m）	鲜重 / 干重（g）	株数（株）	平均株长（m）

采样人员：________________　复核人员：________________　现场负责人：________________

附录 E　淡水大型水生植物遥感数据来源

国产高分系列（GF-1/1B/1C/1D/2/6，PMS/WFV）、美国陆地卫星（Landsat8/9，OLI）、欧洲哨兵 2 号（Sentinel-2 A/B，MSI）等。

附录 F　水生植物分类鉴定参考书目

[1] 颜素珠 . 中国水生高等植物图说 [M]. 北京：科学出版社，1983.
[2] 陈耀东，马欣堂 . 中国水生植物 [M]. 郑州：河南科学技术出版社，2012.
[3] 王青锋，李伟 . 中国水生植物图志 [M]. 武汉：湖北科学技术出版社，2022.
[4] 王宁珠，张树藩 . 中国水生维管植物图谱 [M]. 武汉：湖北人民出版社，1983.
[5] 赵家荣，刘艳玲 . 水生植物图鉴 [M]. 武汉：华中科技大学出版社，2009.

第 9 章　水生植被遥感监测

1　术语和定义

1.1　水生植被 Aquatic Vegetation

指在光学遥感可见的生长于水体或与水体紧密联系的周边区域中的植被总和。

1.2　沉水植被 Submerged Vegetation

在遥感监测中指植株沉水的植物组成的植被。

1.3　浮水植被 Floating Vegetation

在遥感监测中指茎叶浮水的植物组成的植被。

1.4　挺水 - 湿生植被 Emergent Vegetation

在遥感监测中指茎叶高于水面的植物组成的植被和生长在潮湿环境且不能较长时间忍受水分不足的植被。

1.5　遥感影像空间分辨率 Remote Sensing Image Spatial Resolution

指单个遥感影像像元所覆盖的地面范围大小。

1.6　辐射定标 Radiometric Calibration

根据遥感传感器的定标系数，将其记录的量化数字灰度值（DN 值），转换成传感器入瞳处辐射亮度的过程。

1.7　大气校正 Atmospheric Correction

消除或减弱卫星遥感影像获取时在大气传输中因吸收或散射作用引起的辐射畸变的影像处理方法。

1.8　几何校正 Geometric Correction

为消除或减小影像的几何畸变而进行的影像处理方法。

1.9　地表反射率 Surface Reflectance

地物表面反射能量与到达地物表面的入射能量的比值。

1.10　决策树 Decision Tree

一种基本的分类与回归方法，其模型呈树状结构，在分类问题中，表示基于特征对实例进行分类的过程。

1.11 水生植被覆盖度 Aquatic Vegetation Coverage Fraction

指水生植被面积与水体监测范围总面积的比值，百分比（%）。

1.12 标准假彩色合成图像 Standard False Color Composite Image

根据加色法彩色合成原理，将遥感图像的近红波段、红光波段、绿光波段分别指定为红色、绿色、蓝色通道合成产生的彩色图像。

1.13 解译标志 Interpretation Indicator

指能够直接反映和判别水生植被覆盖的影像特征，包括形状、大小、阴影、色调、颜色、纹理、图案、位置及布局等直接标志和水系、地貌等间接标志。

1.14 目视解译 Visual Interpretation

指解译人员通过解译标志，在遥感图像上直接或借助工具判别目标地物的类别信息的过程。

1.15 查全率 Recall

与真实值相比，遥感解译正确的某类型图斑面积占解译区域内该类型实际面积的比例，主要用于单要素解译精度评价。

1.16 准确率 Precision

与真实值相比，遥感解译正确的某类型图斑面积占解译区域内该类型图斑面积的比例，主要用于单要素解译精度评价。

1.17 最小上图图斑面积 Minimum Area on the Map

指在一定比例尺的地图上，需要标识的地物斑块的最小面积。

1.18 成图比例尺 Mapping Scale

指地图上用来标识图上单位长度与地面所对应真实长度比值的制图要素。

2 总则

2.1 监测目的

采用遥感影像对水体中的水生植被分布信息进行提取，获得水生植被的空间分布特征，计算水生植被面积占河流、湖库等水体监测范围总面积的比例，获取水生植被覆盖度，用以评价水生生态系统的稳定性。

2.2 监测原理

采用遥感影像提取水生植被主要是基于水生植被与水体光谱的差异。水生植被在近红外波段反射率较高，形成“反射峰”，而正常水体对近红外波段有强烈的吸收作用，导致反射率较低。因此，通过水生植被和正常水体在近红外波段的差异可以区分水生植被和正常水体。

2.3 监测内容

河流、湖库等水体中水生植被空间分布、面积和覆盖度。

2.4 监测时间

监测时间为水生植被生长最旺盛的时期，可结合当地主要水生植物优势种的生活史进行调整。例如洞庭湖、鄱阳湖等洲滩湿地为主的通江湖泊为 3—4 月，长江流域其他河流、湖泊和水库为 7—9 月。

2.5 遥感监测技术路线

水生植被遥感监测技术路线如图 1 所示。

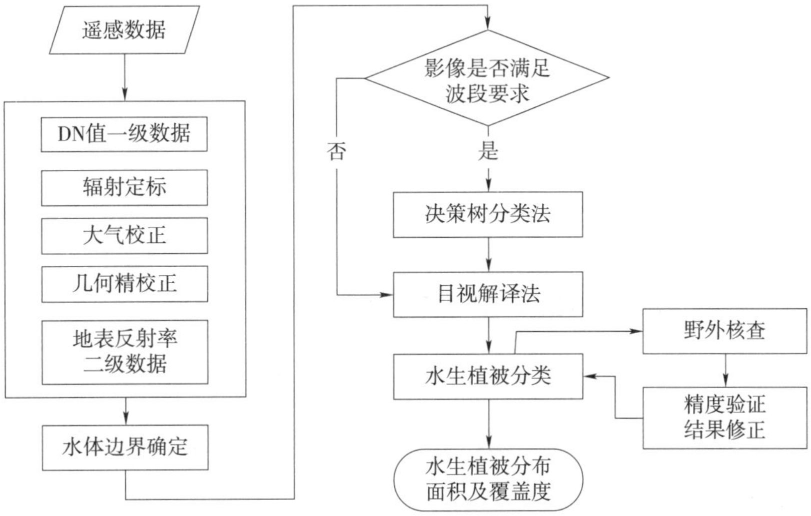

图 1　水生植被遥感监测技术路线

3 监测方法

3.1 遥感影像选择

选取至少具有蓝光（450～520 nm）、绿光（520～600 nm）、红光（630～690 nm）、近红外（760～900 nm）波段的卫星遥感影像，可覆盖整个监测区域且云量小于 10%。因红边波段（690～740 nm）和短波红外波段（1 000～3 000 nm）是植物监测的特征波段，宜采用包含红边波段和短波红外波段的 Sentinel-2 MSI 等影像。此外，遥感影像空间分辨率选择应考虑被监测水体的面积和形状，水体面积越小、水体宽度越窄，空间分辨率要求越高，具体遥感影像可参照表 1 选取。

表 1　水体范围大小与推荐采用的遥感影像对应表

河流宽度	湖库面积	遥感影像空间分辨率	部分可选的影像
10 m＜宽度＜100 m	0.01 km^2＜面积＜0.1 km^2	高空间分辨率 [0.5 m，10 m]	GF1/1B/1C/1D/6 PMS 融合、Planet
宽度≥100 m	面积≥0.1 km^2	中高空间分辨率 [10 m，30 m]	Sentinel-2 MSI、Landsat 8 OLI、Landsat 9 OLI 2、GF1/6 WFV、HJ2 CCD

遥感影像获取分为两种情况：一是直接获取影像的 2 级地表反射率产品；二是获取影像的 1 级数据，再经过辐射定标、大气校正和几何精校正等处理得到地表反射率产品。

3.2 辐射定标

辐射定标根据遥感传感器的定标公式及各波段定标系数进行。辐射定标公式的一般形式为

$$L=Gain \times DN+Offset \tag{1}$$

式中：L——表观辐亮度，$W \cdot m^{-2} \cdot sr^{-1} \cdot \mu m^{-1}$；

Gain——定标系数中的增益量系数，$W \cdot m^{-2} \cdot sr^{-1} \cdot \mu m^{-1}$；

DN——数字灰度值；

Offset——定标系数中的偏移量系数，$W \cdot m^{-2} \cdot sr^{-1} \cdot \mu m^{-1}$，空缺值 0。

遥感传感器不同波段各有其出厂时的定标系数。随着传感器的老化，定标系数有可能发生漂移，需做出相应调整。

3.3 大气校正

可见光波段和近红外波段的卫星遥感大气校正主要针对大气分子散射、气溶胶散射及水汽吸收的影响。可采用基于辐射传输模型的方法［如 6S 模型（Second Simulation of the Satellite Signal in the Solar Spectrum）、FLAASH（Fast line-of-sight atmospheric analysis of spectral hypercubes）大气校正模型等］进行大气校正，得到各波段地表反射率，也称为大气层底反射率。

3.4 几何精校正

基于具有精确位置坐标的参考影像、地图或地面控制点信息，开展影像的几何校正处理，校正后影像的检查点平均误差需控制在 1 个像元以内。

3.5 水体边界确定和水体总面积计算

河流、湖库等水体边界是以基准年堤防工程内侧堤脚线或汛期平均水位为基础，依据中高分辨率遥感影像，保留湿地公园、生态修复区以及潜在生态修复区，最大限度剔除边界范围内的岛屿、建筑物、农田、林地等要素，得到较为完整的水域外边界范围。

在遥感影像标准假彩色合成图像中（近红外、红、绿波段分别被显示为 R、G、B 通道），水体呈现蓝色、黑色色调，可以通过直接目视解译获取或利用相关处理软件进行水体边界提取辅以人工修正的方法获取。基于遥感影像提取的水体边界矢量，得出水体总面积。

3.6 水生植被分类方法

基于遥感影像的水生植被分类有多种方法可供选择，如决策树分类法、目视解译法、面向对象分类法、基于深度学习的分类方法等。根据遥感影像谱段、分类方法可操作性，若遥感影像包含红边波段（690～740 nm）和短波红外波段（1 000～3 000 nm），优先使用决策树方法。否则，宜采用去除沉水植被指数的决策树分类方法或目视解译法。具体介绍如下。

3.6.1　决策树分类法

3.6.1.1　指数计算

针对裁剪后的水体区域遥感影像，基于决策树分类法对水生植被类型进行提取。分类流程如图 2 所示。

第一步，识别挺水－湿生植被。根据指数 1 选取合理的阈值，指数 1 数值大于设定的阈值 a 的像元识别为挺水－湿生植被，否则为其他（水体、浮水植被、沉水植被、蓝藻水华）。指数 1 宜采用挺水及湿生植被敏感指数 EVSI，也可采用归一化差异植被指数 NDVI、改进的归一化差异水体指数 MNDWI、归一化差异水生植被指数 NDAVI 等指数进行分类提取，计算方法参见附录 A。

第二步，视情况识别蓝藻水华。若目视判断存在蓝藻水华，则开展蓝藻水华识别。若目视判别不存在蓝藻水华，则省略该步骤。根据指数 2 选取合理的阈值，指数 2 数值大于设定的阈值 b 的像元识别为蓝藻水华，否则为其他（水体、浮水植被、沉水植被）。指数 2 宜采用浮游藻类指数 FAI，也可采用藻类指数 AI、归一化差异植被指数 NDVI、抗浑水藻华指数 ATBI 等指数进行分类提取，计算方法参见附录 A。

第三步，识别浮水植被。根据指数 3 选取合理的阈值，指数 3 数值大于设定的阈值 c 的像元识别为浮水植物，否则为其他（水体、沉水植被）。指数 3 宜采用归一化差异植被指数 NDVI，也可采用改进的归一化水体指数 MNDWI、归一化差异水体指数 NDWI 等指数进行分类提取，计算方法参见附录 A。

第四步，识别沉水植被。当存在沉水植被时，根据指数 4 选取合理的阈值，指数 4 数值小于设定阈值 d 的像元识别为沉水植被，否则为正常水体。指数 4 宜采用沉水植被敏感指数 SVSI 等指数进行分类提取，计算方法参见附录 A。

在第一步、第三步内容中，若采用水体指数，则应当将对应指数大于阈值部分识别为其他（水体）。

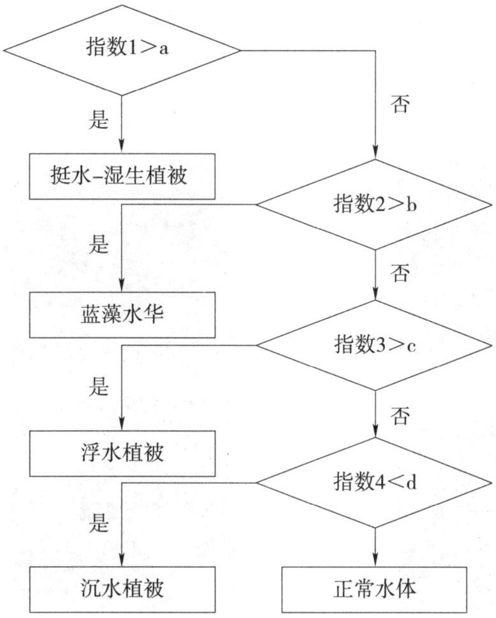

图 2　水生植被类型的决策树分类

3.6.1.2　阈值选取

一般情况下，不同水生植被和正常水体的阈值不同，在阈值选取时，应对照假彩色合成图像，并结合先验知识，在不同指数计算的图像上观察相对应的水生植被类型、正常水体分别对应的不同区域，根据水生植被区域和水体区域的指数数值，采用统计直方图方法，选择不同地物间峰谷或峰顶对应的指数数值作为阈值，初步确定水生植被提取阈值。

3.6.1.3 目视解译

为保证水生植被结果提取的准确度，需要结合目视解译法进行人工修正，剔除蓝藻水华区域，补充水生植被漏提区域。结合水生植被目视判别标志（表 2），在真彩色合成图像上，植被信息显示为绿色，而标准假彩色合成图像上，植被信息显示为红色，在标准假彩色合成图像上蓝藻水华一般呈现粉色调且具有絮状纹理，而且蓝藻水华发生范围动态变化快，可以借助多时相的遥感影像来剔除蓝藻水华分布区。

表 2 目视解译水生植被判别标志

<table>
<tr><th>水生植被类型</th><th>真彩色遥感图像</th><th>标准假彩色遥感图像</th><th>描述</th></tr>
<tr><td rowspan="2">挺水－湿生植被</td><td></td><td>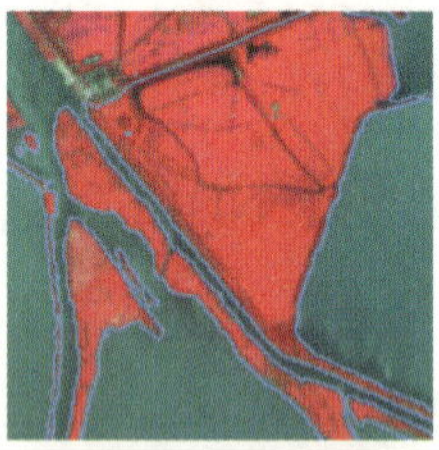</td><td rowspan="2">颜色特征：挺水－湿生植被在真彩色图像上显示为深绿色、草绿色，在假彩色图像上显示为红色、粉红色；
形态特征：在岸边区域呈面状分布</td></tr>
<tr><td></td><td></td></tr>
<tr><td rowspan="2">浮水植被</td><td></td><td></td><td rowspan="2">颜色特征：浮水植被在真彩色图像上显示为亮绿色，在假彩色图像上显示为粉色、亮粉色；
形态特征：在湖泊中心或岸边周围区域呈片状分布</td></tr>
<tr><td></td><td>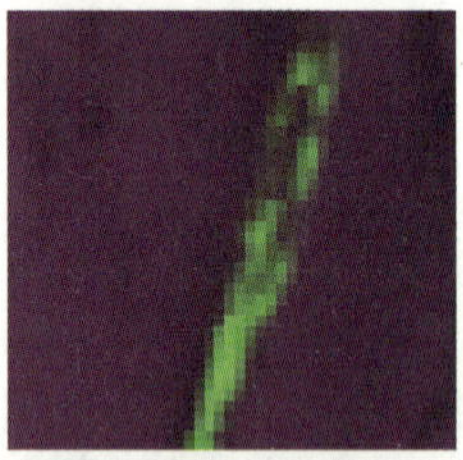</td></tr>
<tr><td rowspan="2">沉水植被</td><td></td><td>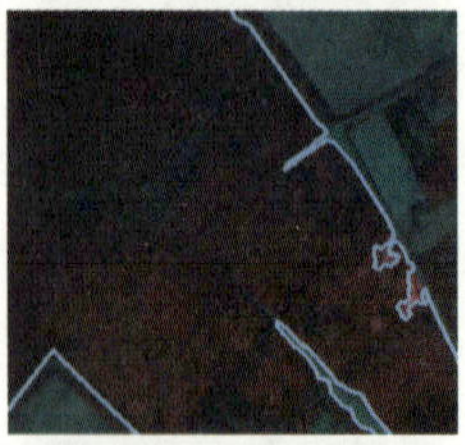</td><td rowspan="2">颜色特征：沉水植被在真彩色图像上显示为墨绿色、蓝绿色，在假彩色图像上显示为暗红色、淡粉色、红黑色；
形态特征：呈絮状分布</td></tr>
<tr><td>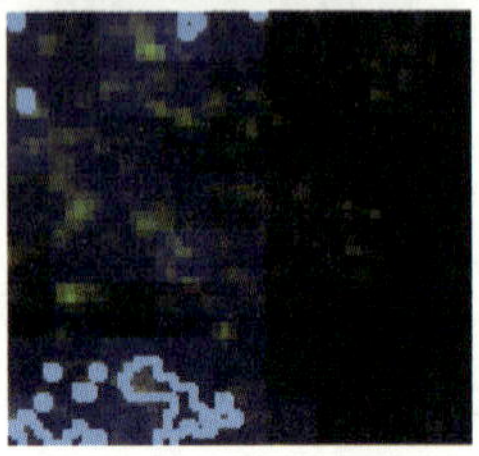</td><td>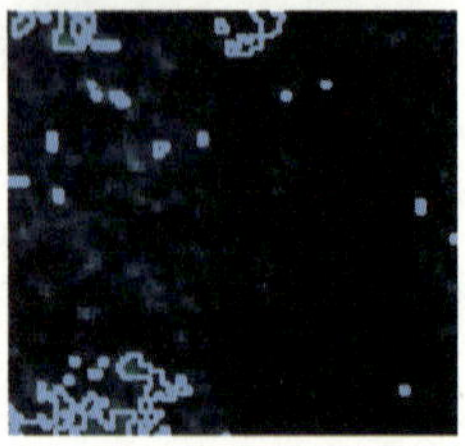</td></tr>
</table>

3.7　水生植被面积和水生植被覆盖度计算

基于遥感影像提取的水生植被分布区，利用水生植被总面积除以水体监测范围总面积获得水生植被覆盖度（百分比）。可取监测时段内多次监测结果的最大值。

$$P=\frac{S}{W}\times 100\% \tag{2}$$

式中：P——水生植被覆盖度，%；

S——水生植被面积，km^2；

W——水体监测范围总面积，km^2。

3.8　最小上图图斑面积

水生植被最小上图面积需参考遥感影像的遥感空间分辨率，为（3×3）个像元，即 30 m 影像可识别的水生植被面积应大于 8 100 m^2，10 m 影像可识别的水生植被面积应大于 900 m^2，2 m 影像可识别的水生植被面积应大于 36 m^2。

3.9　成图比例尺

在水生植被提取和检查过程中，30 m 影像的成图比例尺至少为 1：30 000，10 m 影像的成图比例尺至少为 1：10 000，2 m 影像的成图比例尺至少为 1：2 000。

4　野外核查

4.1　野外核查工具

定位设备、相机、指南针、核查记录本、塞氏盘、样方框、水草夹、无人机等工具。

4.2　野外核查方法

4.2.1　确定核查区域

根据遥感影像水生植被提取的空间分布位置、可达性、历史水生植被分布区域等基础地理特征确定核查区域。

4.2.2　确定核查时间

为确保获得高质量的卫星遥感影像数据，地面核查时间宜选取晴天、无云或少云的时间段，且与卫星过境时间相近。

4.2.3　核查点位空间设计

结合卫星遥感影像提取的水生植被空间分布特征，进行水生植被核查区域的点位设计，并标记该核查点的水生植被类型，如挺水 - 湿生植被、浮水植被、沉水植被。核查点位的筛选原则如下：首先，在水生植被分布的区域上筛选水生植被核查点，如果遥感提取的水生植被图斑数量少于 10 个，核查点应涉及全部图斑，每个图斑应布设不少于 1 个核查点；如果遥感提取的水生植被图斑数量大于 10 个，核查点总数应不少于 10 个，并在水生植被图斑范围内均匀布设。如水体监测范围内水生植被较少，遥感提取结果无法满足上述条件，则在疑似水生植被生长区域（如岸边、历史水生植被分布区域等），总共布设不少于 20 个核查点。

4.2.4 水生植被现场核查

为确保操作流程的规范性，避免不同人员地面核查产生较大误差，需要 2 名以上（含 2 名）相关专业人士进行水生植被现场核查及覆盖度估算。

利用定位设备导航依次到达核查点，以该核查点为中心，设置 1 个（10 × 10）m 的样方，识别并记录水生植被的优势种和类型，包括沉水植被、浮水植被、挺水－湿生植被、无水生植被四种类型。对于肉眼可识别的沉水植被、浮水植被、挺水－湿生植被，直接记录分布范围，并用肉眼估算总覆盖度。若某个样方同时存在沉水植被和浮水植被（或挺水－湿生植被），认为遥感从空中监测会优先识别为浮水植被或挺水－湿生植被，则建议重新在核查点周边选择新样方，新样方以浮水植被、挺水－湿生植被为主，或以沉水植被为主。若样方内以沉水植被为主，则需要打捞，核查人需用采草夹在样方内均匀地随机打捞 5 次，根据打捞出沉水植被的频次和生物量综合估算总覆盖度，每次打捞结果需要拍照。当沉水植被较难用肉眼在水面上直接观察，需要单独记录；对打捞上来的水生植被进行长度估算，同时使用塞氏盘测量透明度与水深。若现场调查时发现大面积漂浮植物，可根据管理需求确定分布面积并予以扣除。若船只无法到达预设的核查点，则用无人机飞行至样方上空，估算总覆盖度。

利用指南针分辨方向，先按照东南西北四个方位接近水平方向进行生境拍照，照片应包括尽可能多的水面，然后再垂直水面向下拍摄水生植被，注意避免阳光反射、确保能清晰反映水下情况。若样方内存在沉水植被，则对打捞上来的每种沉水植被拍照记录。按顺序对照片编号。根据核查表格（参见附录 B），按要求填写核查点位及样方序号、所在经纬度、样方水生植被覆盖度等信息。具体采样方法可参照《水质　采样技术指导》（HJ 494—2009）、《生物多样性观测技术导则　水生维管植物》（HJ 710.12—2016）中关于不同类型水生植被的采样方法及步骤执行。

5 水生植被监测结果

5.1 精度验证

对比每个调查点的遥感影像结果和现场核查结果，当地面样方水生植被覆盖度≥50% 时，认为该点位存在水生植被。利用混淆矩阵统计记录水生植被的精度，要求查全率≥70%，准确率≥80%。

表 3　水生植被实地核查情况判定

	遥感显示为水生植被	遥感未显示为水生植被
实地覆盖度≥50%	解译正确	解译错误
实地覆盖度＜50%	解译错误	解译正确

5.2 结果修正

若分类精度未达到要求，需结合现场核查结果，再次人工修正水生植被遥感监测结果，直至获得质量合格的水生植被提取结果，包括水生植被空间分布、总面积、覆盖度等信息。

5.3 成果形式

5.3.1 监测成果

水生植被遥感监测工作成果应包括监测数据、专题图以及报告。

5.3.2 提交数据

监测数据应包括原始遥感数据、预处理后遥感数据、水生植被提取结果数据。

5.3.3 专题图制作

专题图制作具体参见附录 C。

5.3.4 监测报告

报告编制应包括监测区域、数据来源、提取方法、成果分析等内容。

6 质量控制

为强化水生植被监测质量管理和全过程质量控制，保证监测质量，对水生植被遥感监测的数据准备、处理过程以及结果检查上报采取质量控制，确保监测全过程数据真实、准确、可靠。

6.1 监测前质量保证和质量控制

参与遥感监测的工作人员应具有 1 年及以上的遥感监测经验，复检和验收人员应具有 3 年及以上的遥感监测或审核经验。实施水生植被遥感提取作业前，应对作业人员进行培训，明确作业任务和主要内容，统一作业标准和要求，规范作业程序和技术方法，并严格按照相关规范与步骤操作。

6.2 监测过程质量保证和质量控制

监测过程中，确保遥感影像的空间分辨率、波段设置、影像质量、影像时相等满足监测指标及具体区域要求。影像预处理后，几何纠正及配准精度、影像质量满足监测要求。影像数据资料完备，数据文件名称、格式、内容等规范。

监测成果的准确率、查全率和最小上图图斑面积等应符合目标地物解译或监测要求。监测成果的成果数据属性规范、统一，包括但不限于属性字段名称、属性名称、编码等，编码具备唯一性；存储成果文件规范，包括但不限于文件名称、格式、内容等。

野外核查过程中，核查点位数量应满足目标地物核查要求；核查点应具有空间代表性、类型代表性和路线可达性；空间定位水平精度和高程精度应满足目标地物核查需求；野外核查照片要求拍摄目标清晰且命名规范，记录照片的拍摄方向；野外核查记录表应填写规范、完整、准确，并进行漏测项说明。

成果验收检查应采取复检和验收方式。确保复检和验收工作独立进行，并如实填写相关检查记录，并对相关监测成果进行 100% 内业检查，确保每道工序检查合格后方可进入下道工序，对检查未通过的监测成果资料应全部退回，修改后重新检查。经复检合格后，才能对监测结果进行验收，验收时对监测成果进行抽样检查，采用分层按比例随机抽样方法从监测成果中抽取不少于 10% 的样本，对检查出的问题、错误及修改情况应详细记录；对未通过的监测结果全部退回处理，修改后重新验收，重新验收时应重新抽样。确保数据真实、准确、可靠，满足监测数据质量要求，并做到全过程可追溯。

参编单位：
生态环境部卫星环境应用中心
生态环境部长江流域生态环境监督管理局生态环境监测与科学研究中心
生态环境部太湖流域东海海域生态环境监督管理局生态环境监测与科学研究中心

附录 A　水生植被遥感监测算法示例

附录 A.1　挺水及湿生植被敏感指数 EVSI

挺水植被及湿生植被在近红外区间反射率远高于其他地物，且在近红外窄波段反射率最高，在红光波段反射率最低。

$$\mathrm{EVSI}=\frac{\rho_{\mathrm{NIR窄}}-\rho_{\mathrm{R}}}{\rho_{\mathrm{NIR窄}}+\rho_{\mathrm{R}}} \tag{1}$$

式中：$\rho_{\mathrm{NIR窄}}$——Sentinel-2 的 B_{8a} 近红外窄波段的反射率；

ρ_{R}——红波段经过大气校正的地表反射率；

EVSI 的取值范围为 [-1，1]。

附录 A.2　归一化植被指数 NDVI

水生植被具有典型的植被光谱特征，近红外区间的反射率大于水体。

$$\mathrm{NDVI}=\frac{\rho_{\mathrm{NIR}}-\rho_{\mathrm{R}}}{\rho_{\mathrm{NIR}}+\rho_{\mathrm{R}}} \tag{2}$$

式中：ρ_{NIR}——近红外波段经过大气校正的地表反射率；

ρ_{R}——红波段经过大气校正的地表反射率；

NDVI 的取值范围为 [-1，1]。

附录 A.3　改进的归一化差异水体指数 MNDWI

基于正常水体光谱在绿光波段与短波红外波段的差异。计算水体指数可以增强水体信息，侧面突出水体中的植被信息。

$$\mathrm{MNDWI}=\frac{\rho_{\mathrm{G}}-\rho_{\mathrm{SWIR}}}{\rho_{\mathrm{G}}+\rho_{\mathrm{SWIR}}} \tag{3}$$

式中：ρ_{G}——绿波段经过大气校正的地表反射率；

ρ_{SWIR}——短波红外波段经过大气校正的地表反射率。

附录 A.4　归一化差异水生植被指数 NDAVI

基于水生植被光谱在蓝光波段和近红外波段的差异。计算水生植被指数可以突出水生植被信息。

$$\mathrm{NDAVI}=\frac{\rho_{\mathrm{NIR}}-\rho_{\mathrm{B}}}{\rho_{\mathrm{NIR}}+\rho_{\mathrm{B}}} \tag{4}$$

式中：ρ_{NIR}——近红外波段经过大气校正的地表反射率；

ρ_B——蓝波段经过大气校正的地表反射率。

附录 A.5 浮游藻类指数 FAI

蓝藻在水面聚集形成水华时会改变该区域水体在红光、近红外、短波红外波段对辐射能量的强吸收特性，使水体光谱表现出与植被光谱相似的特征。FAI 方法采用红光、近红外、短波红外波段组合的方式，利用蓝藻水华和水体光谱特征差异，能够有效识别蓝藻水华。

$$FAI = \rho_{NIR} - \left[\rho_R + (\rho_{SWIR} + \rho_R) \times \frac{\lambda_{NIR} - \lambda_R}{\lambda_{SWIR} - \lambda_R}\right] \tag{5}$$

式中：ρ_R、ρ_{NIR}、ρ_{SWIR}——红光、近红外、短波红外波段经过大气校正的地表反射率；

λ_R、λ_{NIR}、λ_{SWIR}——红光、近红外、短波红外波段的中心波长。

附录 A.6 藻类指数 AI

蓝藻水华和浮水植物的光谱特征相似，但蓝藻水华在绿光波段处反射率更高，形成典型的叶绿素反射峰。

$$AI = \rho_G \times \frac{\rho_B + \rho_R}{2} \tag{6}$$

式中：ρ_B、ρ_G、ρ_R——蓝光、绿光、红光波段经过大气校正的地表反射率。

附录 A.7 抗浑水藻华指数 ATBI

浮游藻类指数 FAI 可能将高度浑浊水体误判为藻华，ATBI 等于 FAI 与红光基线 RBL 之和，可以放大藻华与高度浑浊水体的区别，提高藻华识别的准确性。

$$ATBI = FAI + RBL = FAI + \left[\rho_G + \left(\rho_{NIR} - \rho_G\right) \times \frac{\lambda_R - \lambda_G}{\lambda_{NIR} - \lambda_G} - \rho_G\right] \tag{7}$$

附录 A.8 归一化差异水体指数 NDWI

由于植被在近红外波段的反射率一般最强，因此采用绿光波段与近红外波段的比值可以最大限度地抑制植被的信息，突出水体信息。该指数只考虑了植被因素，除了突出水体信息，也会突出水体中的植被信息。

$$NDWI = \frac{\rho_G - \rho_{NIR}}{\rho_G + \rho_{NIR}} \tag{8}$$

式中：ρ_G、ρ_{NIR}——绿光、近红外波段经过大气校正的地表反射率。

附录 A.9　沉水植被敏感指数 SVSI

沉水植被整体反射率较低，植被光谱特征不明显，但利用缨帽变换后的土壤亮度指数与绿度指数的差值能较好地识别沉水植被。

$$SVSI = TC_1 - TC_2 \tag{9}$$

式中：TC_1——缨帽变换后的亮度指数；

TC_2——缨帽变换后的绿度指数。

附录 B　水生植被野外现场核查记录表

记录人：________　　核查人：________　　核查时间：____年___月___日

点位序号	核查时间	经纬度	天气状况	植被类型（沉水、浮水、挺水－湿生、无）	优势种	样方水生植被覆盖度（%）*	沉水植被无法用肉眼观察的情况		拍摄方式（无人机、无人船、有人船、其他方式具体写明）	照片编号（照片名称要标注编号）	备注
							沉水植被高度	水深、水体透明度			
		经度： 纬度：									

注：* 样方水生植被覆盖度（%）判断参考依据： 25%；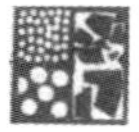 50%；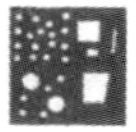 75%。

附录 C　水生植被遥感监测产品示例

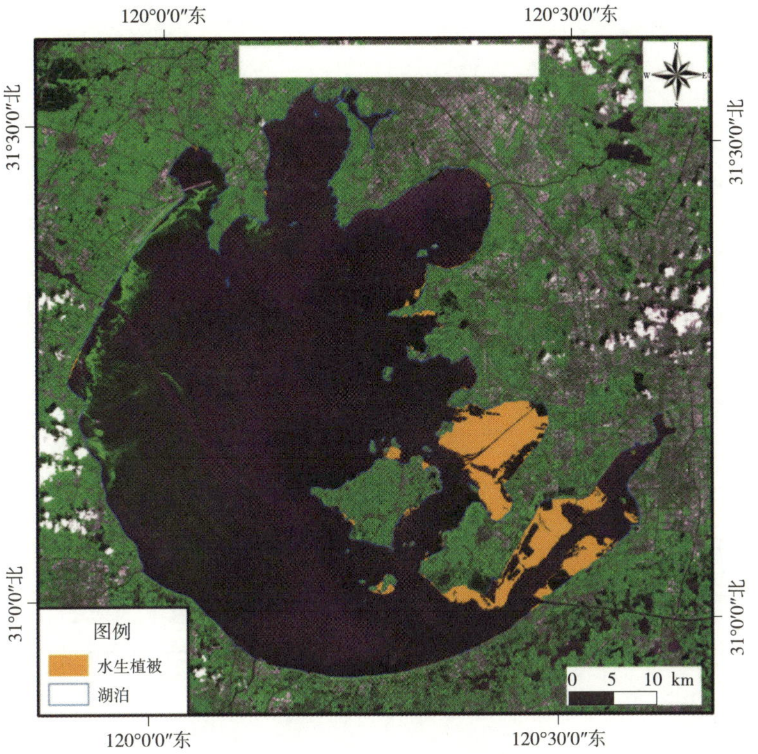

图 C　某湖泊水生植被空间分布

附录 D　大型水生植被遥感分析记录表

水体名称：＿＿＿＿＿＿＿＿　分析日期：＿＿＿年＿＿月＿＿日 遥感图谱时间：＿＿＿＿＿＿＿			
覆盖率： 监测范围（经纬度）：＿＿＿＿＿＿；面积：＿＿＿＿＿＿			
序号	斑块范围（经纬度）	面积	备注（植被生态类型：挺水、浮水、沉水）
1			
2			
3			
4			
5			
6			
7			
8			
9			
10			
11			
12			
13			
14			
15			
16			
17			
合计			
备注			
解译人员：＿＿＿＿＿＿＿＿＿＿　复核人员：＿＿＿＿＿＿＿＿＿＿			

第 10 章　河湖岸线遥感监测

1　术语和定义

1.1　岸线 Shoreline

河流（包括水库库区）两侧或湖泊周边一定范围内水陆相交的带状区域。

1.2　岸线类型 Type of Shoreline

根据岸线垂向区域内的土地利用情况赋予岸线的属性。

1.3　岸线长度 Length of Shoreline

岸线向陆一侧边界线的长度。

1.4　目视判读 Visual Interpretation

判读者通过直接观察或借助判读仪以研究地物在遥感影像或其他像片上反映的各种影像特征，并通过地物间的相互关系来推理分析，识别所需地物信息的过程。

2　总体要求

2.1　原则

本技术要求的内容遵循科学实用、因地制宜、改善导向、可重复性的原则。

2.2　内容

在对遥感影像进行数据处理的基础上，结合数字高程模型（DEM）、河湖水位等数据，划定河湖岸线位置；基于划定的河湖外边界和成果影像，采用专家目视判读或自动分类方法，划分岸线类型；基于分类的河湖岸线，利用统计学和 GIS 空间分析的方法，对河湖、区域等统计单元内的岸线状况进行分析。

2.3　监测时间和频次

一般选择岸线未被水体淹没、植被返青的枯水期进行，宜选择上半年，避开丰水期和雨水集中的时间。不同区域根据具体情况确定监测时间，但同一地区在不同年份应保持一致。

原则上每年调查 1 次。

2.4　坐标系和计量单位

所有矢量和影像数据均采用 2000 国家大地坐标系（CGCS2000）。

长度单位米（m），汇总统计采用千米（km），保留到小数点后两位；面积单位采用平方米（m^2），汇总统计采用平方千米（km^2）。

2.5　作业比例尺

依据遥感影像空间分辨率，在合理的比例尺上进行绘制。遥感影像空间分辨率为 2 m 时，建议在 1：2 000～1：3 000 的比例尺上绘制；空间分辨率为 1 m 时，建议在 1：1 000～1：3 000 的比例尺上绘制。

2.6　最小上图单元

岸线区域最小上图单元应符合下列要求：

交通用地、硬化堤坡等线状地物宽度 4 m。

林地等面状地物 100 m^2。

3　监测流程

河湖岸线遥感监测流程见图 1。

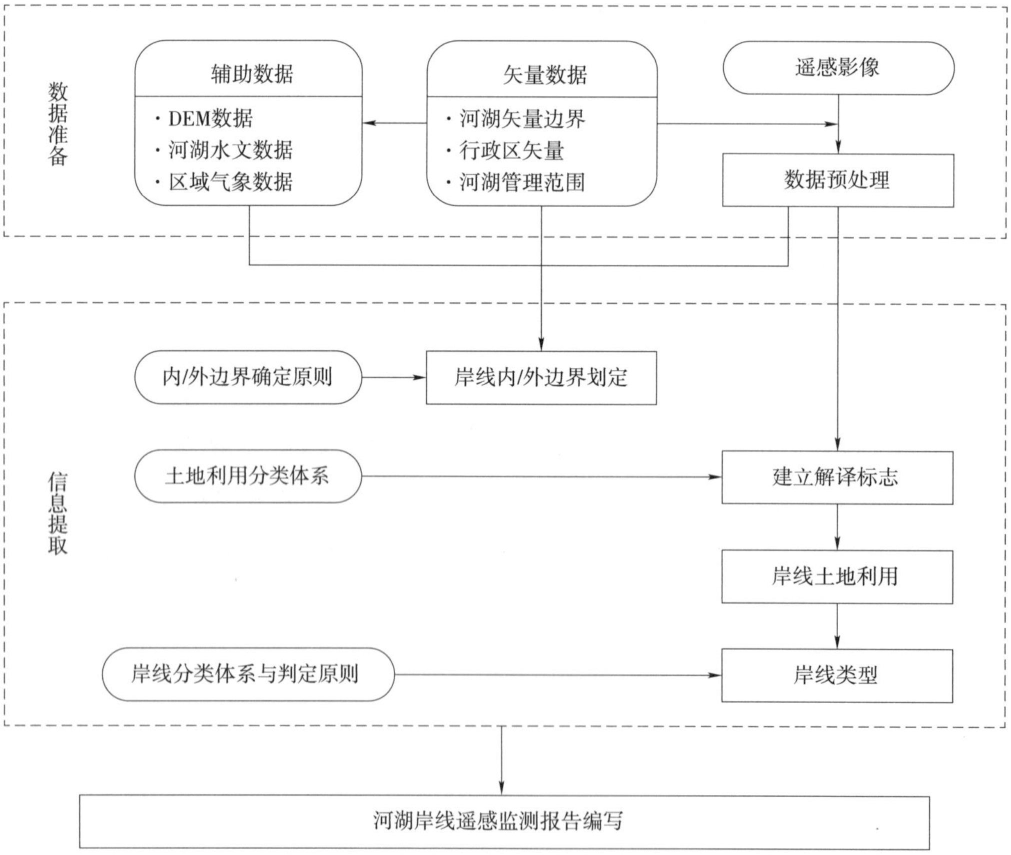

图 1　河湖岸线遥感监测流程

4　监测方法

4.1　数据准备

4.1.1　矢量数据准备

河流湖泊矢量边界数据、行政区划矢量数据。

4.1.2　辅助数据

河湖管理范围边界数据、DEM 数据、河流水文数据、区域气象数据。

4.1.3　遥感影像选取与处理

4.1.3.1　遥感数据选取

（1）影像空间分辨率优于或等于 2 m，波段至少包含红、绿、蓝三个通道，监测区范围内影像一般应无云覆盖，单景影像云量比例一般应低于 10%。

（2）影像无明显噪声和缺行。

影像质量其他要求执行《遥感影像平面图制作规范》（GB/T 15968—2008）的相关规定。

4.1.3.2　影像正射校正

执行《国家基本比例尺地图 1：5 000　1：10 000 正射影像地图》（GB/T 33182—2016）的规定。

4.1.3.3　影像融合

执行 GB/T 33182—2016 的规定。

4.1.3.4　格式

Img 或 GeoTIFF 格式。

4.2　岸线划定

4.2.1　岸线划定原则

4.2.1.1　岸线外边界划定原则

（1）对有堤防工程的河湖，采用临水侧堤肩线为外边界；

（2）无堤防的河湖，以已核定的历史最高洪水位或设计洪水位与岸边的交界线作为外边界；

（3）河口处根据两端岸线走向自然延伸连接。

4.2.1.2　岸线内边界划定原则

（1）岸线内边界一般为水体平均枯水位线；

（2）对于常年干涸河道，取河流中心线为内边界；

（3）对鄱阳湖等水位变化极其剧烈的湖泊，取外边界向内的 500 m 缓冲区与枯水位水面的交界线或缓冲区边界线为内边界。

4.2.1.3　其他

岸线边界以基准年监测结果为准。当岸线因人为因素（如闸坝修建）沿垂向变化 10 m 以上时对岸线边界进行局部更新。

采用外边界作为岸线的最终成果。

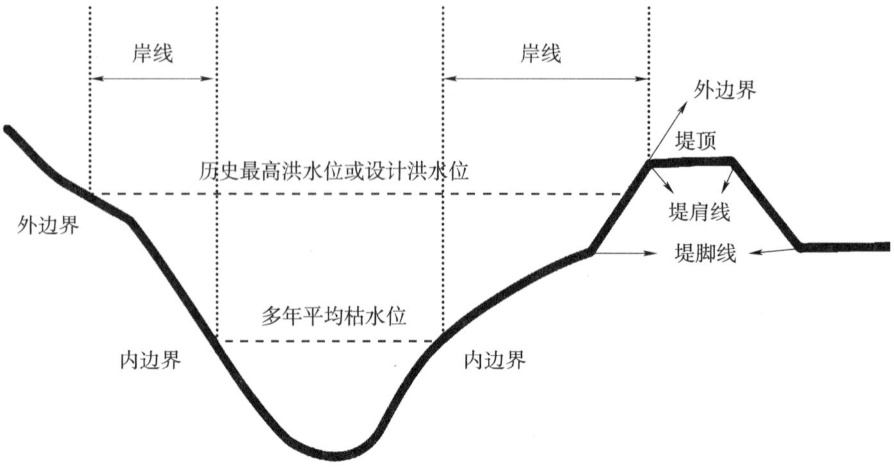

图 2　岸线范围示意图

4.2.2　岸线划定方法

根据外边界的划定原则，采用目视判读的方法，有条件的区域结合河湖岸线管理范围数据，从遥感影像上提取河湖岸线外边界。有堤防段在遥感影像中可通过目视判读河堤或湖堤位置来提取；无堤防段利用遥感影像地物特征、DEM 数据和设计洪水位信息等进行综合判定提取。

（1）根据影像的判读标志，如形状、位置、大小、色调（颜色）、阴影、布局、纹理及其他间接标志等，从影像上识别堤防工程信息。

（2）河流一般是从上游起点开始，沿河流走向向下游连续判读；湖泊一般以某一起点开始，沿着顺时针或逆时针方向连续判读。

（3）在矢量图层的属性表中添加河流或湖泊名称、监测年份、备注信息。

（4）数据格式为矢量格式。

（5）文件命名为水体名称－年份－岸线，如“太湖 -2020 年－岸线”。

4.2.3　岸线数据质量控制

4.2.3.1　岸线的审核和修改

采取自行检查和交叉审查相结合的方式，对划定的岸线数据进行审核和修改。重点对以下问题进行审核：

（1）位置划定不准。

外边界划定位置与原则中规定的位置距离超过 2 个像元，或因判读不准等造成的误差。

（2）数据拓扑错误。

数据重叠、交叉和缝隙。

4.2.3.2　属性和命名的审核和修改

对岸线数据的文件名称和属性表填写错误、不规范和不完整的情况进行审核，并做相应修改。

4.3 岸线分类

4.3.1 判定区域

根据河湖岸线垂向区域的土地利用情况，划分不同的岸线类型，并将类型属性赋值在对应的外边界。

4.3.2 分类原则

岸线类型一级类包括自然岸线和非自然岸线两类；二级类包括生态岸线、河口岸线、未利用岸线、轻扰岸线、硬化岸线、交通岸线、农业岸线、生活岸线、港口岸线和工业岸线共 10 类。

在岸线类型判定时，岸线垂向区域内只有一种土地利用类型，则将该段岸线外边界赋予相应的类型属性；如果有两种及以上的土地利用类型，则按照类型优先级高低赋予该段岸线优先级最高类型对应的类型属性。按优先级排序从高到低依次为工业岸线＞港口岸线＞交通岸线＞生活岸线＞农业岸线＞硬化岸线＞轻扰岸线＞生态岸线＞未利用岸线＞河口岸线。

表 1　岸线区域土地利用分类、编码及定义

分类		定义
编码	名称	
L1	林地	指生长乔木、竹、灌木和其他树木的土地，包括（公园、防护）绿地
L2	草地	指生长草本植物为主的土地
L3	水域	指陆地水域、沼泽等用地
L4	未利用地	指目前还未利用的土地，包括留白用地和其他土地
L5	工矿仓储用地	指工业、采矿、盐田、仓储等用地
L6	港口 / 码头	指用于人工修建的客运、货运、捕捞及工程、工作船舶停靠及其附属建筑物的场地
L7	生活用地	指用于生活居住、商业服务、公共管理与公共服务和公共设施的土地，包括广场等开敞空间
L8	农业用地	指耕地、园地和农业设施建设用地等直接或间接为农业生产所利用的土地
L9	交通运输用地	指用于运输通行的地面线路、场地等的土地，不包括港口 / 码头
L10	硬质堤坡	指人工修建的硬质化河（湖）堤

表 2　岸线类型、编码及认定方式

<table>
<tr><th colspan="2">一级类</th><th colspan="2">二级类</th><th rowspan="2">认定条件</th></tr>
<tr><th>编码</th><th>名称</th><th>编码</th><th>名称</th></tr>
<tr><td rowspan="7">T1</td><td rowspan="7">自然岸线</td><td rowspan="2">B1</td><td rowspan="2">生态岸线</td><td>岸线内土地利用类型仅包含天然或经过生态修复的林地、草地</td></tr>
<tr><td>除硬质堤坡外，岸线内土地利用类型仅包含天然或经过生态修复的林地、草地</td></tr>
<tr><td>B2</td><td>河口岸线</td><td>出入河（湖）口处，岸线内土地利用类型仅为水域</td></tr>
<tr><td rowspan="2">B3</td><td rowspan="2">未利用岸线</td><td>岸线内土地利用类型仅为未利用地</td></tr>
<tr><td>除硬质堤坡外，岸线内土地利用类型仅包含未利用地</td></tr>
<tr><td rowspan="2">B4</td><td rowspan="2">轻扰岸线</td><td>岸线内土地利用类型包含沿河（湖）道路，以及天然或经过生态修复的林地、草地</td></tr>
<tr><td>除硬质堤坡、沿河（湖）道路外，岸线内土地利用类型仅包含天然或经过生态修复的林地、草地或未利用地</td></tr>
</table>

续表

一级类		二级类		认定条件
编码	名称	编码	名称	
T2	非自然岸线	B5	硬化岸线	岸线内土地利用类型仅为硬质堤坡
		B6	交通岸线	岸线内土地利用类型包含跨水体或垂直通向水体的交通用地
		B7	农业岸线	岸线内土地利用类型包含农业用地
		B8	生活岸线	岸线内土地利用类型包含生活仓储用地
		B9	港口岸线	岸线内土地利用类型包含港口码头用地
		B10	工业岸线	岸线内土地利用类型包含工矿用地

4.3.3 分类方法

基于划定的外边界矢量数据，采用遥感解译的方法（包括目视判读与自动分类方法），从遥感影像上提取河湖岸线类型信息。

（1）根据影像的判读标志，如色调（颜色）、形状、位置、大小、阴影、布局、纹理及其他间接标志等，从影像上识别各种土地利用类型信息。

（2）根据上述分类原则，判读岸线类型。

（3）河流一般是从上游起点开始判读，沿河流走向向下游连续判读；湖泊一般以某一起点开始，沿着顺时针或逆时针方向连续判读。

（4）判读分类的最小单元长度为 4 m。

（5）在矢量图层的属性表中添加河湖名称、监测年份、岸线类型等信息。

（6）数据格式为矢量格式。

（7）文件命名：水体名称 - 年份 -LUCC，如“太湖 -2020 年 -LUCC”；水体名称 - 年份 - 岸线类型，如“太湖 -2020 年 - 岸线类型”。

4.3.4 分类数据质量控制

4.3.4.1 分类数据的审核和修改

对岸线类型判读错误和数据重叠、相交、缝隙等拓扑错误进行审核，并进行相应修改。

4.3.4.2 属性和命名的审核和修改

对分类数据的文件名称和“河湖名称、监测年份、备注”属性填写错误、不规范和不完整的情况进行审核，并做相应修改。

参编单位：

生态环境部卫星环境应用中心

附录 A　河湖岸线外边界矢量数据属性表

序号	字段名称	字段别名	字段类型	字段长度	小数位数	备注	填写示例
1	NAME	河湖名称	TEXT	50	—	—	黄浦江
2	PROVINCE	省（市）	TEXT	50	—	—	上海
3	LENGTH	岸线长度	DOUBLE	—	2	单位：km	113.21
4	SIDE	左右岸	TEXT	50	—	—	右岸
5	TIPS	备注	TEXT	100	—	—	—

附录 B　河湖岸线土地利用类型矢量数据属性表

序号	字段名称	字段别名	字段类型	字段长度	小数位数	备注	填写示例
1	NAME	河湖名称	TEXT	50	—	—	黄浦江
2	PROVINCE	省（市）	TEXT	50	—	—	上海
3	SIDE	左右岸	TEXT	50	—	—	右岸
4	BM	土地利用分类编码	TEXT	50	—	—	林地
5	TYPE	土地利用分类名称	TEXT	50	—	—	L1
6	AREA	斑块面积	DOUBLE	—	2	单位：m^2	88.12
7	DATE	影像日期	TEXT	50	—	—	20220625
8	TIPS	备注	TEXT	100	—	—	—

附录 C　河湖岸线类型矢量数据属性表

序号	字段名称	字段别名	字段类型	字段长度	小数位数	备注	填写示例
1	NAME	河湖名称	TEXT	50	—	—	黄浦江
2	PROVINCE	省（市）	TEXT	50	—	—	上海
3	LENGTH	岸线长度	DOUBLE	—	2	单位：km	113.21
4	SIDE	左右岸	TEXT	50	—	—	右岸
5	TIPS	备注	TEXT	100	—	—	—
6	BM	岸线类型编码	TEXT	50	—	—	B1
7	TYPE	岸线类型	TEXT	50	—	—	生态岸线
8	YEAR	监测年份	TEXT	50	—	—	2022 年

第 11 章　水华遥感监测

1　术语和定义

《水华遥感与地面监测评价技术规范（试行）》（HJ 1098—2020）界定的下列术语和定义适用于本技术规定。

1.1　水华面积 Algal Bloom Area

参照 HJ 1098 的定义，水华漂浮在水面时覆盖水体的面积。单位：平方千米（km^2）。

［来源：HJ 1098，3.3，有修改］

1.2　水华面积比例 Algal Bloom Area Proportion

水华面积占监测水体面积的比例，单位：百分比（%）。

［来源：HJ 1098，3.4］

1.3　感兴趣区 Region of Interest

在影像中划定的像素区域。

1.4　水华阈值 Algal Bloom Threshold

判断是否为水华的临界值。

1.5　相对真实面积 Relative True Area

相近时间过境更高空间分辨率影像获得的水华面积或 3 年以上水华卫星遥感监测经验人员的水华面积监测结果。

2　水华卫星遥感监测

2.1　适用范围

本书适用于湖泊和水库为主的水体水华卫星遥感监测，河流水华卫星遥感监测可参考本作业指导书。

2.2　技术流程

水华卫星遥感监测技术流程见图 1。

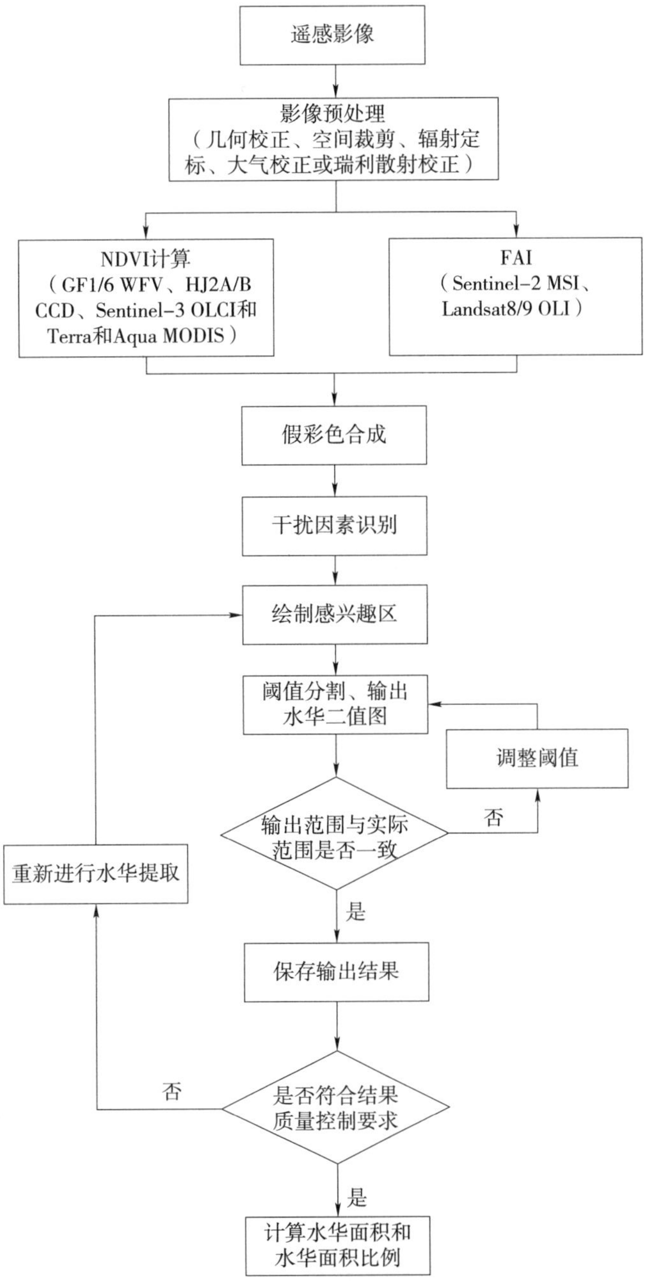

图 1　水华卫星遥感监测技术流程

2.3　监测数据源的选择

水华卫星遥感监测数据源的选择应满足以下要求：

（1）具有红光波段和近红外波段或红光波段、近红外波段和短波红外波段。

（2）空间分辨率满足监测水体的面积要求。

（3）在满足监测需求空间分辨率的基础上，应优先选择时间分辨率高的影像。

具体卫星遥感影像选取可参照表 1。

表 1　湖库面积大小与影像空间分辨率对应表

可采用的影像示例	空间分辨率	时间分辨率	湖库面积
HJ2A/B CCD	16 m	2 天	$1\ km^2$＜面积＜$500\ km^2$
GF1/6 WFV	16 m	2 天	
Sentinel-2 MSI	10 m	5 天	
Landsat 8/9 OLI	30 m	8 天	
Sentinel-3 OLCI	300 m	＜2 天	面积≥$500\ km^2$
Terra 和 Aqua MODIS	250 m	1 天	
Himawari-8/9	500～1 000 m	10 分钟	

2.4　常规监测与应急监测

2.4.1　常规监测

参照《水华遥感与地面监测评价技术规范（试行）》（HJ 1098—2020）中的定义，常规监测是以系统掌握监测水体水华状况为目的的例行监测行为。

常规监测中相同空间分辨率不同传感器的数据可混合使用，应优先选择云覆盖率较小的影像。常规监测中研究区云覆盖率超过 50% 或影像覆盖率不足 50% 的影像为无效影像，无须开展监测。

2.4.2　应急监测

参照《水华遥感与地面监测评价技术规范（试行）》（HJ 1098—2020）中的定义，应急监测是在水华暴发期以跟踪掌握监测水体水华状况为目的的监测行为。

应急监测中应混合使用不同空间分辨率、不同传感器的数据，应优先选择空间分辨率较高，云覆盖率较小的影像。应急监测中研究区有水华影像均为有效影像，应开展监测；无水华且云覆盖率超过 50% 或影像覆盖率不足 50% 的影像为无效影像，无须开展监测。

2.5　卫星遥感影像预处理

卫星遥感影像的几何校正、空间裁剪、辐射定标、大气校正等预处理依据《水华遥感与地面监测评价技术规范（试行）》（HJ 1098—2020）的相关要求执行。瑞利散射宜采用基于辐射传输模型的方法（如 6S 大气校正模型等）进行校正，获取瑞利校正后反射率。

2.6　水体矢量边界

河流、湖库等水体边界是以基准年的平均水位为基础，依据无云无水华的中高分辨率遥感影像，得到较为完整的水体矢量边界范围。

2.7　水华提取

2.7.1　提取方法

采用光谱指数结合目视判读阈值的方法进行水华提取，不具备短波红外波段的 GF1/6 WFV、HJ2A/B CCD、Sentinel-3 OLCI 和 MODIS（250 m）等影像，宜采用归一化植被指数（Normalized Difference

Vegetation Index，NDVI）结合目视判读阈值进行水华提取，具备短波红外波段的 Sentinel-2 MSI、Landsat 8 OLI 和 Landsat 9 OLI 等影像，宜采用浮游藻类指数（Floating Algae Index，FAI）结合目视判读阈值进行水华提取。

2.7.2 光谱指数计算

根据影像选择红和近红外波段或红、近红外和短波红外波段，计算 NDVI 或 FAI，生成 NDVI 或 FAI 影像。

NDVI 计算方法参考《水华遥感与地面监测评价技术规范（试行）》（HJ 1098—2020）4.6.7 节。

FAI 计算方法如下：

$$\mathrm{FAI}=\rho_{\mathrm{NIR}}-\left[\rho_{\mathrm{R}}+(\rho_{\mathrm{SWIR}}-\rho_{\mathrm{R}})\times\frac{\lambda_{\mathrm{NIR}}-\lambda_{\mathrm{R}}}{\lambda_{\mathrm{SWIR}}-\lambda_{\mathrm{R}}}\right] \tag{1}$$

式中：ρ_{NIR}——近红外波段瑞利校正后反射率或地表反射率；

ρ_{R}——红波段瑞利校正后反射率或地表反射率；

ρ_{SWIR}——短波红外波段瑞利校正后反射率或地表反射率；

λ_{NIR}——近红外波段中心波长；

λ_{R}——红波段中心波长；

λ_{SWIR}——短波红外波段中心波长。

2.7.3 假彩色合成

根据影像波段特征进行假彩色合成（红 - 近红外 - 红：水华呈绿色，近红外 - 红 - 绿：水华呈红色）。宜选择线性 2% 或百分比截断的拉伸方式（以能够突出水华特征为目标，拉伸方式可根据影像亮度、云覆盖程度等调整）。

2.7.4 干扰因素判别

水生植被、云和高浑浊水体和水华的光谱特征具有相似性，容易造成误判。

a）水生植被：红和近红外等波段和水华光谱特征相似，假彩色合成有相同的颜色特征。水生植被的位置和面积相对稳定，水华的位置和面积变化较为迅速，且通常具有明显的纹理特征，根据时序 NDVI 或 FAI 异常区域变化程度和纹理特征判别水生植被和水华。

b）云：近红外波段的反射率较高，NDVI 或 FAI 值与水华相似。根据假彩色合成下的影像颜色特征判别云和水华。

c）高浑浊水体：湖库（特别是浅水湖库）受河流输入、底泥再悬浮等影响，泥沙的强后向散射信号导致高浑浊水体在近红外波段的反射率升高，NDVI 或 FAI 值较高，易与水华混淆。高分辨率影像根据形状和纹理特征进行判别，低分辨率影像根据颜色差异进行判别。

2.7.5 绘制感兴趣区

结合 2.7.2 节至 2.7.4 节初步确定水华区域。根据水华范围在水体矢量边界内绘制感兴趣区，感兴趣区需覆盖全部水华区域且不包含水生植被、云和高浑浊水体区域。

2.7.6 初步确定阈值

裁剪获取感兴趣区的 NDVI 或 FAI 影像，目视判读结合统计直方图，选择水华区域的 NDVI 或 FAI 最小值或非水华区域的 NDVI 或 FAI 最大值作为阈值，初步确定水华提取阈值。

2.7.7 迭代及调整阈值

针对感兴趣区 NDVI 或 FAI 影像进行阈值分割，大于阈值的值设置为 1（水华），小于阈值的值设置为 0（其他），生成水华二值图。水华二值图与假彩色合成背景图叠加，目视对比分析假彩色合成图中水华区域与水华二值图中值为 1 的区域是否完全重合，如不完全重合，迭代调整阈值，直至假彩色合成图中水华区域与水华二值图中值为 1 的区域完全重合。

2.8 水华面积和水华面积比例计算

基于水华二值图统计水华像元个数，乘以每个像元对应的实际面积，得到水华面积。水华面积按照数字进舍规则保留两位小数。水华面积除以水体面积得到水华面积比例。

$$P_i = \frac{D_i}{D} \times 100\% \tag{2}$$

式中：P_i——水华面积比例；

D_i——水华面积；

D——水体面积。

水华面积比例宜按照数字进舍规则（见 2.9）进行取整，比例不足 1% 时，可保留两位小数，水华面积比例小于 0.01% 时，视为无水华。

2.9 数字进舍规则

数字进舍规则依据《数值修约规则与极限数值的表示和判定》（GB/T 8170—2008）的相关要求执行。

3 卫星遥感监测结果

3.1 研究区裁剪影像

根据水体矢量边界进行裁剪后的 tif 影像，用于修改水华结果和制图的背景影像。

3.2 研究区缩略图

根据裁剪后的研究区影像和红 - 近红外 - 红的假彩色合成方法形成的研究区缩略图，概览研究区云覆盖情况、初步检查水华卫星遥感监测结果。

3.3 水华分布二值图

根据阈值分割结果形成的有地理空间坐标的水华空间分布 tif 影像，用于计算水华面积、水华专题图制图、矢量转换等。数值 1 代表水华，数值 0 代表其他地类。

3.4　水华专题图

基于水华二值图、研究区裁剪影像（红 - 近红外 - 红假彩色合成）和水体矢量边界形成的图片。用于展示水华空间分布、面积、占比等。图中需要有指北针、比例尺、水华、数据源、成像时间、水华面积、水华面积比例和制图单位等图例，水华用黄色表示（配比：R：255；G：255；B：115）（见附录 A）。

3.5　水华矢量图

水华二值图矢量化的结果，用于存储研究区水华结果，降低数据量。包含研究区、卫星遥感器名称、影像日期、水华面积、水华卫星遥感监测方法以及阈值等属性信息。

4　质量控制

质量控制要求如下：

a）空间裁剪：不同时相影像裁剪后空间范围应保持一致；

b）几何校正：校正精度应控制在 1 个像元以内；

c）最小上图图斑面积：水华区域的面积为（2 × 2）个像元；

d）结果检查：监测到的水华相对真实面积占监测区域内水华相对真实面积的比例和占监测到的水华面积的比例均不小于 80%。

参编单位：
生态环境部卫星环境应用中心

附录 A　水华专题图示例

水华专题图－有水华示例参见图 A.1。

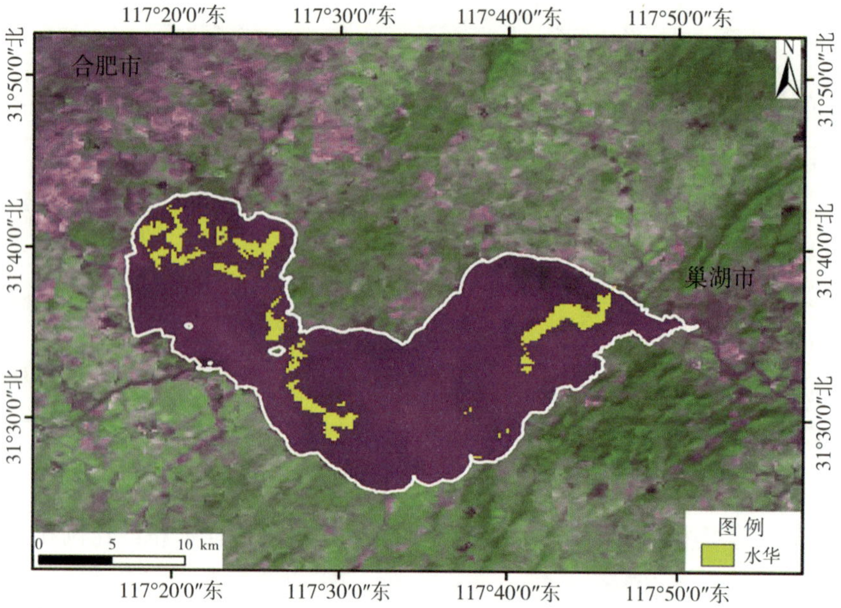

遥感数据：××××
成像时间：××××年××月××日××时××分　　水华面积：××km² 占湖比××%　生态环境部卫星环境应用中心

图 A.1　水华专题图－有水华示例

水华专题图－无水华示例参见图 A.2。

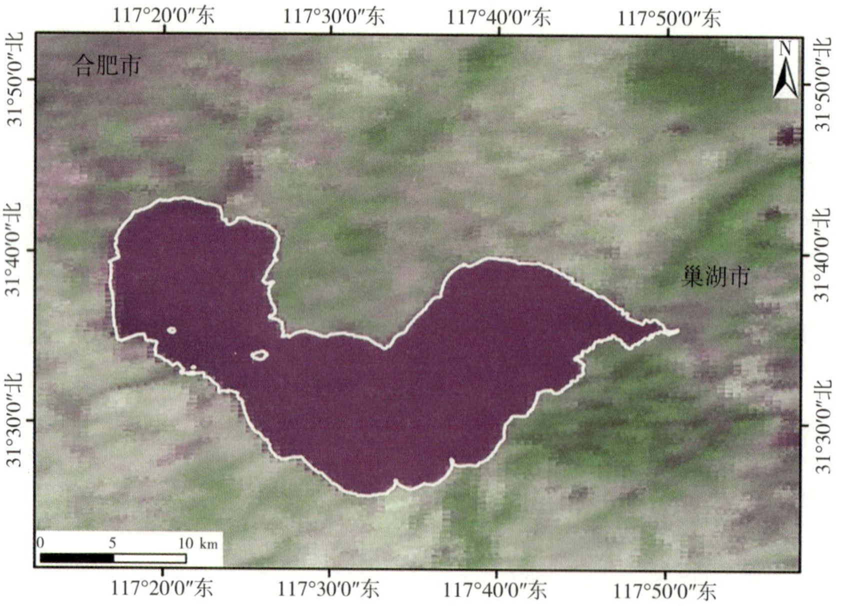

遥感数据：××××
成像时间：××××年××月××日××时××分　　生态环境部卫星环境应用中心

图 A.2　水华专题图－无水华示例

第 12 章　河湖岸边带生态用地遥感监测

1　术语和定义

1.1　岸边带 Riparian Zone

河流、湖泊水陆边界一定范围内的带状区域。本规定中特指基准年最大河湖表观水面积边线向陆域缓冲一定范围内的带状区域。

1.2　生态用地面积 Ecological Land Area

生态用地面积包括林地、草地、水域、其他土地类型在内的土地利用总面积。

参考《土地利用现状分类》（GB/T 21010—2017）建立分类体系。

1.3　生态岸带比 Ecological Riparian Zone Ratio

岸边带生态用地面积占岸边带总面积的比例。

1.4　河湖表观水面积 Apparent Water Area of Rivers and Lakes

在一定时间范围内，基于所有有效遥感监测得到的河湖水体覆盖区域遥感栅格面积和。具体参考“第 13 章　河湖表观水面积遥感监测”。

2　一般原则

水库岸边带生态用地遥感监测适用于本规定。

2.1　监测目的

采用遥感影像获取河湖岸边带遥感监测区域生态用地面积，获得表征河湖生境栖息地质量的数据，用以评价河湖生境生态用地现状。

2.2　监测指标

生态岸带比，岸边带生态用地面积占岸边带总面积的比例。

2.3　监测时间和频次

监测频次为每年 1 次，遥感影像时相选择植被生长期，可根据区域、天气条件等具体条件进行调整或补充数据。

2.4 坐标系和计量单位

所有矢量和影像数据均采用2000国家大地坐标系（CGCS2000），以度为单位的地理坐标。投影方式采用高斯－克吕格投影标准3度分带计算。岸边带土地利用遥感监测面积单位采用平方米（m^2），汇总统计采用平方千米（km^2）。

3 监测技术路线

河湖岸边带生态用地遥感监测技术路线见图1。

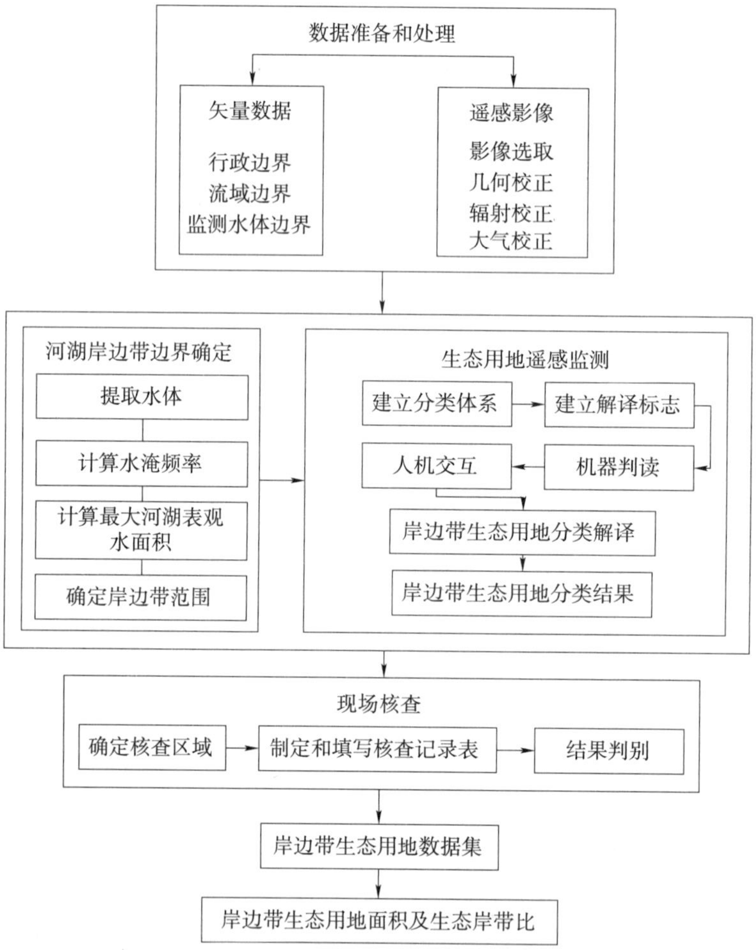

图1 河湖岸边带生态用地遥感监测技术路线

4 数据准备和处理

4.1 岸边带边界确定

可采用近5年最大河湖表观水面积边界为基础，向陆域缓冲150 m，作为岸边带遥感监测区域，可结合管理需求进行调整。

4.2　遥感影像选择

综合考虑影像空间分辨率、波段设置、重访周期等因素，河流、湖库的生态用地区域划分采用 2 m 分辨率的高分影像数据，并按需开展几何校正、辐射校正、大气校正。

5　岸边带生态用地面积遥感监测及比例计算方法

5.1　分类体系

根据岸边带生态用地面积计算相关要求，生态用地分类参考《土地利用现状分类》（GB/T 21010—2017）建立分类体系，具体分类体系见附录 B。

5.2　分类方法

采用机器判读结合人机交互的方式，从遥感影像上提取岸边带生态用地和非生态用地两类，或者按照管理需求参考 GB/T 21010—2017 一级类型或二级类型进行细分。

5.3　最小上图图斑面积

岸边带区域最小上图图斑面积为（5 × 5）个像元，即（10 × 10）m。

5.4　岸边带生态用地面积计算

基于遥感影像提取的岸边带生态用地斑块结果，统计岸边带生态用地面积。

5.5　生态岸带比计算

生态岸带比为岸边带生态用地面积占岸边带总面积的比例。

$$S_{erz}=A_{erz}/A_{total}$$

式中：A_{erz}——岸边带生态用地面积，km^2；

A_{total}——岸边带总面积，km^2。

6　野外核查

野外核查的目的是验证遥感识别生态用地的精度。抽取 10% 点位区域进行野外核查。

6.1　野外核查工具

定位设备、相机、指南针、核查记录本、无人机等设备。

6.2　野外核查方法

6.2.1　核查时间及区域

地面核查时间选择植被生长期，根据遥感影像所提取的岸边带的空间分布位置、可达性、历史岸边带生态用地类型分布区域等基础地理特征确定核查区域。

6.2.2 核查点位布设

结合卫星遥感影像提取的岸边带生态用地类型空间分布特征，进行岸边带核查区域的点位设计。

核查点位的筛选原则如下：

（1）在生态用地区域上选取 10% 样点，应兼顾各生态用地类型，如林地、草地、水域和其他土地；

（2）样点在岸边带生态用地图斑范围内均匀布设；

（3）根据初步设置结果，到达预设位置并进行定位，判断到达点位的难易程度，对于交通不便且存在安全隐患的点位，应就近选取备选点位，经现场确认后备案；

（4）观察水体情况，避开湍流、漩涡、深泥潭、泥潭沼泽等危险区域，确保采样的安全性。

6.2.3 岸边带生态用地现场核查

为确保操作流程的规范及避免不同人员地面核查产生的较大误差，需要 2 位及以上相关专业人士进行岸边带生态用地监测区域现场核查计算。

利用定位设备导航依次到达核查点，识别并记录岸边带生态用地类型，包括林地、草地、水域、其他土地四种类型。其中现场核查表中应预先填写生态用地遥感监测的二级分类情况。

7 岸边带生态用地监测结果

7.1 精度验证

对比每个调查点的遥感影像结果和现场核查结果，统计记录岸边带生态用地类型的分类精度，要求分类精度 Kappa 系数达到 0.8。

7.2 结果修正

若分类精度 Kappa 系数达不到 0.8，需结合现场核查结果，再次人工修正岸边带生态用地面积遥感监测结果，直至获得质量合格的岸边带生态用地面积结果。

8 质量控制

为强化岸边带生态用地面积监测质量管理和全过程质量控制，保证监测质量，对岸边带生态用地面积遥感监测的数据准备、处理过程以及结果检查上报采取质量控制，确保监测全过程数据真实、准确、可靠。

8.1 监测前质量保证和质量控制

业务人员资质审查与培训。遥感监测的工作人员、复检人员应具有 1 年及以上的遥感监测或审核经验。实施岸边带生态用地遥感提取作业前，应对作业人员进行培训，明确作业任务和主要内容，统一作业标准和要求，规范作业程序和技术方法。

8.2 监测过程质量保证和质量控制

遥感监测成果质量保证和质量控制。监测成果的成果数据属性规范、统一，包括但不限于属性字段名称、属性名称、编码等，编码具备唯一性；存储成果文件规范，包括但不限于文件名称、格式、内容等。

野外核查数据质量保证和质量控制。核查点位数量应满足目标地物核查要求；核查点应具有空间代表性、类型代表性和路线可达性；空间定位水平精度和高程精度应满足目标地物核查需求；野外核查照片要求拍摄目标清晰且命名规范，记录照片的拍摄方向；野外核查记录表应填写规范、完整、准确，并进行漏测项说明。

自检和互检。针对遥感监测过程中数据获取、处理与分析等作业任务，技术人员除按照相关的技术要求严格执行外，还要进行自检和复检，每道工序检查合格后方可进入下道工序。自检和互检由数据生产单位负责进行，自检覆盖率 100%，互检覆盖率 15%。

参编单位：

生态环境部卫星环境应用中心

附录 A　河湖岸边带土地利用类型矢量数据属性表

序号	字段名称	字段别名	字段类型	字段长度	小数位数	备注	填写示例
1	NAME	河湖名称	TEXT	50	—	—	黄浦江
2	PROVINCE	省（市）	TEXT	50	—	—	上海
3	SIDE	左右岸	TEXT	50	—	—	右岸
4	BM	土地利用分类编码	TEXT	50	—	—	林地（参见表 1）
5	TYPE	土地利用分类名称	TEXT	50	—	—	L1（参见表 1）
6	AREA	斑块面积	DOUBLE	—	2	单位：m^2	88.12
7	DATE	影像日期	TEXT	50	—	—	20220625
8	TIPS	备注	TEXT	100	—	—	—

附录 B　生态用地类型

一级类型		二级类型		含义
序号	名称	序号	名称	
1	林地	—	—	指生长乔木、竹类、灌木的土地，及沿海生长红树林的土地，包括迹地，不包括城镇、村庄范围内的绿化林木用地，铁路、公路征地范围内的林木，以及河流、沟渠的护堤林
		0101	乔木林地	指乔木郁闭度≥0.2 的林地，不包括森林沼泽
		0102	竹林地	指生长竹类植物，郁闭度≥0.2 的林地
		0103	红树林地	指沿海生长红树植物的林地
		0104	森林沼泽	指以乔木森林植物为优势群落的淡水沼泽
		0105	灌木林地	指灌木覆盖度≥40% 的林地，不包括灌丛沼泽
		0106	灌丛沼泽	指以灌丛植物为优势群落的淡水沼泽
		0107	其他林地	包括疏林地（树木郁闭度≥0.1，<0.2 的林地）、未成林地、迹地、苗圃等林地
2	草地	—	—	指生长草本植物为主的土地
		0201	天然牧草地	指以天然草本植物为主，用于放牧或割草的草地，包括实施禁收措施的草地，不包括沼泽草地
		0202	沼泽草地	指以天然草本植物为主的沼泽化的低地草甸、高寒草甸
		0203	人工牧草地	指人工种植牧草的草地
		0204	其他草地	指树木郁闭度<0.1，表层为土质，不用于放牧的草地
3	水域	—	—	指陆地水域，滩涂、沟渠、沼泽、水工建筑物等用地，不包括滞洪区和已垦滩涂中的耕地、园地、林地、城镇、村庄、道路等用地
		0301	河流水面	指天然形成或人工开挖河流常水位岸线之间的水面，不包括被堤坝拦截后形成的水库区段水面
		0302	湖泊水面	指天然形成的积水区常水位岸线所围成的水面
		0303	水库水面	指人工拦截汇集而成的总设计库容≥10 万 m^3 的水库正常蓄水位岸线所围成的水面
		0304	坑塘水面	指人工开挖或天然形成的蓄水量<10 万 m^3 的坑塘常水位岸线所围成的水面
		0305	沿海滩涂	指沿海大潮高潮位与低潮位之间的潮浸地带，包括海岛的沿海滩涂。不包括已利用的滩涂
		0306	内陆滩涂	指河流、湖泊常水位至洪水位间的滩地；时令湖、河洪水位以下的滩地；水库、坑塘的正常蓄水位与洪水位间的滩地。包括海岛的内陆滩地，不包括已利用的滩地
		0307	沟渠	指人工修建，南方宽度≥1.0 m、北方宽度≥2.0 m 用于引、排、灌的渠道，包括渠槽、渠堤、护堤林及小型泵站
		0308	沼泽地	指经常积水或渍水，一般生长湿生植物的土地。包括草本沼泽、苔藓沼泽、内陆盐沼等。不包括森林沼泽、灌丛沼泽和沼泽草地
		0309	水工建筑用地	指人工修建的闸、坝、堤路林、水电厂房、扬水站等常水位岸线以上的建（构）筑物用地
		0310	冰川及永久积雪	指表层被冰雪常年覆盖的土地

续表

一级类型		二级类型		含义
序号	名称	序号	名称	
4	其他土地	—	—	指上述地类以外的其他类型的土地
		0401	空闲地	指城镇、村庄、工矿范围内尚未使用的土地，包括尚未确定用途的土地
		0402	设施农用地	指直接用于经营性畜禽养殖生产设施及附属设施用地；直接用于作物栽培或水产养殖等农产品生产的设施及附属设施用地，直接用于设施农业项目辅助生产的设施用地；晾晒场、粮食果品烘干设施、粮食和农资临时存放场所、大型农机具临时存放场所等规模化粮食生产所必需的配套设施用地
		0403	田坎	指梯田及梯状坡地耕地中，主要用于拦蓄水和护坡，南方宽度≥1.0 m，北方宽度≥2.0 m 的地坎
		0404	盐碱地	指表层盐碱聚集，生长天然耐盐植物的土地
		0405	沙池	指表层为沙覆盖，基本无植被的土地。不包括滩涂中的沙地
		0406	裸土地	指表层为土质，基本无植被覆盖的土地
		0407	裸岩石砾地	指表层为岩石或石砾，其覆盖面积≥70% 的土地

第 13 章　河湖表观水面积遥感监测

1　术语与定义

1.1　水淹频率 Water Inundation Frequency

在一定时间范围内，河湖水体覆盖区域被卫星遥感影像识别为水体的次数占所有有效遥感影像监测次数的比例。

1.2　河湖表观水面积 Apparent Water Area of Rivers and Lakes

基于水淹频率统计分析得到的可以客观表征某时间段的河湖水面积，具体表现水淹频率超过一定范围的遥感栅格面积和。

2　监测原则与技术路线

2.1　监测目的

应用卫星遥感影像数据，对内陆河湖水体面积进行宏观定量监测与评价，为水生境监测与保护提供有效数据支撑。

2.2　监测时间

监测时间为河湖水体非结冰时间，北方为 3—11 月，南方为 1—12 月，可结合监测区域进行调整。

2.3　监测技术路线

河湖表观水面积遥感监测技术路线详见图 1。

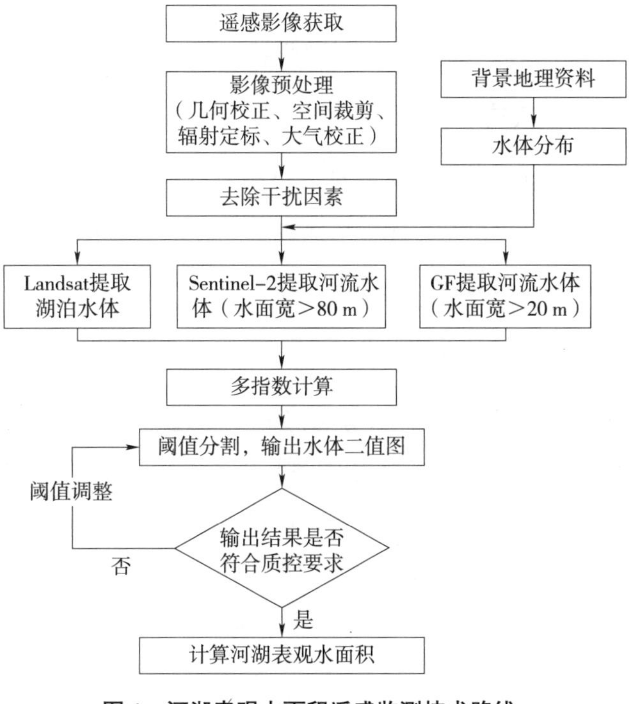

图 1　河湖表观水面积遥感监测技术路线

3　监测方法

3.1　遥感影像选择

河湖表观水面积遥感监测数据源的选择应满足以下要求：

a）具有绿光波段和中红外波段或红光波段、绿光波段和近红外波段；

b）空间分辨率满足监测水体的分布特点要求。

遥感影像空间分辨率应取决于监测水体的面积和形状，水体面积越小、水体宽度越窄，空间分辨率要求越高，具体遥感影像可参照表 1 选取。

表 1　水面宽度大小与影像空间分辨率对应表

可采用的影像示例	空间分辨率	时间分辨率	适用水体
Landsat 8/9 OLI	30 m	8 天	大型湖库
Sentinel-2 MSI	10 m	5 天	水面宽度＞80 m 的河段或中小型湖库
GF1/6 PMS	2 m	4 天	水面宽度＞20 m 的河段

3.2　几何校正

基于具有精确位置坐标的参考影像、地图或地面控制点信息，开展影像的几何校正处理，校正后影像的检查点平均误差需控制在 1 个像元以内。

3.3　空间裁剪

依据监测水体区域的左上角和右下角经纬度，对所选取的遥感影像进行空间裁剪，范围要略大于水体区域。

3.4　辐射定标

辐射定标根据遥感传感器的定标公式及各波段定标系数进行。辐射定标公式的一般形式为

$$L = a \times \mathrm{DN} + L_0 \tag{1}$$

式中：L——表观辐射亮度，$\mathrm{W \cdot m^{-2} \cdot sr^{-1} \cdot \mu m^{-1}}$；

DN——灰度值；

a——定标系数的增益量，$\mathrm{W \cdot m^{-2} \cdot sr^{-1} \cdot \mu m^{-1}}$；

L_0——定标系数的偏移量，$\mathrm{W \cdot m^{-2} \cdot sr^{-1} \cdot \mu m^{-1}}$，空缺值 0。

3.5　大气校正

可见光波段和近红外波段的卫星遥感大气校正主要针对大气分子散射、气溶胶散射及水汽吸收的影响。可采用基于辐射传输模型的方法（如 6S 模型、Flaash 大气校正模型等）进行大气校正，得到各波段地表反射率，也称为大气层底反射率。

3.6　干扰因素去除

a）云雾影响：云雾会降低光的透射率和反射率，影像光学遥感影像的质量和清晰度。在云雾严重的情况下，会遮蔽地面特征，导致无法获取有效的遥感信息。一般通过含云量＜20% 的条件筛选影像，或对云雾像元进行掩膜处理。

b）阴影影响：受地形遮蔽或遮挡的影响，遥感图像获取的地表特征被严重损害，难以用于准确地提取地物信息。一般结合 DEM 数据，对卫星遥感影像数据进行阴影检测或地形辐射校正。

3.7　水体提取方法

采用光谱指数阈值分割法提取水体，光谱指数包括归一化差异植被指数（NDVI）、归一化差异水体指数（NDWI）、改进归一化差异水体指数（mNDWI）和增强植被指数（EVI）。

3.7.1　光谱指数计算

归一化差异植被指数（NDVI）是一种广泛使用的植被监测指数，用于量化遥感数据中的植被覆盖度和健康状况。NDVI 是通过比较近红外（NIR）和红光（RED）波段的反射率来计算的，其定义如下：

$$\mathrm{NDVI}=\frac{\rho_{\mathrm{NIR}}-\rho_{\mathrm{RED}}}{\rho_{\mathrm{NIR}}+\rho_{\mathrm{RED}}}$$

式中：ρ_{NIR}——近红外光波段反射率；

ρ_{RED}——红光波段反射率。

归一化差异水体指数（NDWI）是一种用于遥感图像中提取和监测水体信息的指数。NDWI 是基于植被指数（如 NDVI）的原理，通过比较特定波段的反射率来突出水体特征。NDWI 的定义如下：

$$\mathrm{NDWI}=\frac{\rho_{\mathrm{GREEN}}-\rho_{\mathrm{NIR}}}{\rho_{\mathrm{GREEN}}+\rho_{\mathrm{NIR}}}$$

式中：ρ_{GREEN}——绿光波段反射率；

ρ_{NIR}——近红外光波段反射率。

改进归一化差异水体指数（mNDWI）是对原始归一化差异水体指数（NDWI）的改进，旨在更好地提取水体信息，减少误差和干扰。mNDWI 与 NDWI 的主要区别在于，它用短波红外波段（SWIR）代替了 NDWI 中的近红外波段（NIR）。短波红外波段对水体的吸收更强，而许多地物（如植被、土壤等）在该波段的反射率较高。因此，mNDWI 可以更有效地减少植被和其他地物的影响，提高水体提取的准确性。mNDWI 的定义如下：

$$\mathrm{mNDWI}=\frac{\rho_{\mathrm{GREEN}}-\rho_{\mathrm{SWIR}}}{\rho_{\mathrm{GREEN}}+\rho_{\mathrm{SWIR}}}$$

式中：ρ_{GREEN}——绿光波段反射率；

ρ_{SWIR}——中红外光波段反射率。

增强植被指数（EVI）是一种用于遥感监测植被生长状况的指数。它是对归一化差异植被指数（NDVI）的改进，旨在减少大气和土壤背景的影响，更好地反映植被的生物量、叶面积指数（LAI）和植被生产力。EVI 定义如下：

$$\mathrm{EVI}=2.5\times\frac{\rho_{\mathrm{NIR}}-\rho_{\mathrm{RED}}}{\rho_{\mathrm{NIR}}+6\times\rho_{\mathrm{RED}}-7.5\times\rho_{\mathrm{BLUE}}+1}$$

式中：ρ_{NIR}——近红外光波段反射率；

ρ_{RED}——红光波段反射率；

ρ_{BLUE}——蓝光波段反射率。

3.7.2　阈值确定

在监测区域内，将地物类别分为水体和非水体两类。针对在单指数的情况，使用大津法遍历每个像元的指数值，确定同类方差最小，不同类之间方差最大时对应的指数值，通过迭代调整阈值，剔除水陆交界处混合像元的影响，确定最终分割阈值。使用多个单指数分割结果进行综合判断，最终确定水体和非水体。

3.7.3 河湖表观水面积计算

在监测区域内，基于水体提取栅格结果，对每个像元计算水淹频率 WIF，计算 WIF＞阈值 T（参考表 2）的栅格面积，即为河湖表观水面积。

$$\mathrm{WIF}=W/N \tag{2}$$

式中：WIF——水淹频率；

W——在监测时间范围内，卫星遥感影像识别为水的次数；

N——在监测时间范围，卫星遥感有效观测次数。

表 2 WIF 阈值参考表

序号	适用情况	WIF 阈值
1	确定河湖水体最大覆盖面积，提取河道中心线	0.2～0.25
2	确定河湖永久性水面积	0.6～0.75

4 质量控制

业务人员资质审查与培训。遥感监测的工作人员、复检人员应具有 1 年及以上的遥感监测或审核经验。实施河湖表观水面积遥感提取作业前，应对作业人员进行标准化操作流程培训，明确作业任务和主要内容，统一作业标准和要求，规范作业程序和技术方法。

遥感影像及预处理的质量保证和质量控制。遥感影像的空间分辨率、波段设置、影像质量、影像时相等满足监测指标及具体区域要求。影像预处理后，不同时相影像裁剪后空间范围应保持一致；几何校正结果精度应控制在 1 个像元以内；影像质量满足监测要求。影像数据资料完备，数据文件名称、格式、内容等规范。

遥感监测成果质量保证和质量控制。监测成果的成果数据属性规范、统一，包括但不限于属性字段名称、属性名称、编码等，编码具备唯一性；存储成果文件规范，包括但不限于文件名称、格式、内容等。水体区域的最小图斑面积为（2×2）个像元；监测到的水体真实表面积占监测区域内水体相对真实表面积的比例和占监测到的水体表面积的比例不小于 90%。

自检和互检。针对遥感监测过程中数据获取、处理与分析等作业任务，技术人员除按照相关的技术要求严格执行外，还要进行自检和互检，每道工序检查合格后方可进入下道工序。自检和互检由数据生产单位负责进行，自检覆盖率 100%，互检覆盖率 15%。

参编单位：
生态环境部卫星环境应用中心

附录 A　监测案例

图 A.1　滇池表观水面积监测结果示例

第 14 章　河流断流干涸遥感监测

1　术语和定义

1.1　河流断流干涸 River Drying Up

河流的某河段（或某几段）在特定的监测时间内未出现明显水面，水深和流量基本为零的现象。

1.2　干涸河道 Dried-up River Course

监测时期内遥感影像上呈现为干枯无水状态的河道。

1.3　通水河道 Watery River Course

监测时期内遥感影像上呈现为有水状态的河道。

1.4　无有效影像河道 No Effective Image River Course

监测时期内因无高分辨率影像覆盖或河流源头细流、林木树荫遮挡、冬季冰雪覆盖等客观因素导致遥感影像难以判别的河道。

1.5　有效影像 Effective Image

能够满足河流水体及河流断流干涸等信息识别判读需求的遥感影像。

2　一般原则

2.1　规范性原则

在整个河流断流干涸遥感监测过程中，对监测方法、监测内容、评价方法和质量控制等多方面内容都进行规范化的指导与要求。

2.2　可操作性原则

具备相关专业、技能和设备的人员，均可按照规范中的内容和要求进行河流断流遥感监测与评价。

2.3　经济性原则

相较于传统的水文监测站，卫星遥感监测技术可以实现对河流断流干涸情况的全面、客观、高效、动态化监测，可节省大量的人力、物力、财力和时间成本。

3　监测技术流程

河流断流干涸遥感监测技术流程包括数据准备、数据处理、信息提取、成果制作、归档五个部分。技术流程详见图 1。

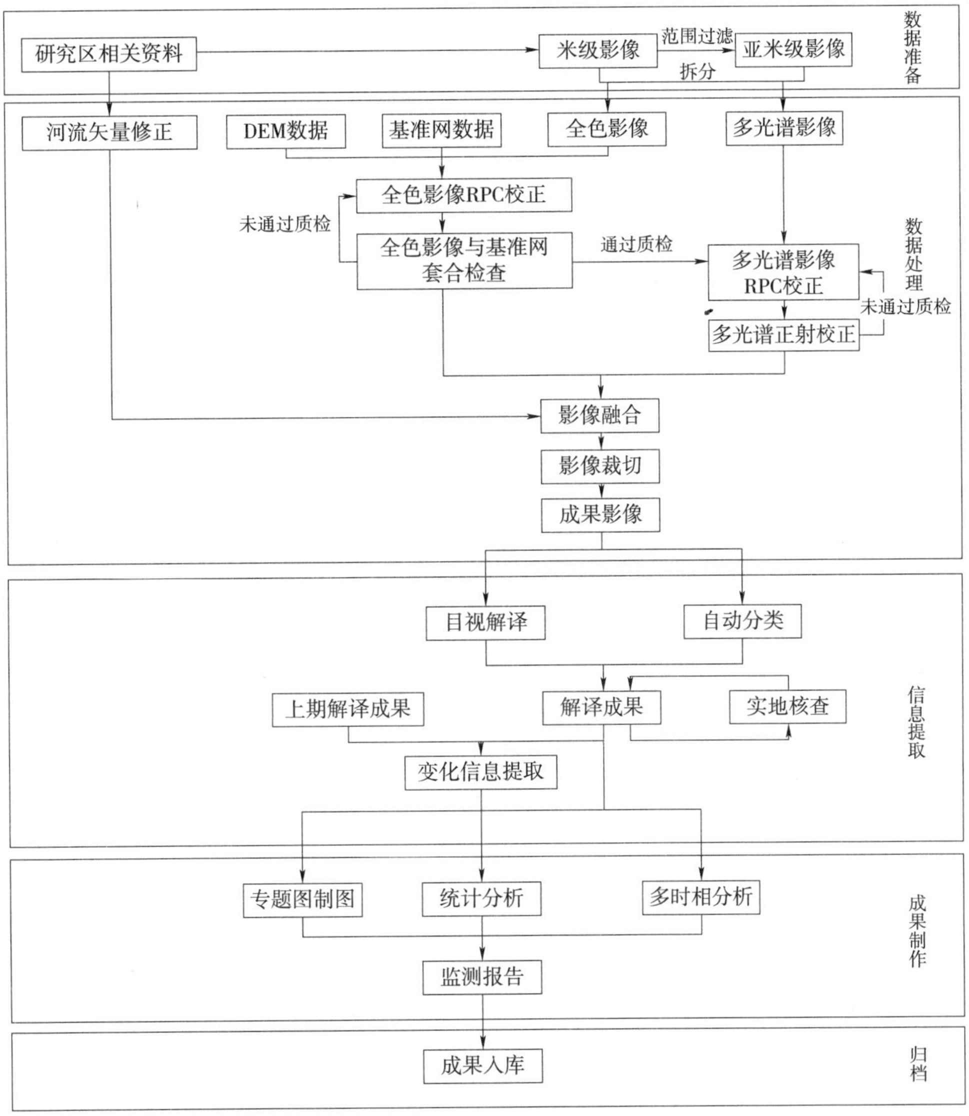

图 1　河流断流干涸遥感监测技术流程

4　监测方法与指标

4.1　数据准备

4.1.1　遥感影像数据

遥感影像数据源为监测范围内指定时间段（如丰水期、枯水期、某月、某季度）的高空间分辨率卫星遥感影像，空间分辨率一般要优于 2 m，对于部分水面较宽（如大于 50 m）的河流可适当降低空间分辨率要求，但是至少要保证空间分辨率优于河流宽度的 1/5。遥感影像预处理包括正射校正、几何校正、图像配准、影像融合等处理过程，保证影像满足河流解译需求，形成预处理后的影像数据。遥感影像预处理方法及精度要求可参考《遥感图像处理》（科学出版社，2014）。

4.1.2 基础地理矢量数据

基础地理信息数据包括河流渠道、行政区划等矢量数据，数据为“.shp”格式。

河流渠道和行政区划数据采用国家基础地理信息系统全国 1∶5 万地形数据库中的数据层，根据监测需求确定拟监测河流级别，针对河流矢量存在的位置偏离、线段冗杂等误差，参照控制影像进行修正，保证河流矢量的连通性与准确性。

4.2 监测方法

基于预处理后的影像数据，利用专家目视判读结合自动分类方法，识别、判断、提取通水河道、断流干涸河道等相关信息。结合遥感监测结果，按需对重点关注的河流或影像上难以判断是否通水的河流，开展人工实地核查工作，对错判、误判的河段进行属性修改。基于信息提取成果，统计与分析河流属性信息，获得监测指标数据，开展断流干涸程度评价工作。

4.3 监测指标

根据区域 / 流域河流断流干涸遥感监测基本要素，对河流断流干涸状况开展遥感监测，具体监测指标包括［单位为千米（km）］：

a）通水河道长度：监测时期内遥感影像上呈现为有水状态的河道长度；

b）断流干涸河道长度：监测时期内遥感影像上呈现为干涸无水状态的河道长度；

c）无有效影像河道长度：监测时期内因无高分辨率影像覆盖或河流源头细流、林木树荫遮挡、冬季冰雪覆盖等客观因素导致遥感影像难以判别的河道长度。

5 断流干涸程度评价方法

5.1 河流断流干涸评价方法

5.1.1 河流断流干涸评价指标

河流断流干涸程度评价采用河流断流干涸指数作为单因子判定标准，即某条河流有效影像覆盖范围内断流干涸长度与总长度的比值（%）。

$$I_{\text{河流}}=\frac{\sum_{i=1}^{n}l_{(i)}}{n\times L}\times 100\% \tag{1}$$

式中：$I_{\text{河流}}$——河流断流干涸指数，%；

n——监测频次，次；

$l_{(i)}$——第 i 次监测河流断流干涸长度，km；

L——河流长度，km。

5.1.2　河流断流干涸评价标准

基于在京津冀地区、长江流域、黄河流域、辽河流域等多年监测数据，根据河流断流干涸指数的大小，河流干涸程度分为无明显干涸、轻度干涸、中度干涸、重度干涸和极重度干涸五个等级。河流断流干涸程度分级标准见表 1。

表 1　河流断流干涸程度分级标准（暂行）

河流断流干涸程度	河流断流干涸指数
无明显干涸	$I_{河流}<1\%$
轻度干涸	$1\%\leqslant I_{河流}<10\%$
中度干涸	$10\%\leqslant I_{河流}<20\%$
重度干涸	$20\%\leqslant I_{河流}<40\%$
极重度干涸	$40\%\leqslant I_{河流}$

5.2　区域河流断流干涸评价方法

5.2.1　区域河流断流干涸评价指标

区域河流断流干涸程度评价也采用河流干涸长度占比作为单因子判定标准，即目标区域内有效影像覆盖范围内河流断流干涸长度与总长度的比值（%）。

$$I_{区域}=\frac{\sum_{j=1}^{m}(I_{河流j}\times L_j)}{\sum_{j=1}^{m}L_j}\times 100\% \tag{2}$$

式中：$I_{区域}$——区域河流断流干涸指数，%；

m——河流总数，条；

L_j——第 j 条河流长度，km。

5.2.2　区域河流断流干涸评价标准

根据区域河流断流干涸指数的大小，区域河流断流干涸程度分为无明显断流干涸、零星性断流干涸、局部性断流干涸、区域性断流干涸和全面性断流干涸五个等级。区域河流断流干涸程度分级标准见表 2。

表 2　区域河流断流干涸程度分级标准（暂行）

区域河流断流干涸程度	区域河流断流干涸指数
无明显断流干涸	$I_{区域}=0$
零星性断流干涸	$0<I_{区域}<10\%$
局部性断流干涸	$10\%\leqslant I_{区域}<30\%$
区域性断流干涸	$30\%\leqslant I_{区域}<60\%$
全面性断流干涸	$60\%\leqslant I_{区域}$

6 产品质量控制

影像数据和河流断流干涸遥感监测成果数据质量控制流程见图 2。

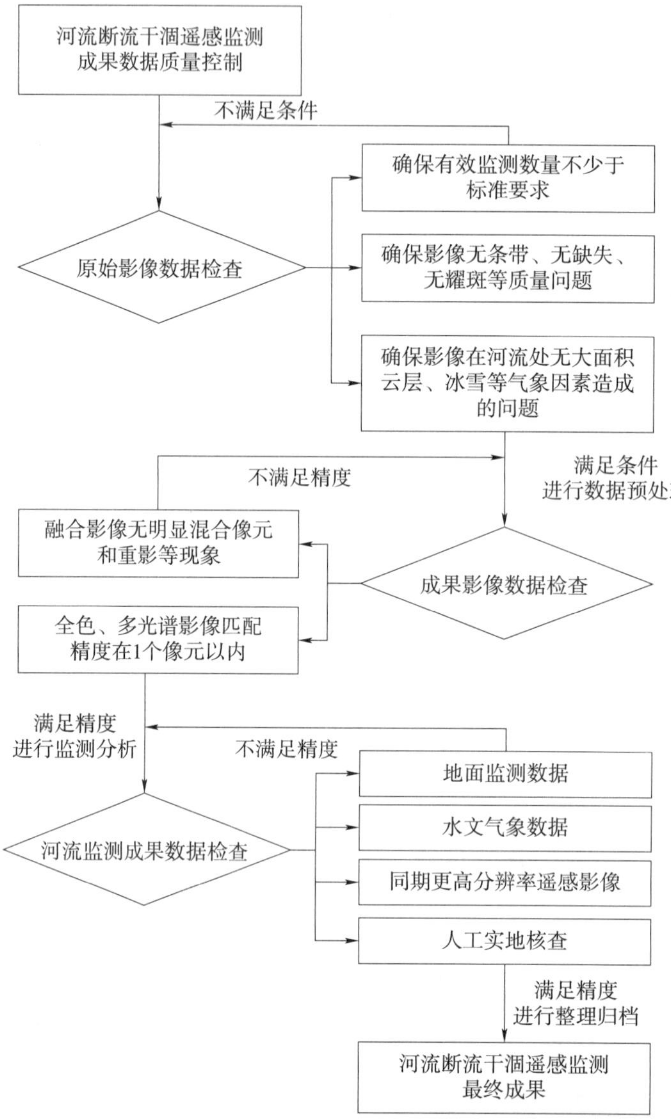

图 2 影像数据和河流断流干涸遥感监测成果数据质量控制流程

6.1 原始影像数据质量控制

选择影像数据时需检查数据波段有无条带、有无数据缺失现象，保证原始影像数据质量；尽量避开云层覆盖过多（云层覆盖量超过 30%）、水体区域有大面积耀斑的数据（面积超过 30%）。

6.2 成果影像数据质量控制

数据处理需在空间配准、几何校正、云识别等阶段进行质量控制。几何校正的精度需控制在 1 个像元之内；结合实际情况剔除云、水草等影响，减少水陆混合像元对河流断流干涸识别的影响。

6.3　河流断流干涸遥感监测成果质量控制

河流断流干涸监测成果应结合地面监测数据、水文气象数据、同期更高分辨率遥感影像数据或人工实地核查等方式进行精度验证，并由专家进行技术审查，确保监测评估结果可靠。监测成果包括河流断流干涸遥感监测专题图、统计表和河流断流干涸监测报告等。

该流程图详细描述了河流断流干涸监测数据的质量控制步骤。

首先从对原始遥感影像数据的全面检查开始，确保有效监测数量不低于标准要求，确保影像数据无条带、无缺失、无耀斑等质量问题，同时检查影像在河流区域是否受到云层、冰雪等气象因素的干扰。原始遥感影像数据条件得到满足后，进行影像的预处理工作。其次，对处理后的成果影像进行数据检查，重点验证融合影像是否存在明显的混合像元和重影现象，以及全色与多光谱影像的匹配精度是否在 1 个像元以内。不符合标准的数据将被送回补充资料和调整阶段，符合标准的则用于进行更深入的监测分析。此外，对于河流监测成果数据中发现的分类错误，将采取相应的校正措施，包括地面检测数据的校正、水文气象数据的调整、相关地质地貌资料的修正，以及必要的人工实地校正，确保数据的最高准确性和可靠性。每次校正之后，都需要重新评估数据的质量，直到完全符合预设的质量标准。最后，经过多轮的校正和质量评估，确认数据质量达到监测要求，完成河流断流干涸遥感监测的最终成果。

参编单位：
生态环境部卫星环境应用中心

第 15 章　水生生物栖息地人类活动遥感监测

1　术语和定义

1.1　水生生物栖息地 Aquatic Habitat

水生动物和植物赖以生存、繁衍的空间和环境，能够提供生命所必需的空间、食物、水源以及庇护所，关系着水生生物的食物链及能量流，具有重要生态功能，是河湖健康的根本。本规程中的水生生物栖息地由各类涉水自然保护地构成。

1.2　自然保护地 Protected Areas

指由各级政府依法划定或确认，对重要的自然生态系统、自然遗迹、自然景观及其所承载的自然资源、生态功能和文化价值实施长期保护的陆域或海域。本规程中的自然保护地主要为涉及长江流域内河流、湖泊、水库的四类自然保护地，包括国家公园、自然保护区、湿地公园和水产种质资源保护区。

1.3　自然保护地人类活动 Human Activities in Protected Areas

指在自然保护地内发生的、影响自然保护地保护对象和生态环境状况的各类开发建设及生产、生活活动，包括矿产资源开发、工业开发、能源开发、旅游开发、交通开发、养殖开发、农业开发、居民点与其他活动等。

1.4　自然保护地人类活动遥感监测 Remote Sensing Monitoring of Human Activities in Protected Areas

指利用遥感技术对自然保护地内人类活动进行的监测，包括数据和信息的获取、处理、提取、分析和报告编制等。

1.5　人机交互 Human-computer Interaction

将计算机自动分类和识别与目视解译相结合，在遥感影像分类信息提取过程中，一方面发挥解译人员的经验，另一方面又能发挥计算机处理图像信息优势的一种遥感影像解译方法。

1.6　野外核查 Field Verification

根据抽样点位，利用定位和拍摄仪器等对定位信息和数据进行采集，判断每个抽样点遥感解译人类活动类型与实际人类活动类型是否一致，并拍摄、记录每个抽样点位具体核查内容的过程。

2　总则

2.1　原则

水生生物栖息地人类活动遥感解译与分类技术应遵循规范性、可操作性、科学实用性的原则。

2.1.1　规范性原则

人类活动遥感监测与解译分类工作过程标准、规范、合规，技术操作流程和数据质量满足相关质量要求。

2.1.2　可操作性原则

在保障监测结果准确、实用的前提下，充分考虑人力、物力、资金、后勤保障等条件，因地制宜，结合实际情况科学选取遥感卫星数据源和野外核查区域。

2.1.3　科学实用性原则

遵循科学的监测方法和技术手段，按照本技术规程明确的监测内容和调查方法，对水生生物栖息地内的人类活动类型、面积等要素进行科学监测，满足水生态评价、考核等相关工作的实用要求。

2.2　监测范围

为保护水生生物栖息地，便于监测评级考核体系的实施，将重要河流、湖泊、水库范围内的国家公园、国家级和省级自然保护区、湿地公园和水产种质资源保护区作为监测对象。

2.3　监测时间和频次

监测频次为每年 1 次，遥感影像时间一般为 3—6 月，可结合实际情况进行调整。不同区域根据影像质量等具体情况确定具体的监测时间，但同一地区在不同年份应尽量保持一致。

2.4　坐标系和计量单位

所有矢量和影像数据均采用 2000 国家大地坐标系（CGCS2000），以度为单位的地理坐标。高程采用 1985 国家高程基准。投影面积采用高斯－克吕格投影标准 3 度分带进行计算。人类活动遥感监测面积单位采用公顷（hm^2）来表示。

3　技术流程

以高分辨率遥感影像数据为基础，结合多源遥感历史影像、地形（DEM）等数据，对人类活动进行机器判读和自动分类；针对自动分类结果，采用专家目视判读和人机交互方式，对人类活动类型和范围进行勾绘校正和优化；筛选解译过程中存在疑问的人类活动图斑，进行野外核查取证，通过核查结果判别确定监测结果，并对监测全过程进行质量控制。水生生物栖息地人类活动遥感监测技术流程见图 1。

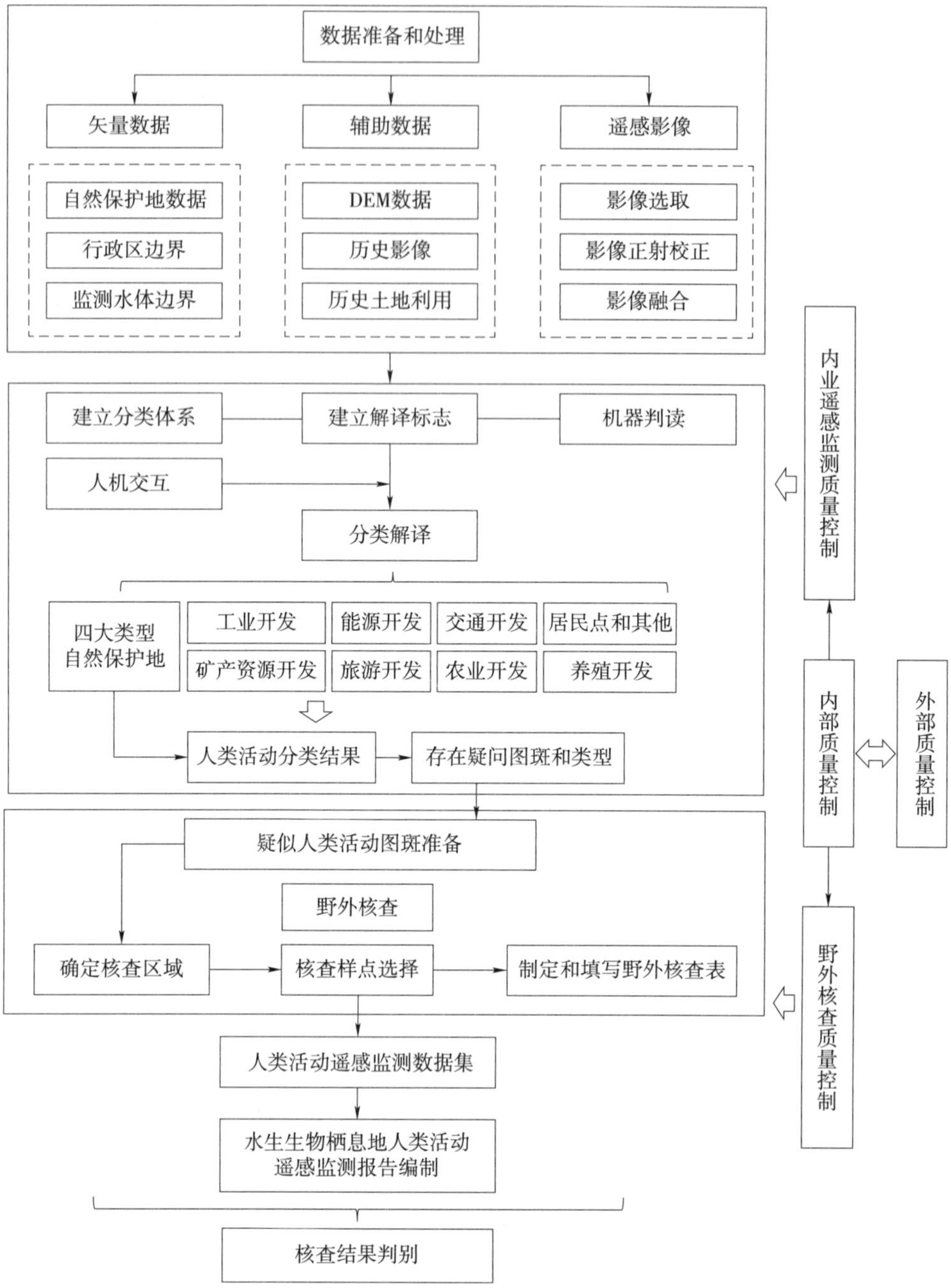

图1　水生生物栖息地人类活动遥感监测技术流程

4　数据准备和处理

4.1　数据准备

需要准备的数据包括遥感数据、矢量数据和其他辅助数据：

a）遥感数据：影像空间分辨率优于或等于 2 m，监测区范围内影像云量一般应小于 10%。

b）矢量数据：监测区域内涉水自然保护地边界矢量数据、所在行政区矢量数据和监测水体边界矢量数据。

c）其他辅助数据：监测范围 DEM 数据、历史遥感影像数据、土地利用分类数据、生态保护红线数据等。

4.2　数据处理

通过对获取的遥感数据进行辐射校正、几何精校正、大气校正、图像配准、图像融合、波段合成、图像增强等一系列处理，形成满足质量要求条件的遥感影像数据。根据涉水自然保护地的分布范围和区域，对影像数据进行裁剪与拼接，得到适宜于开展解译和分类工作的数据。

5　人类活动分类与遥感解译

5.1　分类体系

根据环办〔2014〕12 号文件中的自然保护地人类活动分类标准和水生生物栖息地人类活动影响指数计算相关要求，结合解译完整性的要求和所描绘复杂地物要素的数量、要素状态的描述深度、细节等特性建立分类体系，本规程分类体系主要参照《自然保护地人类活动遥感监测技术规范》（HJ 1156—2021）分类体系，人类活动共分为 8 个类型，具体分类体系详见附录 A.1。

5.2　建立解译标志

解译标志是能够直接或间接反映和判别地物信息的影像特征等，主要包括形状、大小、阴影、色调、颜色、纹理、图案、位置、布局等直接标志和水系、地貌、植被等间接标志，通过影像判读和点位信息采集，形成遥感影像解译标志库说明文档，见附录 F。

5.3　人机交互解译

5.3.1　信息源制备

根据先验知识，对图像上各种物体特征进行选取、分析、比较、推理和判断，然后依据分类体系对地物类别进行调整。

对图像上的各种关系进行描述，包括不同地理要素之间的关系，如水系、地形、地表覆盖物之间的关系，各类地物在时间和空间上的变化与联系等。

5.3.2　图像解译系统

处理遥感影像及图斑勾绘的相关软硬件系统。

5.3.3　人机交互解译

a）结合目视解译与处理过程，改进自动分类体系。

b）融合多源参考数据，如遥感信息之间或遥感与非遥感信息之间的信息，构成一组新的空间信息、一种新的合成图像。

c）利用参考数据和自动化分类体系，进行遥感影像解译，最后进行目视解译调整，参照《全国生态状况调查评估技术规范——生态系统遥感解译与野外核查》（HJ 1166—2021）相关要求进行。

d）结合多源高分影像，进行手动勾绘和边界优化。

5.4 人类活动图斑提取

5.4.1 判读顺序

采用动态网格法，从影像顶部开始，然后从左至右，从上到下，逐网格依次判读。

5.4.2 判读影像显示比例

人工目视解译时，影像显示缩放比例一般优于 1∶3 000。

5.4.3 图斑提取

采用目视判读或监督分类及两者结合等的分类方法，对覆盖自然保护地的影像进行全面排查和判读，分类提取各类型人类活动图斑。人类活动图斑的提取按照面状要素图层进行。人工优化及修正沿着人类活动图斑边界进行勾划，无明显锯齿效果。

5.4.4 最小提取单元

对于矿产资源开发、工业开发、旅游开发、能源开发 4 种人类活动类型，无论图斑面积大小，全部提取；其他类型人类活动面状图层的图斑最小提取面积为（3×3）个像元。

5.4.5 人类活动图斑属性赋值

对提取的人类活动图斑进行属性赋值，图斑矢量数据属性表填写要求规范、完整。各属性字段名称、类型和长度要求见附录 A.2。

a）唯一编码

人类活动数据属性表编码唯一，命名规则为人类活动图斑所属省份代码 - 所属水体和类型代码 - 自然保护地类型代码 - 自然保护地编码和分区 - 一级人类活动类型代码 - 图斑序号，如“41- CGQH-NR1-001C-MD-0001-Y”，其中：

—人类活动图斑所属省份代码：各省份代码见附录 A.3。

—人类活动图斑所属水体和类型代码：水体名称和类型代码见附录 A.4。

—自然保护地类型代码：自然保护地类型参见《关于建立以国家公园为主体的自然保护地体系的指导意见》，不同类型和不同级别的自然保护地代码见附录 A.5。

—自然保护地编码和分区：单个自然保护地编码，为 3 位数，从 001 开始编码，参考自然保护地清单顺序依次排序。其中，自然保护地内功能分区按照核心保护区进行管控的编号为 C，按照一般控制区进行管控的编号为 G。

—图斑序号：每个自然保护地单独编码，从 0001 开始编码。当出现新增或删减斑块的情况，不改变原有图斑序号，新增斑块按原有规则继续编码。

b）自然保护地名称

填写自然保护地全称。

c）中心经纬度

填写人类活动图斑的中心经度和中心纬度，用小数度数形式表示，精确到小数点后 6 位，如“108.253 002”。

d）人类活动面积

填写人类活动面积，单位为公顷。采用人类活动图斑所对应的高斯 - 克吕格投影 3 度分带 CGCS2000 进行计算。

e）所属区域

填写图斑所属自然保护地所在的省份以及所属市县区。

f）影像时相

填写解译影像的成像时间，用“年 / 月 / 日”表示。

g）生产日期

填写自然保护地人类活动图斑信息提取完成日期，用“年 / 月 / 日”表示。

h）是否需野外核查

填写人类活动图斑是否需要野外核查，如需要标注为“Y”。

i）备注

填写对人类活动类型有疑问的情况描述，或其他需要说明的问题。

6　野外核查

根据遥感影像解译的疑似人类活动图斑类型、面积等属性因素，确定核查区域和具体点位，重点关注疑似人类活动较多的区域。结合高分辨率遥感影像以及野外点位核查照片，对比每个样点解译结果，填写野外核查表，并对核查后的疑似人类活动图斑进行结果确定。

6.1　疑似人类活动图斑准备

对内业遥感影像解译得到的人类活动图斑中存在疑问或不明确的进行筛选和标记。筛选的方法是通过遥感影像并结合各类相关数据比对后，对难以准确判断或进行归类的人类活动图斑，在解译的矢量数据图层中进行备注和标记。对于标记的疑似人类活动图斑开展进一步判读，对相同类型问题进行归并，筛选出具有代表性的疑似问题图斑。将疑似人类活动图斑按照省级行政区域为一级单元、自然保护地为二级单元的方式进行数据提取和裁切，形成 shp 格式的矢量数据图层及人类活动图斑一览表。疑似人类活动图斑文件属性见附录 B。

6.2　确定核查区域

将遥感解译过程中无法明确和准确判读的疑似人类活动图斑，作为重点核查对象开展核查。将筛选后的疑似人类活动图斑按照自然保护地名称和所属行政区域进行逐级划分，最终落到某个自然保护地的县级行政单元，确定出具体核查的区域。自然保护地类型和各类疑似人类活动类型，在野外核查中应该全部覆盖。

6.3　核查样点选择

6.3.1　确定核查点位个数

根据遥感影像解译得到的疑似人类活动类型和图斑数量，确定核查点位个数。当区域中某类型疑似人类活动图斑较少时，应尽可能全部进行核查。当区域中某类型疑似人类活动图斑较多时，根据抽样误差、置信度等统计学参数确定抽样的问题图斑比例，按照尽可能分布均匀合理的原则抽取样本，选择有代表性的进行野外核查。当同质性问题较多时，对问题图斑进行归类，调减核查点数个数。当核查发现问题复杂多样时，应扩大核查点位个数，增加抽样比例，利于内业修改，确保最终结果满足质量要求。核查点位具体数量应结合实际情况相应调整。

6.3.2 明确核查路线和相关准备工作

将核查点位图斑的矢量数据和所属自然保护地的矢量数据，导入移动端App软件，并且对每个点位进行编号和命名。针对拟核查的各个自然保护地，分别制作遥感影像图件，须涵盖核查点位范围、核查点位编号、自然保护地边界等内容。根据核查点位的空间分布，道路、水系、山脉等地理要素和任务要求情况，合理规划核查路线，提前预判核查点位车辆是否可达以及车辆行驶时间等相关信息。

6.4 核查方法与过程

6.4.1 车辆可以到达的点位

车辆到达后，确定人类活动图斑的具体位置。对图斑周围环境进行踏勘和调查，判定人类活动的具体类型。选择有利于反映人类活动特征的视觉角度，进行现场定位和拍照，记录定位的经纬度和拍照位置相对于人类活动图斑的方向。对于人类活动图斑较多且相对集中的区域，可以补充一次无人机调查。

6.4.2 车辆难以到达的点位

对于车辆难以到达的点位，采用无人机航测的方式进行人类活动图斑调查。根据无人机最大飞行距离、电量以及与人类活动图斑的相对距离等实际情况，选择无人机调查的起飞地点并进行定位和地面拍照。地面拍照应朝向人类活动图斑的方向，记录定位的经纬度和拍照位置相对于人类活动图斑的方向。无人机抵达人类活动图斑上空后，可进行多角度拍照。对于难以判断的人类活动图斑，可通过适当降低飞行高度或加大镜头焦距等方式，增加对人类活动图斑细节的捕捉。

6.4.3 无人机调查注意事项

无人机起飞地点应选择相对开阔的区域，避免位于丛林中或周围存在高大树木的区域。

无人机调查过程涉及多个调查点位时，应合理规划航线，用相对较短的飞行距离串联各个点位。尽可能使用视频录制和照片拍摄相结合的方式进行调查，便于对区域整体情况的把握和对各类人类活动等相关信息要素的记录和校准。调查过程中应随时掌握飞机距离、信号强弱和电量情况，确保能够安全返航，避免因意外造成飞机和数据丢失。

6.5 制定和填写野外核查表

制定自然保护地人类活动野外核查表。核查表包括点位编号、自然保护地名称、解译判断人类活动类型、经度、纬度、高程、遥感影像、影像日期、现场照片、照片拍摄方位、车辆是否可达、是否使用无人机调查、现场核查判断人类活动类型、现场描述、备注等内容。具体见附录C。核查过程中同步填写野外核查表。

6.6　核查结果判别

a）内业解译结果与野外核查人类活动图斑属性一致的，维持并提取该部分人类活动分类数据，纳入本年度栖息地人类活动遥感监测备检数据库。

b）内业解译结果与野外核查人类活动图斑类型一致，但边界范围有不一致的，使用文字、照片等资料进行备注，下一步工作中进行边界优化调整，纳入本年度栖息地人类活动遥感监测备检数据库。

c）内业解译结果与野外核查人类活动图斑类型不一致的，需重点核实人类活动类型，且以野外现场核查的实际情况为准。

d）对于现场核查过程中仍难以确定的人类活动，或者无人机调查也无法到达的点位，可咨询当地有关部门，获取相关资料或请求协助现场核查工作。

7　人类活动遥感监测质量控制

本技术规程构建了包括内业遥感监测质量、野外核查质量控制及遥感影像成果质量 3 项数据质量控制体系。

7.1　内业遥感监测质量控制

遥感监测成果的质量控制包括成果数据质量、数据属性规范性和数据规范性 3 类，见附录 D.1。内业质量控制存在于遥感解译完成、自检互检后修正、野外核查后修正等多个环节，由于不同过程环节数据存在变化，以最终达到质量控制要求的数据作为监测成果。

7.1.1　成果数据质量

成果数据质量包括总体分类精度、图斑漏勾率、图斑错勾率、类型或属性错误率、拓扑关系、最小上图面积符合目标地物解译要求。

a）总体分类精度：以人类活动类型解译的正确样点数与样点总数的百分比作为解译精度，并采用 Kappa 系数进行辅助验证。要求人类活动分类总体分类精度≥90%。

b）图斑漏勾率：人类活动图斑未判读、未提取的比例。图斑漏勾率 = 漏勾图斑数量 /（解译正确图斑数量 + 漏勾图斑数量）× 100%，图斑漏勾率应小于 3%。

c）图斑错勾率：人类活动判定错误、斑块与影像边缘存在明显错位超过 4 个像元或面积偏差超过 30%，归类为错勾图斑。图斑错勾率 = 错勾图斑数量 /（解译正确图斑数量 + 错勾图斑数量）× 100%，图斑错勾率应小于 10%。

d）类型或属性错误率：图斑命名、类型、面积、所属保护地名称、功能分区、所属水体名称、所属市县、省份名称等存在错误的比例，属性错误率应小于 5%。

e）拓扑关系：不应该出现图斑重叠、缝隙、自相交等问题。

7.1.2　数据属性规范性

检查是否按照规定的属性赋值要求进行填写。成果数据属性规范、统一，包括但不限于属性字段名称、属性名称、编码等，编码具备唯一性。

7.1.3 数据存储规范性

检查数据存储是否规范。存储成果文件规范，包括但不限于文件名称、格式、内容、数据坐标系等。

7.1.4 数据自检与互检

遥感监测过程中要进行自检和互检，每道工序检查合格后方可进入下道工序，自检覆盖率应达到100%，互检覆盖率应达到15%，并填写遥感监测成果检查表。

a）自检：解译生产人员完成解译后，对自己生产的数据进行自检，重点检查是否存在漏勾。

b）互检：解译生产人员采用交叉的方式互相检查，重点检查是否存在错勾和人类活动分类属性的错误。互检中发现某个解译人员解译结果的错误率明显高于其他解译人员的情况时，应及时研究分析问题原因，进一步培训并明确解译标准规范，当互检结果达到解译结果平均水平后，才可继续进行解译工作。

7.2 野外核查质量控制

野外核查质量控制按照核查区域分别统计，包括以下内容：

核查点数量：记录核查点位的数量，核查点位数量应满足目标地物核查要求；

核查点代表性：核查点应具有空间代表性、类型代表性；

核查路线：核查路线清晰、合理，具有可达性；

核查时间：记录核查具体时间，野外核查时间与影像获取时间应尽可能属于同一年份内；

GPS 定位精度：空间定位水平精度和高程精度应满足目标地物核查需求；

照片合规性：野外核查照片要求拍摄目标清晰且命名规范，记录照片的拍摄方向；

核查表格合规性：野外核查记录表应填写规范、完整、准确，并进行漏测项说明。

野外核查精度验证表：包括人类活动类型、验证点总数量、准确的点数量。验证点总数量填写各生态系统类型野外核查点位的总数量，准确的点数量填写经野外核查遥感监测类型与实际类型一致的点数量，并对不准确的点位重新进行解译。

野外核查表的自检和互检：参与野外核查的人员分别填写各自纸质野外核查表，工作完成当天自查表格填写的合规性和准确性，并填写电子版人类活动野外核查表。核查组员分别对电子版人类活动野外核查表进行检查、补充和修改完善，实现野外核查的互检工作，交互检查人员至少为 2 人以上。

野外核查检查表见附录 D.2。

7.3 遥感影像成果质量控制

遥感影像成果质量控制，包括以下内容：

检查影像空间分辨率、影像波段设置、影像成像时相、云量、雪量、影像质量、几何校正精度、数据完整性、数据规范性等。

遥感影像成果质量检查表见附录 D.3。

8　人类活动遥感监测报告编制

报告包括流域所有涉水自然保护地人类活动遥感监测当年总体情况和同往年对比的变化情况，以及各类水体、各类自然保护地人类活动遥感监测当年情况和同往年对比的变化情况。编制涉水自然保护地人类活动现状和总体变化情况分析、人类活动详细变化情况分析、人类活动变化专题图制作和人类活动变化遥感截图等内容。分别统计不同水体、不同类型自然保护地人类活动类型的面积、数量及比例、变化情况等，分析涉水自然保护地不同类型人类活动现状特征和变化规律。

报告编写提纲参考附录 E。

参编单位：
生态环境部南京环境科学研究所

附录 A　人类活动遥感监测数据表格信息描述

附录 A.1　涉水自然保护地人类活动编码、类型、代码及定义

编码	类型	代码	定义
01	矿产资源开发	MD	采矿、采石、采砂（沙、土）等生产活动及其占用的地面场地，以及尾矿堆放场地，包括采矿场、采石场、采砂（沙、土）场
02	工业开发	ID	独立设置的工厂、工业园区等工业利用场地，包括工厂、工业园、盐田
03	能源开发	ED	用于能源生产、传输的各项设施及场地，包括水电设施、风电设施、光伏设施、核电设施、火电设施、输变电设施、油气输送设施
04	旅游开发	TE	为旅游活动提供服务时依托的各项设施及场地，包括游览设施、旅游辅助设施
05	交通开发	TD	为运输货物和旅客提供行动线路或场所的基础设施及用地，包括机场、港口码头、交通服务场站、铁路、硬化道路、其他道路
06	养殖开发	CD	在滩涂、浅海、沿江河及内陆，养殖经济动植物的场地，包括淡水养殖场、畜禽养殖场
07	农业开发	AD	直接或间接为农业生产所利用的土地，包括水田、旱地、园地
08	居民点与其他活动	RO	用于生活居住及其他基础设施建设的场地，包括城镇居民点、农村居民点、其他人工设施

附录 A.2　监测年自然保护地人类活动属性表

序号	属性字段名称	字段代码	属性字段类型	最大属性字段长度
1	唯一编码	CODE	文本型	50
2	人类活动类型	TYPE	文本型	50
3	人类活动编码	TYPEID	文本型	20
4	人类活动面积	AREA	双精度	—
5	自然保护地名称	ZRBHDMC	文本型	200
6	自然保护地类型	BHDLX	文本型	30
7	自然保护地面积	BHDMJ	双精度	—
8	自然保护地级别	BHDJB	文本型	20
9	自然保护地功能分区	BHDFQ	文本型	20
10	所属省份	PROVINCE	文本型	50
11	所属市	CITY	文本型	20
12	所属县区	COUNTY	文本型	20
13	所属水体名称	WNAME	文本型	50
14	所属水体类型	WTYPE	文本型	20
15	中心经度	LONG	双精度	—
16	中心纬度	LAT	双精度	—
17	解译影像时间	TIME	日期型	—

续表

序号	属性字段名称	字段代码	属性字段类型	最大属性字段长度
18	数据生产时间	PROCESS	日期型	—
19	是否需野外核查	FIELD	文本型	20
20	备注	NOTE	文本型	100

附录 A.3　各省份代码

序号	省区市	代码
1	上海市	31
2	江苏省	32
3	浙江省	33
4	安徽省	34
5	江西省	36
6	河南省	41
7	湖北省	42
8	湖南省	43
9	广西壮族自治区	45
10	重庆市	50
11	四川省	51
12	贵州省	52
13	云南省	53
14	西藏自治区	54
15	陕西省	61
16	甘肃省	62
17	青海省	63

附录 A.4　水体名称和类型代码

水体名称	代码	水体类型
长江干流（青海）	CGQH	RI（河流）
滇池	DIC	LA（湖泊）
三峡水库（重庆）	SXCQ	RE（水库）
……	……	……

附录 A.5　不同类型自然保护地代码

自然保护地类型	国家级代码	地方级代码
国家公园	NP	—
自然保护区	NR1	NR2
湿地公园	WP1	WP2
水产种质资源保护区	AR1	AR2

附录 B　疑似人类活动图斑属性表

字段代码	字段类型	字段长度	说明
ID	双精度	—	图斑编号
TYPE	文本型	50	监测到存疑图斑的人类活动类型
PROVINCE	文本型	50	存疑图斑所在省份
ZRBHDMC	文本型	200	存疑图斑所在自然保护地
AREA	双精度	—	存疑图斑的面积，单位为公顷，保留小数点后 4 位
WNAME	文本型	50	所属水体名称
BHDLX	文本型	30	所属自然保护地类型
BHDJB	文本型	10	所属自然保护地级别
COUNTY	文本型	20	存疑图斑所在市县区
WTYPE	文本型	20	所属水体类型
TIME	日期型	—	监测使用影像时间
NOTE	文本型	100	其他问题描述
LONG	双精度	—	图斑中心经度，保留小数点后 6 位
LAT	双精度	—	图斑中心纬度，保留小数点后 6 位
FIELD	文本型	20	是否需野外核查

附录 C　自然保护地人类活动野外核查表

日期：　　地点：　　自然保护地名称：　　记录人员：

点位编号	自然保护地名称	解译判断人类活动类型	经度十进制	纬度十进制	高程	遥感影像	影像日期（示例：20220101）	现场照片	照片方位（示例：地面核查点位以南、东南方向等）	车辆可否到达	是否使用无人机	现场核查判断人类活动类型	现场描述	ID 序号	备注
1															
2															

注 1：核查点位编号按照省 - 市 - 保护地 - 序号的方式编写，省 - 市 - 保护地为拼音字母缩写，序号为现场核查的顺序编号。
注 2：经纬度采用十进制填写，至少保留 6 位小数。
注 3：照片应备注地面拍摄点位与核查图斑点位的位置关系。
注 4：ID 序号为导入“两步路”等移动端中点位的编号。
注 5：备注可存放地面所到达地点的地图图片和填写其他相关信息。

附录 D　人类活动遥感监测成果检查表

附录 D.1　遥感监测成果检查表

<table>
<tr><td colspan="2">监测任务承担单位</td><td></td><td>监测区域名称</td><td></td></tr>
<tr><td colspan="2">项目负责人</td><td></td><td>所在水体名称</td><td></td></tr>
<tr><td colspan="2">自检查人</td><td></td><td>自检查日期</td><td></td></tr>
<tr><td colspan="2">交互检查人</td><td></td><td>交互检查日期</td><td></td></tr>
<tr><td rowspan="2">序号</td><td colspan="2" rowspan="2">检查项目</td><td colspan="2">检查结果</td></tr>
<tr><td>自检结果</td><td>互检结果</td></tr>
<tr><td>1</td><td colspan="2">总体分类精度</td><td>≥90%</td><td></td></tr>
<tr><td>2</td><td colspan="2">图斑漏勾率</td><td><3%</td><td></td></tr>
<tr><td>3</td><td colspan="2">图斑错勾率</td><td><10%</td><td></td></tr>
<tr><td>4</td><td colspan="2">类型或属性错误率</td><td><5%</td><td></td></tr>
<tr><td>5</td><td colspan="2">矢量数据属性规范性（属性字段名称、属性名称、编码等）</td><td>是否填写规范</td><td></td></tr>
<tr><td>6</td><td colspan="2">拓扑关系</td><td>是否存在拓扑错误</td><td></td></tr>
<tr><td>7</td><td colspan="2">数据规范性（文件名称、格式、内容等）</td><td>是否符合规范</td><td></td></tr>
<tr><td>8</td><td colspan="2">数据坐标系</td><td>是否符合规范</td><td></td></tr>
<tr><td colspan="2">总体评价</td><td colspan="3"></td></tr>
</table>

附录 D.2　野外核查数据成果检查表

<table>
<tr><td colspan="2">监测任务承担单位</td><td></td><td>监测区域名称</td><td></td></tr>
<tr><td colspan="2">项目负责人</td><td></td><td>所在水体名称</td><td></td></tr>
<tr><td colspan="2">自检查人</td><td></td><td>自检查日期</td><td></td></tr>
<tr><td colspan="2">交互检查人</td><td></td><td>交互检查日期</td><td></td></tr>
<tr><td rowspan="2">序号</td><td colspan="2" rowspan="2">检查项目</td><td colspan="2">检查结果</td></tr>
<tr><td>自检结果</td><td>互检结果</td></tr>
<tr><td>1</td><td colspan="2">核查点数量</td><td>点位数量</td><td></td></tr>
<tr><td>2</td><td colspan="2">核查点代表性（空间代表性和类型代表性）</td><td>是否具有代表性</td><td></td></tr>
<tr><td>3</td><td colspan="2">核查路线（清晰、合理）</td><td>是否合理</td><td></td></tr>
<tr><td>4</td><td colspan="2">核查时间</td><td>是否符合要求</td><td></td></tr>
<tr><td>5</td><td colspan="2">GPS 定位精度</td><td>是否满足要求</td><td></td></tr>
<tr><td>6</td><td colspan="2">核查照片符合性（清晰度、命名规范性，格式，拍摄方向）</td><td>是否完整、规范</td><td></td></tr>
<tr><td>7</td><td colspan="2">核查表格符合性（填写规范、完整、准确，漏测项说明）</td><td>是否完整、规范</td><td></td></tr>
<tr><td colspan="2">总体评价</td><td colspan="3"></td></tr>
</table>

附录 D.3　遥感影像成果质量检查表

<table>
<tr><td colspan="2">监测任务承担单位</td><td></td><td>监测区域名称</td><td></td></tr>
<tr><td colspan="2">项目负责人</td><td></td><td>所在水体名称</td><td></td></tr>
<tr><td colspan="2">检查组组长</td><td></td><td>检查日期</td><td></td></tr>
<tr><td>序号</td><td colspan="2">检查项目</td><td colspan="2">检查结果（不符合情况描述）</td></tr>
<tr><td>1</td><td colspan="2">影像空间分辨率</td><td colspan="2"></td></tr>
<tr><td>2</td><td colspan="2">影像波段设置</td><td colspan="2"></td></tr>
<tr><td>3</td><td colspan="2">影像成像时相</td><td colspan="2"></td></tr>
<tr><td>4</td><td colspan="2">云量、雪量（%）</td><td colspan="2"></td></tr>
<tr><td>5</td><td colspan="2">影像质量（条带、重影、模糊、光谱失真等）</td><td colspan="2"></td></tr>
<tr><td>6</td><td colspan="2">几何校正精度</td><td colspan="2"></td></tr>
<tr><td>7</td><td colspan="2">数据完整性（空间覆盖、文件完整、时空连续）</td><td colspan="2"></td></tr>
<tr><td>8</td><td colspan="2">数据规范性（文件名称、格式、内容等）</td><td colspan="2"></td></tr>
<tr><td colspan="2">总体评价</td><td colspan="3"></td></tr>
<tr><td colspan="2">整改意见</td><td colspan="3"></td></tr>
<tr><td colspan="2" rowspan="2">改进情况</td><td colspan="3"></td></tr>
<tr><td colspan="3">项目负责人：　　　　　　　　时间：</td></tr>
<tr><td colspan="2" rowspan="2">复核情况</td><td colspan="3"></td></tr>
<tr><td colspan="3">检查组：　　　　　　　　　　时间：</td></tr>
</table>

附录 E　人类活动遥感监测报告提纲

1　前言

简要介绍水生生物栖息地人类活动遥感监测的工作背景与意义、工作过程与主要结论。

2　总则

包括评估工作的指导思想、原则、工作内容、范围、时间和参考文件等。

3　监测数据与方法

参照本规程要求，阐述水生生物栖息地人类活动遥感监测工作使用的基础数据、监测对象、方法和主要步骤。

4　水生生物栖息地人类活动监测总体情况

描述和总结本年度流域涉水自然保护地遥感监测的各类型人类活动总体情况，以及同往年对比的变化情况和规律特征。

5　各类水体、自然保护地人类活动监测情况

分别描述本年度流域内不同水体、不同类型自然保护地遥感监测的各类型人类活动情况，以及同往年对比的变化情况和规律特征。

6　结论和建议

分析总结本年度监测工作的结论，取得的经验做法和存在的主要问题。根据水生生物栖息地人类活动遥感监测目标及服务评价考核的管理需求，提出相关的意见与建议。

附录 F　人类活动遥感影像解译标志说明文档

一级人类活动		二级人类活动		定义	空间位置	高分影像	影像特征描述	天地图影像 /Google 影像
编码	类型	编码	类型					
01	矿产资源开发	0101	采矿场	开采各种地壳内和地表矿产资源（除砂石等建筑用料）的区域极尾矿堆放地，如煤炭、金矿、铁矿、石油等	116.913237，34.884505		采矿场内堆放黑色矿产资源	
		0102	采石场	开采建筑石料的场地，如大理石、花岗岩等	119.110336，32.152366	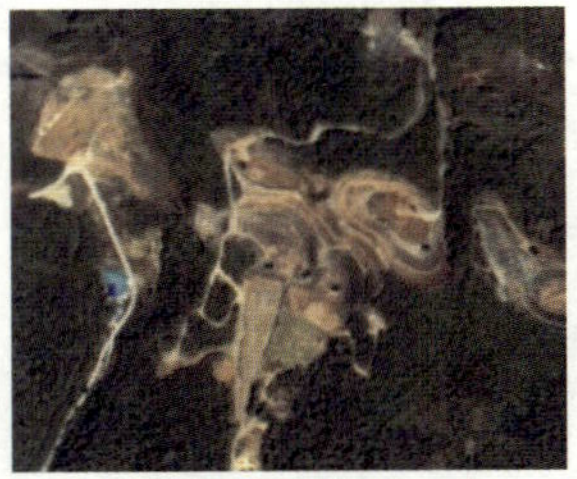	沿山体开采建筑石料留下大范围裸露地表，场地周围存在运输道路	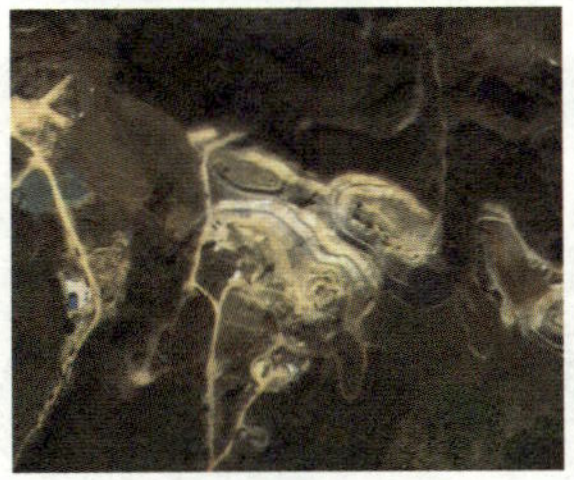
		0103	采砂（沙、土）场	开采建筑或工业用砂（沙、土）料的场地	118.887493，32.175040	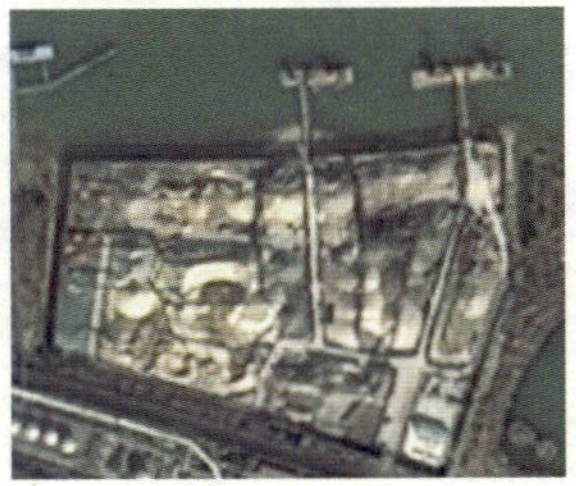	砂石场内堆放黄色工业用沙	

续表

一级人类活动		二级人类活动		定义	空间位置	高分影像	影像特征描述	天地图影像 /Google 影像
编码	类型	编码	类型					
02	工业开发	0201	工厂	用于生产、仓储、办公等综合区域的场地	118.861921，32.155187		工厂内一般存在蓝色或者棕色屋顶的厂房	
		0202	工业园	划定一定范围专供工业设施使用的场地	118.897262，32.139335	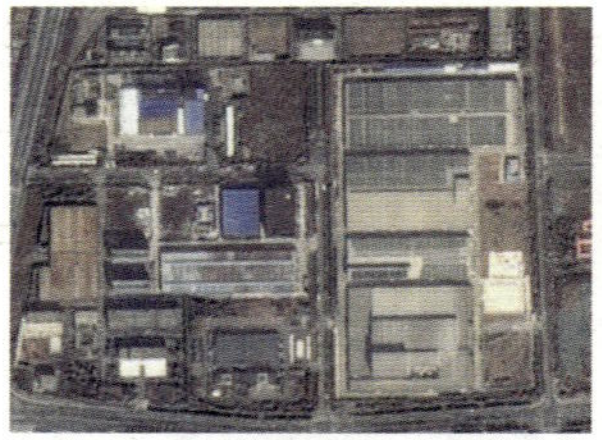	工业园区范围规整，一般需参考当地园区名录	
		0203	盐田	用于盐业生产的用地，包括晒盐场所、盐池及附属设施用地	120.040741，34.393241		盐田范围规则，一般分布在沿海，部分地块有白色盐渍析出	
03	能源开发	0301	水电设施	用于水力发电的配套设施及场地	119.771447，31.323562		附近存在水体及水力发电附属设施，结合已有水电站名称判断	

续表

一级人类活动		二级人类活动		定义	空间位置	高分影像	影像特征描述	天地图影像 /Google 影像
编码	类型	编码	类型					
03	能源开发	0302	风电设施	用于风力发电的配套设施及场地	121.892908，31.787347	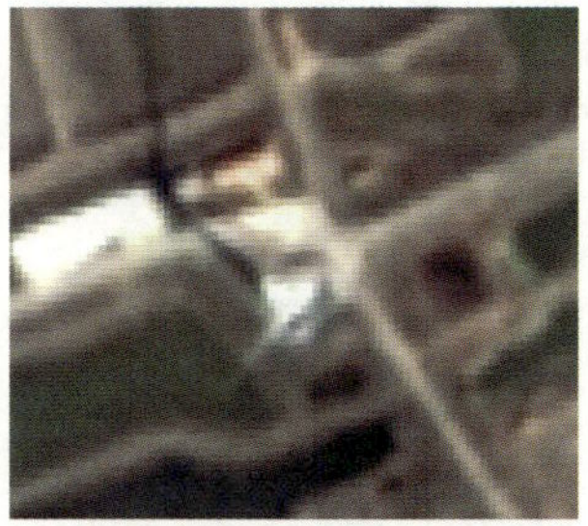	可见风力发电机站的白色机身底座，风叶长影	
		0303	光伏设施	利用太阳能转化电能的光伏发电设施及场地	119.034580，32.231237		光伏板形状规则，镜面有蓝色反光	
		0304	核电设施	利用核能生产电能的电站设施及场地	119.453058，34.689404		核电设施有明显边界，大量硬化地面，靠近海边，需参考已有核电站名字识别	
		0305	输变电设施	输变电站、高压电塔等设施及场地	118.508395，32.016969		输变电设施有明显矩形边界，可看到输变电站，高压电塔，需参考已有输变电站名字识别	

续表

一级人类活动		二级人类活动		定义	空间位置	高分影像	影像特征描述	天地图影像 /Google 影像
编码	类型	编码	类型					
03	能源开发	0306	火电设施	利用可燃物作为燃料生产电能的设施及场地	119.249854，32.195735		火电站周围有圆形冷却塔，白色、蓝色厂房，管线，需参考已有火电站名字识别	
		0307	油气输送设施	用于输送石油、液化天然气等油气资源的管线设施	118.834133，32.235428		石油输送设施需有管线或者圆形白色储油罐，需结合具体地名识别	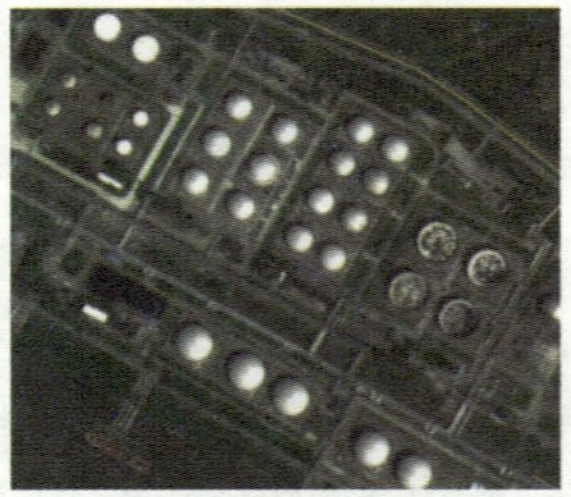
04	旅游开发	0401	游览设施	为游客参观游览建设的设施及场地，如栈道、桥梁、观景台、玻璃吊桥、漂流滑道等	118.991493，32.166606		游览设施里面包含各种游乐场地，具有明确范围，需结合具体地名识别	
		0402	旅游辅助设施	为旅游提供商业、住宿、餐饮、停车等服务的设施及场地	118.657787，32.041883	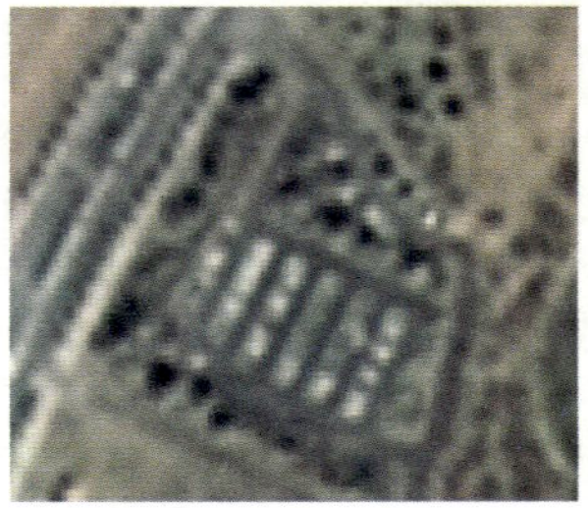	停车场具有矩形停车位及附属道路	

续表

一级人类活动		二级人类活动		定义	空间位置	高分影像	影像特征描述	天地图影像 /Google 影像
编码	类型	编码	类型					
05	交通开发	0501	机场	搭乘空中交通及供飞机起降的设施及场地	118.866491，31.737000		机场具有明显范围，地物白色反光，需结合具体地名识别	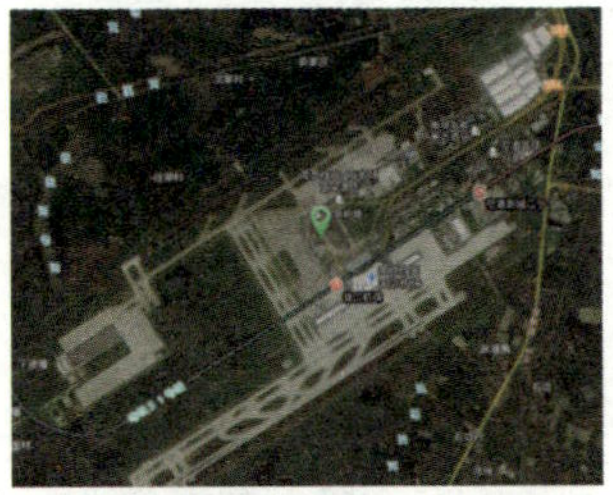
		0502	港口 / 码头	用于人工修建的客运、货运、捕捞及工程、工作船舶停靠及其附属建筑物的场地	119.060168，32.208052		港口码头沿江沿海，具有集装箱、起重机、大面积硬化地面	
		0503	交通服务场站	城镇、村庄范围内交通服务设施用地，包括公交枢纽及其附属设施、公路客运站、货运集散站、公共交通场站等用地，不包括港口 / 码头	118.828737，32.176246		具有大量停车场，周围多为线状公路	
		0504	铁路	供火车行驶、运输的轨道线路	118.816803，32.088524		铁轨道路长条状，呈黑色，铁轨两侧有树丛灌丛	

续表

一级人类活动		二级人类活动		定义	空间位置	高分影像	影像特征描述	天地图影像 /Google 影像
编码	类型	编码	类型					
05	交通开发	0505	硬化道路	掺有沥青铺装材料或以砂石等硬化的矿质路面	118.804334，32.090769		长条状硬化道路，地表反射黑色	
		0506	其他道路	铁路和硬化道路以外的道路、栈道和桥梁	118.804023，32.079687	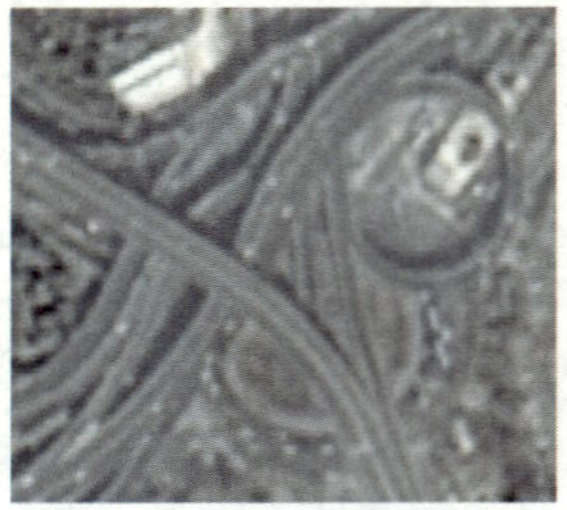	硬化道路，形状多样，地表反射黑色	
06	养殖开发	0601	海水养殖场	利用沿海的浅海滩涂养殖海洋水产经济动植物的场地	121.873269，31.835420		网格状地物，临近海边，有简易房屋	
		0602	淡水养殖场	利用池塘、水库、湖泊、江河以及其他内陆水域养殖淡水水产经济动植物的场地	120.839589，31.201065		主要分布在河流湖泊周围，网格内存在水体，网格附近有简易房屋	

续表

一级人类活动		二级人类活动		定义	空间位置	高分影像	影像特征描述	天地图影像 /Google 影像
编码	类型	编码	类型					
06	养殖开发	0603	畜禽养殖场	养殖牲畜、家禽的场地	118.935118，32.300647		有明确边界范围，蓝色屋顶厂棚	
07	农业开发	0701	水田	经常蓄水，用于种植水稻、莲藕等水生农作物的土地	118.959489，32.219845		夏天影像为绿色，水田周围存在灌溉沟渠	
		0702	旱地	主要靠天然降水或有灌溉设施浇灌种植旱生农作物的土地	119.315439，32.133465		旱地周围存在水塘，地表平坦，无沟渠	
		0703	园地	用于种植经济林或其他经济作物的土地（包含大棚），如种植人工商品林、水果、茶叶、蔬菜、药材等	118.820819，32.220926		大棚种植，多个地物长条状，地物反射薄膜颜色	

续表

一级人类活动		二级人类活动		定义	空间位置	高分影像	影像特征描述	天地图影像 /Google 影像
编码	类型	编码	类型					
08	居民点与其他活动	0801	城镇居民点	城镇用于生活居住的各类房屋用地及其附属设施用地，包括配套的商业服务设施和公共管理设施用地	118.824434，32.081789		位于城市中，可见硬化路面和多层建筑物	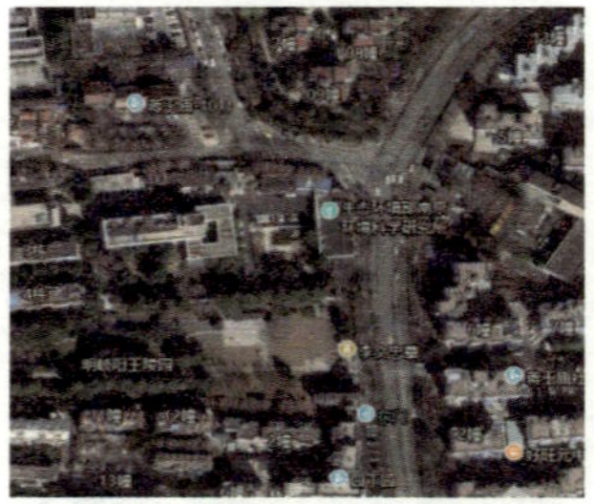
		0802	农村居民点	农村用于生活居住的宅基地及其附属设施用地，包括配套的商业和公共服务设施用地	119.017146，32.222750		农村居民点形状规则，一般沿河或道路呈长条状分布，或存在于耕地周围	
		0803	其他人工设施	无法划分到以上类别的管护、教育科研、民生基础等设施或由于判读经验限制无法准确识别的人类活动及配套设施	118.726177，32.075781		边界范围明确，具有广场，硬化路面，多层房屋，需结合具体地名识别（渡江胜利纪念馆）	

第 16 章　水生生物监测质量保证和质量控制

1　质量保证和质量控制原则

1.1　规范性原则

水生生物的采样、鉴定、数据处理和分析等监测全流程应符合相关技术标准、技术规范、技术指南、技术要求、作业指导书等规定，以统一的方式方法、仪器设备、鉴定标准等开展现场监测、实验室鉴定和数据分析等工作。

1.2　系统性原则

水生生物监测质控以提升水生生物监测的整体质量为目标，应覆盖监测过程的每个环节，在人员、设备、试剂材料、监测方法、实验室环境、监测过程等各方面，形成系统、完整的质控体系。

1.3　可行性原则

水生生物监测质控应充分考虑水生生物监测技术发展现状，本着量力而行、尽力而为的原则，科学制定阶段性质量控制目标，尽快形成完善的质量管理体系。

1.4　适用性原则

所采取的质量保证和质量控制技术手段，应充分考虑水生态监测特点，符合水生态监测数据质量管理要求，有效保障监测数据质量。

2　质量保证和质量控制目标

质量保证和质量控制的目标是形成单位内部实验室质量管理程序，有效保证监测过程处于受控状态；确保监测工作的完整性，监测点位、项目、频次、方法等应符合监测方案要求；确保监测的规范性，监测全流程各环节应严格按照水生生物各类群有关技术要求开展，做到方法统一规范；确保监测的准确性，分析鉴定的精度达到水生态监测评价所选取的指标要求，有效开展实验室内部、实验室之间及能力考核的样品比对分析，样品挑拣遗漏比、物种分类差异百分比、计数差异百分比等结果应符合技术要求；确保监测的真实性，对监测过程做到全程留痕，满足数据的可追溯要求，不弄虚作假。

3　内部质量保证和质量控制实施要求

3.1　监测机构

监测机构应将水生生物监测纳入该机构质量管理体系，规定不同岗位人员的质量管理责任，建立有效的内部监督机制，最大限度降低人员因素对监测结果正确性和可靠性的影响。

应建立和保持维护监测数据有效的程序，明确监测数据审核的流程和要求，确保监测数据、结果的真实、客观、准确和可追溯。

应具有独立、固定的分析鉴定实验室，实验室进行分区管理，提供满足水生生物监测需要的人员、设施、设备、系统及支持服务。

具有与承担监测任务相符的技术人员配置，建立水生生物监测人员技术档案，制订年度水生生物监测培训计划，持续对监测技术人员开展培训，保持较高的监测技术水平，定期评价技术人员开展鉴定的任务数量和质量，定期开展人员能力考核，确保监测人员考核合格，持证上岗。

在国家统一的参考图谱和参考标本库基础上，建立本地区水生生物鉴定的参考图谱和标本体系依据，满足溯源要求。

3.2 监测人员

所有监测人员须持证上岗，通过单位组织的水生生物监测技术培训，按照不同生物类群培训，分为采样、鉴定、数据统计等不同环节，培训并考核合格后，可独立承担相关监测任务。监测技术培训优先选用已发布的监测技术标准规范，尚无技术标准或技术要求的，应编制单位内部作业手册并开展培训。未持证人员不得独立开展监测采样，必须在有持证人员指导下开展。

监测技术人员应加强学习，不断提高水生生物鉴定的精度和一致性，保障精度和一致性满足不同生物类群的监测技术要求。

开展分析鉴定任务的技术人员，应建立并维护个人凭证图谱库，逐步统一实验室内部生物种类鉴定认知，个人凭证图谱作为单位参考图谱和标本库的重要内容，也作为判断监测人员水生生物鉴定是否正确的重要依据。

监测人员应有明确的监测任务分工，所承担任务与个人监测技术能力相匹配，监测队伍在作业期间，应做到高效配合。

3.3 监测仪器设备

监测机构应配备数量充足、技术指标符合相关水生生物类群监测方法要求的各类采样工具、显微镜以及其他仪器和设备（含辅助仪器设备、软件或相应组合装置）。仪器设备应按照要求，进行正确操作，使用仪器设备应及时进行记录。

仪器设备应定期进行功能检查或维护，确保设备状态符合监测工作要求，并保证其在有效期内使用。采样前，应检查采样设备的状态，有破损、老化等情况的设备，不得用于采样工作，易损采样设备应定期更换。采样结束后，应对采样设备进行彻底清洗，并妥善保存。

应建立仪器设备档案，保存全部相关记录，在投入使用前，必须进行量值溯源或功能检查。制定仪器设备操作规程和维护规程等，对仪器设备的放置、使用、维护、维修和性能确认等进行有效控制，每次使用前，都要检查符合相应技术要求后使用，定期对仪器设备进行期间核查，其中电子温度计需进行定期校准。

3.4 保存试剂管理

购买保存试剂时，应索取资质证书和相关产品目录，应有保存试剂一览表，并实施动态管理。必要时，对保存试剂进行期间核查。

按照要求使用相关试剂，每次监测工作开展前，应检查试剂状况，若试剂超出有效期或发生变质、污染等现象则需重新配置。

保存试剂均应实施标识管理，应安全运输、存储、使用和处置试剂溶液，防止污染或损坏，确保其完整性，保证使用的安全性。

3.5　监测方法

为保证监测鉴定结果准确、可靠，应按照水生生物各类群监测方法的技术要求、步骤开展监测鉴定活动，鉴定优先采用技术要求推荐书目或本地区已建立的参考图谱和标本库。

3.6　实验室环境

实验室的设施条件和环境条件均应满足监测仪器和监测方法所需的技术要求，并得到有效控制。监测区域应有明显标识，水生生物样品交接、流转、前处理和分析鉴定均应有足够、独立的空间，有明确的分区，对相互有影响的区域应有效隔离，防止交叉污染或对监测结果造成影响。

具有满足要求的供水、供气、供电、照明、防雷、防火和防爆等保障性设施条件。对可能影响监测结果质量的监测环境条件，应进行识别、监控和记录，保证其符合相关技术要求；当监测环境条件不能满足监测要求时，应停止监测。监测区域应有明显标识，并控制进入和使用；对影响监测质量的实验区域应严格控制，保证化学品、废弃物、火、电、气等使用时的安全。

开展样品储存和鉴定的环境，应具备良好的通风条件，保障监测人员人身健康安全。鉴定实验室的环境和条件符合相应技术要求，并根据需要配备安全防护设施和安全警示标识。定期监测记录冷藏冷冻样品、试剂等的温度和性能。配备有急救和医疗包，并定期检查、核实其充足性。配备有安全淋浴、洗眼站、通风橱等，并确认其性能良好。配备有试剂材料及化学危险材料库，确认其符合安全性能要求。具备经审批通过的有毒有害废物处理处置的程序，保证其在有效期内。

3.7　监测过程

3.7.1　监测总体要求

根据监测任务和本书第 1 章规定的内容制定监测实施方案，规范实施样品采集，统一鉴定标准，保证监测样品的代表性、有效性和完整性；承担国家任务时，需结合点位生境情况，研究提出各点位水生生物监测的采样方案，要求采样方案能覆盖点位主要生境，单次采样能够反映点位水生生物状况，并填写水生生物监测采样方案备案表和采样位置示意图（附录 C）现场监测活动应遵守相关技术规则，规范操作；从样品采集到样品鉴定，采取适当的管理措施，保持样品原有的特性，避免失效。现场监测人员数量充足、责任明确，采样前开展技术培训，具备齐全的采样计划、安全计划、废物处理计划、设备详细清单（设备检查、维护指南等）等，同时监测人员及时做好记录和反馈，及时向有关负责人汇报。监测采样、现场挑拣和样品管理等按照水生生物各类群相关技术要求执行，同时使用实验室信息管理系统跟踪所有样品采集、样品鉴定和数据分析等过程。

3.7.2　监测实施方案

根据监测方案和有关技术要求，制定样品采集、固定、运输、流转、交接、鉴定和保存等的监测实施方案（含安全保障要求）和质控方案。在进行现场监测采样前，可提前进行现场踏勘，观察水体生境状况和采样条件，尽可能保证样品的代表性、有效性和完整性，确保采集到的样品能实现监测任务所确定的目标。

水生生物监测质控方案应覆盖水生生物监测的采样前准备、样品采集、保存、运输、数据处理、审核上报等全过程，包括但不限于内部培训计划及内容；监测内容、频次、时间安排；监测项目分析方法；质量保证与质量控制方法（包括人员资质、仪器设备检定 / 校准与期间核查、样品容器抽检、现场质控措施、实验室质控措施、质控结果评价、质控报告编制等要求）；样品采集、保存、运输、测试等各环节质量责任人；数据审核、汇总、报送流程和责任人。

3.7.3 采样前准备

每支采样队伍在采样活动开始前，开展一次现场培训，强调监测方法、监测过程、鉴定分析、数据上报等环节的关键内容，同时监测人员应充分理解采样方案，按照采样监测方法和技术规范的要求做好采样前的各项准备，包括采样所需设备、装备、器具、容器、试剂和运输过程所需的保存设备等。

3.7.4 样品采集

需由持证上岗人员采样，或其他人员在其指导下开展采样。

到达监测点位，通过全国水生态监测业务平台 App、手持定位设备，核实监测点位位置，确保定点采样。

样品采集依据相关技术方法和采样方案实施，记录内容完整、清晰、明确、具体；现场采样必须两人以上，监测过程采用有效安全措施，确保人身安全。需要现场测定的项目和记录的信息，依据监测方法和相关技术要求予以有效控制。

水质和生物样品同步采样时，应将水质样品采集和现场水质指标测定任务完成后，再采集各类群生物样品。采集生物样品时，应首先采集浮游植物和浮游动物样品，着生藻类样品的采集可同步进行，最后采集大型底栖无脊椎动物样品，采样一般顺序依次为定量采样、半定量采样和定性采样。水质样品采集前，每次校准溶解氧（DO）、pH 和电导率等指标；若一天内多次采样，在采集第一个样品前校准一次溶解氧（DO）、pH 和电导率等指标，确保仪器使用的准确和安全。

每个监测点位采样结束后，采样负责人需按照技术规范对现场采样记录表、样品挑拣及固定记录表、样本保存记录表等的完整性和准确性进行检查、复核。采样结束后，及时将产生的废物进行合理处置。

采样过程中，尽可能对影响监测数据质量的关键环节（包括采样地点的生境状况、样品采集、样品保存和流转、样品前处理等环节）进行拍照和摄像，以备后期单位内部质控人员和外部质量检查组检查。

3.7.5 样品标识

样品设有唯一标识系统，确保样品采集完成后，在流转过程中自始至终不会发生混淆。

3.7.6 样品流转

应确保样品从采集到样品流转、鉴定再到样品留样保存全过程受控，保证样品在整个过程中保持其代表性、有效性和完整性，避免样品在流转过程中损失、污染、变质（变性）或混淆。在样品整个流转过程中，保证环境条件满足要求，并对环境条件加以控制和记录，同时应仔细检查并详细记录样品的状态和数量等。若样品进行邮寄，做好固定和保存，及时跟踪样品邮寄信息，确保样品完整被接收。收到样品后，记录日期并安全储存。样品的鉴定状态标识用“待鉴定”“已鉴定”“留样”三种状态表示。

3.7.7　样品鉴定

分析鉴定严格按照各水生生物类群相应的技术规范执行。样品鉴定尽量识别到水生生物的最低分类单元（一般为属或种）。鉴定过程中，如遇到新的物种类群，开展二次鉴定及比对鉴定，可通过专家咨询等形式协助鉴定。

质量负责人组织分析人员按照样品量的 10%（不少于 2 个）进行一致性比对。比对人鉴定时，由质控负责人对样品编码进行临时加密，鉴定结束后，质控负责人对汇总一致性比对结果进行分析，并通过数据系统上报比对记录和结果。一致性比对结果满足要求的，判定为合格，不满足要求的，由分析人和比对人进行联合分析，确定存在差异的原因，若因单一物种认知差异，不影响数据结果的，经实验室负责人和质控负责人认定后，更新物种信息后上报，若多物种认知差异或计数存在问题，影响数据统计的，由原分析人进行重新鉴定，并由比对人随机抽取 10% 的样品（不少于 2 个）进行一致性比对。分析人员重新鉴定一致性比对仍不合格的，该分析人员出具的监测数据应认定为无效数据，并重新进行技术培训考核，合格后再上岗。实验室出具的最终结果经三级审核后，最终确定为有效数据。

有条件的地区，可以组织开展集中鉴定分析，加强分析鉴定人员交流，逐步建立本流域或省内水生生物物种名录库及图谱凭证。

3.7.8　样品贮存

监测机构应有存放和确保其安全的具体措施，以保证样品的完整性，包括生物个体完整性、分析鉴定过程完整性等。应根据样品的特性配备适当的环境条件和设施对样品进行防护和贮存，以免样品在贮存、处置、准备和监测过程中变质（变性）和损坏，并对环境条件加以保持、监控和记录。

经物种鉴定、计数和称重完成后的标本，按类群分类存放，添加对应水生生物类群的保存试剂，大型底栖无脊椎动物添加 5% 水样体积的甲醛溶液保存；浮游动物添加 5% 水样体积的甲醛溶液保存；着生藻类样品添加 1%～4% 水样体积的甲醛溶液保存；浮游植物样品添加 4% 水样体积的甲醛溶液保存；其他生物类群按照相关技术文件进行保存。所有样品均需密封并保存于阴凉干燥处，减少挥发，并填写样品保存登记表（附录 A.1）。至少每季度抽查一次样品保存状态，并及时更换固定剂。

一般监测项目样品保存时限为 2 年，考核监测项目样品保存时限为考核期结束。样品集中保存或在各监测单位保存。各监测单位应为样品长期保存提供必要条件。

对实物标本拍摄特征图片并单独保存，贴上标签。凭证图片报送以分析鉴定人员为单位，每个分析鉴定人员摄制一套凭证图片。各分析鉴定人员均需对首次观察到的物种进行拍摄，包括物种整体观及各主要分类特征。并清晰记录鉴定人员、日期、分类特征等相关信息，填写“物种凭证图片登记表”（附录 A.2）。日常监测的样品和标本至少保存 1 年或至任务完成为止，有条件的实验室可长期保存。

3.8　信息管理

为了应对水生生物监测数据多样性、复杂性及特殊性等具有挑战性的数据管理问题，监测机构需通过“全国水生态监测业务平台”将水生生物监测全过程数据进行电子化记录，包括最初采样点位选择、监测采样、保存运输、鉴定分析、监督检查、形成报告等，确保存储的电子数据的完整性。

该项目负责人负责监督数据填报及验证审核，确保监测数据按照业务化流程统一录入，实现数据的简单查询、高级查询及数据维护等。

对可能影响监测结果质量和参与监测结果计算的环境条件，应进行记录并定期归档。

4　内部质量监督要求

4.1　总体概述

为保证水生生物监测实施过程的规范性和监测结果的准确性，监测机构内部对监测及鉴定人员能力进行全面质量监督和评价，以确认其能力满足监测工作要求。监测工作计划、实施方案（含质控方案）等内容需经批准实施。

4.2　重点环节

水生生物监测根据本单位年度水生生物监测培训计划，开展第一期水生生物采样前，对参与实际工作的现场采样人员和预备人员进行内部培训（采用统一培训材料），宣讲相关质控要求，自行组织现场操作流程的理论和实操考核，存在问题的，对相关技术人员进行专门培训和整改，考核通过后方可参加采样工作。

制订采样前的采样实施方案和质量控制计划，确定现场采样质量监督员，负责对监测人员及采样过程进行质量监督，保证监测采样的规范。

每项监测任务均应有质量监督计划，经质量负责人审批后实施；监督计划应与监测任务周期和任务量相匹配，覆盖监测活动的全过程，对在培人员、新上岗和转岗人员及关键环节应增加监督频次。

客观、完整地记录监督过程，并对监督结果进行评价。

质量监督员发现存在影响监测质量的问题时，有权根据问题的严重程度暂停或中止监测活动。若出现的问题已经影响监测结果质量，应先终止该活动，并及时向质量负责人报告，对纠正效果、纠正措施和预防 / 风险防范措施的有效性进行跟踪验证，不合格因素消除后方可继续监测活动。

内部质量控制主要从采样前准备、采样实施及样品保存、分析鉴定及数据审核等几个方面开展，主要的技术流程如图 1 所示。

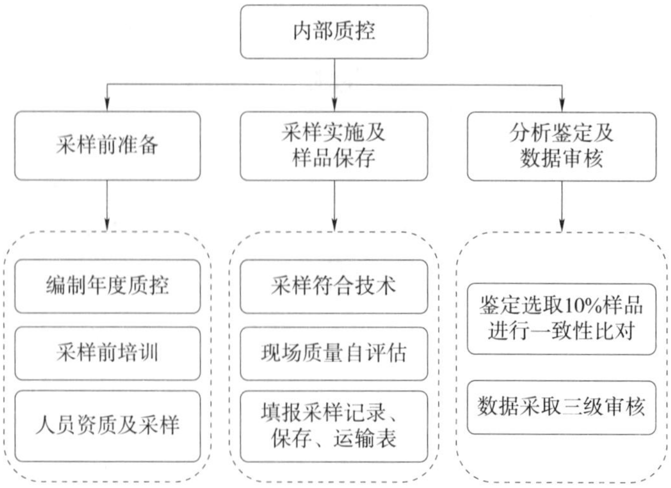

图 1　内部质量控制技术流程

4.3　差异百分比

为计算分类学精度，将从每个参与实验室随机抽取 10% 的生物样本（至少 2 个），送分析鉴定比对人员重新鉴定。对整个样本的再鉴定结果进行比较，可得到一个物种分类学差异百分比（PTD）和计数差异百分比（PDE），PTD 和 PDE 值越低，分类学结果越相似，总体分类学精度越好（附录 B）。可根据实际情况，利用质控样品定期对监测人员进行检查 / 比对 / 考核。

比对人员经过水生生物监测专项培训，有 3 年以上相关类群鉴定经验的人优先担任，不具备条件的，可邀请外部专家协助进行一致性比对。

5　外部质量监督要求

5.1　总体概述

为保证监测质量，有关质量监督检查单位制订切实可行的外部质量监督计划，采取有效的措施对监测任务执行过程中监测机构的管理状况和监测实施情况进行必要的质量监督，并对监督结果进行评价。

5.2　监督内容和方式

（1）制订监督检查计划

监督检查单位制订年度水生生物监测质量监督检查计划，组成检查组，根据年度监测任务和承担单位情况确定被检查单位和检查安排，并至少于开展检查前 2 周通知被检查单位。监测机构根据工作需要提出监测任务质量控制计划，报送监督检查单位汇总纳入年度水生生物监测质量监督检查计划。

监督检查单位组建水生生物监测专业技术组，开展检查前，从水生生物监测专业技术组抽选专家，组建水生生物监测监督检查组，检查组由 1 名组长和 2～3 名组员组成。组长应具有高级职称，具备 5 年及以上水生生物监测或质控工作经历，负责组员分工和本组检查工作的组织开展，汇总并审核检查结果，向被检查单位现场反馈检查结论和整改要求等。组员按照组长要求和工作分工开展检查工作，并对检查情况和整改要求（如有）给出意见。

被检查单位至少在实施外业采样前 2 周告知检查组组长采样实施计划，配合做好检查准备工作。

（2）监督检查内容

检查内容包括现场检查、实验室及分析鉴定检查、数据合规性检查三部分。检查方式包括材料审查（原始记录、电子档案等）、操作规范性检查（采样方法、鉴定方法等）、数据有效性检查等。

现场检查：现场检查组成员在外业采样前 1 日到达监测任务承担单位，全程跟踪现场监测质量控制情况。检查采样前准备工作、作业安全、样品采集、样品挑拣、样品现场处理及保存运输等，由组长汇总审核。现场检查时可采集必要的影像记录资料等，填写现场采样监督检查表（附录 A.3），由组长汇总审核。

实验室及分析鉴定检查：检查组成员于分析鉴定前 1 日到达监测任务承担单位，对样品接收、处理、分析、数据审核等进行检查，内容主要包括样品交接流转、工作场所和环境、仪器设备、样品管理、实验操作与记录、分析鉴定方法、分析鉴定操作与记录等，填写实验室及分析鉴定监督检查表（附录 A.4），由组长汇总审核。

数据合规性检查：数据合规性检查随实验室检查开展，检查内容为上一期监测数据的相关记录。重点检查监测任务承担单位的资质与监测能力是否满足监测要求，由组长随机选择一组数据，被检查单位提供该组数据的采样记录、样品交接记录、分析测试记录、质控记录等全部有关记录，检查组对相关记录的完整性、可追溯性以及相关计算过程等进行检查，填写“数据合规性质量监督检查表”（附录 A.5），由组长汇总审核。

外部质量控制技术流程如图 2 所示。

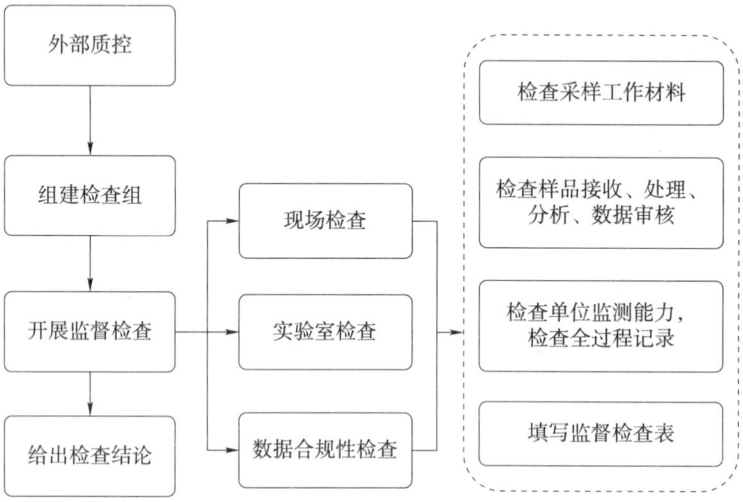

图 2　外部质量控制技术流程

5.3　监督结果评价和整改

监督检查结束后，检查组组长汇总并审核检查结果，向被检查单位现场给出检查结论，并于 5 个工作日内将检查结论和检查表报送监督检查单位。

有整改要求的，被检查单位于 30 日内将整改报告及相关材料提交检查组组长审核。检查组组长确认整改结果满足要求后，在整改报告上签字确认并将材料报送监督检查单位。

如遇疫情等不可抗力因素，可线上通过查阅采样过程、分析鉴定过程等留存的照片、视频、文字记录等材料开展质控工作。

5.4　记录和归档

外部质量监督活动中形成的各类记录、评价结果和整改报告等，应及时保存归档。

参编单位：
中国环境监测总站
生态环境部太湖流域东海海域生态环境监督管理局生态环境监测与科学研究中心

附录 A　质量保证和质量控制相关表单

附录 A.1　样品保存登记表

序号	项目名称	监测点位	生物类群	采集日期	样品保存编码	保存方式	保存地点	保存日期	保存人员	备注

附录 A.2　物种凭证图片登记表

<table>
<tr><td rowspan="2">样品信息</td><td>样品编号</td><td></td><td>采样地点</td><td></td></tr>
<tr><td>采样时间</td><td></td><td>监测单位</td><td></td></tr>
<tr><td rowspan="4">物种信息</td><td>中文种名</td><td></td><td>拉丁名</td><td></td></tr>
<tr><td>生物类群</td><td></td><td>门</td><td></td></tr>
<tr><td>纲</td><td></td><td>目</td><td></td></tr>
<tr><td>科</td><td></td><td>属</td><td></td></tr>
<tr><td rowspan="8">分类依据</td><td>参考书目</td><td colspan="3"></td></tr>
<tr><td>分类特征（1）</td><td colspan="3"></td></tr>
<tr><td>分类特征（2）</td><td colspan="3"></td></tr>
<tr><td>分类特征（3）</td><td colspan="3"></td></tr>
<tr><td>分类特征（4）</td><td colspan="3"></td></tr>
<tr><td>分类特征（5）</td><td colspan="3"></td></tr>
<tr><td>分类特征（6）</td><td colspan="3"></td></tr>
<tr><td>分类特征（7）</td><td colspan="3"></td></tr>
<tr><td rowspan="7">凭证图片编码</td><td>正面观</td><td></td><td>腹面观</td><td></td></tr>
<tr><td>侧面观</td><td></td><td>分类特征（1）</td><td></td></tr>
<tr><td>分类特征（2）</td><td></td><td>分类特征（3）</td><td></td></tr>
<tr><td>分类特征（4）</td><td></td><td>分类特征（5）</td><td></td></tr>
<tr><td>分类特征（6）</td><td></td><td>分类特征（7）</td><td></td></tr>
<tr><td>其他描述 1</td><td></td><td>编码</td><td></td></tr>
<tr><td>其他描述 2</td><td></td><td>编码</td><td></td></tr>
<tr><td>备注</td><td colspan="4"></td></tr>
<tr><td colspan="5">注：分类特征划分以索引信息中“分号”为节点，每个“分号”前一句为一个分类特征。</td></tr>
</table>

鉴定人：　　　　　　　　　　　　审核人：

附录 A.3　现场采样监督检查表

<table>
<tr><td colspan="3">监测任务
承担单位</td><td></td><td>采样点位名称</td><td colspan="2"></td></tr>
<tr><td colspan="3">监测任务名称</td><td></td><td>采样点位编号</td><td colspan="2"></td></tr>
<tr><td colspan="3">检查人员</td><td></td><td>检查日期</td><td colspan="2"></td></tr>
<tr><td colspan="3">现场采样人员</td><td colspan="4"></td></tr>
<tr><td colspan="2" rowspan="2">类别</td><td rowspan="2">序号</td><td rowspan="2">检查内容</td><td colspan="3">检查结果</td></tr>
<tr><td>符合</td><td>不符合</td><td>不符合情况描述</td></tr>
<tr><td rowspan="10">监测准备检查</td><td rowspan="9">共性检查指标</td><td>1</td><td>是否制定了详细的监测实施方案</td><td></td><td></td><td></td></tr>
<tr><td>2</td><td>现场采样人员是否持证上岗，或在持证人员监督指导下采样</td><td></td><td></td><td></td></tr>
<tr><td>3</td><td>采样人员是否相对固定，人数合适，分工明确</td><td></td><td></td><td></td></tr>
<tr><td>4</td><td>采样人员是否参加监测前内部培训并考核合格</td><td></td><td></td><td></td></tr>
<tr><td>5</td><td>采样工具、设备等是否符合监测技术要求，并配备备用设备</td><td></td><td></td><td></td></tr>
<tr><td>6</td><td>采样容器材质是否符合规范，数量足够</td><td></td><td></td><td></td></tr>
<tr><td>7</td><td>样品固定及保存试剂等是否符合规范要求</td><td></td><td></td><td></td></tr>
<tr><td>8</td><td>现场是否配备质量监督员，质量监督员起到监督作用</td><td></td><td></td><td></td></tr>
<tr><td>9</td><td>监测设备、设施和试剂采取固定措施</td><td></td><td></td><td></td></tr>
<tr><td>大型底栖无脊椎动物</td><td>10</td><td>冷藏（0～4℃）保存满足样品挑拣需要</td><td></td><td></td><td></td></tr>
<tr><td rowspan="11">样品采集检查</td><td rowspan="11">共性检查指标</td><td>11</td><td>采样点位 / 位置、采样时间是否符合监测实施方案要求</td><td></td><td></td><td></td></tr>
<tr><td>12</td><td>监测人员乘船作业是否配备救生及安全设备</td><td></td><td></td><td></td></tr>
<tr><td>13</td><td>采样前生境状况的拍摄及样品采样点位、采集过程影像资料是否符合相关要求</td><td></td><td></td><td></td></tr>
<tr><td>14</td><td>采样瓶标签是否规范（防水、信息全面），样品编号是否唯一</td><td></td><td></td><td></td></tr>
<tr><td>15</td><td>样品容器是否坚固、防沾污</td><td></td><td></td><td></td></tr>
<tr><td>16</td><td>采样量是否符合技术要求</td><td></td><td></td><td></td></tr>
<tr><td>17</td><td>各项目使用的采样器是否符合技术要求</td><td></td><td></td><td></td></tr>
<tr><td>18</td><td>样品采集后是否及时清洗采样器具，避免遗漏</td><td></td><td></td><td></td></tr>
<tr><td>19</td><td>是否按照技术要求开展现场记录</td><td></td><td></td><td></td></tr>
<tr><td>20</td><td>采样顺序是否按照定量、半定量、定性开展</td><td></td><td></td><td></td></tr>
<tr><td>21</td><td>采样方法是否符合统一规范</td><td></td><td></td><td></td></tr>
</table>

续表

类别		序号	检查内容	检查结果		
				符合	不符合	不符合情况描述
样品采集检查	大型底栖无脊椎动物	22	样品挑拣是否进行复拣			
		23	河流采样中，是否逆流采样			
		24	在多个采样项目中，是否为最后采集			
		25	样品采集、挑拣不含空壳			
		26	挑拣工具是否有动物样本残留，避免交叉干扰			
	浮游动/植物	27	分层采样是否符合技术要求			
		28	采集样品过滤完后，是否冲洗网具内壁，将剩余的样品导入采样瓶中			
	着生藻类	29	基质选择是否符合技术要求			
		30	采集样品完成后，是否冲洗采样刷和采样容器（白瓷盘或烧杯等），将剩余的样品导入采样瓶中			
样品现场处理及保存运输		31	样品保存瓶标签是否规范完整（防水、信息全面），样品编码是否唯一			
		32	浮游动/植物、着生藻类样品采集后，是否立即加入固定剂保存，固定剂添加量是否符合规范要求			
		33	样品现场处理及保存记录是否完整规范			
		34	样品运输过程是否无破损、无污染			
		35	样品运输前是否检查采样记录、清点样品数量、检查样品状态、保存期限等信息。如样品运输人员与采样分析人员不同，是否填写样品交接单			
采样结束		36	采样过程产生的废弃物是否妥善处置			
		37	现场采样记录表填写是否完整规范			
总体评价结论			受控（不符合≤2 项）			
			基本受控（不符合≤5 项）			
			失控（不符合>5 项）			
整改意见			现场检查：　检查组组长：　时间：			
改进情况			采样组组长：　项目负责人：　时间：			
复核情况			现场检查：　检查组组长：　时间：			

附录 A.4　实验室及分析鉴定监督检查表

<table>
<tr><td colspan="3">实验室名称</td><td></td><td>实验室负责人</td><td colspan="2"></td></tr>
<tr><td colspan="3">检查组组长</td><td></td><td>检查日期</td><td colspan="2"></td></tr>
<tr><td colspan="2" rowspan="2">类别</td><td rowspan="2">序号</td><td rowspan="2">检查内容</td><td colspan="3">检查结果</td></tr>
<tr><td>符合</td><td>不符合</td><td>不符合情况描述</td></tr>
<tr><td colspan="2" rowspan="3">样品交接与流转</td><td>1</td><td>接样人对样品标签、数量、状态进行检查及确认</td><td></td><td></td><td></td></tr>
<tr><td>2</td><td>样品流转期间符合样品保存要求</td><td></td><td></td><td></td></tr>
<tr><td>3</td><td>填写样品交接和流转记录</td><td></td><td></td><td></td></tr>
<tr><td colspan="2" rowspan="4">工作场所及环境条件</td><td>4</td><td>实验室分区明确，具有独立的操作分区</td><td></td><td></td><td></td></tr>
<tr><td>5</td><td>安放仪器的房间环境符合仪器的使用要求</td><td></td><td></td><td></td></tr>
<tr><td>6</td><td>设有显微镜、电子天平等实验室，天平工作台固定，可满足天平恒温恒湿的要求</td><td></td><td></td><td></td></tr>
<tr><td>7</td><td>将有相互影响的测试工作有效隔离，不存在相互干扰的现象</td><td></td><td></td><td></td></tr>
<tr><td colspan="2" rowspan="4">仪器设备</td><td>8</td><td>仪器设备状态标识正确，标签信息规范</td><td></td><td></td><td></td></tr>
<tr><td>9</td><td>由经授权的仪器设备使用人员操作仪器</td><td></td><td></td><td></td></tr>
<tr><td>10</td><td>仪器使用、维护、核查等记录内容完整，可追溯</td><td></td><td></td><td></td></tr>
<tr><td>11</td><td>显微镜及天平是否经过定期校准与核查</td><td></td><td></td><td></td></tr>
<tr><td rowspan="14">样品分析</td><td rowspan="5">共性检查项目</td><td>12</td><td>分析指标符合监测实施方案要求，分析方法符合技术规范要求</td><td></td><td></td><td></td></tr>
<tr><td>13</td><td>实验室放有分析方法的受控文件</td><td></td><td></td><td></td></tr>
<tr><td>14</td><td>样品分析结果记录经实验室第二位专业分析人员校核并签字确认</td><td></td><td></td><td></td></tr>
<tr><td>15</td><td>实验室分析人员定期参加专题培训并持证上岗</td><td></td><td></td><td></td></tr>
<tr><td>16</td><td>按技术要求分类鉴定至适宜的物种分辨率</td><td></td><td></td><td></td></tr>
<tr><td rowspan="3">大型底栖无脊椎动物</td><td>17</td><td>现场采回样品反复清洗澄清或洗脱固定液使动物样本充分吸水</td><td></td><td></td><td></td></tr>
<tr><td>18</td><td>挑拣工作不允许中断，若不具备挑拣条件，冷藏保存时间不超过 24 h</td><td></td><td></td><td></td></tr>
<tr><td>19</td><td>挑拣人员拥有丰富的大型底栖无脊椎动物挑拣经验，经培训上岗</td><td></td><td></td><td></td></tr>
<tr><td rowspan="3">浮游动物</td><td>20</td><td>轮虫按规范要求进行浓缩预处理</td><td></td><td></td><td></td></tr>
<tr><td>21</td><td>枝角类和桡足类样品全样计数，水华暴发期间采集的样品稀释后进行计数</td><td></td><td></td><td></td></tr>
<tr><td>22</td><td>如需测定枝角类和桡足类的体长，则随机选取 30 个不同大小的个体测定，少于 30 个的种类，全部测定，且测定方法满足技术规范</td><td></td><td></td><td></td></tr>
<tr><td rowspan="2">浮游植物</td><td>23</td><td>按要求进行浮游植物样品前处理，准确记录样品体积和浓缩体积（查看相关记录）</td><td></td><td></td><td></td></tr>
<tr><td>24</td><td>明确镜检方法、明确浮游植物分类鉴定参考书目（查记录或资料）</td><td></td><td></td><td></td></tr>
<tr><td>着生藻类</td><td>25</td><td>着生硅藻至少计数 400 个硅藻细胞</td><td></td><td></td><td></td></tr>
</table>

续表

类别	序号	检查内容	检查结果		
			符合	不符合	不符合情况描述
样品管理	26	在样品保质期内分析完毕			
	27	样品有唯一性标识			
	28	样品有检验检测过程中的状态标识			
	29	样品管理规范，按分区规定存放样品			
	30	操作规范，与标准、规范、技术要求或规程等保持一致			
	31	及时填写样品分析记录，对前处理、分析鉴定、数据处理等过程进行了记录，样品分析记录填写规范、完整，具有可追溯性			
	32	记录结果有效位数符合要求			
内部质控	33	是否开展全流程质控（查看记录）			
	34	质控部门是否出台单位质控要求			
	35	样品分析过程中按照实施方案开展分析人员自控，记录完整			
总体评价结论		受控（不符合≤2 项）			
		基本受控（不符合≤5 项）			
		失控（不符合>5 项）			
整改意见					
		实验室检查： 检查组组长： 时间：			
改进情况					
		实验室负责人： 时间：			
复核情况					
		实验室检查： 检查组组长： 时间：			

附录 A.5　数据合规性质量监督检查表

实验室名称			实验室负责人		
检查组组长			检查日期		
类别	序号	检查内容	检查结果		
			符合	不符合	不符合情况描述
资质与监测能力范围	1	检测机构资质认定证书在有效期内			
	2	监测项目均为资质认定证书附表内的项目			
	3	采样人员、分析人员均持证上岗，或人员资质经所在单位确认			
	4	有经过批准的监测实施方案和质控方案			
	5	全部监测项目无分包（监测项目有分包时，在不符合情况说明中备注分包项目，核实是否有质控措施）			
监测方法标准	6	采样、分析依据的方法标准正确，符合现行技术标准、规范			
	7	使用的方法标准经过了验证或确认（随机抽查方法验证报告）			
	8	方法有偏离时，按文件规定进行了方法验证、技术判断，制定作业指导书并经批准、授权使用（如有偏离，查看相关材料；若无偏离，在备注中说明即可，无须在“不符合”框内打勾）			
样品采集与管理记录	9	现场采样记录信息完整、齐全			
	10	有完整的样品交接与流转记录			
	11	样品交接记录信息完整			
	12	样品保存符合相关要求			
原始记录	13	样品前处理、分析、质量控制等记录完整、齐全			
	14	试剂配置检查合格（查看记录）			
	15	有采样人员、样品交接人员、分析人员、校核人员等的签字或等效标识			
	16	原始记录填写规范，在当时予以记录，没有补记、追记、重抄现象			
	17	记录删改符合规定			
	18	原始记录保存规范，便于查询			
	19	有效数字的修约符合相关规定			
	20	监测结果数据单位使用法定计量单位			
	21	报出结果数据经过了三级审核			
质控措施	22	采样、现场测试、实验室分析严格落实了质控方案要求			
	23	对质控结果进行分析评价，判断质控结果是否符合要求			
质量监督	24	设置有专职质控人员			
	25	有现场和实验室质量监督记录			

续表

类别	序号	检查内容	检查结果		
			符合	不符合	不符合情况描述
总体评价结论		受控（不符合≤2 项）			
		基本受控（不符合≤5 项）			
		失控（不符合>5 项）			
整改意见					
		数据检查：　检查组组长：　时间：			
改进情况					
		实验室负责人：　时间：			
复核情况					
		数据检查：　检查组组长：　时间：			

附录 B　水生生物监测质量控制目标

附录 B.1　结果计算与表示

（1）挑拣遗漏比（Picking Omissions Ratio，POR）按公式（1）计算。

$$\text{POR} = P / C \tag{1}$$

式中：POR——挑拣遗漏比，无量纲；

P——挑样人员发现的大型底栖无脊椎动物个体数，个（ind.）；

C——挑拣质控人员发现的大型底栖无脊椎动物个体数，个（ind.）。

（2）物种分类差异百分比（Percent Taxonomic Disagreement，PTD）按公式（2）计算。

$$\text{PTD} = \left(1 - \frac{\text{comp}_{\text{pos}}}{M}\right) \times 100\% \tag{2}$$

式中：PTD——物种分类差异百分比，%；

comp_{pos}——比对分类结果中，物种分类一致的数量，个（ind.）；

M——比对分类结果中，物种分类单元较多一方的数量，个（ind.）。

（3）计数差异百分比（Percent Difference in Enumeration，PDE）按公式（3）计算。

$$\text{PDE} = \frac{|n_1 - n_2|}{n_1 + n_2} \times 100\% \tag{3}$$

式中：PDE——计数差异百分比，%；

n_1——平行样 1 的测定结果，ind. 或者 cells/L 或者 ind./L；

n_2——平行样 2 的测定结果，ind. 或者 cells/L 或者 ind./L。

附录 B.2　分类单元预期控制目标

B.2.1　大型底栖无脊椎动物

挑拣遗漏比（POR）≥10。计数差异百分比（PDE）≤5% 及物种分类差异百分比（PTD）≤15%。

B.2.2　浮游动物

计数差异百分比（PDE）≤15%，属级分类差异百分比（PTD）≤30%，种级分类差异百分比（PTD）≤40%。

B.2.3　浮游植物

计数差异百分比（PDE）≤20%，属级分类差异百分比（PTD）≤15%，种级分类差异百分比（PTD）≤40%。

B.2.4　着生藻类

计数差异百分比（PDE）≤20%，属级分类差异百分比（PTD）≤15%，种级分类差异百分比（PTD）≤40%。

附录 C　水生生物监测备案

附录 C.1　水生生物监测采样方案

项目名称：		
点位名称：		地点：____________省____________市____________县
流　　域：		水体：
水体类型：□河流　□湖泊　□水库		经纬度：E____________　N____________
水　　期：□枯水期　□丰水期　□平水期		季节：□春季　□夏季　□秋季　□冬季
监测项目：□大型底栖无脊椎动物　□着生藻类　□浮游植物　□浮游动物　□水质常规五参数　□水质基本参数		
大型底栖无脊椎动物	定量	□采泥器　□索伯网　□其他 采样量____m^2；采样位置：（样方____或样带____，下同）
	半定量	□ D 形网　□三角拖网　□其他 采样量____m^2；采样位置：
	定性	□ D 形网　□踢网　□采泥器　□三角拖网　□其他
着生藻类	定量	□天然基质　□人工基质 采样量____cm^2；采样位置：
	半定量	□天然基质　□人工基质 采样量____cm^2；采样位置：
	定性	□天然基质　□人工基质
浮游植物	定量	□采水器　□其他 采样量____L；采样位置：
	定性	□ 25 号浮游生物网　□其他
浮游动物（枝桡）	定量	□ 25 号浮游生物网　□ 13 号浮游生物网 □采水器　□其他 采样量____L；采样位置：
	定性	□ 25 号浮游生物网　□ 13 号浮游生物网
浮游动物（轮虫）	定量	□ 25 号浮游生物网　□采水器； 采样量____L；采样位置：
	定性	□ 25 号浮游生物网　□其他
水质	监测参数	□水温　□电导率　□叶绿素 a　□透明度　□浊度 □其他项目：______________________
样方	位置：□左岸　□右岸　□中泓 底质类型：□鹅卵石　□砾石　□基岩　□漂石　□砂石　□软泥　□黏土 水草：□有　□无 水华：□有　□无	
样带	位置：□左岸　□右岸　□中泓 底质类型：□鹅卵石　□砾石　□基岩　□漂石　□砂石　□软泥　□黏土 水草：□有　□无 水华：□有　□无	
注：样方 / 样带个数可根据实际情况增加，每个样方 / 样带均在示意图上标记位置。		

附录 C.2　水生生物采样位置示意图

扫码查看
高清彩图

附录 C.3　采样方案示意图制作方法

一、使用 91 卫图助手等软件进行制作采样方案示意图。

二、单击“矢量标绘”中绘制“点”对象，在弹出框“点属性设置”中输入实际采样位置经纬度，“名称”栏中填写监测方案中的点位名称。

三、放缩视野范围，覆盖河流的左右岸和上下游监测范围，影像级别一般为 18 级，该级别不能涵盖左右岸和上下游监测范围的，影像级别缩小一级，直到显示范围符合要求。实际采样经纬度的“点”图标位于视野中部位置。

四、使用绘标工具栏中“矩形”工具，标注样方位置，同一生境类型样方位置接近的，可使用一个矩形代表多个样方，需在名称处标明“样方 N1-N2”，形状仅作为位置示意，面积不代表实际采样面积。在显示中选择显示名称。

五、使用绘标工具栏中“线”工具，标注样带位置，需在名称处标明“样带 N（ × 米）”，形状仅作为位置示意，长度不代表实际采样距离。在显示中选择显示名称。

单击“实用工具” - “屏幕截图”进行图像保存，截图包括全部视野和底部的“当前坐标”“影像级别”“当前图层类型”等信息。

第 17 章　水生态遥感监测质量保证和质量控制

1　适用范围

本文件规定了水生态遥感监测质量保证与质量控制的内容、流程和技术要求等。

本文件适用于水华、水生植被、岸线等水生态遥感监测质量保证与质量控制。

2　术语和定义

2.1　真实值 True Value

现实中与遥感影像对应的真实结果，通常采用有 3 年以上解译经验人员的监测结果，或者采用相近时间成像的更高分辨率遥感影像获得的监测结果，或者通过现场勘测等手段获得的监测结果等。

2.2　查全率 Recall

与真实值相比，遥感解译正确的某类型图斑面积占解译区域内该类型实际面积的比例，主要用于单要素解译精度评价。

2.3　准确率 Precision

与真实值相比，遥感解译正确的某类型图斑面积占解译区域内该类型图斑面积的比例，主要用于单要素解译精度评价。

2.4　总体分类精度 Overall Classification Accuracy

与真实值相比，遥感解译正确的图斑面积占所有图斑面积的比例。

2.5　最小上图图斑面积 Minimum Parcel Area

待解译的单个非连续图斑的面积阈值，面积大于该阈值的图斑应进行解译。

3　基本要求

3.1　总体要求

水生态遥感监测质量保证和质量控制是对数据准备、处理过程以及结果检查上报的全流程采取相关措施，以确保遥感监测结果从数据源获取、数据预处理、数据解译及结果核查的全流程数据真实、准确、可靠，满足监测数据质量要求，并做到全过程可追溯。

水生态遥感监测应严格按照相关技术规范和技术要求开展。

3.2 主要环节

3.2.1 作业过程

包括遥感影像获取、影像预处理、影像解译与提取、外业核查等。

3.2.2 质量检查

包括生产环节自检、审查环节复检和验收。

3.3 人员要求

3.3.1 人员资质

业务人员资质审查与培训。生产人员应具有遥感解译或审核经验 1 年以上。复检和验收人员应具有遥感解译或审核经验 3 年以上。

3.3.2 人员培训

作业前应对作业人员进行培训，明确作业任务和主要内容，统一作业标准和要求，规范作业程序和技术方法。

4 质量保证与质量控制要求

4.1 遥感影像质量保证与质量控制要求

4.1.1 遥感影像筛选

遥感影像的空间分辨率、波段设置、影像质量、影像时相等满足监测指标及具体区域要求。

4.1.2 遥感影像预处理

影像预处理后，空间分辨率、几何精度、波段完整性、融合后影像质量、影像镶嵌质量满足监测要求。

4.1.3 影像成果存储

数据资料完备，数据文件名称、格式、空间参考系、内容等规范。

4.2 遥感监测成果质量保证与质量控制要求

4.2.1 监测成果精度

监测成果的总体分类精度、查全率、查准率、拓扑关系、最小上图图斑面积等应符合目标地物解译或监测要求。

4.2.2 监测成果规范性

成果数据属性规范、统一，包括但不限于属性字段名称、属性名称、编码等，编码具备唯一性；

存储成果文件规范，包括但不限于文件名称、格式、内容、完整性等。

4.3 野外核查数据质量保证与质量控制要求

4.3.1 核查成果精度

核查一般应制定核查工作方案，核查点位应具备空间代表性、类型代表性和路线可达性；

按照方案开展核查工作，核查点位位置有效，核查时间时效性满足要求；

野外核查照片要求拍摄目标清晰且命名规范，记录照片的拍摄方向。

4.3.2 核查成果存档

野外核查记录表应填写规范、完整、准确，并进行漏测项说明。

4.4 成果检查要求

复检和验收工作应独立进行，并填写检查记录（附录 A～附录 C），且每道工序检查合格后方可进入下道工序。复检之前，作业人员应参考复检要求进行充分的自检。

4.4.1 复检

（1）复检对监测成果资料进行 100% 内业检查。

（2）内业无法判定的应结合实际情况进行外业核实。

（3）检查出的问题、错误及修改情况应记录留痕。

（4）检查完成后，检查记录随监测成果资料一并提交验收。

（5）复检未通过的监测成果资料应全部退回，修改后重新检查。

4.4.2 验收

（1）监测成果经复检合格后，才能进行验收。

（2）验收对监测成果资料进行抽样检查。

（3）验收样本抽取总体上采用分层按比例随机抽样的方法从批量成果中抽取样本，即将批量成果按不同区域等因素分成不同的层，抽样比例一般不少于 10%。

（4）验收材料包含复检记录。

（5）检查出的问题、错误及修改情况应记录留痕。

（6）验收未通过的批成果资料退回处理，修改后重新验收，重新验收时应重新抽样。

参编单位：

生态环境部卫星环境应用中心

附录 A　遥感影像成果检查表

<table>
<tr><td colspan="2">监测任务承担单位</td><td></td><td>监测区域名称</td><td colspan="2"></td></tr>
<tr><td colspan="2">监测人员</td><td></td><td>所在水体名称</td><td colspan="2"></td></tr>
<tr><td colspan="2">检查人员</td><td></td><td>检查日期</td><td colspan="2"></td></tr>
<tr><td rowspan="2">序号</td><td colspan="2" rowspan="2">检查项目</td><td colspan="3">检查结果</td></tr>
<tr><td>符合</td><td>不符合</td><td>情况描述</td></tr>
<tr><td>1</td><td colspan="2">影像空间分辨率</td><td></td><td></td><td></td></tr>
<tr><td>2</td><td colspan="2">影像波段完整性</td><td></td><td></td><td></td></tr>
<tr><td>3</td><td colspan="2">影像成像时相</td><td></td><td></td><td></td></tr>
<tr><td>4</td><td colspan="2">云量、雪量（%）</td><td></td><td></td><td></td></tr>
<tr><td>5</td><td colspan="2">影像质量（条带、重影、模糊、光谱失真等）</td><td></td><td></td><td></td></tr>
<tr><td>6</td><td colspan="2">几何校正精度</td><td></td><td></td><td></td></tr>
<tr><td>7</td><td colspan="2">数据完整性（空间覆盖、文件完整、时空连续）</td><td></td><td></td><td></td></tr>
<tr><td>8</td><td colspan="2">数据规范性（文件名称、格式、内容等）</td><td></td><td></td><td></td></tr>
<tr><td colspan="2">总体评价</td><td colspan="4"></td></tr>
</table>

附录 B　遥感监测成果检查表

<table>
<tr><td colspan="2">监测任务承担单位</td><td></td><td>监测区域名称</td><td colspan="2"></td></tr>
<tr><td colspan="2">监测人员</td><td></td><td>所在水体名称</td><td colspan="2"></td></tr>
<tr><td colspan="2">检查人员</td><td></td><td>检查日期</td><td colspan="2"></td></tr>
<tr><td rowspan="2">序号</td><td colspan="2" rowspan="2">检查项目</td><td colspan="3">检查结果</td></tr>
<tr><td>符合</td><td>不符合</td><td>情况描述</td></tr>
<tr><td>1</td><td colspan="2">数据完整性（空间覆盖、文件完整、时空连续）</td><td></td><td></td><td></td></tr>
<tr><td>2</td><td colspan="2">准确率</td><td></td><td></td><td></td></tr>
<tr><td>3</td><td colspan="2">查全率</td><td></td><td></td><td></td></tr>
<tr><td>4</td><td colspan="2">总体分类精度</td><td></td><td></td><td></td></tr>
<tr><td>5</td><td colspan="2">拓扑关系</td><td></td><td></td><td></td></tr>
<tr><td>6</td><td colspan="2">最小上图图斑面积</td><td></td><td></td><td></td></tr>
<tr><td>7</td><td colspan="2">属性规范性（属性字段名称、属性名称、编码等）</td><td></td><td></td><td></td></tr>
<tr><td>8</td><td colspan="2">数据规范性（文件名称、格式、内容等）</td><td></td><td></td><td></td></tr>
<tr><td>9</td><td colspan="2">空间参考系</td><td></td><td></td><td></td></tr>
<tr><td colspan="2">总体评价</td><td colspan="4"></td></tr>
</table>

注：水华、水生植被检查项目为 1～3、7～9，岸线检查项目为 1、4～9。

附录 C　野外核查成果检查表

<table>
<tr><td colspan="2">监测任务承担单位</td><td></td><td>监测区域名称</td><td colspan="2"></td></tr>
<tr><td colspan="2">监测人员</td><td></td><td>所在水体名称</td><td colspan="2"></td></tr>
<tr><td colspan="2">检查人员</td><td></td><td>检查日期</td><td colspan="2"></td></tr>
<tr><td rowspan="2">序号</td><td colspan="2" rowspan="2">检查项目</td><td colspan="3">检查结果</td></tr>
<tr><td>符合</td><td>不符合</td><td>情况描述</td></tr>
<tr><td>1</td><td colspan="2">制定核查工作方案</td><td></td><td></td><td></td></tr>
<tr><td>2</td><td colspan="2">核查点位置有效性</td><td></td><td></td><td></td></tr>
<tr><td>3</td><td colspan="2">核查时间有效性</td><td></td><td></td><td></td></tr>
<tr><td>4</td><td colspan="2">核查照片符合性（清晰度，命名规范性，格式，拍摄方向）</td><td></td><td></td><td></td></tr>
<tr><td>5</td><td colspan="2">核查表格符合性（填写规范、完整、准确，漏测项说明）</td><td></td><td></td><td></td></tr>
<tr><td colspan="2">总体评价</td><td colspan="4"></td></tr>
</table>

附录 D　常见监测指标检查项目及要求

<table>
<tr><td rowspan="2">序号</td><td colspan="2" rowspan="2">检查项目</td><td colspan="3">指标①及要求</td></tr>
<tr><td>水华</td><td>水生植被</td><td>自然岸线</td></tr>
<tr><td>1</td><td rowspan="7">遥感影像成果</td><td>影像空间分辨率</td><td>10～1 000 m</td><td>2～30 m</td><td>1～2 m</td></tr>
<tr><td>2</td><td>影像波段完整性</td><td>包含绿、红、近红外波段</td><td>包含蓝、绿、红、近红外波段</td><td>包含蓝、绿、红波段</td></tr>
<tr><td>3</td><td>影像成像时相</td><td>监测时间段内成像</td><td>一般为 7—9 月，鄱阳湖、洞庭湖等洲滩湿地为主的湖库为 3—4 月，可根据实际调整</td><td>一般为 3—6 月，根据实际调整</td></tr>
<tr><td>4</td><td>云量、雪量（%）</td><td>云量＜50%</td><td>云量＜10%</td><td>单景＜10%；整个区域无云雪覆盖</td></tr>
<tr><td>5</td><td>影像质量（条带、重影、模糊、光谱失真等）</td><td colspan="3">无条带、重影、模糊、光谱失真等</td></tr>
<tr><td>6</td><td>几何校正精度</td><td colspan="3">平原地区精度在 1 个像元以内，丘陵地区在 2 个像元以内，部分山区在 4 个像元以内</td></tr>
<tr><td>7</td><td>数据完整性（空间覆盖完整、时空连续、文件完整）</td><td>单期监测数据覆盖率≥90%，文件完整</td><td>单期监测数据覆盖率≥90%，文件完整</td><td>空间覆盖率 100%，文件完整</td></tr>
</table>

续表

<table>
<tr><th rowspan="2">序号</th><th rowspan="2" colspan="2">检查项目</th><th colspan="3">指标①及要求</th></tr>
<tr><th>水华</th><th>水生植被</th><th>自然岸线</th></tr>
<tr><td>8</td><td rowspan="10">遥感监测成果</td><td>数据规范性（文件名称、格式、内容等）</td><td>文件名包含数据源、监测区域和监测时间；
格式：tif</td><td>文件名包含数据源、监测区域和监测时间；
格式：tif</td><td>文件名包含：数据源、中心经纬度、影像日期和产品号；格式：tif/img</td></tr>
<tr><td>9</td><td>数据完整性（空间覆盖完整、文件完整）</td><td colspan="3">空间覆盖 100%，文件完整 100%</td></tr>
<tr><td>10</td><td>查全率</td><td>≥80%</td><td>≥70%</td><td>—</td></tr>
<tr><td>11</td><td>准确率</td><td>≥80%</td><td>≥80%</td><td>—</td></tr>
<tr><td>12</td><td>总体分类精度</td><td>—</td><td>—</td><td>≥90%</td></tr>
<tr><td>13</td><td>拓扑关系</td><td>—</td><td>—</td><td>不存在交叉、重叠、不连续等问题</td></tr>
<tr><td>14</td><td>最小上图图斑面积</td><td>（2×2）个像元</td><td>（3×3）个像元</td><td>面状地物：100 m^2，
线状地物：宽 4 m</td></tr>
<tr><td>15</td><td>属性规范性（属性字段名称、属性名称、编码等）</td><td>二值影像（1、0）</td><td>属性：水体名称，水生植被类型（沉水植被、挺水植被、浮水植被）</td><td>参见“河湖岸线遥感监测”章节附录 A、附录 B、附录 C</td></tr>
<tr><td>16</td><td>数据规范性（文件名称、格式、内容等）</td><td>文件名包含数据源、监测区域、监测时间</td><td>文件名包含数据源、监测区域、监测时间</td><td>参见“河湖岸线遥感监测”章节要求</td></tr>
<tr><td>17</td><td>空间参考系</td><td colspan="3">CGCS 2000</td></tr>
<tr><td>18</td><td rowspan="5">野外核查成果</td><td>制定核查工作方案</td><td>—</td><td colspan="2">已制定</td></tr>
<tr><td>19</td><td>核查点位置有效性</td><td>—</td><td colspan="2">位于研究区范围，覆盖不同类型</td></tr>
<tr><td>20</td><td>核查时间有效性</td><td>—</td><td>与影像成像时间相差不超过 2 个月</td><td>与影像成像时间相差不超过 1 年</td></tr>
<tr><td>21</td><td>核查照片符合性（清晰度，命名规范性，格式）</td><td>—</td><td colspan="2">照片清晰，可识别地物类型；
命名包含：点位名称、拍摄时间、拍摄方向，格式为 JPG 等</td></tr>
<tr><td>22</td><td>核查表格符合性</td><td>—</td><td colspan="2">填写规范、完整、准确，漏测项填写说明</td></tr>
</table>

注：① 其他监测指标参考执行。

第 18 章　数据处理与信息管理

1　适用范围

本技术要求规定了水生态监测中监测数据处理、审核与信息管理等技术内容。

本技术要求适用于水生态监测的数据处理与信息管理。

2　规范性引用文件

本技术要求引用了下列文件或其中的条款。凡是未注日期的引用文件，其最新版本适用于本技术要求。

GB 3838—2002　地表水环境质量标准

GB/T 8170—2008　数值修约规则与极限数值的表示和判定

GB/T 18894—2016　电子文件归档与电子档案管理规范

HJ 1172—2021　全国生态状况调查评估技术规范——生态系统质量评估

HJ 1176—2021　全国生态状况调查评估技术规范——数据质量控制与集成

HJ 91.2—2022　地表水环境质量监测技术规范

HJ 1295—2023　水生态监测技术指南　河流水生生物监测与评价（试行）

HJ 1296—2023　水生态监测技术指南　湖泊和水库水生生物监测与评价（试行）

《机关档案管理规定》（国家档案局第 13 号令）

《地表水环境质量评价办法（试行）》（环办〔2011〕22 号）

《地表水环境质量监测数据统计技术规定（试行）》（环办监测函〔2020〕82 号）

3　术语和定义

下列术语和定义适用于本技术要求。

3.1　数据处理 Data Processing

数据处理是对数据进行分析和加工的过程。包括对各种原始数据的收集、整理、分析、计算、汇交和存储。

3.2　数据修约 Rounding Off for Numerical Values

通过省略原数值的最后若干位数字，调整所保留的末位数字，使最后所得到的值最接近原数值的过程。

3.3 数据审核 Data Auditing

数据审核是对所有监测信息的全面审核，针对监测数据的完整性、准确性、一致性和可追溯性进行评估，以保证数据质量。

3.4 数据汇交 Data Transfer

按照规定的时限、传输方式和数据格式等要求，向数据汇总单位报送监测数据。

4 数据处理

4.1 原始记录

4.1.1 一般要求

（1）原始记录是监测工作的重要凭证，应准确记载数据值、有效位数、单位和产生的相关信息。

（2）原始记录中监测数据所使用的计量单位应采用中华人民共和国法定计量单位。

（3）纸质原始记录应用蓝、黑墨水或碳素笔填写，做到字迹端正、清晰。如原始记录上数据有误而要改正时，应在错误的数据上画一斜线，在其上方填写正确内容，并在所画斜线上签字或盖章，标明修改日期以示负责，不得在原始记录上涂改或撕页。电子记录应保证无遗漏项，并对数据进行实时保存。

（4）原始记录信息包括现场基础信息、现场采样、生境调查、样品保存、样品运输、样品交接、样品前处理、实验室分析、质量保证和质量控制等。所有原始记录表应有采样人员或分析人员签名和记录日期，复核人员签名和复核日期，审核人员签名和审核日期，如果同一表中数据由多人记录，每位记录者均须署名并标明日期。

（5）原始数据记录应及时准确，与调查、监测等过程同步完成，不得以回忆或拍照等方式事后填写。

（6）现场监测记录、实验室分析记录等记录表格格式应纳入单位质量管理体系文件。

4.1.2 水生生物监测

（1）现场基础信息包括监测点位、范围、人员、设备、方法等详细信息，具体内容和格式按照监测组织单位相关要求记录。

（2）现场监测填报包括样品采集及环境信息表、河流（湖库）生境调查数据表、现场采样记录表（大型底栖无脊椎动物、浮游动物、浮游植物、着生藻类）、大型底栖无脊椎动物样品挑拣及固定记录表等，现场采样人员应按照水生态监测技术要求中相关规定填报。

（3）实验室分析记录包括大型底栖无脊椎动物、浮游动物、浮游植物和着生藻类定性、定量结果记录、物种凭证图片等各监测项目分析测定原始记录、内部质量控制记录等，大型底栖无脊椎动物和着生藻类还应包括半定量监测的以上相关记录，实验室分析人员应按照水生态监测技术要求中相关规定进行填报，生物分析数据应对照统一的水生生物物种名录填报。

4.1.3 水质监测

水质监测主要包括现场指标测定、样品采集、样品交接与分析等，原始记录填报参照 HJ 91.2 相关要求执行。

4.1.4　生境遥感监测

遥感监测主要包括卫星遥感监测、低空遥感监测、野外调查 / 核查等，数据包括（但不限于）遥感影像基础数据、遥感影像解译数据、生态系统类型数据、生态参数数据、野外采集及照片数据、生态专题空间数据及自检、抽检、互检等质控数据，数据填报参照《全国生态状况调查评估技术规范——数据质量控制与集成》（HJ 1176—2021）相关要求执行。

4.2　数据统计

（1）水生生物监测指标平均值以算术平均值计算。现场采样阶段，由于特殊原因，未监测点位不参与数据分析；实验室分析阶段，未检出生物个体的点位以“0”计。

（2）物种数：点位和水体物种数均以所有不同采样方式结果的并集计。

（3）物种密度或生物量的计算：按照先统计采集样品的各物种个体数，再根据个体数统计结果计算物种密度或生物量的方法处理。

（4）单次监测点位密度或生物量为各监测点位物种测定值的总值。单次水生态监测点位测定值为计算水体、区域和流域等测定总值及生物指数计算的基础。

（5）单次监测水体（或区域、流域）测定值的计算：单次监测水体（或区域、流域）测定值为各监测点位测定值均值。

（6）水生态综合评价和指数评价：按照中间计算过程不修约，最终结果修约的方法进行结果评价。

（7）水质监测数据处理参照 HJ 91.2 和《地表水环境质量评价办法（试行）》有关规定执行。

（8）遥感监测数据处理参照 HJ 1176 执行。

4.3　数据统计

监测数据修约执行 GB/T 8170 数值修约规则。进行监测数据修约时，遵守四舍六入五逢双的原则，即拟舍弃数字的最左一位数字小于 5 时，则舍去，保留其余各位数字不变；拟舍弃数字的最左一位数字大于 5 时，则进 1，即保留数字的末位数字加 1；拟舍弃数字的最左一位数字是 5，且其后有非 0 数字时进一，即保留数字的末位数字加 1；拟舍弃数字的最左一位数字为 5，且其后无数字或皆为 0 时，若所保留的末位数字为奇数（1，3，5，7，9），则进一，即保留数字的末位数字加 1，若所保留的末位数字为偶数（0，2，4，6，8），则舍去。

水生生物监测数据有效位数应按照各水生生物监测技术要求具体规定填报。有效数字位数根据所采用的测定方法、使用的仪器设备精度及待测物质含量综合确定，不得随意增添或删除。

一般生物种类鉴定计数保留到个位数；浮游植物、浮游动物和着生藻类鉴定时计数结果保留至小数点后两位。重量法可根据天平最小分度值保留小数位数，最多保留至小数点后四位。监测点位未检出物种时，该点位个体数、密度、生物量均用“0”表示。各生物类群密度计算结果保留至小数点后两位。生物量计算结果保留至小数点后四位。水生态综合评价和指数评价结果保留至小数点后两位。

水质监测指标数据修约及有效位数按照《地表水环境质量监测数据统计技术规定（试行）》相关要求执行。原始记录中，低于检出限的测试结果，用检出限（数值）加 L 表示。

遥感卫星影像数据分辨率为米时，面积单位采用公顷（hm^2），保留到小数点后四位，长度单位采用米（m），保留到小数点后两位；中心经纬度，用小数度数形式表示，精确到小数点后五位。

在使用多种计量仪器操作时，分析结果有效数字位数以最少的一种计量仪器的位数表示。分析结果的有效保留最小位数不能低于分析方法检出限的最小位数。

5 数据审核

5.1 数据统计

数据审核内容包括实施方案、样品采集、保存与运输、交接、分析方法、前处理、分析鉴定及质控等全过程涉及的所有数据信息。审核依据为环境质量标准、监测规范和监测方案的相关规定。

原始记录数据审核分别由采样负责人对现场监测纸质或电子记录数据、样品标签、样品数量的准确性和完整性进行审核；分析负责人根据样品交接记录、实验记录和质控结果等进行实验室测定的准确性、规范性审核；质控人员通过采样、交接、分析和内部质控等记录进行全过程的完整性、准确性和可追溯性审核；项目负责人根据采样至分析全过程、历史比对（或样品来源分析）进行监测数据完整性、结果合理性和一致性审核。

负责数据报送的部门，根据相关监测报送要求汇总并审核监测数据产生过程中的所有原始记录，包括（但不限于）监测实施方案、采样记录、样品交接记录、分析原始记录、相关质控结果及凭证图片等相关原始材料和记录。

监测数据由承担监测任务部门（或其他部门）的监测负责人开展一级审核，部门负责人二级审核，最终由单位技术负责人（或授权签字人）三级审核后，按照上报要求报送监测数据。

5.2 审核要点

（1）相关部门或单位在数据审核时，应保证对监测全流程涉及数据和信息的全面审核，并通过原始记录、监测方法、质控措施及数据处理等技术要求对数据有效性进行判定。其中，记录数据出现不符合规范要求的判定为不合格或数据无效，记录中描述不完整或存在错误的判定为存疑数据。

（2）基础信息完整性：基础信息应在监测工作开始前填报，基础信息发生变化时应及时更新。具体应对实施方案、监测点位、监测范围、监测人员、时间、仪器设备、试剂、组织保障等信息的完整性和可行性进行审核。

（3）数据报表的完整性：对照监测方案对监测数据报表信息进行核对，数据报表应覆盖所有监测点位和监测项目，并保证采样记录表、实验室分析记录表、数据上报表中填报数据的完整性和规范性。

（4）监测信息一致性：应对监测方案、采样原始记录、运输及保存记录、交接记录和实验室分析原始记录中监测点位信息、样品采集信息、保存条件、分析结果等内容进行审核，确认监测数据是对应点位、生物类群、生物样品类别的监测结果，并保证填报数据的完整性。

（5）监测日期：对照采样和分析原始记录进行审核，确认采样和分析日期符合监测方案要求。

（6）监测点位：对照监测方案对监测点位进行审核，确认在监测方案规定的点位进行采样，或者提供书面说明文件。

（7）监测人员：对照原始记录对监测人员进行审核，确认人员持证上岗并与已通过考核的项目保持一致，或在持证人员监督下开展监测工作。

（8）监测设备：对照监测规范对监测所使用的设备进行核对，确认符合监测规范要求，需要定期检定或者校准的设备，确认在检定有效期内使用设备，在使用前进行校准；对需做期间核查的设备，确认其按要求完成期间核查。

（9）监测方法：对照监测方案对所采用的监测方法进行核对，确认监测方法符合监测方案要求；若监测结果与当前监测方法的结果预期有较大差距，可在监测方案范围内适当调整监测方法。

（10）地面核查：对照监测方案是否对遥感类指标监测结果进行地面核查，确认地面核查过程符合监测方案要求。

（11）数据合理性：参照区域历史监测数据和监测指标（物种数、优势种、密度、生物量等）期望值范围对数据的合理性进行核对，对明显偏离历史水平的可疑数据、物种及生物类型数据在有效时间范围内补充监测，若无法补充监测，则重点审核当年监测数据，做好记录与第二年数据进行比对，分析数据变化规律。监测的生物数据应对照统一的水生生物物种名录进行审核。

（12）质控：应对监测全流程中实施的内部质控和外部质控措施、质控结果进行审核。

（13）结果计算：报送数据中涉及结果计算的，按照监测相关技术要求执行，技术要求中无明确要求时，按照 4.2 执行，保证数据处理方法和计算结果的准确性和规范性。

（14）评价结果：报送数据中涉及生物评价或指数计算的，参照 HJ 1295—2023、HJ 1296—2023 相关规定进行评价；水质评价参照 GB 3838—2002、环办〔2011〕22 号执行；水生态遥感数据评价参照 HJ 1172—2021 执行；规范中对数据有效位数无明确要求时，按照 4.3 执行。

5.3　审核问题处理

根据 5.2 的审核，现场采样及分析鉴定过程中发现不合格或存疑数据后，及时反馈采样人员及分析鉴定人员，通过对采样过程、采样记录表及分析鉴定过程、分析鉴定记录表等复核和确认后，进行更正或舍弃数据；监测数据上报后发现不合格或存疑数据，及时反馈相关单位人员，经复核和确认后，进行更正或舍弃数据，并提供相关说明，按照数据审核流程重新审核、上报。

判定为计算和填写问题的数据，更正重新审核后上报：如数据计算和填写错误由数据汇总单位提出，在重新上报数据的同时，应书面提交上报数据说明并附问题及处理措施。

判定为无效的数据，应在有效时间范围内，重新补充监测和重新审核后上报；无法在有效时间范围内补测的视为未测，提交上报数据时加以说明，并附问题及处理措施。

判定为有效的监测数据不应舍弃。

6　数据信息管理

6.1　数据汇交

监测采样前，应将监测实施方案、人员情况、分析方法等报送监测组织单位。生物与水质数据主要以文档（.doc、.docx 和 .pdf）、表格（.xls、.xlsx）、图片（.jpg、.png、.jpeg）、视频（.mp4）等方式提交。卫星遥感数据为 GeoTIFF（.tif）格式，土地利用、植被等生态系统类型数据采用 .shp 矢量格式，叶面积指数、植被覆盖度、总初级生产力等遥感关键生态参数数据与生态系统服务功能数据为 GeoTIFF（.tif）栅格格式，环境监测与统计数据主要以文档、表格方式提交。

监测数据按监测组织单位提出的提交时限、传输方式和数据格式等要求进行报送。水生生物采样工作结束后，在监测方案要求时限内（一般不超过 3 个月）完成鉴定分析和数据汇总，数据汇总后，应在 10 个工作日内完成全部数据报送工作。水生生物实验室分析数据上报格式参见附录 A（表 A.1～

表 A.5）。当监测组织单位改变报送格式时，应按要求及时调整报送格式。

报送数据包括（但不限于）监测实施方案、现场采样记录、样品交接记录、分析原始记录、物种凭证图片、相关质控结果及记录等有关原始材料。监测数据三级审核通过后，原则上不再进行更改，特殊情况需更改时，应书面详细说明原因。

6.2 数据保存

完成数据审核后，将所有与监测过程有关记录、数据和文件以纸质和电子文档两种形式建立档案，遥感影像资料、地面核查现场照片及视频资料以电子文档进行储存，纸质记录文件和电子文件被保存在监测单位及接收资料单位。

监测过程中形成的重要管理文件、实施方案、原始记录、调查报告、资料汇编、图集图件等纸质文件资料应长期保存，纸质文件应避免阳光照射，在防潮、防虫、温度适宜条件下保存，具体参照《机关档案管理规定》（国家档案局令　第 13 号）。

原始数据不得随意销毁或丢弃，现场采样和实验室分析人员必须保存所有原始数据，被判定为无效的数据也应保存，须用记号标明或画线删除并标明原因。

电子文件资料应注明数据格式类型、技术环境条件、相关软件版本、监测数据及备份要求，存储到特定数据库或光盘中，数据库应保证数据信息安全完整，光盘应在防磁、防潮和适宜温度条件下保存，并且做到一式两份分别在不同存储介质中存放，具体参照《电子文档归档与电子档案管理规范》（GB/T 18894—2016）相关要求。

6.3 数据安全性

所有监测数据通过电子形式提交或保存时需保证数据安全性。数据库应建立定期网络安全扫描测试制度，及时更新系统和应用安全漏洞补丁，保证数据安全。应支持通过 HTTPS（Hyper Text Transfer Protocol over Secure Socket Layer）安全访问协议，对通过网络传输的数据均以加密形式传输，对数据传输过程中的完整性、真实性进行鉴别，防止数据在传输过程中被拦截篡改，确保系统数据通信安全，对用户口令等重要信息支持以 AES、MD5 等方式进行加密处理后存储。

参编单位：

中国环境监测总站

附录 A　水生生物实验室分析数据表

水生生物实验室分析数据上报格式见表 A.1～表 A.5。

表 A.1　着生藻类分析数据表

单位名称	点位名称	点位编码	分析时间	样品编号	样品类型	显微镜编号	计数方式	种（属）名	拉丁文名	个数（cells）	采样面积（cm^2）	定容体积 V_1（mL）	镜检体积 V_2（mL）	密度 / 多度（$cells/cm^2$）	生物量（mg/cm^2）	分析人员	分析日期	复核人员	复核日期	审核人员	审核日期	未上报数据原因

表 A.2　浮游植物分析数据表

单位名称	点位名称	点位编码	分析时间	样品编号	样品类型	显微镜编号	计数方式	种（属）名	拉丁文名	个数（cells）	采样体积 V_0（L）	浓缩体积 V_1（mL）	计数框容积 V（mL）	计数框面积 A（mm^2）	计数面积 Ac（mm^2）	密度 / 多度（cells/L）	生物量（mg/L）	分析人员	分析日期	复核人员	复核日期	审核人员	审核日期	未上报数据原因

表 A.3　浮游动物分析数据表

单位名称	点位名称	点位编码	分析时间	样品编号	样品类型	显微镜编号	计数方式	种（属）名	拉丁文名	生物类别	计数数量（n）	计数体积 V_0（L）	浓缩体积 V_1（mL）	计数体积 V_3（L）	体长（mm）	体重（mg）	密度 / 多度（ind./L）	生物量（mg/L）	分析人员	分析日期	复核人员	复核日期	审核人员	审核日期	未上报数据原因

表 A.4　大型底栖无脊椎动物分析数据表

单位名称	点位名称	点位编码	分析时间	样品编号	显微镜编号	电子天平编号	生物类别	基本分类单元	种（属）名	拉丁文名	数量（ind.）	重量（g）	样品挑拣比例 Ac	采样面积（m^2）	采样体积（笼）	密度 / 多度（ind./ m^2 或 ind./ 笼）	生物量（g/m^2 或 g/ 笼）	分析人员	分析日期	复核人员	复核日期	审核人员	审核日期	未上报数据原因

表 A.5　质控分析数据表

单位名称	质控样编码	生物类群	样品类群	计数差异百分比（PDE）	物种分类差异百分比（PTD）	质控结果	类群样品总数	质控人员	质控日期	复核人员	复核日期	审核人员	审核日期	未上报数据原因

第 19 章　淡水生物图谱库建设

1　适用范围

本规定明确了淡水生物图谱库建设的样品准备、标本制备、标本拍摄、图谱制作、信息审核、管理与维护等技术内容。

本规定适用于水生态监测工作中淡水生物图谱库建设。

2　规范性引用文件

本规定引用了下列文件或其中的条款。凡是未注日期的引用文件，其最新版本适用于本技术规定。

GB/T 2985—2008　生物显微镜

HJ 1295—2023　水生态监测技术指南　河流水生生物监测与评价（试行）

HJ 1296—2023　水生态监测技术指南　湖泊和水库水生生物监测与评价（试行）

水生态监测技术要求　淡水着生藻类（试行）　总站水字〔2022〕33 号

水生态监测技术要求　淡水浮游动物（试行）　总站水字〔2022〕47 号

水生态监测技术要求　淡水浮游植物（试行）　总站水字〔2022〕41 号

水生态监测技术要求　淡水大型水生植物（试行）　总站水字〔2022〕330 号

水生态监测技术要求　淡水大型底栖无脊椎动物（试行）　总站水字〔2022〕629 号

3　术语和定义

下列术语和定义适用本规定。

3.1　水生生物图谱库 Micrograph Library of Aquatic

指为确保水生生物鉴定的准确性而建立的包括物种图片及分类依据等信息的图集资料。

3.2　凭证图谱 Certificate Micrographi

指开展物种鉴定的技术人员为确保水生生物鉴定的准确性而建立的包括物种图片及分类依据等信息的图集资料，凭证图谱收录鉴定技术人员摄制的物种图片。

3.3　物种信息卡 Species Information Card

指以物种为单元，包括中文名和学名、物种图片、分类地位、鉴别特征等重要信息的鉴定参考资料，是构成图谱库和凭证图谱的基本单元。

3.4　**优势种** Dominant Species

指在群落中占优势的种类，优势度≥0.02。

3.5　**常见种** Common Species

指在生态调查中出现频率较高的物种。

4　图谱库建设流程

淡水生物图谱库建设流程见图 1。

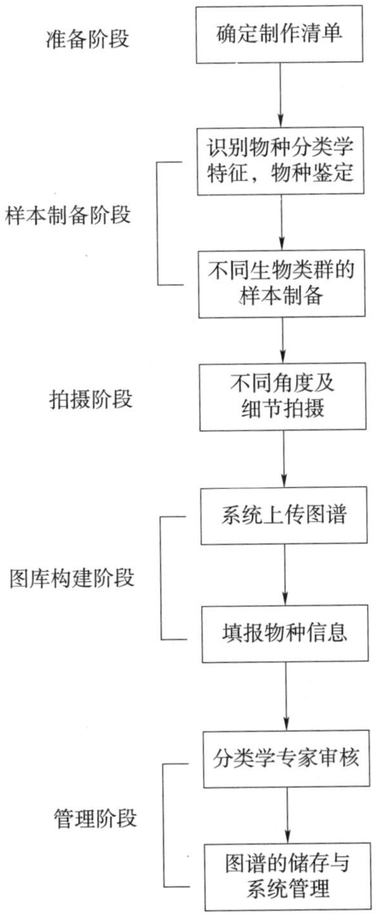

图 1　淡水生物图谱库建设流程

注：对于需要解剖的物种，为了保持图像的完整性，建议在解剖前进行整体和待解剖部位特写图像的采集。

5　总体要求

图谱库是开展水生生物物种鉴定的依据，图谱库由物种信息卡组成，物种信息卡一般应按照种级建立，因鉴定能力限制，不能鉴定到种的，可暂时建立到“能鉴定的最低分类阶元”使用，具备条件时应进一步细化。

凭证图谱是从事水生生物鉴定的技术人员证实其水生生物物种鉴定准确性的重要依据，应要求从事水生生物鉴定的技术人员，结合监测工作，逐步建立个人的凭证图谱，凭证图谱库中所有图片均应由鉴定技术人员本人摄制并进行相关物种信息的维护，应定期对个人凭证图谱进行核查，确定个人凭证图谱的准确性。

6 标本准备

6.1 确定制作清单

图谱库应覆盖实验室已经鉴定出的所有水生生物物种，凭证图谱应覆盖该技术人员已经鉴定出的所有水生生物物种，优先建立监测区域内优势种和常见种的图谱库，逐步建立监测区域内其他已鉴定出水生生物物种的图谱库，可结合文献资料，汇总监测区域内已发现的其他水生生物物种补充到制作清单。

优势种和常见种优先纳入制作清单。

6.2 标本准备

根据制作清单，结合监测结果，在现有样品或标本库中挑选符合图片拍摄条件的标本。没有符合条件的标本时，应在后续开展的鉴定工作中，重点关注挑选相应物种标本用于图谱拍摄。

在监测工作中，发现尚未建立图谱库或凭证图谱的水生生物物种，应挑选形态完整、发育完整的个体进行图谱采集，并标记留存。不能及时制作图谱的，应按照本书标本保存的要求进行保存，确保样品完好，并尽快制作图谱。

6.3 图谱拍摄样本制备

6.3.1 大型水生植物

大型水生植物在采样前应拍摄生态照片，若带有生殖结构应拍摄特写。对采集到的大型水生植物，选取大小适中具备根、茎、叶和生殖结构的植株或带有生殖结构的一段带叶枝（如在非生殖季采样，也应尽量使根、茎、叶齐全，如遇地下茎，也一并采集），带回实验室，进行图谱采集。拍摄完成后，将经标本夹中压平、干燥后，装贴在台纸上保存。

参照《水生态监测技术要求　淡水大型水生植物》第 6.7 执行。

6.3.2 浮游植物

参照《水生态监测技术要求　淡水浮游植物》第 7.7 执行。

6.3.3 着生藻类

参照《水生态监测技术要求　淡水着生藻类》第 7.4 执行。

6.3.4 浮游动物

参照《水生态监测技术要求　淡水浮游动物》第 7.7 执行。

6.3.5 大型底栖无脊椎动物

参照《水生态监测技术要求　淡水大型底栖无脊椎动物》第 8.4.1 执行。

6.4　图谱标本的确认

对于制备好的图谱标本，对照推荐的鉴定参考书目，根据物种的分类学特征，确定标本的分类学地位。如不能确定分类学地位，应请分类学专家协助确定。

7　图谱拍摄

7.1　通用参数要求

（1）背景要求：物种个体为深色或黑色，采用白色背景，物种个体为浅色或透明，采用黑色背景，背景应无杂质、无阴影。

对于个体较大的物种（如大型水生植物、部分大型底栖无脊椎动物等），使用相机直接拍摄，要求采用白色或黑色纯色背景（深色物种采用白色背景，浅色物种采用黑色背景）。使用显微镜进行拍摄的样品，以显微镜光源为准，做好白平衡校正。

（2）标本要求：标本应完整，未发生蜷缩等畸变。

（3）标本位置：标本应位于图片中心，每张图像都应放置或添加标尺，生态照片除外。

（4）光线要求：体视显微镜除底部光源外，根据个体情况，在上部或侧面设置光源。生物显微镜使用底部光源。开启光源的强度不能造成图像过曝。

（5）画幅要求：一般使用 4∶3 画幅，凭证图谱不低于 500 万像素（分辨率不低于 2 560 × 1 920），图谱库一般不低于 800 万像素（分辨率不低于 3 200 × 2 400）。图谱中样品占据画幅长度的 70% 以上，显微镜物镜放大倍数 60 × 及以上拍摄的图谱对样品在图谱中所占比例不做要求。

（6）位深度和色彩空间：图像采用 24 位（显微成像系统以设备实际输出为准），色彩空间采用 sRGB 标准。

（7）格式要求：照片须为 jpg、jpeg 或 tiff 格式。

（8）其他要求：建议同步使用 RAW 格式进行拍摄，以备后期进行白平衡校正。对于固定标本拍摄建议使用景深合成技术获取全景深图像，呈现该种生物主要形态特征，尽可能拍摄不同个体不同角度（正面、侧面、背面及局部分类特征等）的图像，力争展示该物种分类鉴定的关键特征。条件允许时，建议拍摄浮游动物、浮游植物样本鲜样照片及短视频。

7.2　各生物类群图谱拍摄的特殊要求

7.2.1　大型水生植物

完成表面清洁和形态整理等工作后，推荐使用相机 50 mm、90 mm、100 mm、105 mm 焦距标准镜头进行拍摄。拍摄时应放置标尺，拍摄整体观和鉴定特征局部观。

7.2.2　浮游植物、浮游动物和着生藻类

使用生物显微镜的成像系统（推荐使用微分干涉显微镜）进行明场拍摄。应拍摄整体观和局部观，依据鉴定特征，拍摄局部观，尽可能拍摄不同个体不同角度的图像，力争展示物种鉴定的关键特征。

拍摄对象位于视野中央，拍摄后将图片进行裁剪，裁剪后样品体长占据图像长边 70% 以上（使用 60× 及以上物镜拍摄时，以拍摄对象在图像中的实际占比为准），裁剪后应保证样品图像清晰。

硅藻标本拍摄，个人凭证图谱可直接拍摄固定标本；图谱库应将标本进行酸化处理，将细胞内含物（主要是有机质）除去，完成处理后，将硅藻标本制成临时封片或永久封片，在显微镜下（使用 100× 物镜）进行鉴定、拍摄显微图像。

浮游植物、着生藻类可带回实验室进行分级纯化培养，获得纯种培养的藻类，多次稀释清洗后可观察拍摄其不同生长阶段的活体和标本图像。

浮游动物拍摄，必要时应解剖后再行局部观拍摄。

7.2.3 大型底栖无脊椎动物

根据大型底栖无脊椎动物体型大小和拍摄设备条件，完成表面清洁和形态整理等工作后，使用相机（体长大于 1 cm）、体视显微镜（体长小于 1 cm）或生物显微镜（玻片标本）等专业设备对其进行拍摄。部分类群（如摇蚊、颤蚓等）需解剖后进行封片鉴定，并选取重要分类学特征进行局部拍摄。照片应能清晰的展示生物各部位的特征。提供的照片应包括大型底栖无脊椎动物的背面和腹面或侧面整体观（根据标本的实际情况），和与分类特征对应的局部观。

8 物种信息卡制作

物种信息卡应包括物种中文名和学名、物种编码、分类地位、鉴别特征、物种的整体图和对应鉴别特征的局部细节图、引用文献、标本来源、制作日期，还可包括分布特点、指示意义及耐污值、摄食类型、生活类型、生物绘图等信息。对于部分信息存在文献描述不一致的情况（如分类阶元、种名等），应在相关内容中同步引用并加以说明。

物种信息卡参考格式见附录 A 表 A.1～表 A.3。

9 图谱审核

应定期对鉴定技术人员的个人凭证图谱进行确认，每年第一期鉴定工作开展前，至少进行一次全面自查，发现有问题或不能确定的物种信息卡，应借助参考资料或请分类学专家协助更正，并进行记录后汇总，对该技术人员的物种鉴定结果进行更新。定期邀请专家对凭证图谱进行审核，每期鉴定工作结束后，及时对新增的凭证图谱进行审核。

定期邀请分类专家对已建立的图谱库（物种信息卡）进行审核，不一致的，邀请分类学专家进行确定，或提交国家统一图谱库申请验证。因水生生物的分类地位发生变化，请分类学专家确认后对相关图谱进行更新

10 图谱库的管理

10.1 图谱的保存与传输

图谱库采集的图像素材均以文档和数字文件形式存储，实验室应保存物种信息卡，用于水生态监测的物种鉴定工作。

10.2　图谱的共享

国家、流域、地方图谱库通过统一数据平台进行共享，方便资源高效利用，图谱库保护贡献者知识产权，需注明贡献者姓名、单位等信息。引用图谱库信息，应注明来源。

10.3　动态管理

图谱库动态管理，多人进行统一物种图谱的上传，确定一个质量较好的图谱或者汇总后制作图谱作为图谱库中该物种的鉴定依据。

11　质量保证与质量控制

制作图谱库的技术人员，须完成相机、体视显微镜、生物显微镜、显微成像系统等硬件的使用培训，还可根据工作需要，接受微距摄影、放大摄影、显微摄影及基础后期处理等内容的培训，确保物种图片拍摄质量稳定。

拍摄图谱使用的光学系统应保证清洁、通透，防止沾染污迹、灰尘，环境湿度较大的区域应控制使用空间的温湿度，或在不使用设备时收入电子防潮箱中（湿度设置在 45% 左右）；拍摄前应核对设备系统设置，确定是否满足对应图谱库的参数要求；避免在灰尘较大的区域更换相机镜头、拆装显微成像系统，减少图像传感器进灰的概率，一旦发现进灰应请专业人员进行清洁，避免因为操作不当造成更大的损失。

参编单位：
中国环境监测总站

附录 A　物种信息卡

物种信息卡格式见表 A.1～表 A.3。

表 A.1　大型底栖无脊椎动物物种信息卡

物种名称	中文名：刺鞘牙甲　学名：*Berosus* sp.
分类地位	动物（界）-节肢动物（门）-昆虫（纲）-鞘翅（目）-牙甲（科）-刺鞘牙甲（属）
鉴别特征	具有尾突，尾突短仅一节，触角位于单眼群内侧，足长，腹部 8～9 节宽度逐节变窄，腹部侧面有比腿长数倍的突起（气门鳃）[1, 2]（整体照见图 A.1.1、特征照见图 A.1.2）
物种照片	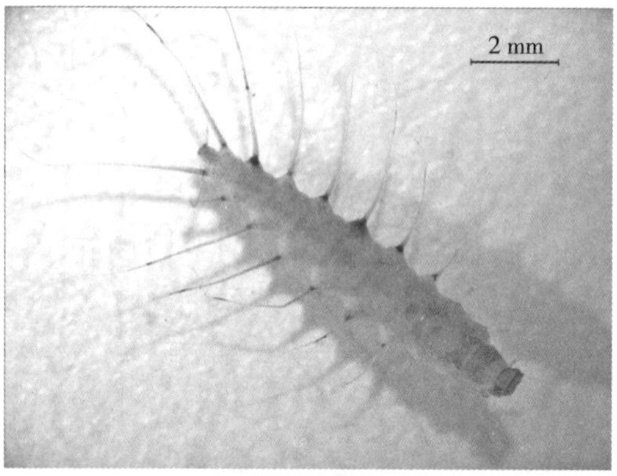 图 A.1.1　整体照
物种图片	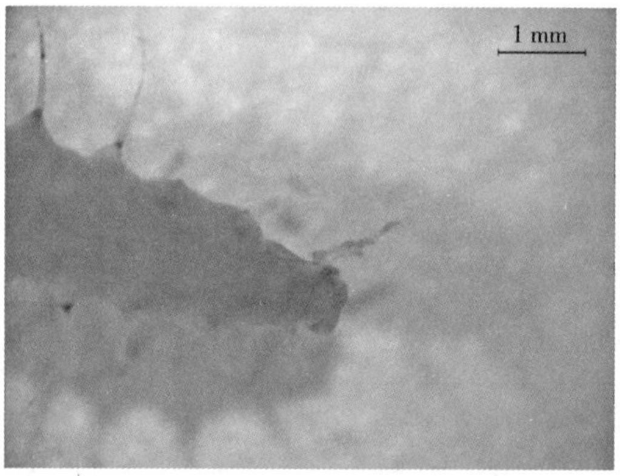 图 A.1.2　特征照
分布特点	幼虫在池沼、沟渠等水体中栖息，中度污染的水体中多见 [1]。 本样采集于内蒙古自治区的岱海
指示意义及耐污值（注明出处）	7（刺鞘牙甲属）[3]
摄食类型	碎食者
生活类型	游泳型
物种编码	20231113423172510-ZS
引用文献	[1] 王业耀，等．中国流域常见水生生物图集 [M]. 北京：科学出版社，2020. [2] 川合祯次，等．日本产水生昆虫　科－属－种检索（第二版）[M]. 东京：东海大学出版部，2018. [3] 水生态监测技术要求　淡水大型底栖无脊椎动物（试行）总站水字〔2021〕629 号．

贡献者：张三　　　　上传时间：2023 年 11 月 13 日　　　　邮箱：Zhangsan@163.com

表 A.2　浮游植物物种信息卡

物种名称	中文名：卷曲长孢藻　　拉丁学名：*Dolichospermum circinalis*
分类地位	植物（界）-绿藻（门）-蓝藻（纲）-念珠藻（目）-念珠藻（科）-长孢藻（属）
鉴别特征	植物体片状，漂浮，藻丝螺旋盘绕，少数直，多数不具胶鞘，宽 8～14 μm，细胞球形或扁球形，长略小于宽，具气囊；异形胞近球形，直径为 8～14 μm；孢子圆柱形，直或有时弯曲，末端圆，宽 14～18 μm，长 22～34 μm，常远离异形胞，外壁光滑，无色 [1]。 物种图见图 A.2.1
物种照片	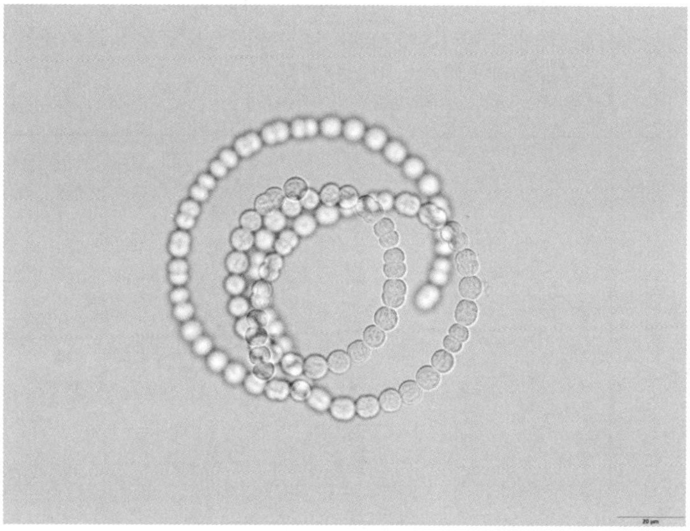 图 A.2.1　物种图
分布特点	生长于静止水体中 [1]。 本样采集于巢湖
环境指示与用途	富营养指示种类 [2]
物种编码	202311221110173226-ZS
引用文献	[1] 王业耀，等 . 中国流域常见水生生物图集 [M]. 北京：科学出版社，2020. [2] 王全喜，庞婉婷 . 长江下游地区常见浮游植物图集 [M]. 北京：科学出版社，2015.

贡献者：张三　　　　上传时间：2023 年 11 月 22 日　　　　邮箱：Zhangsan@163.com

表 A.3　浮游动物物种信息卡

物种名称	中文名：脆弱象鼻溞　　拉丁学名：*Bosmina fatalis*
分类地位	动物（界）–节肢动物（门）–甲壳（纲）–枝角亚（目）–象鼻溞（科）–象鼻溞（属）
鉴别特征	雌性体长 0.25～0.76 mm。形态特征一部分如长额象鼻溞，另一部分如简弧象鼻溞；但本种与前者或后者之间均无中间类型。身体透明无色。壳瓣高且背圆。后腹角有壳刺。壳刺通常细长，约为复眼直径的 2 倍以上，但有时也较短；末端尖锐，上、下缘均无锯齿。库尔茨毛也较粗，周缘有细毛。壳瓣腹缘的前端部分也有 10 余根羽状刚毛。壳纹多呈不规则的六角形，少数呈五角形。额毛靠近吻部末端不向内凹入，有微细的肛刺 3 个或 4 个。尾爪均匀弯曲，基部有一列较长的栉刺，共 5～9 个，自前向后逐渐增大。后面还有一列细小的刚毛 [1]。 雄性体长 0.30～0.40 mm。形态特征与长额象鼻溞的雄性相似，但后腹部宽，且不下陷。尾爪基部的栉刺虽然小，但十分清楚 [1]。 物种图见图 A.3.1
物种照片	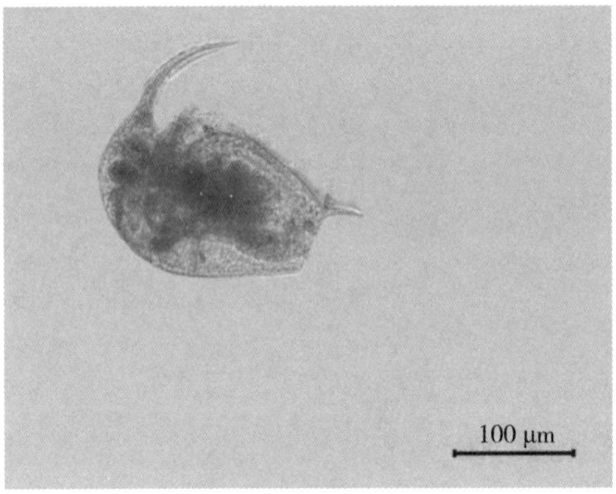 图 A.3.1　物种图
分布特点	嗜暖性。主要栖息于湖泊中，或生活在江河以及较小的水域中。一般多生活在敞水区，但也常出现于沿岸区。终年可见，无周期生殖，数量以夏、秋两季为最多 [1]。 本样采集于内蒙古自治区的岱海
环境指示与用途	寡污水性指示种。可作为鱼类饵料 [2]
物种编码	202311133231824219-ZS
引用文献	[1] 王业耀，等 . 中国流域常见水生生物图集 [M]. 北京：科学出版社，2020. [2] 王全喜，庞婉婷 . 长江下游地区常见浮游植物图集 [M]. 北京：科学出版社，2015.

贡献者：张三　　　　上传时间：2023 年 11 月 13 日　　　　邮箱：Zhangsan@163.com

附录 B　大型底栖无脊椎动物拍摄特征图片要求

分类单元				拍摄特征图片要求
门	纲	目	科	
环节动物门 Annelida	寡毛纲 Oligochaeta		除线蚓科及带丝蚓科	整体照压片局部，刚毛、生殖器官等特征照
		线蚓目 Enchytraeida	线蚓科 Enchytraeidae	
		带丝蚓目 Lumbriculida	带丝蚓科 Lumbriculidae	
	蛭纲 Hirudinea			整体照疣足、头部局部照
	多毛纲 Polychaeta			整体照、头部、腹面、背面局部照
节肢动物门 Arthropoda	蛛形纲 Arachnida			整体照
	昆虫纲 Insecta	双翅目 Diptera	摇蚊科 Chironomidae	整体照，头部腹面压头照，体现刻板
			除摇蚊科	整体照
		蜻蜓目 Odonata		腹面、背面全的整体照
		蜉蝣目 Ephemeroptera		整体照
		毛翅目 Trichoptera		背面、侧面整体照，有巢的同步拍摄
		襀翅目 Plecoptera		整体照
		鳞翅目 Lepidoptera		整体照
		广翅目 Megaloptera		整体照
		半翅目 Hemiptera		整体照
		鞘翅目 Coleoptera		整体照
		脉翅目 Neuroptera		整体照
	软甲纲 Malacostraca	端足目 Amphipoda		整体照、额角、第一附肢
		十足目 Decapoda		整体照、额角
		等足目 Isopoda		整体照
		糠虾目 Mysidacea		整体照尾节
腔肠动物门 Coelenterata				整体照
软体动物门 Mollusca	腹足纲 Gastropoda		（除盖螺科）	壳口的正面及腹面整体照
			盖螺科 Pomatiopsidae	
	双壳纲 Bivalvia			整体照
线虫动物门 Nematoda				整体照
线形动物门 Nematomorpha				
扁形动物门 Platyhelminthes				
纽形动物门 Nemertea				

附录 C　分类鉴定参考书目

1. 浮游植物

[1] 中国科学院中国孢子植物志编辑委员会 . 中国淡水藻志（1-23 卷）[M]. 北京：科学出版社，1998—2018.

[2] 朱蕙忠，陈嘉佑 . 中国西藏硅藻 [M]. 北京：科学出版社，2000.

[3] 胡鸿钧，魏印心 . 中国淡水藻类：系统、分类及生态 [M]. 北京：科学出版社，2006.

[4] 陈茜，吴斌，等 . 浙江省主要常见淡水藻类图集（饮用水水源）[M]. 北京：中国环境科学出版社，2010.

[5] 胡鸿钧 . 水华蓝藻生物学 [M]. 北京：科学出版社，2011.

[6] 刘威，朱远生，黄迎艳译 . 欧洲硅藻鉴定系统 [M]. 广州：中山大学出版社，2012.

[7] 王业耀，等 . 中国流域常见水生生物图集 [M]. 北京：科学出版社，2020.

[8] 王全喜，庞婉婷 . 长江下游地区常见浮游植物图集 [M]. 北京：科学出版社，2023.

2. 浮游动物

[1] 王家楫 . 中国淡水轮虫志 [M]. 北京：科学出版社，1952.

[2] Koster W. 1978. Rotatoria

[3] 蒋燮治，堵南山 . 中国动物志（节肢动物门　甲壳纲　淡水枝角类）[M]. 北京：科学出版社，1979.

[4] 沈嘉瑞，等 . 中国动物志（节肢动物门 甲壳纲 淡水桡足类）[M]. 北京：科学出版社，1979.

[5] 诸葛燕 . 中国典型地带轮虫的研究 [D]. 武汉：中国科学院水生生物研究所，1997.

[6] 沈蕴芬 . 原生动物学 [M]. 北京：科学出版社，1999.

[7] Diane R. Nelson. Ecology and classification of North American freshwater invertebrates（3rd Edition）[M]. Academic press，2009.

3. 着生藻类

[1] 中国科学院中国孢子植物志编辑委员会 . 中国淡水藻志（1-23 卷）[M]. 北京：科学出版社，1988—2018.

[2] 朱惠忠，陈嘉佑 . 中国西藏硅藻 [M]. 北京：科学出版社，2000.

[3] 胡鸿均，魏印心 . 中国淡水藻类：系统、分类及生态 [M]. 北京：科学出版社，2006.

[4] 翁建中，徐恒省 . 中国常见浮游藻类图谱 [M]. 上海：上海科技出版社，2010.

[5] 刘威，朱远生，黄迎艳译 . 欧洲硅藻鉴定系统 [M]. 广州：中山大学出版社，2012.

[6] 水利部水文局 . 中国内陆水域常见藻类图谱 [M]. 武汉：长江出版社，2012.

[7]Spaulding et al. 2021. Diatoms.org: supporting taxonomists，connecting communities. Diatom Research 36（4）：291-304. https: //doi.org/10.1080/0269249X.2021.2006790

4. 大型底栖无脊椎动物

综合类：

[1] 何志辉 . 淡水生物学（上册）[M]. 北京：农业出版社，1982.

[2] 川合祯次，等 . 日本产水生昆虫 科 - 属 - 种检索（第二版）[M]. 东京：东海大学出版部，2018.

[3] 王业耀，等 . 中国流域常见水生生物图集 [M]. 北京：科学出版社，2020.

[4]Richard W et al. Aquatic Insects of North American（Forth Editon）[M]. Dubuque，Iowa：Kendall/Hunt Pub. Co，2008.

环节动物门：

[5] 杨德渐，孙瑞平 . 中国近海多毛环节动物 [M]. 北京：农业出版社，1988.

[6] 王洪铸 . 中国小蚓类研究 [M]. 北京：高等教育出版社，2002.

[7] 杨潼 . 中国动物志：环节动物门，蛭纲 [M]. 北京：科学出版社，1996.

节肢动物门：

[8] Morse J C，Yang L，Tian L. Aquatic insects of China useful for monitoring water quality[M]. 南京：河海大学出版社，1994.

[9] 中国科学院 . 中国经济昆虫志 [M]. 北京：科学出版社，1997.

[10] 梁象秋 . 中国动物志：无脊椎动物，甲壳动物亚门，十足目，匙指虾科 [M]. 北京：科学出版社，2004.

[11] 任先秋 . 中国动物志：无脊椎动物，甲壳动物亚门，端足目，钩虾亚目 [M]. 北京：科学出版社，2006.

[12] 李新正 . 中国动物志：无脊椎动物，甲壳动物亚门，十足目，长臂虾总科 [M]. 北京：科学出版社，2007.

[13] 王俊才，王新华 . 中国北方摇蚊幼虫 [M]. 北京：中国言实出版社，2011.

[14] 唐红渠 . 中国摇蚊科幼虫生物系统学研究（双翅目：摇蚊科）[D]. 天津：南开大学，2012.

[15] 周长发，苏翠荣，归鸿 . 中国蜉蝣概述 [M]. 北京：科学出版社，2015.

软体动物门：

[16] 刘月英 . 中国经济动物志：淡水软体动物 [M]. 北京：科学出版社，1979.

5. 大型水生植物

[1] 王宁珠，张树藩 . 中国水生维管植物图谱 [M]. 武汉：湖北人民出版社，1983.

[2] 颜素珠 . 中国水生高等植物图说 [M]. 北京：科学出版社，1983.

[3] 赵家荣，刘艳玲 . 水生植物图鉴 [M]. 武汉：华中科技大学出版社，2009.

[4] 陈耀东，马欣堂 . 中国水生植物 [M]. 郑州：河南科学技术出版社，2012.

[5] 王青锋，李伟，等 . 中国水生植物图志 [M]. 武汉：湖北科学技术出版社，2017.

第 20 章　淡水生物样品与标本库建设管理

1　适用范围

本指南规定了淡水生物样品与标本管理建设过程中的样品库建设、样品收集、样品编码、样品流转入库、样品保存、标本制作与保存、样品（标本）库管理与维护等。

本指南适用于水生态监测工作中淡水生物样品库和标本库建设。

2　规范性引用文件

本指南引用了下列文件或其中的条款。凡是不注明日期的引用文件，其有效版本适用于本指南。

GB/T 2985—2008　生物显微镜

HJ 1295—2023　水生态监测技术指南　河流水生生物监测与评价（试行）

HJ 710.8—2014　生物多样性观测技术导则　淡水底栖大型无脊椎动物

SN/T 3509—2013　实验室样品管理指南

3　术语和定义

下列术语和定义适用于本指南。

3.1　水生生物样品库 Sample Library of Aquatic

指为确保水生生物样品的完整性和监测数据的可追溯性而建立的各类群淡水水生生物样品的库。

3.2　水生生物标本库 Specimen Library of Aquatic

指为统一鉴定依据确保水生生物鉴定结果的准确性而建立的各类群淡水水生生物标本的库。

4　样品与标本库建设管理流程

淡水生物样品与标本库建设管理流程见图 1。

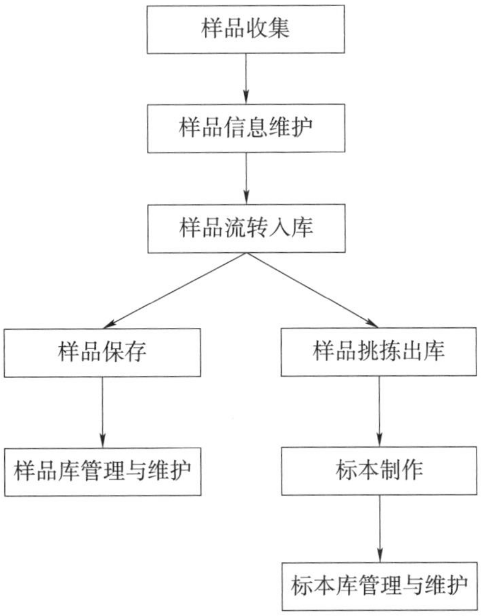

图 1　淡水生物样品与标本库建设管理流程

5　总体要求

淡水水生生物样品库是标本库、图谱库和基因库建设的基础，是监测数据溯源的重要依据，水生生物标本是水生生物样本资源保藏的主要实体、统一鉴定依据，应确保水生生物鉴定结果的准确性。监测总站组织建立覆盖全国各大流域的淡水水生生物样品库和标本库；监测单位结合监测工作，建立监测区域范围内已监测水生生物样品库和标本库。

淡水水生生物样品库建设应满足一般生物样品与标本保存间的基本要求，确保温度、湿度等实验室环境条件可满足各类群生物样品保存。

6　样品库建设

6.1　环境条件

水生生物样品库应选择在环境干净、通风良好、安全性高的地方建设。需要明确水生生物样品库建设的目标和规模，包括生物样本的种类、数量、存储方式等。分为样本收发与信息管理、样本前处理、低温库区、样本后处理的核心功能区，其中样品储存区应按类群进行分区管理，分为浮游植物区、浮游动物区、大型底栖无脊椎动物区。具备样品保存的温度、湿度、通风等要求。

6.2　设备耗材

样品库建议具备样品前处理、储存、管理等功能的仪器设备，包括样品柜（架）及信息管理系统等。具体包括样品前处理、样品固定、保存所需试剂耗材、样品保存架、保存管、鲁哥氏液、酒精、甲醛等物品。

6.3　人员要求

淡水水生生物样品库和标本库由专人负责管理与维护。负责管理的技术人员需要具备水生生物相关专业知识或相关工作经历，了解各类群生物样品的保存条件及保存时间，定期检查生物样品状态，及时更换固定剂，确保生物样品处于较好的保存状态，并根据样品动态管理情况及时更新样品信息卡。确保水生生物样品库的正常运行，保证样品状态。

7 样品流转入库

7.1 样品的保存与运输

样品采集后，按照水生态监测技术要求相关规定，加入固定剂保存，检查样品标签与样品的一致性，清点样品数量，与现场采样记录一致。样品宜采用统一的样品保存箱进行流转，确保样品在运输途中的完整性和安全性。

7.2 样品交接

样品库管理人员接收样品后，应及时并认真检查样品是否完好、无破损，样品数量及信息是否正确，核实样品流转接收单并记录存在异常状态和缺失的问题，检查后的样品，放入待处理区。

样品流转接收单格式参见附录 A。

7.3 样品信息入库

样品管理员对样品按入库编码要求进行样品编码，完善入库信息，入库信息一般包括项目名称、采集单位、采集水体、点位名称、样品类型、样品编码、采集时间等内容。样品编码格式如下：采集时间（年月）+点位编码+样品类型+任务来源—样品瓶数。

样品入库信息表格式参见附录 B。

7.4 样品入库

将完成入库信息录入的样品，按样品存储要求分类群、分任务放入样品保存区。

7.5 样品的领取与使用

领取样品时应填写样品出库记录表，包括样品编号、出库时间、样品类型、出库数量（体积）、用途、领取人、经办人等信息。

样品出库使用后应及时归还，并记录归还日期，样品归还后，样品库管理人员将样品放回原处。

样品出库记录表格式参见附录 C。

8 样品保存

按照样品性质和储存要求分类分区存放在样品柜。储存环境要安全、无腐蚀、清洁干燥且通风良好。大批量样品在完成鉴定处理后，放入样品保存箱进行分类保存。

大型底栖无脊椎动物样品添加 5% 水样体积的甲醛溶液或 75% 的酒精溶液保存；浮游动物添加 1.0%～1.5% 水样体积的鲁哥氏碘液或 5% 水样体积的甲醛溶液保存；着生藻类样品添加 1.0%～1.5% 水样体积的鲁哥氏碘液或 1%～4% 水样体积的甲醛溶液保存；浮游植物样品添加 1.0%～1.5% 水样体积的鲁哥氏碘液或 4% 水样体积的甲醛溶液保存；其他生物类群按照相关技术文件进行保存。所有样品均需密封并保存于阴凉干燥处，减少挥发，保存后的样品应定期检查样品状态，及时补加固定剂。

一般监测项目样品保存时限为 2 年，考核监测项目样品保存时限为考核期结束。

9　标本制作与保存

9.1　标本制作

9.1.1　着生藻类

硅藻封片标本制作采用双氧水法、微波硝酸消解法、三酸法进行。具体操作流程参考《水生态监测技术要求 淡水着生藻类（试行）》中“7.4.1 硅藻类样品”章节。

9.1.2　大型底栖无脊椎动物

一般情况下，每期监测项目完成后，大型底栖无脊椎动物样品需筛选状态完好的不同物种制作标本，保存至标本库。

浸制标本：

采集到的大型底栖无脊椎动物样品经专业人员分析鉴定后，将个体完整的挑拣装入标本瓶中，加入 75% 乙醇溶液进行初步固定，固定液必须没过标本最高处 1 倍，标本固定 1～3 天后，更换同浓度的新固定液。

干制标本：

可采用腐烂或蒸煮的方法去肉，再用镊子等工具将肉去除干净，保留空壳。有厣的贝类（如螺类），可用同样的方法去肉，再用棉花等物质进行填充，再将厣粘贴在壳口。

9.1.3　大型水生植物

浸制标本：

修剪形态去除烂叶，修剪时注意保留植株的特征，保留其完整性，然后洗净泥沙，用酒精进行消毒处理。

为保证标本颜色，对标本进行固绿处理，将标本浸入固绿液（将 1 g 固绿液加入 100 mL 的 95% 酒精中，充分摇匀后过滤使用）中浸泡 5～7 天。

对于难以固绿的标本，先褪绿再复绿。

将固绿后的标本，用清水清洗干净，然后用线绳固定在透明板上，装入已消毒的标本瓶内固定好，注入保存液至高于标本为止。

压制标本：

将植物标本逐个平铺在几层吸水纸上，压紧，使之尽快干燥、压平。其间要勤换纸并修整其形态，使其展示出特征。3～4 天后标本开始干燥，并逐渐变脆。标本放置要注意首尾相错，以保持整叠标本平衡，受力均匀，不致倾倒。

9.2　标本保存

标本保存房间要可通风，室温（20±5）℃，湿度小于 70%，避免阳光直射，定期检视标本，若固定液减少则添加至原有量，若乙醇溶液出现发黄的情况，要及时更换固定液。此外，还需要进行防尘措施，对标本瓶外进行擦拭以除尘，同时对地面尘土进行清扫，确保无尘。标本在搬运后易出现受损，需及时维护到位。

10 样品（标本）库管理与维护

10.1 样品（标本）库管理

制定样品库（标本）库管理制度，对实验室样品（标本）的接收、流转、保存等流程进行规定，保证实验室样品（标本）的规范管理，进一步保证监测数据的可追溯性。

样品（标本）库管理员负责样品（标本）接收、样品状态及信息确认、入库信息完善、样品入库、按时检查状态、更新管理信息等工作。

可根据实际情况构建淡水水生生物样品（标本）信息管理平台，由样品（标本）库管理员进行信息采集、信息录入、动态信息更新等操作，确保流转全过程留痕。

10.2 样品（标本）库维护

定期检查样品（标本）库生物样品（标本）状态及标签情况，并及时补加固定剂，对于超过保存期限的样品及时清理，及时更换受氧化、污染等因素影响清晰度而受损的标签。建议至少每年检查3～4次。

10.3 样品（标本）信息化管理

采用统一规范的信息化要求对水生生物样品（标本）进行动态管理，由样品（标本）库管理员统一进行样品信息录入及更新等操作。样品信息应包括样品项目名称、监测点位、样品类型、采集日期、样品编码、采样人员、单位名称、分析单位、入库编码、保存地点、保存日期、保存人员、动态维护情况记录等信息。

参编单位：
中国环境监测总站

附录 A　样品流转接收单

采样单位:________________　收　样　人:________________
采　样　人:________________　收样时间:________________

序号	采样时间	点位名称	样品类型	样品数量	备注

附录 B　样品入库信息表

项目名称	样品编码	样品箱编码	采集单位	采集水体	点位名称	点位编码	样品类型	采集时间	采样人员	分析人员	入库日期	保存人员	动态维护情况记录

附录 C　样品出库记录表

项目名称	样品编码	样品箱编码	水体名称	点位名称	样品类型	物种名称	出库数量（体积）	用途	领取人	经办人	样品状态	归还时间	备注

第 21 章　淡水生物形态学实验室建设

1　适用范围

本指南规定了淡水生物形态学实验室建设的基本条件、环境控制、人员要求、安全防护等技术内容，旨在为淡水生物形态学实验室建设需满足的基本条件提供参考。

本指南适用于以水生态业务化监测和评价为目的的淡水生物形态学实验室建设。

2　规范性引用文件

本技术指南引用了下列文件或其中的条款。凡是未注日期的引用文件，其最新版本（包括所有的修改单）适用于本指南。

GB 50346—2011　生物安全实验室建筑技术规范

GB 19489—2008　实验室生物安全通用要求

GB 50019—2003　采暖通风与空气调节设计规范

GB 50016—2014　建筑设计防火规范

GB 50034—2013　建筑照明设计标准

GB/T 27025—2019　检测和校准实验室能力的通用要求

HJ 710.8—2014　生物多样性观测技术导则　淡水底栖大型无脊椎动物

HJ 1295—2023　水生态监测技术指南　河流水生生物监测与评价（试行）

HJ 1296—2023　水生态监测技术指南　湖泊和水库水生生物监测与评价（试行）

JGJ 91—2019　科研建筑设计标准

3　术语和定义

下列术语和定义适用于本指南。

3.1　水生生物监测 Monitoring of Aquatic

水生生物监测是以水生态系统中的主要生物类群为对象进行的监测活动，主要包括大型底栖无脊椎动物、浮游植物、浮游动物、着生藻类等水生生物类群的监测。

3.2　功能分区（间）Functional Zoning

根据不同的功能需求将空间划分为不同的区域，提高空间的使用效率，减少功能之间相互干扰。

3.3 安全防护 Safety Protection

做好准备和保护，以应付攻击或者避免受害，从而使被保护对象处于没有危险、不受侵害、不出现事故的安全状态。

4 实验室条件

4.1 实验室位置要求

淡水生物形态学实验室各功能分区（间）应保证操作空间充裕，通风良好，室内光线充足。实验室布局应满足消防规范的要求。实验室选址应符合 JGJ 91—2019 中 3.1 的相关要求。实验室选址应评估周边环境与实验的相互影响。

4.2 实验室分区设置

根据实际监测需要，淡水生物形态学实验室功能分区（间）应包括监测准备区（间）、样品流转区（间）、样品处理区（间）、活体暂养及观察区（间）、分析鉴定区（间）、资料查询及数据分析区（间）、样品保存区（间）、标本保存区（间）、废弃物处理区（间），各功能分区（间）参考面积如表 1 所示。

表 1 实验室各功能区（间）划分及参考面积

［实验室配置：9 个功能区（间），总面积 250 m^2］

序号	功能实验室	参考面积（m^2）	序号	功能实验室	参考面积（m^2）
1	监测准备区（间）	30	6	资料查询及数据分析区（间）	20
2	样品流转区（间）	20	7	样品保存区（间）	50
3	样品处理区（间）	30	8	标本保存区（间）	25
4	活体暂养及观察区（间）	40	9	废弃物处理区（间）	5
5	分析鉴定区（间）	30			

注：为避免各功能分区（间）之间相互干扰，原则上各功能区域在空间划分上应相对独立；根据实际需要，综合考虑建筑面积、仪器使用便利性等因素，以上功能区域可适当合并或调整。

4.3 各区（间）功能及仪器设备配置

本技术指南仅列出各功能区（间）所需的部分仪器设备及设施，可根据实际情况进行增减或替换。

4.3.1 监测准备区（间）

功能：用于存放现场监测所需仪器设备等，为现场监测做准备。

仪器设备：

1. 浮游生物

（1）采水器：采水器为圆柱形，上下底面均有活门。采水器沉入水中，活门可自动打开。容量和深度规格要满足采样要求。

（2）塞氏盘：黑白盘。配重锤及带刻度的绳索。

（3）25 号浮游生物网：网孔直径为 0.064 mm，网呈圆锥形，网口套在环上，网底端有出水开关活塞。

（4）13 号浮游生物网：网孔直径为 0.112 mm，网呈圆锥形，网口套在环上，网底端有出水开关活塞。

2. 着生藻类

（1）硬毛牙刷或硬质毛刷。

（2）硅藻计。

（3）刮刀。

（4）抹刀。

（5）定量框。

3. 大型底栖无脊椎动物

（1）彼得森采泥器：开口面积 0.062 5 m^2。

（2）三角拖网：网框边长（30 × 30 × 30）cm，网孔径 425 μm（40 目）。

（3）D 形网：网框底边长 30 cm 或 25 cm，网孔径 425 μm（40 目）。

（4）索伯网：网框边长（30 × 30）cm，高 30 cm，网孔径 425 μm（40 目）。

（5）踢网：底边长 1 m，网孔径 425 μm（40 目）。

（6）筛网：40 目。

4. 其他现场设备

（1）便携式水质检测仪：可现场监测水温、pH、电导率、浊度、溶解氧等指标。

（2）便携式冰箱：1～10℃。

（3）卫星定位系统：可接收北斗卫星导航系统信号。

（4）测距仪：测量距离不低于 600 m，精度不低于 0.3 m。

（5）带柄手抄网。

（6）照相机。

（7）无人机：配备可见光相机，最长续航时间不低于 30 分钟。

（8）标签打印机。

（9）直流潜水泵（12 V）、蓄电池（12 V，≥40 AH）、铁锹、搪瓷盘、镊子等。

防护设备：

（1）救生衣。

（2）防水裤。

（3）防水服。

（4）防寒服。

（5）高筒胶鞋。

（6）橡胶手套。

（7）探深杆。

（8）急救包等。

4.3.2　样品流转区（间）

功能：用于样品的接收、核查、入库、贮存等。

仪器设备：

（1）样品流转箱。

（2）样品贮存柜。

（3）电子计算机（样品信息入库）。

（4）标签打印机。

4.3.3 样品处理区（间）

功能：用于对水生生物样品进行前处理，为样品的保存、观察、鉴定以及标本制作做准备。

仪器设备：

（1）通风橱。必备仪器设备，内含独立抽气式组成柜及独立水、电、管线系统。

（2）浓缩装置：1～2 L 具刻度直型漏斗和铁架台，直型漏斗 50 mL 处有标记。可采用具有相同功能的设备代替使用。

（3）虹吸装置：由吸耳球、虹吸软管、硬质玻璃管或塑料管组成，玻璃管前端以筛绢（网孔直径 0.064 mm）封口。

（4）超声发生装置：频率 40 kHz 可调。

（5）水浴锅。

（6）离心机。

（7）震荡器。

（8）微波消解仪。

（9）加热板。

（10）试剂药品柜。

防护设备：

（1）防酸手套。

（2）防护面具。

（3）实验服。

（4）急救包。

（5）淋浴装置及洗眼器。

4.3.4 活体暂养及观察区（间）

功能：用于对需要活体观察或保留活体样本的生物进行暂养及观察。

仪器设备：

（1）氧气泵。

（2）培养箱。

（3）其他暂养装置。

4.3.5 镜检区（间）

功能：用于开展水生生物样品的分析鉴定、计数统计以及图谱采集等工作。

仪器设备：

（1）正置显微镜：物镜 4×/5×、10×、20×、40×、100×；目镜 10× 或 15×，带摄影系统。

（2）体式显微镜：物镜 0.8 × 或 1.0 ×，可调变倍比≥4：1，目镜 10 × 或 15 ×，带摄影系统。

（3）标本成像系统：含标本托架、照明、摄影及其调节系统，直接用于生物标本的摄影记录。

（4）电子计算机。

（5）照相机。

（6）电子天平：最大称量 220 g，分度值 0.000 1 g；最大称量 500 g，分度值 0.001 g；最大称量 3 000 g，分度值 0.01 g。存放于功能区内单独的天平室内。

（7）计数器。

4.3.6 资料查询及数据分析区（间）

功能：用于分类存放水生态相关参考材料及水生生物鉴定书籍，开展资料检索、数据录入和数据分析等工作。

设备设施：

（1）多功能分区书柜 / 架。

（2）计算机：具资料检索系统、数据计算与分析系统（软件）、数据共享系统等。

4.3.7 样品保存区（间）

功能：用于保存处理完成的水生生物样品，以便于有序开展样品的分析鉴定以及抽样质控等工作。

仪器设备：

（1）冷藏箱。

（2）冷冻箱。

（3）样品柜。

（4）通风橱。

4.3.8 标本保存区（间）

功能：用于分类存放水生生物样品标本，便于水生生物鉴定结果溯源，同时满足生物样品长期保存的需要。

设备设施：

（1）标本展柜（具通风和照明功能）。

（2）通风橱。

（3）温湿度记录仪。

4.3.9 废弃物处理区（间）

功能：用于临时存放物理和化学废弃物，方便后期集中处理。

设备设施：

（1）通风橱。

（2）锐器收集桶。

（3）化学废弃物收集装置（废弃药品试剂应分类存放，及时处理）。

4.4 流程布局

水生生物监测实验室各功能区（间）布局应根据操作流程合理设计，应尽量保证独立区域设计，功能分区可根据实际情况适当合并或调整（图 1）。

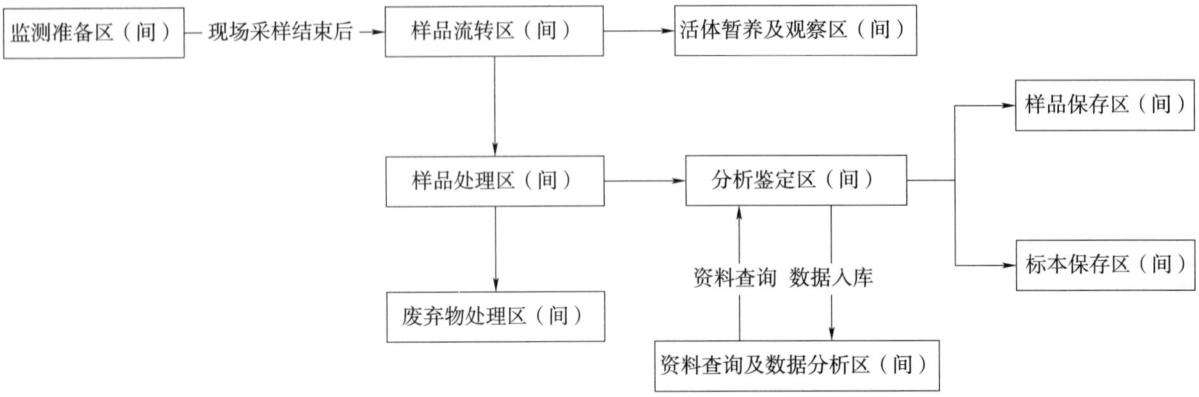

图 1　实验室各功能区（间）工作流程

4.5 装修要求

实验室的墙体、顶棚应结构牢固，气密性好，墙体内壁光洁、不吸附、耐腐蚀、易清洗消毒；建议实验室隔断采用厚度 12～19 mm 耐火玻璃隔断；地面材料应满足无缝隙、无渗漏、光洁、耐腐蚀要求。

5 环境控制

（1）实验室电源、水源、消防、防污、生物安全、防尘、防震、电磁屏蔽、接地电阻等设施应符合仪器设备和检验的要求。

（2）实验室内温度、湿度控制应能满足仪器正常运行和不同实验程序的需要。实验室应考虑生物样本的保存要求，配备必要的温度、湿度控制设备以及安全设施。

（3）实验区应保证光线明亮，实验室一般安排在建筑向阳面，并且在实验区和实验台上方设置充足的照明设施，实验台光线照度不低于 500 勒克斯。

（4）实验室一般应保证通风良好，每小时换气次数在 4～8 次或以上。

（5）实验室应有明确的区域标记，尽量避免不同工作区域内的设备、物品混用。对会影响监测质量的区域进入和使用加以控制，防止未授权者访问。

（6）实验室废弃样品和有害废弃物的处理应按照国家环保要求执行。

6 人员

6.1 岗位要求

实验室从事水生生物监测的技术人员一般应具有生物或相关专业学习或工作经历。

实验室人员应熟悉水生生物监测安全操作知识和具备监测相关的专业技能。数据分析人员应熟悉数据分析软件及方法，满足数据分析要求。

监测人员应有明确的监测任务分工，所承担任务与个人监测技术能力相匹配，监测队伍在作业期间应做到高效配合。

6.2　人员的培训和考核

实验室应制订人员培训计划，包括物种鉴定、实验室安全防护等内容，掌握相关的知识和专业技能。不断提高水生生物鉴定的精度和一致性，保障精度和一致性满足不同生物类群的监测技术要求。

所有监测人员须通过水生生物监测技术培训，培训并考核合格后，可独立承担相关监测任务。监测技术培训需采用全国统一的监测技术规范或要求，尚未制定技术要求的，应编制单位内部作业手册并开展培训。监测人员不得在没有培训合格的技术负责人或其他培训合格的技术人员指导下开展监测采样。新上岗人员以及间隔一定时间重新上岗的人员需要重新培训并考核。

开展分析鉴定任务的技术人员，应建立并维护个人凭证图谱库，逐步统一实验室内部生物种类鉴定认知，个人凭证图谱作为单位参考图谱和标本库的重要内容，并作为判断监测人员水生生物鉴定是否正确的重要依据。

6.3　人员技术档案

实验室应建立人员技术档案，技术档案要求按照《检测和校准实验室能力的通用要求》（GB/T 27025—2019）的规定。

7　安全和防护

（1）实验室应配置二氧化碳消防灭火器，并确保其有效期。实验室人员应具备安全消防知识。

（2）实验室应建立定期清洁制度，条件允许的情况下定期进行紫外消毒。

（3）实验室内技术人员在交接、处理以及保存样品时，必须穿戴好实验服、一次性手套、口罩。实验人员离开实验室应更换工作服。

（4）实验人员在实验过程中若涉及强酸、强碱、强腐蚀、高挥发等一系列存在安全隐患的药品试剂时，应穿戴好防护服、防护手套、防护面具等，并保证全程在通风橱中进行。

（5）实验室废弃样品和有害废弃物的处理应按照国家环保要求执行。废弃物应封装严密，集中统一处理。

参编单位：

中国环境监测总站

第 22 章　水生生物环境 DNA 实验室建设

1　适用范围

本指南适用于从事水生生物环境 DNA 检测的实验室建设。

本指南以确保实验人员和周围环境安全、避免样品污染为核心，以实用性、经济性为原则，规定了水生生物环境 DNA 实验室的参考布局、功能分区、设备配置、基本环境要求和实验室管理等。水生生物环境 DNA 实验室建设除应执行本指南的规定外，还应符合国家现行有关标准的规定。

2　规范性引用文件

本指南引用了下列文件中的条款。凡是不注日期的引用文件，其有效版本适用于本标准。

GB 19489　实验室生物安全通用要求

GB 50346　生物安全实验室建筑技术规范

GB 50881　疾病预防控制中心建筑技术规范

RB/T 047　检验检测机构管理和技术能力评价　设施和环境通用要求

医疗机构临床基因扩增检验实验室工作导则　卫办医政发 194 号

3　术语和定义

3.1　环境 DNA Environmental DNA

环境 DNA（environmental DNA，eDNA）是指从环境样本中直接获取的 DNA，包括动植物、微生物在空气、土壤、水体等环境中释放的 DNA。

3.2　缓冲间 Buffer Room

设置在被污染概率不同的实验室区域间的密闭室。需要时，可设置机械通风系统，其门具有互锁功能，不能同时处于开启状态。

3.3　气溶胶污染 Aerosols Pollution

悬浮于气体介质中，粒径一般为 0.001～100 μm 的固态或液态微小粒子形成的相对稳定的分散体系，使环境 DNA 样品受到污染，出现假阳性等问题。

3.4　传递窗 Transfer Window

在洁净室隔墙上设置的传递物料和工器具的窗口。两侧装有不能同时开启的窗扇。

3.5　不间断电源 UPS，Uninterruptible Power System

UPS 即不间断电源，是一种含有储能装置，以逆变器为主要组成部分的恒压恒频的不间断电源。

4　基本要求

水生生物环境 DNA 实验室应远离开展水生生物样品储存、处理、鉴定、分析的实验室，并与可能含有待测组分样品储存、处理、检测的实验室进行有效隔离。

实验室的墙体、顶棚应结构牢固，气密性好。墙体内壁光洁、不吸附、耐腐蚀、易清洗消毒，地面材料应满足无缝隙、无渗漏、光洁、耐腐蚀要求，如医用 PVC 卷材或自流平地面。实验室内温度、湿度控制应能满足仪器正常运行和不同实验程序的需要。实验室的光线、电源、水源、消防、防污、生物安全、防尘、防震、电磁屏蔽、接地电阻等设施应符合仪器设备和检验的要求。实验室空调送风系统应根据实验情况确定，其划分应有利于实验室消毒灭菌、自动控制系统的设置和节能运行。实验室的所有疏散出口都应有消防疏散指示标志和消防应急照明措施，且加设火灾自动报警装置和合适的灭火器材。

各区域仪器设备配备为基本配备，实验室可以根据自己使用的扩增检测技术或试剂的特点，对仪器设备进行必要的增减。针对测序仪等精密仪器设备，实验室宜设置自备电源，如不间断电源 UPS，避免设备运行中出现断电等情况。

在实验区、缓冲间顶部以及传递窗内部安装有紫外灯，供不同分区消毒使用。在试剂准备区和样品制备区还应设置可移动紫外线灯，以便对实验台面进行局部消毒。试剂和标本宜通过传递窗传递，实现人物分流，保证试剂和标本在传递过程中不受污染。

实验室应有明确的区域标识，避免不同工作区域内的设备、物品混用。设有“限制进入”标志，对影响检测质量的区域进入和使用加以控制，防止未授权者访问。

5　功能分区

5.1　实验室分区设置

水生生物环境 DNA 实验室一般包括试剂制备和储存区、样品前处理区、样品制备区、PCR 扩增区、PCR 扩增产物分析区、高通量测序区等。可根据检测样品量的多少，选择设置测序区。实验区前应设置更衣间，各分区之间根据实验室布局情况选择设置传递窗。实验室分区设计应遵循物理隔离、合理布局、注意气流、便于工作的原则。

物理隔离：实验室各分区之间，无论是否正在运行使用，在物理上应处于完全分隔状态。进入各工作区域需要严格遵守工作流向一致的原则，保持从低浓度 DNA 实验区域向高浓度 DNA 实验区域的工作流向。分区之间可选择设置传递窗，传递窗的目的是保持相邻的核心工作区域完全隔开，尽量减少交叉污染，从 PCR 前区到 PCR 后区的所有步骤都应按单向顺序进行。

合理布局：环境 DNA 实验室的设计没有固定结构，需结合具体情况，做到合理合规，易于管理即可。

注意气流：空气流向按照试剂制备和储存区→样品前处理区→样品制备区→ PCR 扩增区→ PCR 扩增产物分析区→高通量测序区，防止扩增产物顺空气气流进入扩增前的区域。控制气流方向可采用空气压力递减的方式，也可通过安装排风扇、负压排风装置或其他可行的方式实现。各分区可设置缓冲间控制实验室内外空气流向，防止空气互通造成污染。

便于工作：环境 DNA 实验室区域选择及空间设计还应考虑是否方便日常检测工作，包括方便人员流动、大型仪器设备进出落地等。在空间、区域面积大小等方面应满足日常检测工作的便利。各分区仪器设备配置也可根据实验方法增减。

5.2 试剂制备和储存区

5.2.1 功能

制备和储存 DNA 提取、DNA 质检、PCR 扩增、PCR 产物质检等流程所需相关试剂，以及离心管、枪头等实验用品的贮存、灭菌等。

5.2.2 仪器设备

表 1 试剂制备和储存区仪器设备表

序号	设备	用途	数量	备注
1	高温高压灭菌器	用于试剂耗材的灭菌	1	—
2	鼓风干燥箱	用于耗材的烘干	1	—
3	移液器	用于试剂配制	≥6	2.5 μL、10 μL、20 μL、100 μL、200 μL、1 000 μL 等不同规格
4	pH 计	用于试剂配制时 pH 的测定	1	pH 计配有酸性标准溶液、碱性标准溶液、中性标准溶液，需定期校准
5	电子天平	称量药品	1	精度为万分之一，需定期校准
6	恒温水浴锅	用于配置试剂的水浴加热	1	—
7	掌上离心机	试剂的离心	1	配有 0.2 mL 转子、1.5 mL/2.0 mL 转子
8	涡旋震荡器	用于试剂的充分混匀	1	—
9	制冰机	制备后续实验所需用冰	1	—
10	超纯水仪	制备超纯水	1	18.2 MΩ
11	可移动紫外灯	用于环境的消毒	1	—
12	冰箱	用于储存试剂	1	（4℃，-20℃）应考虑试剂存放量
13	通风橱	有挥发性气体试剂的配制	1	—

5.2.3 基本环境要求

温度：符合仪器设备环境要求。

给排水：有上下水。

设备供电：220 V，供配电负荷不低于 5 500 W。

5.3 样品前处理区

5.3.1 功能

临时保存待测样品，并进行环境 DNA 样品的富集。

5.3.2　仪器设备

表 2　样品前处理区仪器设备表

序号	设备	用途	数量	备注
1	真空抽滤设备	用于样品的富集	≥2	数量应考虑样品量和点位间的消毒时间占用
2	冰箱（2～8℃）	用于待测样品的临时保存	≥1	数量应考虑冰箱容积和样品量
3	冰箱（-20℃）	用于保存富集后待测样品	≥2	数量应考虑冰箱容积和样品量

5.3.3　基本环境要求

温度：符合仪器设备环境要求。

湿度：30%～65%。

给排水：有上下水。

设备供电：电压 220 V，供配电负荷不低于 2 000 W。

5.4　样品制备区

5.4.1　功能

DNA 提取、质检、分装、储存等。

5.4.2　仪器设备

表 3　样品制备区仪器设备表

序号	设备	用途	数量	备注
1	研磨仪	用于样品的研磨	1	—
2	恒温震荡器	用于样品的裂解	1	—
3	恒温水浴锅	用于配置试剂的水浴加热	1	—
4	台式高速冷冻离心机	用于低温高速离心	1	配置：离心机主体、1.5 mL/2 mL 角转子、10 mL/15 mL 角转子、50 mL 角转子
5	掌上离心机	用于低速离心	2	—
6	移液器	试剂的转移	≥6	2.5 μL、10 μL、20 μL、100 μL、200 μL、1 000 μL 等不同规格
7	超微量分光光度计	用于 DNA 质量检测	1	—
8	冰箱（2～8℃）	保存 DNA 提取所需试剂	1	—
9	冰箱（-20℃）	用于 DNA 样品及 DNA 提取所需试剂的保存	2	数量应考虑冰箱容积及样品量，富集后样品及 DNA 样品置于不同的冰箱存放
10	超低温冰箱（-80℃）	用于 DNA 样品的长期保存	1	数量应考虑冰箱容积及样品量
11	可移动紫外灯	用于环境的消毒	1	—
12	生物安全柜	实验操作	1	A2 级
13	核酸自动提取仪	用于 DNA 提取	1	选配
14	磁力架	用于 DNA 提取	≥2	选配

5.4.3 基本环境要求

温度：符合仪器设备环境要求。

设备供电：220 V，供配电负荷不低于 4 000 W。

5.5 PCR 扩增区

5.5.1 功能

高通量测序文库构建的第一步 PCR 反应体系准备、PCR 扩增、PCR 产物暂存等。

5.5.2 仪器设备

表 4 样品制备区仪器设备表

序号	设备	用途	数量	备注
1	掌上离心机	用于低速离心	2	配有 0.2 mL 转子、1.5 mL/2.0 mL 转子
2	移液器	试剂和样本的转移	≥6	2.5 μL、10 μL、20 μL、100 μL、200 μL、1 000 μL 等不同规格
3	PCR 仪	用于 PCR 扩增	≥3	—
4	冰箱	用于 PCR 产物的暂存	1	2～8℃
5	生物安全柜	实验操作	1	A2 级
6	移液工作站	PCR 体系制备	1	选配

5.5.3 基本环境要求

温度：符合仪器设备环境要求。

给排水：要求无水。

设备供电：220 V，供配电负荷不低于 2 000 W。

5.6 PCR 扩增产物分析区

5.6.1 功能

PCR 产物纯化、质检、二代高通量测序建库、上机前文库最终的稀释和混样及 PCR 产物储存等。如采用两步 PCR 法建库，可在本区域内执行第二步 PCR 扩增体系配置和扩增。

5.6.2 仪器设备

表 5 PCR 扩增产物分析区仪器设备表

序号	设备	用途	数量	备注
1	移液器	试剂和样本的转移	≥6	2.5 μL、10 μL、20 μL、100 μL、200 μL、1 000 μL 等不同规格

续表

序号	设备	用途	数量	备注
2	台式高速冷冻离心机	高速离心样本	1	—
3	掌上离心机	试剂、样本收集至管底	2	—
4	磁力架	核酸纯化	≥4	—
5	超微量分光光度计	用于 PCR 产物质量检测	1	—
6	电子天平	称量药品	1	数量型号万分之一
7	微波炉	配制琼脂糖凝胶	1	—
8	电泳仪	核酸质检	1	—
9	凝胶成像分析系统	核酸质检	1	凝胶成像仪 1 台、电脑及主机各 1 台、凝胶专业拍摄分析软件 1 套
10	PCR 仪	PCR 扩增	1	—
11	qPCR 仪	文库定量	1	电脑主机、电脑显示屏、数据线、移动硬盘（1T），选配
12	冰箱（2～8℃）	用于 PCR 产物纯化、质检及二代高通量测序建库所需试剂的存放	1	—
13	冰箱（-20℃）	用于 PCR 产物纯化、质检及二代高通量测序建库样品和所需试剂的存放	1	—
14	文库制备仪	用于文库构建		选配
15	Qubit 定量仪	用于检测 DNA 浓度	1	选配

5.6.3　基本环境要求

温度：符合仪器设备环境要求。

设备供电：220 V，供配电负荷不低于 4 500 W。

5.7　高通量测序区（选配）

5.7.1　功能

环境 DNA 文库的高通量测序。

5.7.2　仪器设备

表 6　高通量测序区仪器设备表

序号	设备	用途	数量	备注
1	稳压电源	稳定测序仪用电压	1	—
2	高通量测序仪	测序	1	—

5.7.3　基本环境要求

温度：符合仪器设备环境要求，运行期间温度波动 ±2℃，测序室远离阳光直射。

湿度：30%～75%。

给排水：要求无水。

震动：测序仪应独立放于一个台面并远离人员活动高频区，勿在工作台上放置其他可能引起震动的设备，如混合器、震荡器、离心机或带有重型风扇的仪器。

设备供电：220 V，供配电负荷不低于 2 000 W。

6 风险点及防范措施

可根据检测样品量的多少，选择设置测序区。此区域应配备稳定的供电设施及备用电源，并配备独立的制冷设施保证测序仪在相对恒定的温湿度环境下工作；为保证测序数据有效安全传输至分析服务器，建议配备兼具稳定性和安全性的网关设备。

对于需要进行数据拷贝的仪器（如 PCR 仪、测序仪等），应确保数据的导入和导出功能仅限于经授权的设备和人员使用，避免外部存储设备对仪器系统干扰。移动硬盘或者 U 盘在使用时，避免病毒感染或数据损坏。

实验室人员进行 PCR 扩增、建库和高通量测序实验前需经过技术培训，培训内容包括（但不限于）实验流程、防污染措施、人员流动等，培训考核合格后方可开展相关实验。

参编单位：

中国环境监测总站

江苏省扬州环境监测中心

第 23 章　淡水生物 DNA 条形码数据库建设

1　适用范围

本指南规定了淡水生态系统中浮游植物、浮游动物、着生藻类、维管植物、大型底栖无脊椎动物、鱼类等水生生物 DNA 条形码数据库建设中的标本采集与鉴定、DNA 提取、PCR 扩增与测序、序列编辑等技术内容。

本指南适用于生态环境监测淡水生物物种识别比对 DNA 条形码数据库建设与维护工作。

2　规范性引用文件

本指南引用了下列文件中的条款。凡是不注明日期的引用文件，其有效版本适用于本指南。

GB 19489—2008　实验室　生物安全通用要求

GB/T 34265—2017　Sanger 法测序技术指南

GB/T 37874—2019　核酸提取纯化方法评价通则

HJ 710.7—2014　生物多样性观测技术导则　内陆水域鱼类

SN/T 4278—2015　国境口岸医学媒介昆虫 DNA 条形码鉴定操作规程

DB21/T 2777—2017　海洋浮游微藻分离和筛选技术规程

水生态监测技术要求　淡水着生藻类（试行）总站水字〔2022〕33 号

水生态监测技术要求　淡水浮游植物（试行）总站水字〔2022〕41 号

水生态监测技术要求　淡水浮游动物（试行）总站水字〔2022〕47 号

水生态监测技术要求　淡水大型水生植物（试行）总站水字〔2022〕330 号

水生态监测技术要求　淡水大型底栖无脊椎动物（试行）总站水字〔2022〕629 号

3　术语和定义

下列术语及其定义适用于本指南。

3.1　DNA 条形码 DNA Barcode

从生物体内线粒体、叶绿体或核基因组区域中筛选的一段能够代表该物种的、标准的、有足够变异的、易扩增且相对较短的通用的 DNA 序列，以期对现存生物在物种水平上进行快速而准确的识别和鉴定。

3.2 引物 Primer

具有一定长度和顺序的单链 DNA，作为 DNA 复制延伸的起始位点，在核酸合成反应时，结合于模板链上并作为每个多核苷酸链进行复制延伸而起作用的寡核苷酸链。

3.3 聚合酶链式反应 Polymerase Chain Reaction（PCR）

一种体外酶促合成特异 DNA 片段的分子生物学技术，使用与目的 DNA 序列互补的寡核苷酸作为引物，由高温变性、低温退火及适温延伸等几步反应组成一个周期，进行多轮 DNA 扩增，用于扩增特定的 DNA 片段，具有特异性强、灵敏度高、操作简便省时等特点。

3.4 Sanger 测序 Sanger Sequencing

用于确定 DNA 核苷酸序列的双脱氧链终止法，在链延伸过程中利用荧光标记双脱氧核苷三磷酸随机阻断，产生以 A、T、C、G 结束的四组不同长度的核苷酸链，通过电泳检测核酸碱基序列信息。

3.5 遗传距离 Genetic Distance

用来衡量物种之间或同一物种的分类单元间的遗传差异程度的指标，如将两个序列的所有同源位点逐一比较，通过求出两序列间发生的替换、插入、转换和颠换等的数量，再根据序列长度计算差异百分比，从而得到遗传距离。

3.6 系统发育关系 Phylogeny

生物实体随时间变化而呈现的起源、演化历史及其亲缘关系。

3.7 DNA 条形码参考数据库 DNA Barcode Reference Database

DNA 条形码参考数据库是一个包含大量已知生物 DNA 序列信息的数据库，例如从各类生物样本中收集的 DNA 条形码数据。这些数据通常来自已经被科学界描述和命名的物种，使研究人员能够在进行序列比对分析时，准确地鉴定出样本中的生物种类。

3.8 DNA 条形码比对 DNA Barcode Blast

DNA 条形码序列比对是将未知生物样本的 DNA 条形码序列，与 DNA 条形码参考数据库中的序列进行比较和匹配的过程。

3.9 直接 PCR Direct PCR

一种不经核酸提取而直接使用动物或植物组织等直接进行扩增的反应。直接 PCR 的工作方式类似于常规 PCR，主要区别是直接 PCR 中使用定制缓冲液，样本可不经过核酸抽提，直接进行 PCR 反应。

4 水生生物 DNA 条形码数据库建设流程

水生生物 DNA 条形码数据库建设流程主要包括汇总区域内水生生物物种名录、确定补充物种清单、样品采集与鉴定、DNA 条形码扩增与测序、DNA 条形码评估、DNA 条形码入库等步骤，如图 1 所示。

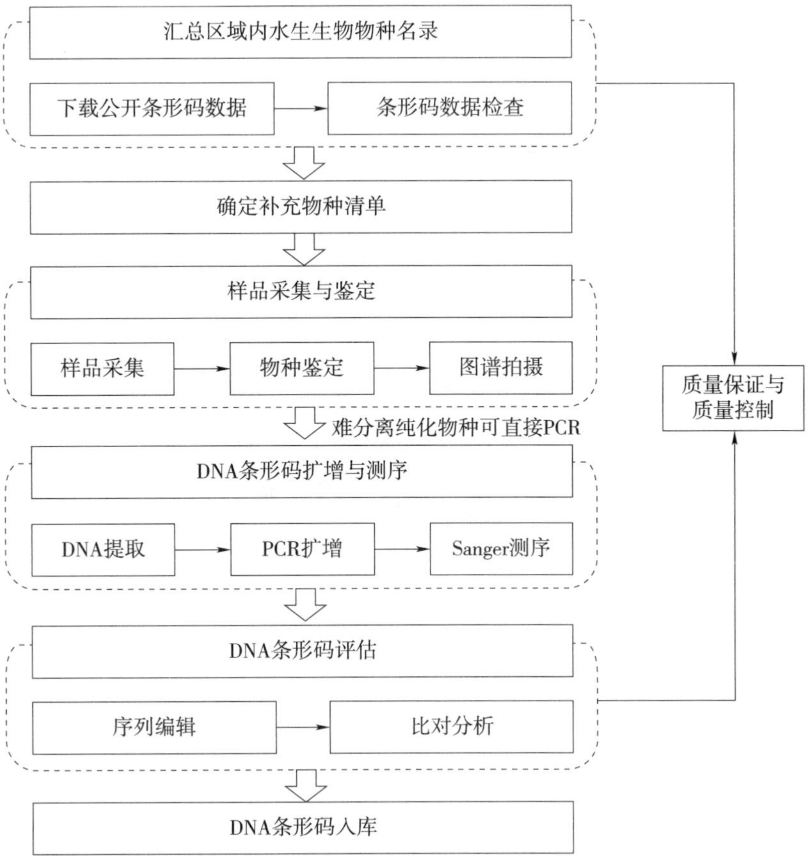

图 1　水生生物 DNA 条形码数据库建设流程

5　样本准备

5.1　确定数据库清单

结合相关资料，汇总监测区域内已发现的水生生物物种数据库清单。数据库应尽可能涵盖监测单位已经鉴定出的所有水生生物物种，优先下载公共数据库中经分类学者质控的 DNA 条形码，并在监测工作中逐步补充物种类群。针对数据库清单中尚未记录条形码数据的水生生物物种，应先制作物种图谱，再制备 DNA 条形码。

5.2　水生生物样本制备

5.2.1　大型水生植物

大型水生植物的采集、保存与鉴定应按照《水生态监测技术要求 淡水大型水生植物（试行）》（总站水字〔2022〕330 号）的规定执行。

5.2.2　浮游植物

浮游植物的采集、保存与鉴定应按照《水生态监测技术要求　淡水浮游植物（试行）》（总站水字〔2022〕41 号）定性采集活体样本，不加固定剂，在 4～10℃和自然光照环境条件下运输，保存时间不超过 36 h。对于个体微小的种类，可参照 DB21/T 2777 进行分离纯化，扩大培养后提取 DNA 并进行

PCR 扩增及后续步骤。

5.2.3 着生藻类

着生藻类的采集与鉴定应按照《水生态监测技术要求　淡水着生藻类（试行）》（总站水字〔2022〕33 号）定性采集活体样本，不加固定剂，在 4～10℃和自然光照环境条件下运输，保存时间不超过 36 h。个体微小的种类的分离纯化、DNA 提取参考 5.2.2 浮游植物。

5.2.4 浮游动物

浮游动物的采集与鉴定应按照《水生态监测技术要求　淡水浮游动物（试行）》（总站水字〔2022〕47 号）定性采集活体样本。可参考 5.2.2 浮游植物，个体较大的种类也可用微吸管吸取一定数量的个体，加乙醇溶液固定（乙醇浓度≥75%），低温（4℃）运输至实验室后直接分离提取 DNA。

5.2.5 大型底栖无脊椎动物

大型底栖无脊椎动物的采集与鉴定应按照《水生态监测技术要求　淡水大型底栖无脊椎动物（试行）》（总站水字〔2021〕629 号）的规定执行，加乙醇溶液固定（乙醇浓度≥75%）低温（4℃）保存，一般需分离部分组织提取 DNA。

5.2.6 鱼类

鱼类采集与鉴定应按照 HJ 710.7 的规定执行，野外干冰或 -20℃保存，实验室 -20℃保存；或加乙醇溶液固定（乙醇浓度≥90%），常温保存。宜分离部分组织提取 DNA。

5.3 凭证标本

凭证标本是 DNA 条形码序列信息的实物载体，是溯源的唯一实物标识。一般每份凭证标本在同一区域至少采集 3 份，如稀有物种样本数量较少，以实际获取数量为准。每份标本中需有样品采集信息表（见附录 A）、样品鉴定信息表（见附录 B）。同一份凭证标本、图谱照片、DNA 条形码序列必须使用唯一的样本号，以便样本信息一一对应。凭证标本的物种鉴定需要经过分类学家认可，或有可靠的系统发育分析结果支撑。凭证标本的图谱照片需拍摄重要的分类学特征，以清楚进行物种的界定，建议为 TIFF 格式，清晰度推荐最低为 300 dpi。针对数据库清单中尚未记录条形码数据的水生生物物种，监测人员应按照《淡水生物图谱库建设技术规定（试行）》制作要求，先制作物种图谱，再制备 DNA 条形码。

6 DNA 条形码扩增与测序

6.1 DNA 提取、质量检测及保存

6.1.1 DNA 提取

选取水生生物合适部位的组织提取 DNA，避免外源污染。在前处理阶段，浮游植物、着生藻类宜离心浓缩样品，大型水生植物宜液氮研磨破碎细胞壁，鱼类、浮游动物、大型底栖无脊椎动物宜加入蛋白酶 K 水浴消解蛋白。可使用 CTAB 法、离心柱法或磁珠法提取生物体组织样本 DNA，详细操作

步骤参考《转基因产品检测　核酸提取纯化方法》（GB/T 19495.3—2004）或商用试剂盒说明书。

6.1.2　DNA 质量检测

按照 GB/T 37874 的规定评价提取总 DNA 的浓度和纯度，一般要求浓度不低于 1 ng/μL，在 260 nm 和 280 nm 波长处的吸光度值比值（OD260 nm/OD280 nm）应在 1.7～1.9 内，OD260 nm/OD230 nm 应＞2.0。提取的总 DNA 进行琼脂糖凝胶电泳检测，以判断总 DNA 提取情况。

6.1.3　DNA 保存

DNA 样本经过电泳检测后建议平行分装，一部分放置于 -80℃冰箱中长期保存，一部分放置于 -20℃冰箱中用于后续实验，避免 DNA 样本反复冻融。

6.2　PCR 扩增与检测

6.2.1　PCR 扩增

针对不同生物类群，选择一对或多对引物扩增目标 DNA 条形码序列，常用 PCR 扩增引物及有效长度参见附录 C。

对于分离纯化和扩大培养困难甚至无法分离纯化的样本，可参照 DB21/T 2777 镜检分离，然后通过直接 PCR 进行扩增。

6.2.2　PCR 扩增产物检测

通过 1%～2% 琼脂糖凝胶电泳检测 PCR 扩增产物的有效性，应在目标长度位置出现一条单一的条带。若出现多个条带，需重新扩增或纯化 PCR 产物，具体过程按照 SN/T 4278 的规定执行。

6.2.3　测序

使用 Sanger 测序法对目标条带测序，应按照 GB/T 34265 的规定。当待测核酸片段长度超过所使用仪器有效读长时，测序读长宜达到所使用仪器的有效读长；当待测核酸片段序列长度小于所使用仪器的有效读长时，测序读长宜包括待测核酸片段序列全长。条件允许的情况下，应全部双向测序，以保证准确性。

测序峰图应峰形单一、清晰、明确。对于存在杂乱无章、缺乏明显主峰、套峰、双峰或移峰等问题的样品，应依据具体情况考虑重新进行 DNA 提取、PCR 扩增以及再次测序的操作步骤。

在去除两端低质量序列后，剩余测序峰图的长度需大于 PCR 产物长度的 50%，同时峰图的平均 Q 值需大于 30，Q 值小于 20 的碱基数占总碱基数的百分比需小于 1%。不合格的测序峰图不能用于序列拼接和结果判定。

7　条形码评估

7.1　序列编辑及校正方法

使用 BioEdit、Geneious Prime、SeqMan 等专业软件对测序峰图进行质量评估和编辑。拼接 *.ab1 文件并去除序列低质量及不稳定区域，确保波峰与波谷清晰明确，峰与峰之间的距离均匀。将经过整理后的序列数据转换成 FASTA 格式保存。确保所得到的序列方向与原始 PCR 实验中使用的正向引物相匹配，并通过比对公共数据库中的相关信息来进一步验证其准确性。最终形成的 FASTA 文件应当包含所有必要的元数据信息，描述行格式如下所示：

〉样品编号 | 物种拉丁名 | 序列基因名 | 引物名称 | 鉴定人 | 鉴定日期 | 采样地点 | 采样人。

7.2 条形码序列鉴定

7.2.1 比对分析

将获得的条形码序列与 BOLD、GenBank 等公共数据库中已知核酸序列进行比对分析。基于比对得分（匹配分值）来识别样品所属的物种信息。测序结果与参考标准核酸序列之间的差异需保持在该物种种内差异水平即自然变异范围内。序列比对结果应进一步采用遗传距离计算及系统发育分析等方法加以验证。

7.2.2 遗传距离计算

将基因序列导入 MEGA、Geneious Prime 等软件进行 DNA 序列比对，蛋白编码基因序列选择对应的遗传密码子比对，转换为氨基酸序列，调整编码框以便检查是否有终止密码子的存在，排除假基因的存在的可能性；非蛋白编码基因序列导入 MEGA 软件后选择非标准密码子进行比对。基于 Kimura-2-parameter 参数模型计算遗传距离。

7.2.3 系统发育分析

根据遗传距离矩阵，使用分析软件通过邻接法构建系统发育树，确保物种鉴定准确性。

7.3 DNA 条形码信息录入

DNA 条形码信息由凭证样本信息、样本图谱信息、DNA 条形码序列构成。DNA 条形码信息表参见附录 D。

8 质量保证和质量控制

8.1 物种采集与鉴定质量保证和质量控制

物种采集与鉴定质量保证和质量控制按照本书“第 16 章　水生生物监测质量保证和质量控制”相关要求进行，样品鉴定尽量识别到水生生物的最低分类单元（一般为属或种）。

8.2 DNA 条形码检测质量保证与质量控制

（1）每批次样品 DNA 提取应设置一个空白对照，即没有加入任何生物组织无菌水，与样品同步操作，用于排除 DNA 提取及后续实验过程中的污染；

（2）每批次 PCR 应设置一个阴性对照，即用无菌水替代 DNA 样品进行同步 PCR 扩增，用于排除 PCR 反应混合物制备过程中由于污染造成的假阳性；

（3）每批次 PCR 扩增应设置一个阳性对照，即添加等体积已知浓度靶向生物的基因组 DNA，同步进行 PCR 扩增；

（4）阴性对照 PCR 扩增应无条带；

（5）阳性对照的 PCR 产物应在预期的序列长度位置出现目的条带；

（6）每 10 个样品中随机抽取一个样品进行两次 Sanger 测序，确保测序结果的序列相似性≥99%。

9　废物处置

实验中产生的有害废物的分类、收集和处置应按照 GB 19489 的规定执行，生物废弃物在处置之前应采用高压蒸汽灭菌、消毒等方式灭活。

10　DNA 条形码数据库管理

10.1　数据保存与传输

原始序列峰图文件（*.ab1 格式）、碱基序列（*.seq 文件）均需同步上传。序列峰图文件可用 Geneious Prime、Chromas 等软件打开，查看测序质量，将符合质控要求的 *.ab1 文件上传。如采取双向测序，测序得到的原始文件应双端合并后上传。原始碱基序列（*.seq 文件）转换为 FASTA 格式进行条形码有效性评估后上传数据库。

10.2　数据库管理与运行

数据库管理与运行可参照《环境数据库设计与运行管理规范》（HJ/T 419—2007）的规定执行。

10.3　数据共享

国家、流域、地方数据库通过统一平台共享，使资源高效利用，数据库为保护贡献者知识产权，需注明贡献者姓名、单位等信息。引用数据库信息，应注明来源。

参编单位：

中国环境监测总站

生态环境部长江流域生态环境监督管理局生态环境监测与科学研究中心

江苏省环境监测中心

北京市生态环境监测中心

附录 A　淡水生物样品采集信息表

<table>
<tr><td>采样点位名称及编号：</td><td>采样人：</td><td>制表人：</td></tr>
<tr><td>采样点位经纬度：</td><td>采样日期和时间：</td><td>样品编号：</td></tr>
<tr><td colspan="3">采样地点基本信息：
详细描述采样地点的位置、生境特征等，如所属水体名称；现场测量的物理、化学或生物参数，如水温、溶解氧、pH等。附生境照。</td></tr>
<tr><td>样品采集</td><td colspan="2">采样设备：________________________
采样地点 □ 涉水 □ 岸边 □ 船上
采样方法：________________________

如果采用定量采集方法，附以下信息：
□ 采 水 量________L
□ 采水深度________m</td></tr>
<tr><td>样品类型：浮游植物 / 浮游动物 / 底栖动物 / 其他________________</td><td colspan="2">样品运输方式：</td></tr>
<tr><td>样品保存方式：</td><td colspan="2">样品保存地点：</td></tr>
<tr><td>质量控制措施</td><td colspan="2">列出实施的质量控制措施</td></tr>
<tr><td>备注</td><td colspan="2">提供其他相关信息或说明</td></tr>
</table>

附录 B　淡水生物样品鉴定信息表

<table>
<tr><td colspan="2">样品编号：</td><td>鉴定人：</td><td>制表人：</td></tr>
<tr><td colspan="4">样品分类地位：样本所属的物种名称、界门纲目科属种信息等</td></tr>
<tr><td colspan="4">形态学鉴定凭证：包含分类学特征的照片</td></tr>
<tr><td colspan="4">DNA 提取方法：
试剂 / 设备名称和型号：</td></tr>
<tr><td colspan="2">遗传标记：</td><td colspan="2">引物序列及名称：</td></tr>
<tr><td colspan="4">PCR 扩增体系：
PCR 扩增条件：
试剂 / 设备名称和型号：</td></tr>
<tr><td>条形码序列</td><td colspan="3"></td></tr>
<tr><td>遗传距离结果</td><td colspan="3"></td></tr>
<tr><td>序列比对结果</td><td colspan="3"></td></tr>
<tr><td>系统发育结果</td><td colspan="3"></td></tr>
<tr><td>质量控制措施</td><td colspan="3"></td></tr>
<tr><td>备注</td><td colspan="3"></td></tr>
</table>

附录 C　常用淡水生物 DNA 条形码扩增引物信息

<table>
<tr><th>生物类群</th><th>片段名称</th><th>引物名称</th><th>引物序列（5’-3’）</th><th>有效长度（bp）</th></tr>
<tr><td rowspan="4">原核藻类</td><td rowspan="2">16S rDNA</td><td>16S-27F</td><td>AGAGTTTGATCCTGGCTCAG</td><td rowspan="2">1 400～1 600</td></tr>
<tr><td>16S-1492R</td><td>RGMAACCTTGTACGACTT</td></tr>
<tr><td rowspan="2">16S V3-V4</td><td>16S-338F</td><td>ACTCCTACGGGAGGCAGCAG</td><td rowspan="2">400～500</td></tr>
<tr><td>16S-806R</td><td>GGACTACHVGGGTWTCTAAT</td></tr>
<tr><td rowspan="2">真核藻类</td><td rowspan="2">18S rDNA</td><td>18S-7F</td><td>ACCTGGTTGATCCTGCCAG</td><td rowspan="2">1 500～2 000</td></tr>
<tr><td>18S-1534R</td><td>TGATCCTTCYGCAGGTTCAC</td></tr>
<tr><td rowspan="4">大型水生植被</td><td rowspan="2">RbcL</td><td>orbcLa-F</td><td>ATGTCACCACAAACAGAGACTAAAGCA</td><td rowspan="2">500～600</td></tr>
<tr><td>orbcLa-R</td><td>TCATCYTTGGTAAAATCAAGTCCACCRC</td></tr>
<tr><td rowspan="2">ITS</td><td>oITS2-F</td><td>GCGAAATGCGATACTTGGTGTGAATTGC</td><td rowspan="2">300～500</td></tr>
<tr><td>oITS2-R</td><td>CCTTGTAAGTTTCTTTTCCTCCGCTTATT</td></tr>
<tr><td rowspan="4">浮游动物、大型底栖无脊椎动物</td><td rowspan="4">COI</td><td>LCO1490F</td><td>GGTCAACAAATCATAAAGATATTGG</td><td rowspan="4">～658</td></tr>
<tr><td>HCO2198R</td><td>TAAACTTCAGGGTGACCAAAAAATCA</td></tr>
<tr><td>dgLCO1490F</td><td>GGTCAACAAATCATAAAGAYATYGG</td></tr>
<tr><td>dgHCO2198R</td><td>TAAACTTCAGGGTGACCAAARAAYCA</td></tr>
<tr><td rowspan="6">鱼类</td><td rowspan="4">12S rDNA</td><td>MiFish-F</td><td>GTCGGTAAAACTCGTGCCAGC</td><td rowspan="2">163～185</td></tr>
<tr><td>MiFish-R</td><td>CATAGTGGGGTATCTAATCCCAGTT</td></tr>
<tr><td>Tele02-F</td><td>AAACTCGTGCCAGCCACC</td><td rowspan="2">～170</td></tr>
<tr><td>Tele02-R</td><td>GGGTATCTAATCCCAGTTTG</td></tr>
<tr><td rowspan="2">COI</td><td>F1</td><td>TCAACCAACCACAAAGACATTGGCAC</td><td rowspan="2">～639</td></tr>
<tr><td>R1</td><td>TAGACTTCTGGGTGGGCCAAAGAATC</td></tr>
</table>

注 1：根据所分析测试生物类群，选择合适的一对或多对引物

注 2：简并碱基代码：M：（A/C）、V：（A/C/G）、R：（A/G）、H：（A/C/T）、W：（A/T）、D：（A/G/T）、S：（C/G）、B：（C/G/T）、Y：（C/T）、N：（A/G/C/T）、K：（G/T）。

附录 D　DNA 条形码信息表

样本编号				样本照片	
采样位点		采样人 / 单位		采样时间	
经纬度		海拔		温度	
鉴定人 / 单位		鉴定时间		分类特征	
中文名		拉丁名		分类信息 （界门纲目科属种）	
DNA 条形码	引物信息	□ 16S □ 18S □ COI □线粒体 12S □其他			
	序列长度				
	测序平台				
	序列				
	序列原始峰图				

附件　中国淡水大型底栖无脊椎动物耐污值（试行）

门	Phylum	纲	Class	目	Order	科	Family	属	Genus	耐污值
扁形动物门	Platyhelminthes	涡虫纲	Turbellaria							2.6
扁形动物门	Platyhelminthes	涡虫纲	Turbellaria	三肠目	Tricladida	三角涡虫科	Dugesiidae			2.6
扁形动物门	Platyhelminthes	涡虫纲	Turbellaria	三肠目	Tricladida	三角涡虫科	Dugesiidae	三角涡虫属	*Dugesia*	2.6
纽形动物门	Nemertea									4.3
纽形动物门	Nemertea	帽幼纲	Pilidiophora	异纽目	Heteronemertea					4.3
纽形动物门	Nemertea	针纽纲	Hoplonemertea	单针目	Monostilifera					4.3
线虫动物门	Nematoda									4.9
线形动物门	Nematomorpha	铁线虫纲	Gordioida							4.9
线形动物门	Nematomorpha	铁线虫纲	Gordioida	铁线虫目	Gordioidea	铁线虫科	Gordiidae			4.9
线形动物门	Nematomorpha	铁线虫纲	Gordioida	铁线虫目	Gordioidea	铁线虫科	Gordiidae	铁线虫属	*Gordiacea*	4.9
环节动物门	Annelida	多毛纲	Polychaeta			竹节虫科 *	Maldanidae			2.6
环节动物门	Annelida	多毛纲	Polychaeta			锥头虫科 *	Orbiniidae			5.4
环节动物门	Annelida	多毛纲	Polychaeta			小头虫科 *	Capitellidae			9.5
环节动物门	Annelida	多毛纲	Polychaeta			小头虫科	Capitellidae	小头虫属 *	*Capitella*	9.5
环节动物门	Annelida	多毛纲	Polychaeta			小头虫科	Capitellidae	丝异须虫属 *	*Heteromastus*	6.5
环节动物门	Annelida	多毛纲	Polychaeta			小头虫科	Capitellidae	背蚓虫属 *	*Notomastus*	9.5
环节动物门	Annelida	多毛纲	Polychaeta	缨鳃虫目	Sabellida	缨鳃虫科 *	Sabellidae			5.4
环节动物门	Annelida	多毛纲	Polychaeta	缨鳃虫目	Sabellida	缨鳃虫科	Sabellidae	石缨虫属 *	*Laonome*	5.4
环节动物门	Annelida	多毛纲	Polychaeta	海稚虫目	Spionida	海稚虫科 *	Spionidae			5.4
环节动物门	Annelida	多毛纲	Polychaeta	海稚虫目	Spionida	海稚虫科	Spionidae	才女虫属 *	*Polydora*	5.4

续表

门	Phylum	纲	Class	目	Order	科	Family	属	Genus	耐污值
环节动物门	Annelida	多毛纲	Polychaeta	海稚虫目	Spionida	海稚虫科	Spionidae	伪才女虫属 *	*Pseudopolydora*	5.4
环节动物门	Annelida	多毛纲	Polychaeta	蛰龙介目	Terebellida	丝鳃虫科 *	Cirriformia			6.5
环节动物门	Annelida	多毛纲	Polychaeta	蛰龙介目	Terebellida	不倒翁虫科 *	Sternaspidae			5.4
环节动物门	Annelida	多毛纲	Polychaeta	叶须虫目	Phyllodocida	叶须虫科 *	Phyllodocidae			5.4
环节动物门	Annelida	多毛纲	Polychaeta	叶须虫目	Phyllodocida	叶须虫科	Phyllodocidae	双须虫属 *	*Eteone*	5.4
环节动物门	Annelida	多毛纲	Polychaeta	叶须虫目	Phyllodocida	齿吻沙蚕科 *	Nephtyidae			5.4
环节动物门	Annelida	多毛纲	Polychaeta	叶须虫目	Phyllodocida	齿吻沙蚕科	Nephtyidae	微齿吻沙蚕属 *	*Micronephthys*	5.4
环节动物门	Annelida	多毛纲	Polychaeta	叶须虫目	Phyllodocida	齿吻沙蚕科	Nephtyidae	齿吻沙蚕属 *	*Nephtys*	5.4
环节动物门	Annelida	多毛纲	Polychaeta	叶须虫目	Phyllodocida	沙蚕科 *	Nereididae			5.4
环节动物门	Annelida	多毛纲	Polychaeta	叶须虫目	Phyllodocida	沙蚕科	Nereididae	鳃沙蚕属 *	*Dendronereis*	5.4
环节动物门	Annelida	多毛纲	Polychaeta	叶须虫目	Phyllodocida	沙蚕科	Nereididae	年荷沙蚕属 *	*Hediste*	5.4
环节动物门	Annelida	多毛纲	Polychaeta	叶须虫目	Phyllodocida	沙蚕科	Nereididae	溪沙蚕属 *	*Namalycastis*	5.4
环节动物门	Annelida	多毛纲	Polychaeta	叶须虫目	Phyllodocida	沙蚕科	Nereididae	刺沙蚕属 *	*Neanthes*	5.4
环节动物门	Annelida	多毛纲	Polychaeta	叶须虫目	Phyllodocida	沙蚕科	Nereididae	沙蚕属 *	*Nereis*	5.4
环节动物门	Annelida	多毛纲	Polychaeta	叶须虫目	Phyllodocida	沙蚕科	Nereididae	围沙蚕属 *	*Perinereis*	5.4
环节动物门	Annelida	多毛纲	Polychaeta	叶须虫目	Phyllodocida	沙蚕科	Nereididae	疣吻沙蚕属 *	*Tylorrhynchus*	5.4
环节动物门	Annelida	寡毛纲	Oligochaeta	蛭蚓目	Branchiobdellida	蛭蚓科	Branchiobdellidae			6.5
环节动物门	Annelida	寡毛纲	Oligochaeta	蛭蚓目	Branchiobdellida	蛭蚓科	Branchiobdellidae	蛭蚓属	*Branchiobdella*	7.4
环节动物门	Annelida	寡毛纲	Oligochaeta	蛭蚓目	Branchiobdellida	蛭蚓科	Branchiobdellidae	米虾蛭蚓属	*Caridinophila*	6.5
环节动物门	Annelida	寡毛纲	Oligochaeta	蛭蚓目	Branchiobdellida	蛭蚓科	Branchiobdellidae	卷突蚓属	*Cirrodrilus*	7.4
环节动物门	Annelida	寡毛纲	Oligochaeta	蛭蚓目	Branchiobdellida	蛭蚓科	Branchiobdellidae	霍尔特蛭蚓属	*Holtodrilus*	7.4
环节动物门	Annelida	寡毛纲	Oligochaeta	蛭蚓目	Branchiobdellida	蛭蚓科	Branchiobdellidae	华蛭蚓属	*Sinodrilus*	7.4
环节动物门	Annelida	寡毛纲	Oligochaeta	蛭蚓目	Branchiobdellida	蛭蚓科	Branchiobdellidae	冠蛭蚓属	*Stephanodrilus*	6.5
环节动物门	Annelida	寡毛纲	Oligochaeta	单向蚓目	Haplotaxida	单向蚓科	Haplotaxidae			5.4

续表

门	Phylum	纲	Class	目	Order	科	Family	属	Genus	耐污值
环节动物门	Annelida	寡毛纲	Oligochaeta	单向蚓目	Haplotaxida	单向蚓科	Haplotaxidae	单向蚓属	*Haplotaxis*	5.4
环节动物门	Annelida	寡毛纲	Oligochaeta	带丝蚓目	Lumbriculida	带丝蚓科	Lumbriculidae	带丝蚓属	*Lumbriculus*	5.4
环节动物门	Annelida	寡毛纲	Oligochaeta	带丝蚓目	Lumbriculida	带丝蚓科	Lumbriculidae			5.4
环节动物门	Annelida	寡毛纲	Oligochaeta	带丝蚓目	Lumbriculida	带丝蚓科	Lumbriculidae	杆丝蚓属	*Styloscolex*	5.4
环节动物门	Annelida	寡毛纲	Oligochaeta	线蚓目	Enchytraeida	线蚓科	Enchytraeidae			7.5
环节动物门	Annelida	寡毛纲	Oligochaeta	线蚓目	Enchytraeida	线蚓科	Enchytraeidae	线蚓属	*Enchytraeus*	7.5
环节动物门	Annelida	寡毛纲	Oligochaeta	线蚓目	Enchytraeida	线蚓科	Enchytraeidae	半线蚓属	*Hemienchytraeus*	7.5
环节动物门	Annelida	寡毛纲	Oligochaeta	线蚓目	Enchytraeida	线蚓科	Enchytraeidae	亨利蚓属	*Henlea*	7.5
环节动物门	Annelida	寡毛纲	Oligochaeta	线蚓目	Enchytraeida	线蚓科	Enchytraeidae	玛利安蚓属	*Marionina*	7.5
环节动物门	Annelida	寡毛纲	Oligochaeta	线蚓目	Enchytraeida	线蚓科	Enchytraeidae	史氏蚓属	*Stephensoniella*	7.5
环节动物门	Annelida	寡毛纲	Oligochaeta	颤蚓目	Tubificida	仙女虫科	Naididae			6.0
环节动物门	Annelida	寡毛纲	Oligochaeta	颤蚓目	Tubificida	仙女虫科	Naididae	异仙女虫属	*Allonais*	7.0
环节动物门	Annelida	寡毛纲	Oligochaeta	颤蚓目	Tubificida	仙女虫科	Naididae	双毛虫属	*Amphichaeta*	7.0
环节动物门	Annelida	寡毛纲	Oligochaeta	颤蚓目	Tubificida	仙女虫科	Naididae	吻仙女虫属	*Arcteonais*	7.0
环节动物门	Annelida	寡毛纲	Oligochaeta	颤蚓目	Tubificida	仙女虫科	Naididae	管盘虫属	*Aulophorus*	7.0
环节动物门	Annelida	寡毛纲	Oligochaeta	颤蚓目	Tubificida	仙女虫科	Naididae	头鳃虫属	*Branchiodrilus*	6.0
环节动物门	Annelida	寡毛纲	Oligochaeta	颤蚓目	Tubificida	仙女虫科	Naididae	布拉迪虫属	*Bratislavia*	7.0
环节动物门	Annelida	寡毛纲	Oligochaeta	颤蚓目	Tubificida	仙女虫科	Naididae	毛腹虫属	*Chaetogaster*	7.0
环节动物门	Annelida	寡毛纲	Oligochaeta	颤蚓目	Tubificida	仙女虫科	Naididae	尾盘虫属	*Dero*	8.5
环节动物门	Annelida	寡毛纲	Oligochaeta	颤蚓目	Tubificida	仙女虫科	Naididae	红仙女虫属	*Haemonais*	8.5
环节动物门	Annelida	寡毛纲	Oligochaeta	颤蚓目	Tubificida	仙女虫科	Naididae	仙女虫属	*Nais*	6.1
环节动物门	Annelida	寡毛纲	Oligochaeta	颤蚓目	Tubificida	仙女虫科	Naididae	蛇仙女虫属	*Ophidonais*	7.0
环节动物门	Annelida	寡毛纲	Oligochaeta	颤蚓目	Tubificida	仙女虫科	Naididae	拟仙女虫属	*Paranais*	7.0
环节动物门	Annelida	寡毛纲	Oligochaeta	颤蚓目	Tubificida	仙女虫科	Naididae	皮氏虫属	*Piguetiella*	7.0

续表

门	Phylum	纲	Class	目	Order	科	Family	属	Genus	耐污值
环节动物门	Annelida	寡毛纲	Oligochaeta	颤蚓目	Tubificida	仙女虫科	Naididae	吻盲虫属	*Pristina*	8.5
环节动物门	Annelida	寡毛纲	Oligochaeta	颤蚓目	Tubificida	仙女虫科	Naididae	蓬头虫属	*Ripistes*	7.0
环节动物门	Annelida	寡毛纲	Oligochaeta	颤蚓目	Tubificida	仙女虫科	Naididae	癞皮虫属	*Slavina*	8.5
环节动物门	Annelida	寡毛纲	Oligochaeta	颤蚓目	Tubificida	仙女虫科	Naididae	斯必卡虫属	*Specaria*	7.0
环节动物门	Annelida	寡毛纲	Oligochaeta	颤蚓目	Tubificida	仙女虫科	Naididae	泥盲虫属	*Stephensoniana*	7.0
环节动物门	Annelida	寡毛纲	Oligochaeta	颤蚓目	Tubificida	仙女虫科	Naididae	杆吻虫属	*Stylaria*	7.4
环节动物门	Annelida	寡毛纲	Oligochaeta	颤蚓目	Tubificida	仙女虫科	Naididae	钩仙女虫	*Uncinais*	7.0
环节动物门	Annelida	寡毛纲	Oligochaeta	颤蚓目	Tubificida	仙女虫科	Naididae	维窦夫虫属	*Vejdovskyella*	7.0
环节动物门	Annelida	寡毛纲	Oligochaeta	颤蚓目	Tubificida	颤蚓科	Tubificidae			9.5
环节动物门	Annelida	寡毛纲	Oligochaeta	颤蚓目	Tubificida	颤蚓科	Tubificidae	管水蚓属	*Aulodrilus*	8.0
环节动物门	Annelida	寡毛纲	Oligochaeta	颤蚓目	Tubificida	颤蚓科	Tubificidae	盘丝蚓属	*Bothrioneurum*	9.6
环节动物门	Annelida	寡毛纲	Oligochaeta	颤蚓目	Tubificida	颤蚓科	Tubificidae	尾鳃蚓属	*Branchiura*	9.3
环节动物门	Annelida	寡毛纲	Oligochaeta	颤蚓目	Tubificida	颤蚓科	Tubificidae	陈氏蚓属	*Chenidrilus*	8.5
环节动物门	Annelida	寡毛纲	Oligochaeta	颤蚓目	Tubificida	颤蚓科	Tubificidae	膨管蚓属 *	*Doliodrilus*	9.4
环节动物门	Annelida	寡毛纲	Oligochaeta	颤蚓目	Tubificida	颤蚓科	Tubificidae	泥蚓属	*Ilyodrilus*	9.5
环节动物门	Annelida	寡毛纲	Oligochaeta	颤蚓目	Tubificida	颤蚓科	Tubificidae	等毛蚓属	*Isochaetides*	8.5
环节动物门	Annelida	寡毛纲	Oligochaeta	颤蚓目	Tubificida	颤蚓科	Tubificidae	水丝蚓属	*Limnodrilus*	9.7
环节动物门	Annelida	寡毛纲	Oligochaeta	颤蚓目	Tubificida	颤蚓科	Tubificidae	单孔蚓属	*Monopylephorus*	9.6
环节动物门	Annelida	寡毛纲	Oligochaeta	颤蚓目	Tubificida	颤蚓科	Tubificidae	溪毛蚓属	*Potamothrix*	7.4
环节动物门	Annelida	寡毛纲	Oligochaeta	颤蚓目	Tubificida	颤蚓科	Tubificidae	河蚓属	*Rhyacodrilus*	8.5
环节动物门	Annelida	寡毛纲	Oligochaeta	颤蚓目	Tubificida	颤蚓科	Tubificidae	癞颤蚓属	*Spirosperma*	9.3
环节动物门	Annelida	寡毛纲	Oligochaeta	颤蚓目	Tubificida	颤蚓科	Tubificidae	疣丝蚓属 *	*Tectidrilus*	9.4
环节动物门	Annelida	寡毛纲	Oligochaeta	颤蚓目	Tubificida	颤蚓科	Tubificidae	沼丝蚓属	*Telmatodrilus*	6.5
环节动物门	Annelida	寡毛纲	Oligochaeta	颤蚓目	Tubificida	颤蚓科	Tubificidae	嫩丝蚓属	*Teneridrilus*	8.5

续表

门	Phylum	纲	Class	目	Order	科	Family	属	Genus	耐污值
环节动物门	Annelida	寡毛纲	Oligochaeta	颤蚓目	Tubificida	颤蚓科	Tubificidae	颤蚓属	*Tubifex*	9.8
环节动物门	Annelida	寡毛纲	Oligochaeta	颤蚓目	Tubificida	颤蚓科	Tubificidae	变毛蚓属	*Varichaetadrilus*	9.4
环节动物门	Annelida	蛭纲	Hirudinea	无吻蛭目	Arhynchobdellida	石蛭科	Erpobdellidae			7.4
环节动物门	Annelida	蛭纲	Hirudinea	无吻蛭目	Arhynchobdellida	石蛭科	Erpobdellidae	红蛭属	*Dina*	8.0
环节动物门	Annelida	蛭纲	Hirudinea	无吻蛭目	Arhynchobdellida	石蛭科	Erpobdellidae	石蛭属	*Erpobdella*	7.4
环节动物门	Annelida	蛭纲	Hirudinea	无吻蛭目	Arhynchobdellida	石蛭科	Erpobdellidae	穆尔蛭属	*Mooreobdella*	8.0
环节动物门	Annelida	蛭纲	Hirudinea	无吻蛭目	Arhynchobdellida	医蛭科	Hirudinidae			7.0
环节动物门	Annelida	蛭纲	Hirudinea	无吻蛭目	Arhynchobdellida	医蛭科	Hirudinidae	鼻蛭属	*Dinobdella*	8.5
环节动物门	Annelida	蛭纲	Hirudinea	无吻蛭目	Arhynchobdellida	医蛭科	Hirudinidae	黄蛭属	*Haemopis*	8.5
环节动物门	Annelida	蛭纲	Hirudinea	无吻蛭目	Arhynchobdellida	医蛭科	Hirudinidae	医蛭属	*Hirudo*	6.5
环节动物门	Annelida	蛭纲	Hirudinea	无吻蛭目	Arhynchobdellida	医蛭科	Hirudinidae	粘蛭属	*Myxobdella*	6.5
环节动物门	Annelida	蛭纲	Hirudinea	无吻蛭目	Arhynchobdellida	医蛭科	Hirudinidae	牛蛭属	*Poecilobdella*	6.5
环节动物门	Annelida	蛭纲	Hirudinea	无吻蛭目	Arhynchobdellida	医蛭科	Hirudinidae	金线蛭属	*Whitmania*	6.6
环节动物门	Annelida	蛭纲	Hirudinea	无吻蛭目	Arhynchobdellida	沙蛭科	Salifidae			6.2
环节动物门	Annelida	蛭纲	Hirudinea	无吻蛭目	Arhynchobdellida	沙蛭科	Salifidae	巴蛭属	*Barbronia*	6.0
环节动物门	Annelida	蛭纲	Hirudinea	无吻蛭目	Arhynchobdellida	沙蛭科	Salifidae	类蛭属	*Mimobdella*	7.0
环节动物门	Annelida	蛭纲	Hirudinea	无吻蛭目	Arhynchobdellida	沙蛭科	Salifidae	齿蛭属	*Odontobdella*	7.0
环节动物门	Annelida	蛭纲	Hirudinea	无吻蛭目	Arhynchobdellida	沙蛭科	Salifidae	沙蛭属	*Salifa*	7.0
环节动物门	Annelida	蛭纲	Hirudinea	无吻蛭目	Arhynchobdellida	沙蛭科	Salifidae	掘蛭属	*Scaptobdella*	7.0
环节动物门	Annelida	蛭纲	Hirudinea	吻蛭目	Rhynchobdellida	舌蛭科	Glossiphoniidae			6.7
环节动物门	Annelida	蛭纲	Hirudinea	吻蛭目	Rhynchobdellida	舌蛭科	Glossiphoniidae	蛙蛭属	*Batracobdella*	7.4
环节动物门	Annelida	蛭纲	Hirudinea	吻蛭目	Rhynchobdellida	舌蛭科	Glossiphoniidae	舌蛭属	*Glossiphonia*	6.7
环节动物门	Annelida	蛭纲	Hirudinea	吻蛭目	Rhynchobdellida	舌蛭科	Glossiphoniidae	泽蛭属	*Helobdella*	6.7
环节动物门	Annelida	蛭纲	Hirudinea	吻蛭目	Rhynchobdellida	舌蛭科	Glossiphoniidae	拟扁蛭属	*Hemiclepsis*	7.2

续表

门	Phylum	纲	Class	目	Order	科	Family	属	Genus	耐污值
环节动物门	Annelida	蛭纲	Hirudinea	吻蛭目	Rhynchobdellida	舌蛭科	Glossiphoniidae	穆蛭属	*Mooreotorix*	8.0
环节动物门	Annelida	蛭纲	Hirudinea	吻蛭目	Rhynchobdellida	舌蛭科	Glossiphoniidae	寡蛭属	*Oligobdella*	6.5
环节动物门	Annelida	蛭纲	Hirudinea	吻蛭目	Rhynchobdellida	舌蛭科	Glossiphoniidae	副蛭属	*Parabdella*	8.0
环节动物门	Annelida	蛭纲	Hirudinea	吻蛭目	Rhynchobdellida	舌蛭科	Glossiphoniidae	拟小蛭属	*Paraclepsis*	7.4
环节动物门	Annelida	蛭纲	Hirudinea	吻蛭目	Rhynchobdellida	舌蛭科	Glossiphoniidae	盾蛭属	*Placobdella*	7.4
环节动物门	Annelida	蛭纲	Hirudinea	吻蛭目	Rhynchobdellida	舌蛭科	Glossiphoniidae	晶蛭属	*Theromyzon*	7.4
环节动物门	Annelida	蛭纲	Hirudinea	吻蛭目	Rhynchobdellida	舌蛭科	Glossiphoniidae	膨蛭属	*Torix*	7.4
环节动物门	Annelida	蛭纲	Hirudinea	吻蛭目	Rhynchobdellida	鳃蛭科	Ozobranchidae			8.0
环节动物门	Annelida	蛭纲	Hirudinea	吻蛭目	Rhynchobdellida	鳃蛭科	Ozobranchidae	鳃蛭属	*Ozobrahchus*	7.4
环节动物门	Annelida	蛭纲	Hirudinea	吻蛭目	Rhynchobdellida	鱼蛭科	Piscicolidae			6.5
环节动物门	Annelida	蛭纲	Hirudinea	吻蛭目	Rhynchobdellida	鱼蛭科	Piscicolidae	囊蛭属	*Cystobranchus*	7.4
环节动物门	Annelida	蛭纲	Hirudinea	吻蛭目	Rhynchobdellida	鱼蛭科	Piscicolidae	湖蛭属	*Limnotrachelobdella*	7.4
环节动物门	Annelida	蛭纲	Hirudinea	吻蛭目	Rhynchobdellida	鱼蛭科	Piscicolidae	鱼蛭属	*Piscicola*	7.4
软体动物门	Mollusca	腹足纲	Gastropoda			青螺科 *	Lottiidae			5.4
软体动物门	Mollusca	腹足纲	Gastropoda			青螺科	Lottiidae	日本笠贝属 *	*Nipponacmea*	5.4
软体动物门	Mollusca	腹足纲	Gastropoda	主扭舌目	Architaenioglossa	瓶螺科	Ampullariidae			6.2
软体动物门	Mollusca	腹足纲	Gastropoda	主扭舌目	Architaenioglossa	瓶螺科	Ampullariidae	瓶螺属	*Pila*	5.4
软体动物门	Mollusca	腹足纲	Gastropoda	主扭舌目	Architaenioglossa	瓶螺科	Ampullariidae	福寿螺属	*Pomacea*	7.4
软体动物门	Mollusca	腹足纲	Gastropoda	主扭舌目	Architaenioglossa	田螺科	Viviparidae			5.8
软体动物门	Mollusca	腹足纲	Gastropoda	主扭舌目	Architaenioglossa	田螺科	Viviparidae	角螺属	*Angulyagra*	6.5
软体动物门	Mollusca	腹足纲	Gastropoda	主扭舌目	Architaenioglossa	田螺科	Viviparidae	圆田螺属	*Cipangopaludina*	6.5
软体动物门	Mollusca	腹足纲	Gastropoda	主扭舌目	Architaenioglossa	田螺科	Viviparidae	色带田螺属	*Filopaludina*	5.4
软体动物门	Mollusca	腹足纲	Gastropoda	主扭舌目	Architaenioglossa	田螺科	Viviparidae	螺蛳属	*Margarya*	5.4
软体动物门	Mollusca	腹足纲	Gastropoda	主扭舌目	Architaenioglossa	田螺科	Viviparidae	湄公螺属	*Mekongia*	5.4

续表

门	Phylum	纲	Class	目	Order	科	Family	属	Genus	耐污值
软体动物门	Mollusca	腹足纲	Gastropoda	主扭舌目	Architaenioglossa	田螺科	Viviparidae	河螺属	*Rivularia*	5.9
软体动物门	Mollusca	腹足纲	Gastropoda	主扭舌目	Architaenioglossa	田螺科	Viviparidae	泰国田螺属	*Siamopaludina*	6.5
软体动物门	Mollusca	腹足纲	Gastropoda	主扭舌目	Architaenioglossa	田螺科	Viviparidae	石田螺属	*Sinotaia*	7.0
软体动物门	Mollusca	腹足纲	Gastropoda	主扭舌目	Architaenioglossa	田螺科	Viviparidae	玺螺蛳属	*Tchangmargarya*	5.4
软体动物门	Mollusca	腹足纲	Gastropoda	主扭舌目	Architaenioglossa	田螺科	Viviparidae	拟小螺属	*Trochotaia*	5.9
软体动物门	Mollusca	腹足纲	Gastropoda	主扭舌目	Architaenioglossa	田螺科	Viviparidae	田螺属	*Viviparus*	5.4
软体动物门	Mollusca	腹足纲	Gastropoda	新进腹足目	Caenogastropoda	厚唇螺科	Pachychilidae			4.3
软体动物门	Mollusca	腹足纲	Gastropoda	新进腹足目	Caenogastropoda	厚唇螺科	Pachychilidae	川蜷属	*Brotia*	4.3
软体动物门	Mollusca	腹足纲	Gastropoda	新进腹足目	Caenogastropoda	厚唇螺科	Pachychilidae	沟蜷属	*Sulcospira*	4.3
软体动物门	Mollusca	腹足纲	Gastropoda	新进腹足目	Caenogastropoda	肋蜷科	Pleuroceridae			4.3
软体动物门	Mollusca	腹足纲	Gastropoda	新进腹足目	Caenogastropoda	短沟蜷科	Semisulcospiridae			4.3
软体动物门	Mollusca	腹足纲	Gastropoda	新进腹足目	Caenogastropoda	短沟蜷科	Semisulcospiridae	华蜷属	*Hua*	3.9
软体动物门	Mollusca	腹足纲	Gastropoda	新进腹足目	Caenogastropoda	短沟蜷科	Semisulcospiridae	韩蜷属	*Koreoleptoxis*	4.3
软体动物门	Mollusca	腹足纲	Gastropoda	新进腹足目	Caenogastropoda	短沟蜷科	Semisulcospiridae	短沟蜷属	*Semisulcospira*	4.3
软体动物门	Mollusca	腹足纲	Gastropoda	新进腹足目	Caenogastropoda	跑螺科	Thiaridae			5.4
软体动物门	Mollusca	腹足纲	Gastropoda	新进腹足目	Caenogastropoda	跑螺科	Thiaridae	拟黑螺属	*Melanoides*	5.4
软体动物门	Mollusca	腹足纲	Gastropoda	新进腹足目	Caenogastropoda	跑螺科	Thiaridae	米氏蜷属	*Mieniplotia*	5.4
软体动物门	Mollusca	腹足纲	Gastropoda	新进腹足目	Caenogastropoda	跑螺科	Thiaridae	齿蜷属	*Sermyla*	5.4
软体动物门	Mollusca	腹足纲	Gastropoda	新进腹足目	Caenogastropoda	跑螺科	Thiaridae	粒蜷属	*Tarebia*	5.4
软体动物门	Mollusca	腹足纲	Gastropoda	滨螺形目	Littorinimorpha	拟沼螺科 *	Assimineidae			6.5
软体动物门	Mollusca	腹足纲	Gastropoda	滨螺形目	Littorinimorpha	拟沼螺科	Assimineidae	拟沼螺属 *	*Assiminca*	6.5
软体动物门	Mollusca	腹足纲	Gastropoda	滨螺形目	Littorinimorpha	拟沼螺科	Assimineidae	紧缢田螺属	*Paludinella*	6.5
软体动物门	Mollusca	腹足纲	Gastropoda	滨螺形目	Littorinimorpha	豆螺科	Bithyniidae			6.2
软体动物门	Mollusca	腹足纲	Gastropoda	滨螺形目	Littorinimorpha	豆螺科	Bithyniidae	涵螺属	*Alocinma*	5.4

续表

门	Phylum	纲	Class	目	Order	科	Family	属	Genus	耐污值
软体动物门	Mollusca	腹足纲	Gastropoda	滨螺形目	Littorinimorpha	豆螺科	Bithyniidae	豆螺属	*Bithynia*	5.9
软体动物门	Mollusca	腹足纲	Gastropoda	滨螺形目	Littorinimorpha	豆螺科	Bithyniidae	沼螺属	*Parafossarulus*	5.4
软体动物门	Mollusca	腹足纲	Gastropoda	滨螺形目	Littorinimorpha	金环螺科 *	Iravadiidae			5.4
软体动物门	Mollusca	腹足纲	Gastropoda	滨螺形目	Littorinimorpha	金环螺科	Iravadiidae	河纹螺属 *	*Fluviocingula*	5.4
软体动物门	Mollusca	腹足纲	Gastropoda	滨螺形目	Littorinimorpha	滨螺科 *	Littorinidae			5.4
软体动物门	Mollusca	腹足纲	Gastropoda	滨螺形目	Littorinimorpha	滨螺科	Littorinidae	滨螺属 *	*Littorina*	5.4
软体动物门	Mollusca	腹足纲	Gastropoda	滨螺形目	Littorinimorpha	盖螺科	Pomatiopsidae			4.9
软体动物门	Mollusca	腹足纲	Gastropoda	滨螺形目	Littorinimorpha	盖螺科	Pomatiopsidae	秋吉螺属	*Akiyoshia*	4.9
软体动物门	Mollusca	腹足纲	Gastropoda	滨螺形目	Littorinimorpha	盖螺科	Pomatiopsidae	小豆螺属	*Bythinella*	5.4
软体动物门	Mollusca	腹足纲	Gastropoda	滨螺形目	Littorinimorpha	盖螺科	Pomatiopsidae	德拉维螺属	*Dalavaya*	4.3
软体动物门	Mollusca	腹足纲	Gastropoda	滨螺形目	Littorinimorpha	盖螺科	Pomatiopsidae	洱海螺属	*Erthaia*	4.3
软体动物门	Mollusca	腹足纲	Gastropoda	滨螺形目	Littorinimorpha	盖螺科	Pomatiopsidae	龙骨螺属	*Fenouilia*	4.3
软体动物门	Mollusca	腹足纲	Gastropoda	滨螺形目	Littorinimorpha	盖螺科	Pomatiopsidae	哈氏螺属	*Halewisia*	4.3
软体动物门	Mollusca	腹足纲	Gastropoda	滨螺形目	Littorinimorpha	盖螺科	Pomatiopsidae	仿穴螺属	*Lacunopsis*	3.8
软体动物门	Mollusca	腹足纲	Gastropoda	滨螺形目	Littorinimorpha	盖螺科	Pomatiopsidae	仿雕石螺属	*Lithoglyphopsis*	4.9
软体动物门	Mollusca	腹足纲	Gastropoda	滨螺形目	Littorinimorpha	盖螺科	Pomatiopsidae	曼宁螺属	*Manningiella*	4.3
软体动物门	Mollusca	腹足纲	Gastropoda	滨螺形目	Littorinimorpha	盖螺科	Pomatiopsidae	钉螺属	*Oncomelania*	5.4
软体动物门	Mollusca	腹足纲	Gastropoda	滨螺形目	Littorinimorpha	盖螺科	Pomatiopsidae	脆弱螺属	*Paladilhia*	4.3
软体动物门	Mollusca	腹足纲	Gastropoda	滨螺形目	Littorinimorpha	盖螺科	Pomatiopsidae	川蜷属	*Paraprososthenia*	4.3
软体动物门	Mollusca	腹足纲	Gastropoda	滨螺形目	Littorinimorpha	盖螺科	Pomatiopsidae	拟塔螺属	*Parapygula*	4.3
软体动物门	Mollusca	腹足纲	Gastropoda	滨螺形目	Littorinimorpha	盖螺科	Pomatiopsidae	拟小豆螺属	*Pseudobythinella*	4.9
软体动物门	Mollusca	腹足纲	Gastropoda	滨螺形目	Littorinimorpha	盖螺科	Pomatiopsidae	拟钉螺属	*Tricula*	4.3
软体动物门	Mollusca	腹足纲	Gastropoda	滨螺形目	Littorinimorpha	狭口螺科 *	Stenothyridae			6.5
软体动物门	Mollusca	腹足纲	Gastropoda	滨螺形目	Littorinimorpha	狭口螺科	Stenothyridae	狭口螺属 *	*Stenothyra*	7.0

续表

门	Phylum	纲	Class	目	Order	科	Family	属	Genus	耐污值
软体动物门	Mollusca	腹足纲	Gastropoda	新腹足目	Neogastropoda	衲螺科 *	Cancellariidae			2.6
软体动物门	Mollusca	腹足纲	Gastropoda	新腹足目	Neogastropoda	织纹螺科 *	Nassariidae			5.4
软体动物门	Mollusca	腹足纲	Gastropoda	新腹足目	Neogastropoda	织纹螺科	Nassariidae	宝塔螺属	*Anentome*	5.4
软体动物门	Mollusca	腹足纲	Gastropoda	马蹄螺目	Trochida	马蹄螺科 *	Trochidae			5.4
软体动物门	Mollusca	腹足纲	Gastropoda	蜑螺目	Cycloneritida	蜑螺科 *	Neritidae			5.4
软体动物门	Mollusca	腹足纲	Gastropoda	蜑螺目	Cycloneritida	蜑螺科	Neritidae	彩螺属 *	*Clithon*	5.4
软体动物门	Mollusca	腹足纲	Gastropoda	蜑螺目	Cycloneritida	蜑螺科	Neritidae	蜑螺属 *	*Nerita*	5.4
软体动物门	Mollusca	腹足纲	Gastropoda	潮螺总目	Hygrophila	椎实螺科	Lymnaeidae			7.0
软体动物门	Mollusca	腹足纲	Gastropoda	潮螺总目	Hygrophila	椎实螺科	Lymnaeidae	土蜗属	*Galba*	7.4
软体动物门	Mollusca	腹足纲	Gastropoda	潮螺总目	Hygrophila	椎实螺科	Lymnaeidae	椎实螺属	*Lumnaea*	8.0
软体动物门	Mollusca	腹足纲	Gastropoda	潮螺总目	Hygrophila	椎实螺科	Lymnaeidae	萝卜螺属	*Radix*	6.0
软体动物门	Mollusca	腹足纲	Gastropoda	潮螺总目	Hygrophila	膀胱螺科	Physidae			6.5
软体动物门	Mollusca	腹足纲	Gastropoda	潮螺总目	Hygrophila	膀胱螺科	Physidae	无褶螺属	*Aplexa*	6.5
软体动物门	Mollusca	腹足纲	Gastropoda	潮螺总目	Hygrophila	膀胱螺科	Physidae	膀胱螺属	*Physa*	6.5
软体动物门	Mollusca	腹足纲	Gastropoda	潮螺总目	Hygrophila	扁卷螺科	Planorbidae			6.5
软体动物门	Mollusca	腹足纲	Gastropoda	潮螺总目	Hygrophila	扁卷螺科	Planorbidae	多旋螺属	*Anisus*	6.5
软体动物门	Mollusca	腹足纲	Gastropoda	潮螺总目	Hygrophila	扁卷螺科	Planorbidae	双脐螺属	*Biomphalaria*	6.5
软体动物门	Mollusca	腹足纲	Gastropoda	潮螺总目	Hygrophila	扁卷螺科	Planorbidae	扭螺属	*Camptoceras*	6.5
软体动物门	Mollusca	腹足纲	Gastropoda	潮螺总目	Hygrophila	扁卷螺科	Planorbidae	旋螺属	*Gyraulus*	6.5
软体动物门	Mollusca	腹足纲	Gastropoda	潮螺总目	Hygrophila	扁卷螺科	Planorbidae	圆扁螺属	*Hippeutis*	6.5
软体动物门	Mollusca	腹足纲	Gastropoda	潮螺总目	Hygrophila	扁卷螺科	Planorbidae	扁蜷螺属	*Indoplanorbis*	6.5
软体动物门	Mollusca	腹足纲	Gastropoda	潮螺总目	Hygrophila	扁卷螺科	Planorbidae	多脉扁螺属	*Polypylis*	6.5
软体动物门	Mollusca	腹足纲	Gastropoda	潮螺总目	Hygrophila	扁卷螺科	Planorbidae	隔扁螺属	*Segmentina*	6.5
软体动物门	Mollusca	腹足纲	Gastropoda			盘螺科	Valvatidae			4.9

续表

门	Phylum	纲	Class	目	Order	科	Family	属	Genus	耐污值
软体动物门	Mollusca	腹足纲	Gastropoda			盘螺科	Valvatidae	盘螺属	*Valvata*	4.9
软体动物门	Mollusca	双壳纲	Bivalvia	贻贝目	Mytilida	贻贝科	Mytilidae			5.4
软体动物门	Mollusca	双壳纲	Bivalvia	贻贝目	Mytilida	贻贝科	Mytilidae	沼蛤属	*Limnoperna*	5.4
软体动物门	Mollusca	双壳纲	Bivalvia	牡蛎目	Ostreida	牡蛎科 *	Ostreidae			2.6
软体动物门	Mollusca	双壳纲	Bivalvia	牡蛎目	Ostreida	牡蛎科	Ostreidae	太平洋牡蛎属 *	*Magallana*	2.6
软体动物门	Mollusca	双壳纲	Bivalvia	蚌目	Unionida	珍珠蚌科	Margaritiferidae			3.8
软体动物门	Mollusca	双壳纲	Bivalvia	蚌目	Unionida	珍珠蚌科	Margaritiferidae	珍珠蚌属	*Margaritiana*	3.8
软体动物门	Mollusca	双壳纲	Bivalvia	蚌目	Unionida	蚌科	Unionidae			5.4
软体动物门	Mollusca	双壳纲	Bivalvia	蚌目	Unionida	蚌科	Unionidae	尖嵴蚌属	*Acuticosta*	5.4
软体动物门	Mollusca	双壳纲	Bivalvia	蚌目	Unionida	蚌科	Unionidae	无齿蚌属	*Anodonta*	7.4
软体动物门	Mollusca	双壳纲	Bivalvia	蚌目	Unionida	蚌科	Unionidae	扭蚌属	*Arconaia*	5.4
软体动物门	Mollusca	双壳纲	Bivalvia	蚌目	Unionida	蚌科	Unionidae	冠蚌属	*Cristaria*	7.4
软体动物门	Mollusca	双壳纲	Bivalvia	蚌目	Unionida	蚌科	Unionidae	楔蚌属	*Cuneopsis*	6.5
软体动物门	Mollusca	双壳纲	Bivalvia	蚌目	Unionida	蚌科	Unionidae	帆蚌属	*Hyriopsis*	5.4
软体动物门	Mollusca	双壳纲	Bivalvia	蚌目	Unionida	蚌科	Unionidae	丽蚌属	*Lamprotula*	3.9
软体动物门	Mollusca	双壳纲	Bivalvia	蚌目	Unionida	蚌科	Unionidae	矛蚌属	*Lancelaria*	5.4
软体动物门	Mollusca	双壳纲	Bivalvia	蚌目	Unionida	蚌科	Unionidae	鳞皮蚌属	*Lepidodesma*	5.4
软体动物门	Mollusca	双壳纲	Bivalvia	蚌目	Unionida	蚌科	Unionidae	结节蚌属	*Nodularia*	5.4
软体动物门	Mollusca	双壳纲	Bivalvia	蚌目	Unionida	蚌科	Unionidae	锄蚌属	*Plychorhynchus*	4.3
软体动物门	Mollusca	双壳纲	Bivalvia	蚌目	Unionida	蚌科	Unionidae	拟齿蚌属	*Pseudodon*	5.4
软体动物门	Mollusca	双壳纲	Bivalvia	蚌目	Unionida	蚌科	Unionidae	糙蚌属	*Scabies*	5.4
软体动物门	Mollusca	双壳纲	Bivalvia	蚌目	Unionida	蚌科	Unionidae	裂脊蚌属	*Schistodesmus*	5.4
软体动物门	Mollusca	双壳纲	Bivalvia	蚌目	Unionida	蚌科	Unionidae	蛏蚌属	*Solenaia*	4.3
软体动物门	Mollusca	双壳纲	Bivalvia	蚌目	Unionida	蚌科	Unionidae	珠蚌属	*Unio*	6.5

续表

门	Phylum	纲	Class	目	Order	科	Family	属	Genus	耐污值
软体动物门	Mollusca	双壳纲	Bivalvia	球蚬目	Sphaeriida	球蚬科	Sphaeriidae			5.4
软体动物门	Mollusca	双壳纲	Bivalvia	球蚬目	Sphaeriida	球蚬科	Sphaeriidae	豌豆蚬属	*Pisidium*	5.4
软体动物门	Mollusca	双壳纲	Bivalvia	球蚬目	Sphaeriida	球蚬科	Sphaeriidae	球蚬属	*Sphaerium*	5.4
软体动物门	Mollusca	双壳纲	Bivalvia	帘蛤目	Venerida	蚬科 *	Cyrenidae			5.4
软体动物门	Mollusca	双壳纲	Bivalvia	帘蛤目	Venerida	蚬科	Cyrenidae	蚬属 *	*Corbicula*	5.8
软体动物门	Mollusca	双壳纲	Bivalvia	帘蛤目	Venerida	帘蛤科 *	Veneridae			2.6
软体动物门	Mollusca	双壳纲	Bivalvia	鸟蛤目	Cardiida	樱蛤科 *	Tellinidae			2.6
软体动物门	Mollusca	双壳纲	Bivalvia	鸟蛤目	Cardiida	樱蛤科	Tellinidae	明樱蛤属 *	*Moerella*	2.6
软体动物门	Mollusca	双壳纲	Bivalvia	贫齿目	Adapedonta	灯塔蛏科 *	Pharidae			5.4
软体动物门	Mollusca	双壳纲	Bivalvia	贫齿目	Adapedonta	灯塔蛏科	Pharidae	淡水蛏属	*Novaculina*	5.4
软体动物门	Mollusca	双壳纲	Bivalvia	贫齿目	Adapedonta	灯塔蛏科	Pharidae	缢蛏属 *	*Sinonovacula*	5.4
软体动物门	Mollusca	双壳纲	Bivalvia	海螂目	Myida	篮蛤科 *	Corbulidae			7.4
软体动物门	Mollusca	双壳纲	Bivalvia	海螂目	Myida	篮蛤科	Corbulidae	河篮蛤属 *	*Potamocorbula*	7.4
节肢动物门	Arthropoda	蛛形纲	Arachnida	蜘蛛目	Araneae	卷叶蛛科	Dictynidae			3.9
节肢动物门	Arthropoda	蛛形纲	Arachnida	蜘蛛目	Araneae	卷叶蛛科	Dictynidae	水蛛属	*argyroneta*	3.9
节肢动物门	Arthropoda	蛛形纲	Arachnida	恙螨目	Trombidiformes	尖颚水螨科	Acucapitidae			3.8
节肢动物门	Arthropoda	蛛形纲	Arachnida	恙螨目	Trombidiformes	尖颚水螨科	Acucapitidae	尖颚水螨属	*Acucapito*	3.8
节肢动物门	Arthropoda	蛛形纲	Arachnida	恙螨目	Trombidiformes	小八角水螨科	Anisitsiellidae			2.5
节肢动物门	Arthropoda	蛛形纲	Arachnida	恙螨目	Trombidiformes	小八角水螨科	Anisitsiellidae	尼罗螨属	*Nilotonia*	2.5
节肢动物门	Arthropoda	蛛形纲	Arachnida	恙螨目	Trombidiformes	雄尾螨科	Arrenuridae			3.6
节肢动物门	Arthropoda	蛛形纲	Arachnida	恙螨目	Trombidiformes	雄尾螨科	Arrenuridae	雄尾螨属	*Arrenurus*	3.6
节肢动物门	Arthropoda	蛛形纲	Arachnida	恙螨目	Trombidiformes	阿土水螨科	Aturidae			2.9
节肢动物门	Arthropoda	蛛形纲	Arachnida	恙螨目	Trombidiformes	阿土水螨科	Aturidae	易北水螨属	*Albia*	2.9
节肢动物门	Arthropoda	蛛形纲	Arachnida	恙螨目	Trombidiformes	阿土水螨科	Aturidae	阿土水螨属	*Aturus*	3.1

续表

门	Phylum	纲	Class	目	Order	科	Family	属	Genus	耐污值
节肢动物门	Arthropoda	蛛形纲	Arachnida	恙螨目	Trombidiformes	阿土水螨科	Aturidae	短足水螨属	*Brachypoda*	2.7
节肢动物门	Arthropoda	蛛形纲	Arachnida	恙螨目	Trombidiformes	阿土水螨科	Aturidae	六钩螨属	*Hexaxonopsis*	2.7
节肢动物门	Arthropoda	蛛形纲	Arachnida	恙螨目	Trombidiformes	阿土水螨科	Aturidae	夹水螨属	*Ljania*	2.5
节肢动物门	Arthropoda	蛛形纲	Arachnida	恙螨目	Trombidiformes	阿土水螨科	Aturidae	新神盔水螨属	*Neoaxonopsalbia*	2.5
节肢动物门	Arthropoda	蛛形纲	Arachnida	恙螨目	Trombidiformes	阿土水螨科	Aturidae	帕拉水螨属	*Paraxonopsis*	2.6
节肢动物门	Arthropoda	蛛形纲	Arachnida	恙螨目	Trombidiformes	阿土水螨科	Aturidae	华水螨属	*Sinaxonopsis*	3.5
节肢动物门	Arthropoda	蛛形纲	Arachnida	恙螨目	Trombidiformes	阿土水螨科	Aturidae	异爪螨属	*Woolastookia*	3.3
节肢动物门	Arthropoda	蛛形纲	Arachnida	恙螨目	Trombidiformes	拟班达水螨科	Bandakiopsidae			2.5
节肢动物门	Arthropoda	蛛形纲	Arachnida	恙螨目	Trombidiformes	拟班达水螨科	Bandakiopsidae	俄勒冈水螨属	*Oregonacarus*	2.5
节肢动物门	Arthropoda	蛛形纲	Arachnida	恙螨目	Trombidiformes	皱喙螨科	Eylaidae			4.1
节肢动物门	Arthropoda	蛛形纲	Arachnida	恙螨目	Trombidiformes	皱喙螨科	Eylaidae	皱喙螨属	*Eylais*	4.1
节肢动物门	Arthropoda	蛛形纲	Arachnida	恙螨目	Trombidiformes	纹水螨科	Feltriidae			2.3
节肢动物门	Arthropoda	蛛形纲	Arachnida	恙螨目	Trombidiformes	纹水螨科	Feltriidae	纹水螨属	*Feltria*	2.3
节肢动物门	Arthropoda	蛛形纲	Arachnida	恙螨目	Trombidiformes	水螨科	Hydrachnidae			3.6
节肢动物门	Arthropoda	蛛形纲	Arachnida	恙螨目	Trombidiformes	水螨科	Hydrachnidae	水螨属	*Hydrachna*	3.6
节肢动物门	Arthropoda	蛛形纲	Arachnida	恙螨目	Trombidiformes	水跑螨科	Hydrodromidae			4.1
节肢动物门	Arthropoda	蛛形纲	Arachnida	恙螨目	Trombidiformes	水跑螨科	Hydrodromidae	水跑螨属	*Hydrodroma*	4.1
节肢动物门	Arthropoda	蛛形纲	Arachnida	恙螨目	Trombidiformes	溪螨科	Hydrovolziidae			2.7
节肢动物门	Arthropoda	蛛形纲	Arachnida	恙螨目	Trombidiformes	溪螨科	Hydrovolziidae	溪螨属	*Hydrovolzia*	2.7
节肢动物门	Arthropoda	蛛形纲	Arachnida	恙螨目	Trombidiformes	盾水螨科	Hydryphantidae			3.2
节肢动物门	Arthropoda	蛛形纲	Arachnida	恙螨目	Trombidiformes	盾水螨科	Hydryphantidae	双齿螨属	*Diplodontus*	3.3
节肢动物门	Arthropoda	蛛形纲	Arachnida	恙螨目	Trombidiformes	盾水螨科	Hydryphantidae	盾水螨属	*Hydryphantes*	3.4
节肢动物门	Arthropoda	蛛形纲	Arachnida	恙螨目	Trombidiformes	盾水螨科	Hydryphantidae	铠水螨属	*Mamersa*	3.7
节肢动物门	Arthropoda	蛛形纲	Arachnida	恙螨目	Trombidiformes	盾水螨科	Hydryphantidae	碟水螨属	*Panisopsis*	3.0

续表

门	Phylum	纲	Class	目	Order	科	Family	属	Genus	耐污值
节肢动物门	Arthropoda	蛛形纲	Arachnida	恙螨目	Trombidiformes	盾水螨科	Hydryphantidae	帕吞水螨属	*Partnunia*	3.1
节肢动物门	Arthropoda	蛛形纲	Arachnida	恙螨目	Trombidiformes	盾水螨科	Hydryphantidae	普氏水螨属	*Protzia*	3.5
节肢动物门	Arthropoda	蛛形纲	Arachnida	恙螨目	Trombidiformes	盾水螨科	Hydryphantidae	毛盾水螨属	*Trichothyas*	2.7
节肢动物门	Arthropoda	蛛形纲	Arachnida	恙螨目	Trombidiformes	盾水螨科	Hydryphantidae	蠕形水螨属	*Wandesia*	2.5
节肢动物门	Arthropoda	蛛形纲	Arachnida	恙螨目	Trombidiformes	湿螨科	Hygrobatidae			3.1
节肢动物门	Arthropoda	蛛形纲	Arachnida	恙螨目	Trombidiformes	湿螨科	Hygrobatidae	曲跗湿螨属	*Atractides*	3.4
节肢动物门	Arthropoda	蛛形纲	Arachnida	恙螨目	Trombidiformes	湿螨科	Hygrobatidae	湿螨属	*Hygrobates*	3.3
节肢动物门	Arthropoda	蛛形纲	Arachnida	恙螨目	Trombidiformes	湿螨科	Hygrobatidae	杂湿螨属	*Mixobates*	2.9
节肢动物门	Arthropoda	蛛形纲	Arachnida	恙螨目	Trombidiformes	湿螨科	Hygrobatidae	华湿螨属	*Sinibates*	2.9
节肢动物门	Arthropoda	蛛形纲	Arachnida	恙螨目	Trombidiformes	腺水螨科	Lebertioidae			3.9
节肢动物门	Arthropoda	蛛形纲	Arachnida	恙螨目	Trombidiformes	腺水螨科	Lebertioidae	腺水螨属	*Lebertia*	3.9
节肢动物门	Arthropoda	蛛形纲	Arachnida	恙螨目	Trombidiformes	沼螨科	Limnesiidae			4.1
节肢动物门	Arthropoda	蛛形纲	Arachnida	恙螨目	Trombidiformes	沼螨科	Limnesiidae	沼螨属	*Limnesia*	4.1
节肢动物门	Arthropoda	蛛形纲	Arachnida	恙螨目	Trombidiformes	喜沼螨科	Limnocharidae			2.7
节肢动物门	Arthropoda	蛛形纲	Arachnida	恙螨目	Trombidiformes	喜沼螨科	Limnocharidae	侧喜沼螨属	*Laterolimnochares*	2.3
节肢动物门	Arthropoda	蛛形纲	Arachnida	恙螨目	Trombidiformes	喜沼螨科	Limnocharidae	喜沼螨属	*Limnochares*	3.4
节肢动物门	Arthropoda	蛛形纲	Arachnida	恙螨目	Trombidiformes	喜沼螨科	Limnocharidae	五须喜沼螨属	*Pentachares*	2.3
节肢动物门	Arthropoda	蛛形纲	Arachnida	恙螨目	Trombidiformes	平盔螨科	Mideopsidae			3.5
节肢动物门	Arthropoda	蛛形纲	Arachnida	恙螨目	Trombidiformes	平盔螨科	Mideopsidae	平盔螨属	*Mideopsis*	3.5
节肢动物门	Arthropoda	蛛形纲	Arachnida	恙螨目	Trombidiformes	奇水螨科	Momoniidae			2.9
节肢动物门	Arthropoda	蛛形纲	Arachnida	恙螨目	Trombidiformes	奇水螨科	Momoniidae	奇水螨属	*Momonia*	3.0
节肢动物门	Arthropoda	蛛形纲	Arachnida	恙螨目	Trombidiformes	奇水螨科	Momoniidae	拟奇水螨属	*Momonides*	2.7
节肢动物门	Arthropoda	蛛形纲	Arachnida	恙螨目	Trombidiformes	尖水螨科	Oxidae			3.5
节肢动物门	Arthropoda	蛛形纲	Arachnida	恙螨目	Trombidiformes	尖水螨科	Oxidae	尖水螨属	*Oxus*	3.5

续表

门	Phylum	纲	Class	目	Order	科	Family	属	Genus	耐污值
节肢动物门	Arthropoda	蛛形纲	Arachnida	恙螨目	Trombidiformes	软滑水螨科	Pionidae			3.8
节肢动物门	Arthropoda	蛛形纲	Arachnida	恙螨目	Trombidiformes	软滑水螨科	Pionidae	角板螨属	*Forelia*	2.3
节肢动物门	Arthropoda	蛛形纲	Arachnida	恙螨目	Trombidiformes	软滑水螨科	Pionidae	软滑水螨属	*Piona*	3.8
节肢动物门	Arthropoda	蛛形纲	Arachnida	恙螨目	Trombidiformes	软滑水螨科	Pionidae	曲足螨属	*Pionacercus*	3.4
节肢动物门	Arthropoda	蛛形纲	Arachnida	恙螨目	Trombidiformes	软滑水螨科	Pionidae	伴软滑水螨属	*Pionopsis*	3.6
节肢动物门	Arthropoda	蛛形纲	Arachnida	恙螨目	Trombidiformes	软滑水螨科	Pionidae	妖水螨属	*Tiphys*	3.6
节肢动物门	Arthropoda	蛛形纲	Arachnida	恙螨目	Trombidiformes	海珠螨科	Pontarachnidae			3.9
节肢动物门	Arthropoda	蛛形纲	Arachnida	恙螨目	Trombidiformes	海珠螨科	Pontarachnidae	离毛海珠螨属	*Litarachna*	3.9
节肢动物门	Arthropoda	蛛形纲	Arachnida	恙螨目	Trombidiformes	海珠螨科	Pontarachnidae	海珠螨属	*Pontarachna*	3.9
节肢动物门	Arthropoda	蛛形纲	Arachnida	恙螨目	Trombidiformes	刺触螨科	Sperchontidae			4.2
节肢动物门	Arthropoda	蛛形纲	Arachnida	恙螨目	Trombidiformes	刺触螨科	Sperchontidae	刺触螨属	*Sperchon*	4.2
节肢动物门	Arthropoda	蛛形纲	Arachnida	恙螨目	Trombidiformes	刺触螨科	Sperchontidae	拟刺触螨属	*Sperchonopsis*	4.2
节肢动物门	Arthropoda	蛛形纲	Arachnida	恙螨目	Trombidiformes	条顿水螨科	Teutoniidae			2.9
节肢动物门	Arthropoda	蛛形纲	Arachnida	恙螨目	Trombidiformes	条顿水螨科	Teutoniidae	条顿水螨属	*Teutonia*	2.9
节肢动物门	Arthropoda	蛛形纲	Arachnida	恙螨目	Trombidiformes	急流水螨科	Torrenticolidae			3.4
节肢动物门	Arthropoda	蛛形纲	Arachnida	恙螨目	Trombidiformes	急流水螨科	Torrenticolidae	单曲跗螨属	*Monatractides*	3.5
节肢动物门	Arthropoda	蛛形纲	Arachnida	恙螨目	Trombidiformes	急流水螨科	Torrenticolidae	新曲水螨属	*Neoatractides*	3.5
节肢动物门	Arthropoda	蛛形纲	Arachnida	恙螨目	Trombidiformes	急流水螨科	Torrenticolidae	龟水螨属	*Testudacarus*	3.0
节肢动物门	Arthropoda	蛛形纲	Arachnida	恙螨目	Trombidiformes	急流水螨科	Torrenticolidae	急流水螨属	*Torrenticola*	3.8
节肢动物门	Arthropoda	蛛形纲	Arachnida	恙螨目	Trombidiformes	蚌螨科	Unionicolidae			3.6
节肢动物门	Arthropoda	蛛形纲	Arachnida	恙螨目	Trombidiformes	蚌螨科	Unionicolidae	乏爪螨属	*Encentridophorus*	3.7
节肢动物门	Arthropoda	蛛形纲	Arachnida	恙螨目	Trombidiformes	蚌螨科	Unionicolidae	纽水螨属	*Neumania*	3.8
节肢动物门	Arthropoda	蛛形纲	Arachnida	恙螨目	Trombidiformes	蚌螨科	Unionicolidae	蚌螨属	*Unionicola*	3.9
节肢动物门	Arthropoda	昆虫纲	Insecta	鞘翅目	Coleoptera	两栖甲科	Amphizoidae			3.9

续表

门	Phylum	纲	Class	目	Order	科	Family	属	Genus	耐污值
节肢动物门	Arthropoda	昆虫纲	Insecta	鞘翅目	Coleoptera	两栖甲科	Amphizoidae	两栖甲属	*Amphizoa*	3.9
节肢动物门	Arthropoda	昆虫纲	Insecta	鞘翅目	Coleoptera	叶甲科	Chrysomelidae			7.0
节肢动物门	Arthropoda	昆虫纲	Insecta	鞘翅目	Coleoptera	叶甲科	Chrysomelidae	小萤叶甲属	*Galurucella*	5.4
节肢动物门	Arthropoda	昆虫纲	Insecta	鞘翅目	Coleoptera	象甲科	Curculionidae			5.4
节肢动物门	Arthropoda	昆虫纲	Insecta	鞘翅目	Coleoptera	泥甲科	Dryopidae			2.6
节肢动物门	Arthropoda	昆虫纲	Insecta	鞘翅目	Coleoptera	泥甲科	Dryopidae	角泥甲属	*Ceradryops*	2.0
节肢动物门	Arthropoda	昆虫纲	Insecta	鞘翅目	Coleoptera	泥甲科	Dryopidae	泥甲属	*Dryops*	5.4
节肢动物门	Arthropoda	昆虫纲	Insecta	鞘翅目	Coleoptera	泥甲科	Dryopidae	东方泥甲属	*Elmomorphus*	2.6
节肢动物门	Arthropoda	昆虫纲	Insecta	鞘翅目	Coleoptera	泥甲科	Dryopidae	沼泥甲属	*Helichus*	2.0
节肢动物门	Arthropoda	昆虫纲	Insecta	鞘翅目	Coleoptera	泥甲科	Dryopidae	马来泥甲属	*Malaiseanus*	2.0
节肢动物门	Arthropoda	昆虫纲	Insecta	鞘翅目	Coleoptera	泥甲科	Dryopidae	厚泥甲属	*Pachyparnus*	2.0
节肢动物门	Arthropoda	昆虫纲	Insecta	鞘翅目	Coleoptera	泥甲科	Dryopidae	早熟沼泥甲属	*Praehelichus*	2.0
节肢动物门	Arthropoda	昆虫纲	Insecta	鞘翅目	Coleoptera	泥甲科	Dryopidae	长须泥甲属	*Stenomystax*	2.0
节肢动物门	Arthropoda	昆虫纲	Insecta	鞘翅目	Coleoptera	龙虱科	Dytiscidae			5.6
节肢动物门	Arthropoda	昆虫纲	Insecta	鞘翅目	Coleoptera	龙虱科	Dytiscidae	锐缘龙虱属	*Acilius*	6.4
节肢动物门	Arthropoda	昆虫纲	Insecta	鞘翅目	Coleoptera	龙虱科	Dytiscidae	端毛龙虱属	*Agabus*	7.0
节肢动物门	Arthropoda	昆虫纲	Insecta	鞘翅目	Coleoptera	龙虱科	Dytiscidae	匀刻龙虱属	*Agnoshydrus*	4.9
节肢动物门	Arthropoda	昆虫纲	Insecta	鞘翅目	Coleoptera	龙虱科	Dytiscidae	阿龙虱属	*Allodessus*	6.4
节肢动物门	Arthropoda	昆虫纲	Insecta	鞘翅目	Coleoptera	龙虱科	Dytiscidae	圆突龙虱属	*Allopachria*	4.1
节肢动物门	Arthropoda	昆虫纲	Insecta	鞘翅目	Coleoptera	龙虱科	Dytiscidae	碧龙虱属	*Bidessus*	6.4
节肢动物门	Arthropoda	昆虫纲	Insecta	鞘翅目	Coleoptera	龙虱科	Dytiscidae	波龙虱属	*Boreonectes*	6.4
节肢动物门	Arthropoda	昆虫纲	Insecta	鞘翅目	Coleoptera	龙虱科	Dytiscidae	厚唇龙虱属	*Clypeodytes*	6.4
节肢动物门	Arthropoda	昆虫纲	Insecta	鞘翅目	Coleoptera	龙虱科	Dytiscidae	雕龙虱属	*Coelambus*	6.4
节肢动物门	Arthropoda	昆虫纲	Insecta	鞘翅目	Coleoptera	龙虱科	Dytiscidae	切眼龙虱属	*Colymbetes*	5.4

续表

门	Phylum	纲	Class	目	Order	科	Family	属	Genus	耐污值
节肢动物门	Arthropoda	昆虫纲	Insecta	鞘翅目	Coleoptera	龙虱科	Dytiscidae	刻翅龙虱属	*Copelatus*	5.4
节肢动物门	Arthropoda	昆虫纲	Insecta	鞘翅目	Coleoptera	龙虱科	Dytiscidae	真龙虱属	*Cybister*	6.4
节肢动物门	Arthropoda	昆虫纲	Insecta	鞘翅目	Coleoptera	龙虱科	Dytiscidae	呆龙虱属	*Deronectes*	5.4
节肢动物门	Arthropoda	昆虫纲	Insecta	鞘翅目	Coleoptera	龙虱科	Dytiscidae	龙虱属	*Dytiscus*	6.4
节肢动物门	Arthropoda	昆虫纲	Insecta	鞘翅目	Coleoptera	龙虱科	Dytiscidae	齿缘龙虱属	*Eretes*	6.4
节肢动物门	Arthropoda	昆虫纲	Insecta	鞘翅目	Coleoptera	龙虱科	Dytiscidae	毛钩龙虱属	*Exocelina*	5.4
节肢动物门	Arthropoda	昆虫纲	Insecta	鞘翅目	Coleoptera	龙虱科	Dytiscidae	圆龙虱属	*Graphoderus*	5.4
节肢动物门	Arthropoda	昆虫纲	Insecta	鞘翅目	Coleoptera	龙虱科	Dytiscidae	异龙虱属	*Herophydrus*	6.4
节肢动物门	Arthropoda	昆虫纲	Insecta	鞘翅目	Coleoptera	龙虱科	Dytiscidae	斑龙虱属	*Hydaticus*	5.6
节肢动物门	Arthropoda	昆虫纲	Insecta	鞘翅目	Coleoptera	龙虱科	Dytiscidae	短褶龙虱属	*Hydroglyphus*	6.4
节肢动物门	Arthropoda	昆虫纲	Insecta	鞘翅目	Coleoptera	龙虱科	Dytiscidae	褐龙虱属	*Hydronebrius*	6.4
节肢动物门	Arthropoda	昆虫纲	Insecta	鞘翅目	Coleoptera	龙虱科	Dytiscidae	水龙虱属	*Hydroporus*	5.2
节肢动物门	Arthropoda	昆虫纲	Insecta	鞘翅目	Coleoptera	龙虱科	Dytiscidae	方须龙虱属	*Hydrotrupes*	4.9
节肢动物门	Arthropoda	昆虫纲	Insecta	鞘翅目	Coleoptera	龙虱科	Dytiscidae	宽突龙虱属	*Hydrovatus*	5.4
节肢动物门	Arthropoda	昆虫纲	Insecta	鞘翅目	Coleoptera	龙虱科	Dytiscidae	边唇龙虱属	*Hygrotus*	6.4
节肢动物门	Arthropoda	昆虫纲	Insecta	鞘翅目	Coleoptera	龙虱科	Dytiscidae	隐龙虱属	*Hyphoporus*	6.4
节肢动物门	Arthropoda	昆虫纲	Insecta	鞘翅目	Coleoptera	龙虱科	Dytiscidae	异爪龙虱属	*Hyphydrus*	6.4
节肢动物门	Arthropoda	昆虫纲	Insecta	鞘翅目	Coleoptera	龙虱科	Dytiscidae	拟异毛龙虱属	*Ilybiosoma*	5.3
节肢动物门	Arthropoda	昆虫纲	Insecta	鞘翅目	Coleoptera	龙虱科	Dytiscidae	异毛龙虱属	*Ilybius*	6.4
节肢动物门	Arthropoda	昆虫纲	Insecta	鞘翅目	Coleoptera	龙虱科	Dytiscidae	窄缘龙虱属	*Lacconectus*	5.4
节肢动物门	Arthropoda	昆虫纲	Insecta	鞘翅目	Coleoptera	龙虱科	Dytiscidae	粒龙虱属	*Laccophilus*	4.6
节肢动物门	Arthropoda	昆虫纲	Insecta	鞘翅目	Coleoptera	龙虱科	Dytiscidae	拉龙虱属	*Laccoporus*	4.3
节肢动物门	Arthropoda	昆虫纲	Insecta	鞘翅目	Coleoptera	龙虱科	Dytiscidae	点龙虱属	*Leiodytes*	6.4
节肢动物门	Arthropoda	昆虫纲	Insecta	鞘翅目	Coleoptera	龙虱科	Dytiscidae	滑龙虱属	*Liodessus*	5.4

续表

门	Phylum	纲	Class	目	Order	科	Family	属	Genus	耐污值
节肢动物门	Arthropoda	昆虫纲	Insecta	鞘翅目	Coleoptera	龙虱科	Dytiscidae	微龙虱属	*Microdytes*	4.1
节肢动物门	Arthropoda	昆虫纲	Insecta	鞘翅目	Coleoptera	龙虱科	Dytiscidae	孔龙虱属	*Nebrioporus*	6.4
节肢动物门	Arthropoda	昆虫纲	Insecta	鞘翅目	Coleoptera	龙虱科	Dytiscidae	三叉龙虱属	*Neptosternus*	5.2
节肢动物门	Arthropoda	昆虫纲	Insecta	鞘翅目	Coleoptera	龙虱科	Dytiscidae	山龙虱属	*Oreodytes*	4.9
节肢动物门	Arthropoda	昆虫纲	Insecta	鞘翅目	Coleoptera	龙虱科	Dytiscidae	宽缘龙虱属	*Platambus*	5.4
节肢动物门	Arthropoda	昆虫纲	Insecta	鞘翅目	Coleoptera	龙虱科	Dytiscidae	短胸龙虱属	*Platynectes*	5.6
节肢动物门	Arthropoda	昆虫纲	Insecta	鞘翅目	Coleoptera	龙虱科	Dytiscidae	伪乌龙虱属	*Pseuduvarus*	6.4
节肢动物门	Arthropoda	昆虫纲	Insecta	鞘翅目	Coleoptera	龙虱科	Dytiscidae	刺龙虱属	*Rhantaticus*	5.4
节肢动物门	Arthropoda	昆虫纲	Insecta	鞘翅目	Coleoptera	龙虱科	Dytiscidae	雀斑龙虱属	*Rhantus*	6.4
节肢动物门	Arthropoda	昆虫纲	Insecta	鞘翅目	Coleoptera	龙虱科	Dytiscidae	宽龙虱属	*Sandracottus*	5.4
节肢动物门	Arthropoda	昆虫纲	Insecta	鞘翅目	Coleoptera	溪泥甲科	Elmidae			5.4
节肢动物门	Arthropoda	昆虫纲	Insecta	鞘翅目	Coleoptera	溪泥甲科	Elmidae	蛛甲属	*Ancyronyx*	5.9
节肢动物门	Arthropoda	昆虫纲	Insecta	鞘翅目	Coleoptera	溪泥甲科	Elmidae	蛛泥甲属	*Ancyronyxs*	5.4
节肢动物门	Arthropoda	昆虫纲	Insecta	鞘翅目	Coleoptera	溪泥甲科	Elmidae	二叉溪泥甲属	*Cuspidevia*	3.9
节肢动物门	Arthropoda	昆虫纲	Insecta	鞘翅目	Coleoptera	溪泥甲科	Elmidae	多毛溪泥甲科属	*Dryopomorphus*	5.1
节肢动物门	Arthropoda	昆虫纲	Insecta	鞘翅目	Coleoptera	溪泥甲科	Elmidae	黎溪泥甲属	*Eonychus*	5.1
节肢动物门	Arthropoda	昆虫纲	Insecta	鞘翅目	Coleoptera	溪泥甲科	Elmidae	条带溪泥甲属	*Graphelmis*	3.9
节肢动物门	Arthropoda	昆虫纲	Insecta	鞘翅目	Coleoptera	溪泥甲科	Elmidae	鹬溪泥甲属	*Grouvellinus*	3.1
节肢动物门	Arthropoda	昆虫纲	Insecta	鞘翅目	Coleoptera	溪泥甲科	Elmidae	异隶溪泥甲属	*Heterlimnius*	5.1
节肢动物门	Arthropoda	昆虫纲	Insecta	鞘翅目	Coleoptera	溪泥甲科	Elmidae	姬氏溪泥甲属	*Jilanzhunychus*	3.9
节肢动物门	Arthropoda	昆虫纲	Insecta	鞘翅目	Coleoptera	溪泥甲科	Elmidae	缢溪泥甲属	*Leptelmis*	5.1
节肢动物门	Arthropoda	昆虫纲	Insecta	鞘翅目	Coleoptera	溪泥甲科	Elmidae	大爪溪泥甲属	*Macronychus*	3.9
节肢动物门	Arthropoda	昆虫纲	Insecta	鞘翅目	Coleoptera	溪泥甲科	Elmidae	东方溪泥甲属	*Orientelmis*	5.7
节肢动物门	Arthropoda	昆虫纲	Insecta	鞘翅目	Coleoptera	溪泥甲科	Elmidae	多刻溪泥甲属	*Potamophilinus*	5.1

续表

门	Phylum	纲	Class	目	Order	科	Family	属	Genus	耐污值
节肢动物门	Arthropoda	昆虫纲	Insecta	鞘翅目	Coleoptera	溪泥甲科	Elmidae	绒溪泥甲属	*Pseudamophilus*	5.1
节肢动物门	Arthropoda	昆虫纲	Insecta	鞘翅目	Coleoptera	溪泥甲科	Elmidae	中华溪泥甲属	*Sinelmis*	5.1
节肢动物门	Arthropoda	昆虫纲	Insecta	鞘翅目	Coleoptera	溪泥甲科	Elmidae	华爪溪泥甲属	*Sinonychus*	5.1
节肢动物门	Arthropoda	昆虫纲	Insecta	鞘翅目	Coleoptera	溪泥甲科	Elmidae	狭溪泥甲属	*Stenelmis*	3.9
节肢动物门	Arthropoda	昆虫纲	Insecta	鞘翅目	Coleoptera	溪泥甲科	Elmidae	平截溪泥甲属	*Urumaelmis*	3.9
节肢动物门	Arthropoda	昆虫纲	Insecta	鞘翅目	Coleoptera	溪泥甲科	Elmidae	沟溪泥甲属	*Vietelmis*	5.1
节肢动物门	Arthropoda	昆虫纲	Insecta	鞘翅目	Coleoptera	溪泥甲科	Elmidae	寥溪泥甲属	*Zaitzevia*	3.9
节肢动物门	Arthropoda	昆虫纲	Insecta	鞘翅目	Coleoptera	溪泥甲科	Elmidae	细小溪泥甲属	*Zaitzeviaria*	3.9
节肢动物门	Arthropoda	昆虫纲	Insecta	鞘翅目	Coleoptera	挚爪泥甲科	Eulichadidae			5.9
节肢动物门	Arthropoda	昆虫纲	Insecta	鞘翅目	Coleoptera	挚爪泥甲科	Eulichadidae	挚爪泥甲属	*Eulichas*	5.9
节肢动物门	Arthropoda	昆虫纲	Insecta	鞘翅目	Coleoptera	圆牙甲科	Georissidae			5.9
节肢动物门	Arthropoda	昆虫纲	Insecta	鞘翅目	Coleoptera	圆牙甲科	Georissidae	圆牙甲属	*Georissus*	5.9
节肢动物门	Arthropoda	昆虫纲	Insecta	鞘翅目	Coleoptera	豉甲科	Gyrinidae			5.3
节肢动物门	Arthropoda	昆虫纲	Insecta	鞘翅目	Coleoptera	豉甲科	Gyrinidae	网豉甲属	*Aulonogyrus*	5.4
节肢动物门	Arthropoda	昆虫纲	Insecta	鞘翅目	Coleoptera	豉甲科	Gyrinidae	隐盾豉甲属	*Dineutus*	5.4
节肢动物门	Arthropoda	昆虫纲	Insecta	鞘翅目	Coleoptera	豉甲科	Gyrinidae	豉甲属	*Gyrinus*	6.8
节肢动物门	Arthropoda	昆虫纲	Insecta	鞘翅目	Coleoptera	豉甲科	Gyrinidae	黄缘豉甲属	*Metagyrinus*	4.9
节肢动物门	Arthropoda	昆虫纲	Insecta	鞘翅目	Coleoptera	豉甲科	Gyrinidae	毛豉甲属	*Orectochilus*	5.4
节肢动物门	Arthropoda	昆虫纲	Insecta	鞘翅目	Coleoptera	豉甲科	Gyrinidae	毛边豉甲属	*Patrus*	5.4
节肢动物门	Arthropoda	昆虫纲	Insecta	鞘翅目	Coleoptera	豉甲科	Gyrinidae	长唇豉甲属	*Porrorhynchus*	4.9
节肢动物门	Arthropoda	昆虫纲	Insecta	鞘翅目	Coleoptera	沼梭科	Haliplidae			6.4
节肢动物门	Arthropoda	昆虫纲	Insecta	鞘翅目	Coleoptera	沼梭科	Haliplidae	沼梭属	*Haliplus*	6.4
节肢动物门	Arthropoda	昆虫纲	Insecta	鞘翅目	Coleoptera	沼梭科	Haliplidae	水梭属	*Peltodytes*	5.9
节肢动物门	Arthropoda	昆虫纲	Insecta	鞘翅目	Coleoptera	沟背甲科	Helophoridae			7.4

续表

门	Phylum	纲	Class	目	Order	科	Family	属	Genus	耐污值
节肢动物门	Arthropoda	昆虫纲	Insecta	鞘翅目	Coleoptera	沟背甲科	Helophoridae	沟背甲属	*Helophorus*	7.4
节肢动物门	Arthropoda	昆虫纲	Insecta	鞘翅目	Coleoptera	长泥甲科	Heteroceridae			5.4
节肢动物门	Arthropoda	昆虫纲	Insecta	鞘翅目	Coleoptera	平唇水龟虫科	Hydraenidae			4.9
节肢动物门	Arthropoda	昆虫纲	Insecta	鞘翅目	Coleoptera	平唇水龟虫科	Hydraenidae	土平唇水龟甲	*Edaphobates*	4.9
节肢动物门	Arthropoda	昆虫纲	Insecta	鞘翅目	Coleoptera	平唇水龟虫科	Hydraenidae	银杏平唇水龟属	*Ginkgoscia*	4.9
节肢动物门	Arthropoda	昆虫纲	Insecta	鞘翅目	Coleoptera	平唇水龟虫科	Hydraenidae	平唇水龟虫属	*Hydraena*	4.9
节肢动物门	Arthropoda	昆虫纲	Insecta	鞘翅目	Coleoptera	平唇水龟虫科	Hydraenidae	莱里水龟甲属	*Laeliaena*	4.9
节肢动物门	Arthropoda	昆虫纲	Insecta	鞘翅目	Coleoptera	平唇水龟虫科	Hydraenidae	沼平唇属	*Limnebius*	4.9
节肢动物门	Arthropoda	昆虫纲	Insecta	鞘翅目	Coleoptera	平唇水龟虫科	Hydraenidae	隆平唇水龟甲属	*Ochthebius*	4.9
节肢动物门	Arthropoda	昆虫纲	Insecta	鞘翅目	Coleoptera	条脊牙甲科	Hydrochidae			6.5
节肢动物门	Arthropoda	昆虫纲	Insecta	鞘翅目	Coleoptera	条脊牙甲科	Hydrochidae	条脊牙甲属	*Hydrochus*	6.5
节肢动物门	Arthropoda	昆虫纲	Insecta	鞘翅目	Coleoptera	牙甲科	Hydrophilidae			6.0
节肢动物门	Arthropoda	昆虫纲	Insecta	鞘翅目	Coleoptera	牙甲科	Hydrophilidae	拟平胸牙甲属	*Acrenitis*	4.6
节肢动物门	Arthropoda	昆虫纲	Insecta	鞘翅目	Coleoptera	牙甲科	Hydrophilidae	阿牙甲属	*Agraphydrus*	7.0
节肢动物门	Arthropoda	昆虫纲	Insecta	鞘翅目	Coleoptera	牙甲科	Hydrophilidae	隆牙甲属	*Allocotocerus*	6.5
节肢动物门	Arthropoda	昆虫纲	Insecta	鞘翅目	Coleoptera	牙甲科	Hydrophilidae	糙牙甲属	*Ametor*	5.4
节肢动物门	Arthropoda	昆虫纲	Insecta	鞘翅目	Coleoptera	牙甲科	Hydrophilidae	隔牙甲属	*Amphiops*	7.0
节肢动物门	Arthropoda	昆虫纲	Insecta	鞘翅目	Coleoptera	牙甲科	Hydrophilidae	毛腿牙甲属	*Anacaena*	7.0
节肢动物门	Arthropoda	昆虫纲	Insecta	鞘翅目	Coleoptera	牙甲科	Hydrophilidae	贝牙甲属	*Berosus*	7.0
节肢动物门	Arthropoda	昆虫纲	Insecta	鞘翅目	Coleoptera	牙甲科	Hydrophilidae	凯牙甲属	*Chaetarthria*	5.9
节肢动物门	Arthropoda	昆虫纲	Insecta	鞘翅目	Coleoptera	牙甲科	Hydrophilidae	平胸牙甲属	*Crenitis*	7.0
节肢动物门	Arthropoda	昆虫纲	Insecta	鞘翅目	Coleoptera	牙甲科	Hydrophilidae	克牙甲属	*Crephelochares*	7.0
节肢动物门	Arthropoda	昆虫纲	Insecta	鞘翅目	Coleoptera	牙甲科	Hydrophilidae	四节牙甲属	*Cymbiodyta*	5.4
节肢动物门	Arthropoda	昆虫纲	Insecta	鞘翅目	Coleoptera	牙甲科	Hydrophilidae	苍白牙甲属	*Enochrus*	7.0

续表

门	Phylum	纲	Class	目	Order	科	Family	属	Genus	耐污值
节肢动物门	Arthropoda	昆虫纲	Insecta	鞘翅目	Coleoptera	牙甲科	Hydrophilidae	丽阳牙甲属	*Helochares*	7.4
节肢动物门	Arthropoda	昆虫纲	Insecta	鞘翅目	Coleoptera	牙甲科	Hydrophilidae	半球牙甲属	*Hemisphaera*	4.6
节肢动物门	Arthropoda	昆虫纲	Insecta	鞘翅目	Coleoptera	牙甲科	Hydrophilidae	凹缘牙甲属	*Hydrobiomorpha*	7.0
节肢动物门	Arthropoda	昆虫纲	Insecta	鞘翅目	Coleoptera	牙甲科	Hydrophilidae	毛跗牙甲属	*Hydrobius*	6.5
节肢动物门	Arthropoda	昆虫纲	Insecta	鞘翅目	Coleoptera	牙甲科	Hydrophilidae	齿鞘牙甲属	*Hydrocassis*	5.4
节肢动物门	Arthropoda	昆虫纲	Insecta	鞘翅目	Coleoptera	牙甲科	Hydrophilidae	刺腹牙甲属	*Hydrochara*	7.0
节肢动物门	Arthropoda	昆虫纲	Insecta	鞘翅目	Coleoptera	牙甲科	Hydrophilidae	连脊牙甲属	*Hydrophilomima*	5.8
节肢动物门	Arthropoda	昆虫纲	Insecta	鞘翅目	Coleoptera	牙甲科	Hydrophilidae	牙甲属	*Hydrophilus*	7.0
节肢动物门	Arthropoda	昆虫纲	Insecta	鞘翅目	Coleoptera	牙甲科	Hydrophilidae	长节牙甲属	*Laccobius*	6.5
节肢动物门	Arthropoda	昆虫纲	Insecta	鞘翅目	Coleoptera	牙甲科	Hydrophilidae	水跗牙甲属	*Limnohydrobius*	7.0
节肢动物门	Arthropoda	昆虫纲	Insecta	鞘翅目	Coleoptera	牙甲科	Hydrophilidae	诺牙甲属	*Notionotus*	4.9
节肢动物门	Arthropoda	昆虫纲	Insecta	鞘翅目	Coleoptera	牙甲科	Hydrophilidae	乌牙甲属	*Oocyclus*	5.4
节肢动物门	Arthropoda	昆虫纲	Insecta	鞘翅目	Coleoptera	牙甲科	Hydrophilidae	隆胸牙甲属	*Paracymus*	7.0
节肢动物门	Arthropoda	昆虫纲	Insecta	鞘翅目	Coleoptera	牙甲科	Hydrophilidae	皮牙甲属	*Pelthydrus*	5.4
节肢动物门	Arthropoda	昆虫纲	Insecta	鞘翅目	Coleoptera	牙甲科	Hydrophilidae	拟丽阳牙甲属	*Peltochares*	8.0
节肢动物门	Arthropoda	昆虫纲	Insecta	鞘翅目	Coleoptera	牙甲科	Hydrophilidae	赖牙甲属	*Regimbartia*	7.0
节肢动物门	Arthropoda	昆虫纲	Insecta	鞘翅目	Coleoptera	牙甲科	Hydrophilidae	脊胸牙甲属	*Sternolophus*	7.4
节肢动物门	Arthropoda	昆虫纲	Insecta	鞘翅目	Coleoptera	牙甲科	Hydrophilidae	刻纹牙甲属	*Thysanarthria*	7.0
节肢动物门	Arthropoda	昆虫纲	Insecta	鞘翅目	Coleoptera	水缨甲科	Hydroscaphidae			4.3
节肢动物门	Arthropoda	昆虫纲	Insecta	鞘翅目	Coleoptera	水缨甲科	Hydroscaphidae	水缨甲属	*Hydroscapha*	4.3
节肢动物门	Arthropoda	昆虫纲	Insecta	鞘翅目	Coleoptera	萤科	Lampyridae			3.4
节肢动物门	Arthropoda	昆虫纲	Insecta	鞘翅目	Coleoptera	伪龙虱科	Noteridae			6.2
节肢动物门	Arthropoda	昆虫纲	Insecta	鞘翅目	Coleoptera	伪龙虱科	Noteridae	毛伪龙虱属	*Canthydrus*	6.2
节肢动物门	Arthropoda	昆虫纲	Insecta	鞘翅目	Coleoptera	伪龙虱科	Noteridae	水伪龙虱属	*Hydrocanthus*	6.2

续表

门	Phylum	纲	Class	目	Order	科	Family	属	Genus	耐污值
节肢动物门	Arthropoda	昆虫纲	Insecta	鞘翅目	Coleoptera	伪龙虱科	Noteridae	新伪龙虱属	*Neohydrocoptus*	6.2
节肢动物门	Arthropoda	昆虫纲	Insecta	鞘翅目	Coleoptera	伪龙虱科	Noteridae	伪龙虱属	*Noterus*	6.2
节肢动物门	Arthropoda	昆虫纲	Insecta	鞘翅目	Coleoptera	水甲科	Paelobiidae			5.4
节肢动物门	Arthropoda	昆虫纲	Insecta	鞘翅目	Coleoptera	扁泥甲科	Psephenidae			3.0
节肢动物门	Arthropoda	昆虫纲	Insecta	鞘翅目	Coleoptera	扁泥甲科	Psephenidae	叉扁泥甲属	*Dicranopselaphus*	1.8
节肢动物门	Arthropoda	昆虫纲	Insecta	鞘翅目	Coleoptera	扁泥甲科	Psephenidae	锯扁泥甲属	*Ectopria*	4.3
节肢动物门	Arthropoda	昆虫纲	Insecta	鞘翅目	Coleoptera	扁泥甲科	Psephenidae	四鳃扁泥甲属	*Eubrianax*	1.8
节肢动物门	Arthropoda	昆虫纲	Insecta	鞘翅目	Coleoptera	扁泥甲科	Psephenidae	似扁泥甲属	*Homoeogenus*	4.3
节肢动物门	Arthropoda	昆虫纲	Insecta	鞘翅目	Coleoptera	扁泥甲科	Psephenidae	金扁泥甲属	*Jinbrianax*	4.3
节肢动物门	Arthropoda	昆虫纲	Insecta	鞘翅目	Coleoptera	扁泥甲科	Psephenidae	条背扁泥甲属	*Macroeubria*	4.3
节肢动物门	Arthropoda	昆虫纲	Insecta	鞘翅目	Coleoptera	扁泥甲科	Psephenidae	软扁泥甲属	*Malacopsephenoides*	4.3
节肢动物门	Arthropoda	昆虫纲	Insecta	鞘翅目	Coleoptera	扁泥甲科	Psephenidae	六鳃扁泥甲属	*Mataeopsephus*	4.3
节肢动物门	Arthropoda	昆虫纲	Insecta	鞘翅目	Coleoptera	扁泥甲科	Psephenidae	齿茎扁泥甲属	*Odontanax*	4.3
节肢动物门	Arthropoda	昆虫纲	Insecta	鞘翅目	Coleoptera	扁泥甲科	Psephenidae	肖扁泥甲属	*Psephenoides*	3.7
节肢动物门	Arthropoda	昆虫纲	Insecta	鞘翅目	Coleoptera	扁泥甲科	Psephenidae	扁泥甲属	*Psephenus*	3.9
节肢动物门	Arthropoda	昆虫纲	Insecta	鞘翅目	Coleoptera	扁泥甲科	Psephenidae	胡胸扁泥甲属	*Schinostethus*	4.3
节肢动物门	Arthropoda	昆虫纲	Insecta	鞘翅目	Coleoptera	毛泥甲科	Ptilodactylidae			2.5
节肢动物门	Arthropoda	昆虫纲	Insecta	鞘翅目	Coleoptera	沼甲科	Scirtidae			5.4
节肢动物门	Arthropoda	昆虫纲	Insecta	鞘翅目	Coleoptera	毛牙甲科	Spercheidae			5.9
节肢动物门	Arthropoda	昆虫纲	Insecta	鞘翅目	Coleoptera	毛牙甲科	Spercheidae	毛牙甲属	*Spercheus*	5.9
节肢动物门	Arthropoda	昆虫纲	Insecta	鞘翅目	Coleoptera	隐翅甲科	Staphylinidae			5.4
节肢动物门	Arthropoda	昆虫纲	Insecta	鞘翅目	Coleoptera	隐翅甲科	Staphylinidae	大眼隐翅虫属	*Stenus*	5.4
节肢动物门	Arthropoda	昆虫纲	Insecta	双翅目	Diptera	幽蚊科	Chaoboridae			5.4
节肢动物门	Arthropoda	昆虫纲	Insecta	双翅目	Diptera	幽蚊科	Chaoboridae	幽蚊属	*Chaoborus*	5.4

续表

门	Phylum	纲	Class	目	Order	科	Family	属	Genus	耐污值
节肢动物门	Arthropoda	昆虫纲	Insecta	双翅目	Diptera	花蝇科	Anthomyiidae			8.5
节肢动物门	Arthropoda	昆虫纲	Insecta	双翅目	Diptera	伪鹬虻科	Athericidae			4.3
节肢动物门	Arthropoda	昆虫纲	Insecta	双翅目	Diptera	伪鹬虻科	Athericidae	锥伪鹬虻属	*Asuragina*	4.3
节肢动物门	Arthropoda	昆虫纲	Insecta	双翅目	Diptera	伪鹬虻科	Athericidae	伪鹬虻属	*Atherix*	4.3
节肢动物门	Arthropoda	昆虫纲	Insecta	双翅目	Diptera	伪鹬虻科	Athericidae	突伪鹬虻属	*Atrichops*	4.3
节肢动物门	Arthropoda	昆虫纲	Insecta	双翅目	Diptera	伪鹬虻科	Athericidae	平颊伪鹬虻属	*Suragina*	4.3
节肢动物门	Arthropoda	昆虫纲	Insecta	双翅目	Diptera	网蚊科	Blephariceridae			0.4
节肢动物门	Arthropoda	昆虫纲	Insecta	双翅目	Diptera	网蚊科	Blephariceridae	丽网蚊属	*Agathon*	0.4
节肢动物门	Arthropoda	昆虫纲	Insecta	双翅目	Diptera	网蚊科	Blephariceridae	蜂网蚊属	*Apistomyia*	0.4
节肢动物门	Arthropoda	昆虫纲	Insecta	双翅目	Diptera	网蚊科	Blephariceridae	毛网蚊属	*Bibiocephala*	0.4
节肢动物门	Arthropoda	昆虫纲	Insecta	双翅目	Diptera	网蚊科	Blephariceridae	网蚊属	*Blepharicera*	2.0
节肢动物门	Arthropoda	昆虫纲	Insecta	双翅目	Diptera	网蚊科	Blephariceridae	霍氏网蚊属	*Horaia*	0.4
节肢动物门	Arthropoda	昆虫纲	Insecta	双翅目	Diptera	网蚊科	Blephariceridae	新网蚊属	*Neohapalothrix*	0.4
节肢动物门	Arthropoda	昆虫纲	Insecta	双翅目	Diptera	网蚊科	Blephariceridae	望网蚊属	*Philorus*	0.4
节肢动物门	Arthropoda	昆虫纲	Insecta	双翅目	Diptera	丽蝇科	Calliphoridae			8.5
节肢动物门	Arthropoda	昆虫纲	Insecta	双翅目	Diptera	丽蝇科	Calliphoridae	带绿蝇属	*Hemipyrellia*	8.5
节肢动物门	Arthropoda	昆虫纲	Insecta	双翅目	Diptera	蠓科	Ceratopogonidae			5.2
节肢动物门	Arthropoda	昆虫纲	Insecta	双翅目	Diptera	蠓科	Ceratopogonidae	贝蠓属	*Bezzia*	5.2
节肢动物门	Arthropoda	昆虫纲	Insecta	双翅目	Diptera	蠓科	Ceratopogonidae	库蠓属	*Culicoides*	5.2
节肢动物门	Arthropoda	昆虫纲	Insecta	双翅目	Diptera	蠓科	Ceratopogonidae	毛蠓属	*Dasyhelea*	5.2
节肢动物门	Arthropoda	昆虫纲	Insecta	双翅目	Diptera	蠓科	Ceratopogonidae	须蠓属	*Palpomyia*	5.2
节肢动物门	Arthropoda	昆虫纲	Insecta	双翅目	Diptera	摇蚊科	Chironomidae			6.2
节肢动物门	Arthropoda	昆虫纲	Insecta	双翅目	Diptera	摇蚊亚科	Chironominae			6.1
节肢动物门	Arthropoda	昆虫纲	Insecta	双翅目	Diptera	摇蚊亚科	Chironominae	阿卡摇蚊属	*Acalcarella*	5.4

续表

门	Phylum	纲	Class	目	Order	科	Family	属	Genus	耐污值
节肢动物门	Arthropoda	昆虫纲	Insecta	双翅目	Diptera	摇蚊亚科	Chironominae	爱奴摇蚊属 *	*Ainuyusurika*	6.5
节肢动物门	Arthropoda	昆虫纲	Insecta	双翅目	Diptera	摇蚊亚科	Chironominae	阿克西摇蚊属	*Axarus*	5.4
节肢动物门	Arthropoda	昆虫纲	Insecta	双翅目	Diptera	摇蚊亚科	Chironominae	贝克摇蚊属	*Beckidia*	5.4
节肢动物门	Arthropoda	昆虫纲	Insecta	双翅目	Diptera	摇蚊亚科	Chironominae	琵琶摇蚊属	*Biwatendipes*	5.4
节肢动物门	Arthropoda	昆虫纲	Insecta	双翅目	Diptera	摇蚊亚科	Chironominae	摇蚊属	*Chironomus*	8.5
节肢动物门	Arthropoda	昆虫纲	Insecta	双翅目	Diptera	摇蚊亚科	Chironominae	枝角摇蚊属	*Cladopelma*	6.1
节肢动物门	Arthropoda	昆虫纲	Insecta	双翅目	Diptera	摇蚊亚科	Chironominae	枝长跗摇蚊属	*Cladotanytarsus*	6.5
节肢动物门	Arthropoda	昆虫纲	Insecta	双翅目	Diptera	摇蚊亚科	Chironominae	康诺摇蚊属	*Conochironomus*	4.3
节肢动物门	Arthropoda	昆虫纲	Insecta	双翅目	Diptera	摇蚊亚科	Chironominae	锥昏睡摇蚊属	*Constempellina*	3.9
节肢动物门	Arthropoda	昆虫纲	Insecta	双翅目	Diptera	摇蚊亚科	Chironominae	隐摇蚊属	*Cryptochironomus*	6.5
节肢动物门	Arthropoda	昆虫纲	Insecta	双翅目	Diptera	摇蚊亚科	Chironominae	弯铗摇蚊属	*Cryptotendipes*	6.5
节肢动物门	Arthropoda	昆虫纲	Insecta	双翅目	Diptera	摇蚊亚科	Chironominae	脊突摇蚊属	*Cyphomella*	5.4
节肢动物门	Arthropoda	昆虫纲	Insecta	双翅目	Diptera	摇蚊亚科	Chironominae	拟隐摇蚊属	*Demicryptochironomus*	7.4
节肢动物门	Arthropoda	昆虫纲	Insecta	双翅目	Diptera	摇蚊亚科	Chironominae	二叉摇蚊属	*Dicrotendipes*	8.0
节肢动物门	Arthropoda	昆虫纲	Insecta	双翅目	Diptera	摇蚊亚科	Chironominae	恩菲摇蚊属	*Einfeldia*	7.4
节肢动物门	Arthropoda	昆虫纲	Insecta	双翅目	Diptera	摇蚊亚科	Chironominae	内摇蚊属	*Endochironomus*	6.5
节肢动物门	Arthropoda	昆虫纲	Insecta	双翅目	Diptera	摇蚊亚科	Chironominae	花摇蚊属	*Fleuria*	6.5
节肢动物门	Arthropoda	昆虫纲	Insecta	双翅目	Diptera	摇蚊亚科	Chironominae	雕翅摇蚊属	*Glyptotendipes*	6.1
节肢动物门	Arthropoda	昆虫纲	Insecta	双翅目	Diptera	摇蚊亚科	Chironominae	韩摇蚊属 *	*Hanochironomus*	5.4
节肢动物门	Arthropoda	昆虫纲	Insecta	双翅目	Diptera	摇蚊亚科	Chironominae	哈摇蚊属	*Harnischia*	6.5
节肢动物门	Arthropoda	昆虫纲	Insecta	双翅目	Diptera	摇蚊亚科	Chironominae	球附器摇蚊属	*Kiefferulus*	8.5
节肢动物门	Arthropoda	昆虫纲	Insecta	双翅目	Diptera	摇蚊亚科	Chironominae	克罗摇蚊属	*Kloosia*	6.5
节肢动物门	Arthropoda	昆虫纲	Insecta	双翅目	Diptera	摇蚊亚科	Chironominae	克里摇蚊属	*Kribiodosis*	5.4
节肢动物门	Arthropoda	昆虫纲	Insecta	双翅目	Diptera	摇蚊亚科	Chironominae	林摇蚊属	*Lipiniella*	6.5

续表

门	Phylum	纲	Class	目	Order	科	Family	属	Genus	耐污值
节肢动物门	Arthropoda	昆虫纲	Insecta	双翅目	Diptera	摇蚊亚科	Chironominae	马诺亚摇蚊属	*Manoa*	2.6
节肢动物门	Arthropoda	昆虫纲	Insecta	双翅目	Diptera	摇蚊亚科	Chironominae	小摇蚊属	*Microchironomus*	8.5
节肢动物门	Arthropoda	昆虫纲	Insecta	双翅目	Diptera	摇蚊亚科	Chironominae	小突摇蚊属	*Micropsectra*	4.3
节肢动物门	Arthropoda	昆虫纲	Insecta	双翅目	Diptera	摇蚊亚科	Chironominae	倒毛摇蚊属	*Microtendipes*	6.5
节肢动物门	Arthropoda	昆虫纲	Insecta	双翅目	Diptera	摇蚊亚科	Chironominae	新花托摇蚊属	*Neostempellina*	3.9
节肢动物门	Arthropoda	昆虫纲	Insecta	双翅目	Diptera	摇蚊亚科	Chironominae	肛齿摇蚊属	*Neozavrelia*	5.4
节肢动物门	Arthropoda	昆虫纲	Insecta	双翅目	Diptera	摇蚊亚科	Chironominae	尼罗摇蚊属	*Nilothauma*	3.9
节肢动物门	Arthropoda	昆虫纲	Insecta	双翅目	Diptera	摇蚊亚科	Chironominae	乌列摇蚊属	*Olecryptotendipes*	6.5
节肢动物门	Arthropoda	昆虫纲	Insecta	双翅目	Diptera	摇蚊亚科	Chironominae	拟摇蚊属	*Parachironomus*	9.0
节肢动物门	Arthropoda	昆虫纲	Insecta	双翅目	Diptera	摇蚊亚科	Chironominae	拟枝角摇蚊属	*Paracladopelma*	5.4
节肢动物门	Arthropoda	昆虫纲	Insecta	双翅目	Diptera	摇蚊亚科	Chironominae	拟劳氏摇蚊属	*Paralauterborniella*	5.2
节肢动物门	Arthropoda	昆虫纲	Insecta	双翅目	Diptera	摇蚊亚科	Chironominae	拟长跗摇蚊属	*Paratanytarsus*	6.5
节肢动物门	Arthropoda	昆虫纲	Insecta	双翅目	Diptera	摇蚊亚科	Chironominae	间摇蚊属	*Paratendipes*	5.4
节肢动物门	Arthropoda	昆虫纲	Insecta	双翅目	Diptera	摇蚊亚科	Chironominae	明摇蚊属	*Phaenopsectra*	6.5
节肢动物门	Arthropoda	昆虫纲	Insecta	双翅目	Diptera	摇蚊亚科	Chironominae	多足摇蚊属	*Polypedilum*	6.5
节肢动物门	Arthropoda	昆虫纲	Insecta	双翅目	Diptera	摇蚊亚科	Chironominae	海摇蚊属 *	*Pontomyia*	4.3
节肢动物门	Arthropoda	昆虫纲	Insecta	双翅目	Diptera	摇蚊亚科	Chironominae	流长跗摇蚊属	*Rheotanytarsus*	4.3
节肢动物门	Arthropoda	昆虫纲	Insecta	双翅目	Diptera	摇蚊亚科	Chironominae	罗摇蚊属	*Robackia*	5.4
节肢动物门	Arthropoda	昆虫纲	Insecta	双翅目	Diptera	摇蚊亚科	Chironominae	萨特摇蚊属	*Saetheria*	5.4
节肢动物门	Arthropoda	昆虫纲	Insecta	双翅目	Diptera	摇蚊亚科	Chironominae	瑟摇蚊属	*Sergentia*	5.4
节肢动物门	Arthropoda	昆虫纲	Insecta	双翅目	Diptera	摇蚊亚科	Chironominae	商摇蚊属	*Shangomyia*	2.6
节肢动物门	Arthropoda	昆虫纲	Insecta	双翅目	Diptera	摇蚊亚科	Chironominae	斯氏摇蚊属	*Skusella*	3.9
节肢动物门	Arthropoda	昆虫纲	Insecta	双翅目	Diptera	摇蚊亚科	Chironominae	花托摇蚊属	*Stempellina*	2.6
节肢动物门	Arthropoda	昆虫纲	Insecta	双翅目	Diptera	摇蚊亚科	Chironominae	拟花托摇蚊属	*Stempellinella*	3.9

续表

门	Phylum	纲	Class	目	Order	科	Family	属	Genus	耐污值
节肢动物门	Arthropoda	昆虫纲	Insecta	双翅目	Diptera	摇蚊亚科	Chironominae	狭摇蚊属	*Stenochironomus*	5.4
节肢动物门	Arthropoda	昆虫纲	Insecta	双翅目	Diptera	摇蚊亚科	Chironominae	斑摇蚊属	*Stictochironomus*	7.4
节肢动物门	Arthropoda	昆虫纲	Insecta	双翅目	Diptera	摇蚊亚科	Chironominae	萨博摇蚊属	*Sublettea*	3.9
节肢动物门	Arthropoda	昆虫纲	Insecta	双翅目	Diptera	摇蚊亚科	Chironominae	同摇蚊属	*Synendotendipes*	3.9
节肢动物门	Arthropoda	昆虫纲	Insecta	双翅目	Diptera	摇蚊亚科	Chironominae	长跗摇蚊属	*Tanytarsus*	5.4
节肢动物门	Arthropoda	昆虫纲	Insecta	双翅目	Diptera	摇蚊亚科	Chironominae	蒂内曼摇蚊属	*Thienemanniola*	5.4
节肢动物门	Arthropoda	昆虫纲	Insecta	双翅目	Diptera	摇蚊亚科	Chironominae	异摇蚊属	*Xenochironomus*	4.8
节肢动物门	Arthropoda	昆虫纲	Insecta	双翅目	Diptera	摇蚊亚科	Chironominae	夏摇蚊属	*Xiaomyia*	2.6
节肢动物门	Arthropoda	昆虫纲	Insecta	双翅目	Diptera	摇蚊亚科	Chironominae	八重元摇蚊属 *	*Yaeprimus*	4.3
节肢动物门	Arthropoda	昆虫纲	Insecta	双翅目	Diptera	摇蚊亚科	Chironominae	八重长跗摇蚊属 *	*Yaetanytarsus*	4.3
节肢动物门	Arthropoda	昆虫纲	Insecta	双翅目	Diptera	摇蚊亚科	Chironominae	扎氏摇蚊属	*Zavrelia*	3.9
节肢动物门	Arthropoda	昆虫纲	Insecta	双翅目	Diptera	摇蚊亚科	Chironominae	刷毛摇蚊属	*Zavreliella*	5.4
节肢动物门	Arthropoda	昆虫纲	Insecta	双翅目	Diptera	摇蚊亚科	Chironominae	周摇蚊属	*Zhouomyia*	4.3
节肢动物门	Arthropoda	昆虫纲	Insecta	双翅目	Diptera	寡角摇蚊亚科	Diamesinae			3.9
节肢动物门	Arthropoda	昆虫纲	Insecta	双翅目	Diptera	寡角摇蚊亚科	Diamesinae	北七角摇蚊属	*Boreoheptagyia*	2.6
节肢动物门	Arthropoda	昆虫纲	Insecta	双翅目	Diptera	寡角摇蚊亚科	Diamesinae	寡角摇蚊属	*Diamesa*	3.9
节肢动物门	Arthropoda	昆虫纲	Insecta	双翅目	Diptera	寡角摇蚊亚科	Diamesinae	拉普摇蚊属	*Lappodiamesa*	3.9
节肢动物门	Arthropoda	昆虫纲	Insecta	双翅目	Diptera	寡角摇蚊亚科	Diamesinae	李聂摇蚊属	*Linevitshia*	3.9
节肢动物门	Arthropoda	昆虫纲	Insecta	双翅目	Diptera	寡角摇蚊亚科	Diamesinae	帕摇蚊属	*Pagastia*	2.6
节肢动物门	Arthropoda	昆虫纲	Insecta	双翅目	Diptera	寡角摇蚊亚科	Diamesinae	波摇蚊属	*Potthastia*	4.3
节肢动物门	Arthropoda	昆虫纲	Insecta	双翅目	Diptera	寡角摇蚊亚科	Diamesinae	伪寡角摇蚊属	*Pseudodiamesa*	2.6
节肢动物门	Arthropoda	昆虫纲	Insecta	双翅目	Diptera	寡角摇蚊亚科	Diamesinae	同波摇蚊属	*Sympotthastia*	6.5
节肢动物门	Arthropoda	昆虫纲	Insecta	双翅目	Diptera	寡角摇蚊亚科	Diamesinae	同寡角摇蚊属	*Syndiamesa*	3.9
节肢动物门	Arthropoda	昆虫纲	Insecta	双翅目	Diptera	直突摇蚊亚科	Orthocladiinae			5.4

续表

门	Phylum	纲	Class	目	Order	科	Family	属	Genus	耐污值
节肢动物门	Arthropoda	昆虫纲	Insecta	双翅目	Diptera	直突摇蚊亚科	Orthocladiinae	异环足摇蚊属	*Acricotopus*	3.9
节肢动物门	Arthropoda	昆虫纲	Insecta	双翅目	Diptera	直突摇蚊亚科	Orthocladiinae	全突摇蚊属	*Allocladius*	3.9
节肢动物门	Arthropoda	昆虫纲	Insecta	双翅目	Diptera	直突摇蚊亚科	Orthocladiinae	安的列摇蚊属	*Antillocladius*	5.4
节肢动物门	Arthropoda	昆虫纲	Insecta	双翅目	Diptera	直突摇蚊亚科	Orthocladiinae	异中足摇蚊属	*Apometriocnemus*	5.4
节肢动物门	Arthropoda	昆虫纲	Insecta	双翅目	Diptera	直突摇蚊亚科	Orthocladiinae	布摇蚊属	*Brillia*	2.6
节肢动物门	Arthropoda	昆虫纲	Insecta	双翅目	Diptera	直突摇蚊亚科	Orthocladiinae	叶角摇蚊属	*Camptocladius*	6.5
节肢动物门	Arthropoda	昆虫纲	Insecta	双翅目	Diptera	直突摇蚊亚科	Orthocladiinae	心突摇蚊属	*Cardiocladius*	1.3
节肢动物门	Arthropoda	昆虫纲	Insecta	双翅目	Diptera	直突摇蚊亚科	Orthocladiinae	毛突摇蚊属	*Chaetocladius*	4.3
节肢动物门	Arthropoda	昆虫纲	Insecta	双翅目	Diptera	直突摇蚊亚科	Orthocladiinae	海滨摇蚊属 *	*Clunio*	5.4
节肢动物门	Arthropoda	昆虫纲	Insecta	双翅目	Diptera	直突摇蚊亚科	Orthocladiinae	毛摇蚊属	*Compteromesa*	3.9
节肢动物门	Arthropoda	昆虫纲	Insecta	双翅目	Diptera	直突摇蚊亚科	Orthocladiinae	毛施密摇蚊属	*Compterosmittia*	6.5
节肢动物门	Arthropoda	昆虫纲	Insecta	双翅目	Diptera	直突摇蚊亚科	Orthocladiinae	棒脉摇蚊属	*Corynoneura*	3.8
节肢动物门	Arthropoda	昆虫纲	Insecta	双翅目	Diptera	直突摇蚊亚科	Orthocladiinae	环足摇蚊属	*Cricotopus*	6.1
节肢动物门	Arthropoda	昆虫纲	Insecta	双翅目	Diptera	直突摇蚊亚科	Orthocladiinae	双突摇蚊属	*Diplocladius*	3.9
节肢动物门	Arthropoda	昆虫纲	Insecta	双翅目	Diptera	直突摇蚊亚科	Orthocladiinae	刀毛摇蚊属	*Doithrix*	3.9
节肢动物门	Arthropoda	昆虫纲	Insecta	双翅目	Diptera	直突摇蚊亚科	Orthocladiinae	骑蜉摇蚊属	*Epoicocladius*	2.6
节肢动物门	Arthropoda	昆虫纲	Insecta	双翅目	Diptera	直突摇蚊亚科	Orthocladiinae	真开氏摇蚊属	*Eukiefferiella*	4.3
节肢动物门	Arthropoda	昆虫纲	Insecta	双翅目	Diptera	直突摇蚊亚科	Orthocladiinae	宽弓摇蚊属	*Euryhapsis*	3.9
节肢动物门	Arthropoda	昆虫纲	Insecta	双翅目	Diptera	直突摇蚊亚科	Orthocladiinae	毛胸摇蚊属	*Heleniella*	3.9
节肢动物门	Arthropoda	昆虫纲	Insecta	双翅目	Diptera	直突摇蚊亚科	Orthocladiinae	异三突摇蚊属	*Heterotrissocladius*	4.3
节肢动物门	Arthropoda	昆虫纲	Insecta	双翅目	Diptera	直突摇蚊亚科	Orthocladiinae	水摇蚊属	*Hydrobaenus*	7.0
节肢动物门	Arthropoda	昆虫纲	Insecta	双翅目	Diptera	直突摇蚊亚科	Orthocladiinae	水施密摇蚊属	*Hydrosmittia*	4.9
节肢动物门	Arthropoda	昆虫纲	Insecta	双翅目	Diptera	直突摇蚊亚科	Orthocladiinae	克莱施密摇蚊属	*Krenosmittia*	3.9
节肢动物门	Arthropoda	昆虫纲	Insecta	双翅目	Diptera	直突摇蚊亚科	Orthocladiinae	沼摇蚊属	*Limnophyes*	3.9

续表

门	Phylum	纲	Class	目	Order	科	Family	属	Genus	耐污值
节肢动物门	Arthropoda	昆虫纲	Insecta	双翅目	Diptera	直突摇蚊亚科	Orthocladiinae	利突摇蚊属	*Litocladius*	4.3
节肢动物门	Arthropoda	昆虫纲	Insecta	双翅目	Diptera	直突摇蚊亚科	Orthocladiinae	洛施密摇蚊属	*Lobosmittia*	3.9
节肢动物门	Arthropoda	昆虫纲	Insecta	双翅目	Diptera	直突摇蚊亚科	Orthocladiinae	肛脊摇蚊属	*Mesosmittia*	4.3
节肢动物门	Arthropoda	昆虫纲	Insecta	双翅目	Diptera	直突摇蚊亚科	Orthocladiinae	中足摇蚊属	*Metriocnemus*	5.4
节肢动物门	Arthropoda	昆虫纲	Insecta	双翅目	Diptera	直突摇蚊亚科	Orthocladiinae	单寡角摇蚊属	*Monodiamesa*	2.6
节肢动物门	Arthropoda	昆虫纲	Insecta	双翅目	Diptera	直突摇蚊亚科	Orthocladiinae	矮突摇蚊属	*Nanocladius*	4.3
节肢动物门	Arthropoda	昆虫纲	Insecta	双翅目	Diptera	直突摇蚊亚科	Orthocladiinae	新布摇蚊属	*Neobrillia*	2.6
节肢动物门	Arthropoda	昆虫纲	Insecta	双翅目	Diptera	直突摇蚊亚科	Orthocladiinae	齿寡角摇蚊属	*Odontomesa*	2.6
节肢动物门	Arthropoda	昆虫纲	Insecta	双翅目	Diptera	直突摇蚊亚科	Orthocladiinae	直突摇蚊属	*Orthocladius*	6.7
节肢动物门	Arthropoda	昆虫纲	Insecta	双翅目	Diptera	直突摇蚊亚科	Orthocladiinae	拟毛突摇蚊属	*Parachaetocladius*	3.9
节肢动物门	Arthropoda	昆虫纲	Insecta	双翅目	Diptera	直突摇蚊亚科	Orthocladiinae	拟突摇蚊属	*Paracladius*	3.9
节肢动物门	Arthropoda	昆虫纲	Insecta	双翅目	Diptera	直突摇蚊亚科	Orthocladiinae	拟环足摇蚊属	*Paracricotopus*	3.9
节肢动物门	Arthropoda	昆虫纲	Insecta	双翅目	Diptera	直突摇蚊亚科	Orthocladiinae	拟开氏摇蚊属	*Parakiefferiella*	5.4
节肢动物门	Arthropoda	昆虫纲	Insecta	双翅目	Diptera	直突摇蚊亚科	Orthocladiinae	拟沼摇蚊属	*Paralimnophyes*	6.5
节肢动物门	Arthropoda	昆虫纲	Insecta	双翅目	Diptera	直突摇蚊亚科	Orthocladiinae	拟中足摇蚊属	*Parametriocnemus*	4.3
节肢动物门	Arthropoda	昆虫纲	Insecta	双翅目	Diptera	直突摇蚊亚科	Orthocladiinae	拟三突摇蚊属	*Paratrissocladius*	3.9
节肢动物门	Arthropoda	昆虫纲	Insecta	双翅目	Diptera	直突摇蚊亚科	Orthocladiinae	拟直突摇蚊属	*Parorthocladius*	6.5
节肢动物门	Arthropoda	昆虫纲	Insecta	双翅目	Diptera	直突摇蚊亚科	Orthocladiinae	原寡角摇蚊属	*Prodiamesa*	3.9
节肢动物门	Arthropoda	昆虫纲	Insecta	双翅目	Diptera	直突摇蚊亚科	Orthocladiinae	裸须摇蚊属	*Propsilocerus*	9.0
节肢动物门	Arthropoda	昆虫纲	Insecta	双翅目	Diptera	直突摇蚊亚科	Orthocladiinae	刀突摇蚊属	*Psectrocladius*	6.5
节肢动物门	Arthropoda	昆虫纲	Insecta	双翅目	Diptera	直突摇蚊亚科	Orthocladiinae	伪直突摇蚊属	*Pseudorthocladius*	3.9
节肢动物门	Arthropoda	昆虫纲	Insecta	双翅目	Diptera	直突摇蚊亚科	Orthocladiinae	伪施密摇蚊属	*Pseudosmittia*	5.4
节肢动物门	Arthropoda	昆虫纲	Insecta	双翅目	Diptera	直突摇蚊亚科	Orthocladiinae	裸中足摇蚊属	*Psilometriocnemus*	3.9
节肢动物门	Arthropoda	昆虫纲	Insecta	双翅目	Diptera	直突摇蚊亚科	Orthocladiinae	秦摇蚊属	*Qiniella*	6.5

续表

门	Phylum	纲	Class	目	Order	科	Family	属	Genus	耐污值
节肢动物门	Arthropoda	昆虫纲	Insecta	双翅目	Diptera	直突摇蚊亚科	Orthocladiinae	趋流摇蚊属	*Rheocricotopus*	2.6
节肢动物门	Arthropoda	昆虫纲	Insecta	双翅目	Diptera	直突摇蚊亚科	Orthocladiinae	半突摇蚊属 *	*Semiocladius*	5.4
节肢动物门	Arthropoda	昆虫纲	Insecta	双翅目	Diptera	直突摇蚊亚科	Orthocladiinae	施密摇蚊属	*Smittia*	4.3
节肢动物门	Arthropoda	昆虫纲	Insecta	双翅目	Diptera	直突摇蚊亚科	Orthocladiinae	柱突摇蚊属	*Stilocladius*	3.9
节肢动物门	Arthropoda	昆虫纲	Insecta	双翅目	Diptera	直突摇蚊亚科	Orthocladiinae	寄蜉摇蚊属	*Symbiocladius*	2.6
节肢动物门	Arthropoda	昆虫纲	Insecta	双翅目	Diptera	直突摇蚊亚科	Orthocladiinae	同直突摇蚊属	*Synorthocladius*	2.6
节肢动物门	Arthropoda	昆虫纲	Insecta	双翅目	Diptera	直突摇蚊亚科	Orthocladiinae	海施密摇蚊属 *	*Thalassosmittia*	5.4
节肢动物门	Arthropoda	昆虫纲	Insecta	双翅目	Diptera	直突摇蚊亚科	Orthocladiinae	提尼曼摇蚊属	*Thienemanniella*	4.3
节肢动物门	Arthropoda	昆虫纲	Insecta	双翅目	Diptera	直突摇蚊亚科	Orthocladiinae	雅明摇蚊属	*Tokunagaia*	3.9
节肢动物门	Arthropoda	昆虫纲	Insecta	双翅目	Diptera	直突摇蚊亚科	Orthocladiinae	东京布摇蚊属	*Tokyobrillia*	2.6
节肢动物门	Arthropoda	昆虫纲	Insecta	双翅目	Diptera	直突摇蚊亚科	Orthocladiinae	津田摇蚊属	*Tsudayusurika*	6.5
节肢动物门	Arthropoda	昆虫纲	Insecta	双翅目	Diptera	直突摇蚊亚科	Orthocladiinae	特维摇蚊属	*Tvetenia*	2.6
节肢动物门	Arthropoda	昆虫纲	Insecta	双翅目	Diptera	直突摇蚊亚科	Orthocladiinae	木栖摇蚊属	*Xylotopus*	4.3
节肢动物门	Arthropoda	昆虫纲	Insecta	双翅目	Diptera	寡脉摇蚊亚科	Podonominae			2.6
节肢动物门	Arthropoda	昆虫纲	Insecta	双翅目	Diptera	寡脉摇蚊亚科	Podonominae	北摇蚊属	*Boreochlus*	2.6
节肢动物门	Arthropoda	昆虫纲	Insecta	双翅目	Diptera	寡脉摇蚊亚科	Podonominae	近北摇蚊属	*Paraboreochlus*	2.6
节肢动物门	Arthropoda	昆虫纲	Insecta	双翅目	Diptera	寡脉摇蚊亚科	Podonominae	刺长足摇蚊属	*Trichotanypus*	2.6
节肢动物门	Arthropoda	昆虫纲	Insecta	双翅目	Diptera	长足摇蚊亚科	Tanypodinae			3.9
节肢动物门	Arthropoda	昆虫纲	Insecta	双翅目	Diptera	长足摇蚊亚科	Tanypodinae	无突摇蚊属	*Ablabesmyia*	6.5
节肢动物门	Arthropoda	昆虫纲	Insecta	双翅目	Diptera	长足摇蚊亚科	Tanypodinae	溪哈伊摇蚊属	*Amnihayesomyia*	3.9
节肢动物门	Arthropoda	昆虫纲	Insecta	双翅目	Diptera	长足摇蚊亚科	Tanypodinae	阿纳摇蚊属	*Anatopynia*	4.3
节肢动物门	Arthropoda	昆虫纲	Insecta	双翅目	Diptera	长足摇蚊亚科	Tanypodinae	异伪长足摇蚊属	*Apsectrotanypus*	3.9
节肢动物门	Arthropoda	昆虫纲	Insecta	双翅目	Diptera	长足摇蚊亚科	Tanypodinae	布长足摇蚊属	*Brundiniella*	3.9
节肢动物门	Arthropoda	昆虫纲	Insecta	双翅目	Diptera	长足摇蚊亚科	Tanypodinae	菱跗摇蚊属	*Clinotanypus*	7.4

续表

门	Phylum	纲	Class	目	Order	科	Family	属	Genus	耐污值
节肢动物门	Arthropoda	昆虫纲	Insecta	双翅目	Diptera	长足摇蚊亚科	Tanypodinae	壳粗腹摇蚊属	*Conchapelopia*	4.3
节肢动物门	Arthropoda	昆虫纲	Insecta	双翅目	Diptera	长足摇蚊亚科	Tanypodinae	穴粗腹摇蚊属	*Denopelopia*	3.9
节肢动物门	Arthropoda	昆虫纲	Insecta	双翅目	Diptera	长足摇蚊亚科	Tanypodinae	虹彩摇蚊属	*Djalmabatista*	5.4
节肢动物门	Arthropoda	昆虫纲	Insecta	双翅目	Diptera	长足摇蚊亚科	Tanypodinae	泉粗腹摇蚊属	*Krenopelopia*	3.9
节肢动物门	Arthropoda	昆虫纲	Insecta	双翅目	Diptera	长足摇蚊亚科	Tanypodinae	拉粗腹摇蚊属	*Larsia*	4.3
节肢动物门	Arthropoda	昆虫纲	Insecta	双翅目	Diptera	长足摇蚊亚科	Tanypodinae	大粗腹摇蚊属	*Macropelopia*	3.9
节肢动物门	Arthropoda	昆虫纲	Insecta	双翅目	Diptera	长足摇蚊亚科	Tanypodinae	单粗腹摇蚊属	*Monopelopia*	3.9
节肢动物门	Arthropoda	昆虫纲	Insecta	双翅目	Diptera	长足摇蚊亚科	Tanypodinae	那塔摇蚊属	*Natarsia*	4.3
节肢动物门	Arthropoda	昆虫纲	Insecta	双翅目	Diptera	长足摇蚊亚科	Tanypodinae	尼罗长足摇蚊属	*Nilotanypus*	3.9
节肢动物门	Arthropoda	昆虫纲	Insecta	双翅目	Diptera	长足摇蚊亚科	Tanypodinae	前突摇蚊属	*Procladius*	8.5
节肢动物门	Arthropoda	昆虫纲	Insecta	双翅目	Diptera	长足摇蚊亚科	Tanypodinae	伪长足摇蚊属	*Psectrotanypus*	9.0
节肢动物门	Arthropoda	昆虫纲	Insecta	双翅目	Diptera	长足摇蚊亚科	Tanypodinae	流粗腹摇蚊属	*Rheopelopia*	4.3
节肢动物门	Arthropoda	昆虫纲	Insecta	双翅目	Diptera	长足摇蚊亚科	Tanypodinae	长足摇蚊属	*Tanypus*	8.5
节肢动物门	Arthropoda	昆虫纲	Insecta	双翅目	Diptera	长足摇蚊亚科	Tanypodinae	特长足摇蚊属	*Thienemannimyia*	6.5
节肢动物门	Arthropoda	昆虫纲	Insecta	双翅目	Diptera	长足摇蚊亚科	Tanypodinae	三叉粗腹摇蚊属	*Trissopelopia*	3.9
节肢动物门	Arthropoda	昆虫纲	Insecta	双翅目	Diptera	长足摇蚊亚科	Tanypodinae	扎长足摇蚊属	*Zavrelimyia*	4.3
节肢动物门	Arthropoda	昆虫纲	Insecta	双翅目	Diptera	滨海摇蚊亚科 *	Telmatogetoninae			5.4
节肢动物门	Arthropoda	昆虫纲	Insecta	双翅目	Diptera	滨海摇蚊亚科	Telmatogetoninae	滨海摇蚊属 *	*Telmatogeton*	5.4
节肢动物门	Arthropoda	昆虫纲	Insecta	双翅目	Diptera	滨海摇蚊亚科	Telmatogetoninae	地中海摇蚊属 *	*Thalassomya*	5.4
节肢动物门	Arthropoda	昆虫纲	Insecta	双翅目	Diptera	蚊科	Culicidae			8.3
节肢动物门	Arthropoda	昆虫纲	Insecta	双翅目	Diptera	蚊科	Culicidae	伊蚊属	*Aedes*	8.3
节肢动物门	Arthropoda	昆虫纲	Insecta	双翅目	Diptera	蚊科	Culicidae	按蚊属	*Anopheles*	8.3
节肢动物门	Arthropoda	昆虫纲	Insecta	双翅目	Diptera	蚊科	Culicidae	阿蚊属	*Armigeres*	8.3
节肢动物门	Arthropoda	昆虫纲	Insecta	双翅目	Diptera	蚊科	Culicidae	轲蚊属	*Coquillettidia*	8.3

续表

门	Phylum	纲	Class	目	Order	科	Family	属	Genus	耐污值
节肢动物门	Arthropoda	昆虫纲	Insecta	双翅目	Diptera	蚊科	Culicidae	库蚊属	*Culex*	8.3
节肢动物门	Arthropoda	昆虫纲	Insecta	双翅目	Diptera	蚊科	Culicidae	脉毛蚊属	*Culiseta*	8.3
节肢动物门	Arthropoda	昆虫纲	Insecta	双翅目	Diptera	蚊科	Culicidae	费蚊属	*Ficalbia*	8.3
节肢动物门	Arthropoda	昆虫纲	Insecta	双翅目	Diptera	蚊科	Culicidae	领蚊属	*Heizmannia*	8.3
节肢动物门	Arthropoda	昆虫纲	Insecta	双翅目	Diptera	蚊科	Culicidae	霍蚊属	*Hodgesia*	8.3
节肢动物门	Arthropoda	昆虫纲	Insecta	双翅目	Diptera	蚊科	Culicidae	钩蚊属	*Malaya*	8.3
节肢动物门	Arthropoda	昆虫纲	Insecta	双翅目	Diptera	蚊科	Culicidae	曼蚊属	*Mansonia*	8.3
节肢动物门	Arthropoda	昆虫纲	Insecta	双翅目	Diptera	蚊科	Culicidae	小蚊属	*Mimomyia*	8.3
节肢动物门	Arthropoda	昆虫纲	Insecta	双翅目	Diptera	蚊科	Culicidae	直脚蚊属	*Orthopodomyia*	8.3
节肢动物门	Arthropoda	昆虫纲	Insecta	双翅目	Diptera	蚊科	Culicidae	局限蚊属	*Topomyia*	8.3
节肢动物门	Arthropoda	昆虫纲	Insecta	双翅目	Diptera	蚊科	Culicidae	巨蚊属	*Toxorhynchites*	8.3
节肢动物门	Arthropoda	昆虫纲	Insecta	双翅目	Diptera	蚊科	Culicidae	杵蚊属	*Tripteroides*	8.3
节肢动物门	Arthropoda	昆虫纲	Insecta	双翅目	Diptera	蚊科	Culicidae	尤蚊属	*Udaya*	8.3
节肢动物门	Arthropoda	昆虫纲	Insecta	双翅目	Diptera	蚊科	Culicidae	蓝带蚊属	*Uranotaenia*	8.3
节肢动物门	Arthropoda	昆虫纲	Insecta	双翅目	Diptera	拟网蚊科	Deuterophlebiidae			2.3
节肢动物门	Arthropoda	昆虫纲	Insecta	双翅目	Diptera	拟网蚊科	Deuterophlebiidae	拟网蚊属	*Deuterophlebia*	2.3
节肢动物门	Arthropoda	昆虫纲	Insecta	双翅目	Diptera	细蚊科	Dixidae			3.1
节肢动物门	Arthropoda	昆虫纲	Insecta	双翅目	Diptera	细蚊科	Dixidae	细蚊属	*Dixa*	3.9
节肢动物门	Arthropoda	昆虫纲	Insecta	双翅目	Diptera	细蚊科	Dixidae	长细蚊属	*Dixella*	3.9
节肢动物门	Arthropoda	昆虫纲	Insecta	双翅目	Diptera	长足虻科	Dolichopodidae			4.3
节肢动物门	Arthropoda	昆虫纲	Insecta	双翅目	Diptera	长足虻科	Dolichopodidae	多鬃长足虻属	*Acymatopus*	4.3
节肢动物门	Arthropoda	昆虫纲	Insecta	双翅目	Diptera	长足虻科	Dolichopodidae	巨口长足虻属	*Diostracus*	4.3
节肢动物门	Arthropoda	昆虫纲	Insecta	双翅目	Diptera	长足虻科	Dolichopodidae	长足虻属	*Dolichopus*	5.4
节肢动物门	Arthropoda	昆虫纲	Insecta	双翅目	Diptera	长足虻科	Dolichopodidae	水长足虻属	*Hydrophorus*	4.3

续表

门	Phylum	纲	Class	目	Order	科	Family	属	Genus	耐污值
节肢动物门	Arthropoda	昆虫纲	Insecta	双翅目	Diptera	长足虻科	Dolichopodidae	叉角长足虻属	*Hypocharassus*	4.3
节肢动物门	Arthropoda	昆虫纲	Insecta	双翅目	Diptera	长足虻科	Dolichopodidae	联长足虻属	*Liancalus*	4.3
节肢动物门	Arthropoda	昆虫纲	Insecta	双翅目	Diptera	长足虻科	Dolichopodidae	平脉长足虻属	*Paralleloneurum*	4.3
节肢动物门	Arthropoda	昆虫纲	Insecta	双翅目	Diptera	长足虻科	Dolichopodidae	针长足虻属	*Rhaphium*	5.4
节肢动物门	Arthropoda	昆虫纲	Insecta	双翅目	Diptera	长足虻科	Dolichopodidae	齿角水长足虻属	*Scellus*	4.3
节肢动物门	Arthropoda	昆虫纲	Insecta	双翅目	Diptera	长足虻科	Dolichopodidae	长喙长足虻属	*Thambemyia*	4.3
节肢动物门	Arthropoda	昆虫纲	Insecta	双翅目	Diptera	长足虻科	Dolichopodidae	滨长足虻属	*Thinophilus*	4.3
节肢动物门	Arthropoda	昆虫纲	Insecta	双翅目	Diptera	舞虻科	Empididae			6.5
节肢动物门	Arthropoda	昆虫纲	Insecta	双翅目	Diptera	舞虻科	Empididae	异螳舞虻属	*Achelipoda*	7.4
节肢动物门	Arthropoda	昆虫纲	Insecta	双翅目	Diptera	舞虻科	Empididae	近溪舞虻属	*Aclinocera*	6.0
节肢动物门	Arthropoda	昆虫纲	Insecta	双翅目	Diptera	舞虻科	Empididae	裸螳舞虻属	*Chelifera*	7.4
节肢动物门	Arthropoda	昆虫纲	Insecta	双翅目	Diptera	舞虻科	Empididae	溪舞虻属	*Clinocera*	6.0
节肢动物门	Arthropoda	昆虫纲	Insecta	双翅目	Diptera	舞虻科	Empididae	长头舞虻属	*Dolichocephala*	7.4
节肢动物门	Arthropoda	昆虫纲	Insecta	双翅目	Diptera	舞虻科	Empididae	螳舞虻属	*Hemerodromia*	7.1
节肢动物门	Arthropoda	昆虫纲	Insecta	双翅目	Diptera	舞虻科	Empididae	粗吻溪舞虻属	*Hypenella*	7.4
节肢动物门	Arthropoda	昆虫纲	Insecta	双翅目	Diptera	舞虻科	Empididae	毛脉舞虻属	*Oreogeton*	6.8
节肢动物门	Arthropoda	昆虫纲	Insecta	双翅目	Diptera	舞虻科	Empididae	叶螳舞虻属	*Phyllodromia*	7.4
节肢动物门	Arthropoda	昆虫纲	Insecta	双翅目	Diptera	舞虻科	Empididae	断脉溪舞虻属	*Proclinopyga*	7.4
节肢动物门	Arthropoda	昆虫纲	Insecta	双翅目	Diptera	舞虻科	Empididae	细吻溪舞虻属	*Roederiodes*	7.4
节肢动物门	Arthropoda	昆虫纲	Insecta	双翅目	Diptera	舞虻科	Empididae	毛脉溪舞虻属	*Trichoclinocera*	7.4
节肢动物门	Arthropoda	昆虫纲	Insecta	双翅目	Diptera	滨蝇科	Ephididae			8.5
节肢动物门	Arthropoda	昆虫纲	Insecta	双翅目	Diptera	水蝇科	Ephydridae			9.8
节肢动物门	Arthropoda	昆虫纲	Insecta	双翅目	Diptera	水蝇科	Ephydridae	短脉水蝇属	*Brachydeutera*	9.8
节肢动物门	Arthropoda	昆虫纲	Insecta	双翅目	Diptera	水蝇科	Ephydridae	翘水蝇属	*Dichaeta*	9.8

续表

门	Phylum	纲	Class	目	Order	科	Family	属	Genus	耐污值
节肢动物门	Arthropoda	昆虫纲	Insecta	双翅目	Diptera	水蝇科	Ephydridae	水蝇属	*Ephydra*	7.4
节肢动物门	Arthropoda	昆虫纲	Insecta	双翅目	Diptera	水蝇科	Ephydridae	毛眼水蝇属	*Hydrellia*	9.8
节肢动物门	Arthropoda	昆虫纲	Insecta	双翅目	Diptera	水蝇科	Ephydridae	刺角水蝇属	*Notiphila*	9.8
节肢动物门	Arthropoda	昆虫纲	Insecta	双翅目	Diptera	水蝇科	Ephydridae	螳水蝇属	*Ochthera*	9.8
节肢动物门	Arthropoda	昆虫纲	Insecta	双翅目	Diptera	水蝇科	Ephydridae	沼刺水蝇属	*Paralimna*	9.8
节肢动物门	Arthropoda	昆虫纲	Insecta	双翅目	Diptera	水蝇科	Ephydridae	滨水蝇属	*Parydra*	9.8
节肢动物门	Arthropoda	昆虫纲	Insecta	双翅目	Diptera	水蝇科	Ephydridae	温泉水蝇属	*Scatella*	8.5
节肢动物门	Arthropoda	昆虫纲	Insecta	双翅目	Diptera	水蝇科	Ephydridae	白斑水蝇属	*Scatophila*	9.8
节肢动物门	Arthropoda	昆虫纲	Insecta	双翅目	Diptera	厕蝇科	Fanniidae	厕蝇属	*Fannia*	10.0
节肢动物门	Arthropoda	昆虫纲	Insecta	双翅目	Diptera	沼大蚊科	Limoniidae			3.3
节肢动物门	Arthropoda	昆虫纲	Insecta	双翅目	Diptera	沼大蚊科	Limoniidae	安大蚊属	*Antocha*	4.3
节肢动物门	Arthropoda	昆虫纲	Insecta	双翅目	Diptera	沼大蚊科	Limoniidae	燥大蚊属	*Baeoura*	2.9
节肢动物门	Arthropoda	昆虫纲	Insecta	双翅目	Diptera	沼大蚊科	Limoniidae	唇大蚊属	*Cheilotrichia*	3.8
节肢动物门	Arthropoda	昆虫纲	Insecta	双翅目	Diptera	沼大蚊科	Limoniidae	绵大蚊属	*Erioptera*	3.8
节肢动物门	Arthropoda	昆虫纲	Insecta	双翅目	Diptera	沼大蚊科	Limoniidae	索大蚊属	*Ormosia*	3.8
节肢动物门	Arthropoda	昆虫纲	Insecta	双翅目	Diptera	沼大蚊科	Limoniidae	准拟大蚊属	*Pseudolimnophila*	3.8
节肢动物门	Arthropoda	昆虫纲	Insecta	双翅目	Diptera	蝇科	Muscidae			10.0
节肢动物门	Arthropoda	昆虫纲	Insecta	双翅目	Diptera	蝇科	Muscidae	血蝇属	*Haematobia*	8.5
节肢动物门	Arthropoda	昆虫纲	Insecta	双翅目	Diptera	蝇科	Muscidae	蝇属	*Musca*	8.5
节肢动物门	Arthropoda	昆虫纲	Insecta	双翅目	Diptera	蛾蠓科	Psychodidae			9.5
节肢动物门	Arthropoda	昆虫纲	Insecta	双翅目	Diptera	蛾蠓科	Psychodidae	巴氏蛾蠓属	*Bazarella*	9.5
节肢动物门	Arthropoda	昆虫纲	Insecta	双翅目	Diptera	蛾蠓科	Psychodidae	黑蛾蠓属	*Brunettia*	9.5
节肢动物门	Arthropoda	昆虫纲	Insecta	双翅目	Diptera	蛾蠓科	Psychodidae	克氏蛾蠓属	*Clogmia*	9.5
节肢动物门	Arthropoda	昆虫纲	Insecta	双翅目	Diptera	蛾蠓科	Psychodidae	拟毛缘蛾蠓属	*Paramormia*	9.5

续表

门	Phylum	纲	Class	目	Order	科	Family	属	Genus	耐污值
节肢动物门	Arthropoda	昆虫纲	Insecta	双翅目	Diptera	蛾蠓科	Psychodidae	毛缘蛾蠓属	*Pericoma*	9.5
节肢动物门	Arthropoda	昆虫纲	Insecta	双翅目	Diptera	蛾蠓科	Psychodidae	蛾蠓属	*Psychoda*	9.5
节肢动物门	Arthropoda	昆虫纲	Insecta	双翅目	Diptera	蛾蠓科	Psychodidae	刺角蛾蠓属	*Thornburghiella*	9.5
节肢动物门	Arthropoda	昆虫纲	Insecta	双翅目	Diptera	蛾蠓科	Psychodidae	蛆蛾蠓属	*Tinearia*	9.5
节肢动物门	Arthropoda	昆虫纲	Insecta	双翅目	Diptera	毛蠓科	Psychodidae			9.1
节肢动物门	Arthropoda	昆虫纲	Insecta	双翅目	Diptera	褶蚊科	Ptychopteridae			6.5
节肢动物门	Arthropoda	昆虫纲	Insecta	双翅目	Diptera	褶蚊科	Ptychopteridae	幻褶蚊属	*Bittacomorphella*	6.5
节肢动物门	Arthropoda	昆虫纲	Insecta	双翅目	Diptera	褶蚊科	Ptychopteridae	褶蚊属	*Ptychoptera*	6.5
节肢动物门	Arthropoda	昆虫纲	Insecta	双翅目	Diptera	粪蝇科	Scathophagidae			10.0
节肢动物门	Arthropoda	昆虫纲	Insecta	双翅目	Diptera	沼蝇科	Sciomyzidae			9.5
节肢动物门	Arthropoda	昆虫纲	Insecta	双翅目	Diptera	沼蝇科	Sciomyzidae	网翅沼蝇属	*Dictya*	9.5
节肢动物门	Arthropoda	昆虫纲	Insecta	双翅目	Diptera	沼蝇科	Sciomyzidae	突脉沼蝇属	*Elgiva*	9.5
节肢动物门	Arthropoda	昆虫纲	Insecta	双翅目	Diptera	沼蝇科	Sciomyzidae	筒突沼蝇属	*Hydromya*	9.5
节肢动物门	Arthropoda	昆虫纲	Insecta	双翅目	Diptera	沼蝇科	Sciomyzidae	弯脉沼蝇属	*Ilione*	9.5
节肢动物门	Arthropoda	昆虫纲	Insecta	双翅目	Diptera	沼蝇科	Sciomyzidae	缘鬃沼蝇属	*Pherbina*	9.5
节肢动物门	Arthropoda	昆虫纲	Insecta	双翅目	Diptera	沼蝇科	Sciomyzidae	长角沼蝇属	*Sepedon*	9.5
节肢动物门	Arthropoda	昆虫纲	Insecta	双翅目	Diptera	沼蝇科	Sciomyzidae	基芒沼蝇属	*Tetanocera*	9.5
节肢动物门	Arthropoda	昆虫纲	Insecta	双翅目	Diptera	蚋科	Simulidae			3.9
节肢动物门	Arthropoda	昆虫纲	Insecta	双翅目	Diptera	蚋科	Simulidae	赫蚋属	*Helodon*	3.9
节肢动物门	Arthropoda	昆虫纲	Insecta	双翅目	Diptera	蚋科	Simulidae	后克蚋属	*Metacnephia*	3.9
节肢动物门	Arthropoda	昆虫纲	Insecta	双翅目	Diptera	蚋科	Simulidae	原蚋属	*Prosimulium*	3.9
节肢动物门	Arthropoda	昆虫纲	Insecta	双翅目	Diptera	蚋科	Simulidae	蚋属	*Simulium*	3.9
节肢动物门	Arthropoda	昆虫纲	Insecta	双翅目	Diptera	蚋科	Simulidae	吞蚋属	*Twinnia*	3.9
节肢动物门	Arthropoda	昆虫纲	Insecta	双翅目	Diptera	水虻科	Stratiomyidae			5.7

续表

门	Phylum	纲	Class	目	Order	科	Family	属	Genus	耐污值
节肢动物门	Arthropoda	昆虫纲	Insecta	双翅目	Diptera	水虻科	Stratiomyidae	诺斯水虻属	*Nothomyia*	5.7
节肢动物门	Arthropoda	昆虫纲	Insecta	双翅目	Diptera	水虻科	Stratiomyidae	短角水虻属	*Odontomyia*	5.4
节肢动物门	Arthropoda	昆虫纲	Insecta	双翅目	Diptera	水虻科	Stratiomyidae	脉水虻属	*Oplodontha*	5.7
节肢动物门	Arthropoda	昆虫纲	Insecta	双翅目	Diptera	水虻科	Stratiomyidae	盾刺水虻属	*Oxycera*	5.7
节肢动物门	Arthropoda	昆虫纲	Insecta	双翅目	Diptera	水虻科	Stratiomyidae	类盾刺水虻属	*Oxyceroides*	5.7
节肢动物门	Arthropoda	昆虫纲	Insecta	双翅目	Diptera	水虻科	Stratiomyidae	丽额水虻属	*Prosopochrysa*	5.7
节肢动物门	Arthropoda	昆虫纲	Insecta	双翅目	Diptera	水虻科	Stratiomyidae	对斑水虻属	*Rhaphiocerina*	5.7
节肢动物门	Arthropoda	昆虫纲	Insecta	双翅目	Diptera	水虻科	Stratiomyidae	水虻属	*Stratiomys*	5.7
节肢动物门	Arthropoda	昆虫纲	Insecta	双翅目	Diptera	食蚜蝇科	Syrphidae			10.0
节肢动物门	Arthropoda	昆虫纲	Insecta	双翅目	Diptera	食蚜蝇科	Syrphidae	管蚜蝇属	*Eristalis*	10.0
节肢动物门	Arthropoda	昆虫纲	Insecta	双翅目	Diptera	虻科	Tabanidae			6.8
节肢动物门	Arthropoda	昆虫纲	Insecta	双翅目	Diptera	虻科	Tabanidae	瘤虻属	*Hybomitra*	6.8
节肢动物门	Arthropoda	昆虫纲	Insecta	双翅目	Diptera	虻科	Tabanidae	虻属	*Tabanus*	6.8
节肢动物门	Arthropoda	昆虫纲	Insecta	双翅目	Diptera	伪蚊科	Tanyderidae			4.3
节肢动物门	Arthropoda	昆虫纲	Insecta	双翅目	Diptera	伪蚊科	Tanyderidae	原伪蚊属	*Protanyderus*	4.3
节肢动物门	Arthropoda	昆虫纲	Insecta	双翅目	Diptera	大蚊科	Tipulidae			5.3
节肢动物门	Arthropoda	昆虫纲	Insecta	双翅目	Diptera	大蚊科	Tipulidae	裸大蚊属	*Angarotipula*	5.3
节肢动物门	Arthropoda	昆虫纲	Insecta	双翅目	Diptera	大蚊科	Tipulidae	尖头大蚊属	*Brithura*	5.3
节肢动物门	Arthropoda	昆虫纲	Insecta	双翅目	Diptera	大蚊科	Tipulidae	双大蚊属	*Dicranota*	4.3
节肢动物门	Arthropoda	昆虫纲	Insecta	双翅目	Diptera	大蚊科	Tipulidae	锦大蚊属	*Hexatoma*	4.3
节肢动物门	Arthropoda	昆虫纲	Insecta	双翅目	Diptera	大蚊科	Tipulidae	棘膝大蚊属	*Holorusia*	5.3
节肢动物门	Arthropoda	昆虫纲	Insecta	双翅目	Diptera	大蚊科	Tipulidae	伊大蚊属	*Ilisia*	4.3
节肢动物门	Arthropoda	昆虫纲	Insecta	双翅目	Diptera	大蚊科	Tipulidae	印大蚊属	*Indotipula*	5.3
节肢动物门	Arthropoda	昆虫纲	Insecta	双翅目	Diptera	大蚊科	Tipulidae	瘦腹大蚊属	*Leptotarsus*	5.3

续表

门	Phylum	纲	Class	目	Order	科	Family	属	Genus	耐污值
节肢动物门	Arthropoda	昆虫纲	Insecta	双翅目	Diptera	大蚊科	Tipulidae	沼大蚊属	*Limoniidae*	3.9
节肢动物门	Arthropoda	昆虫纲	Insecta	双翅目	Diptera	大蚊科	Tipulidae	解大蚊属	*Llisia*	3.9
节肢动物门	Arthropoda	昆虫纲	Insecta	双翅目	Diptera	大蚊科	Tipulidae	短柄大蚊属	*Nephrotoma*	4.3
节肢动物门	Arthropoda	昆虫纲	Insecta	双翅目	Diptera	大蚊科	Tipulidae	锯大蚊属	*Prionocera*	4.9
节肢动物门	Arthropoda	昆虫纲	Insecta	双翅目	Diptera	大蚊科	Tipulidae	大蚊属	*Tipula*	3.5
节肢动物门	Arthropoda	昆虫纲	Insecta	双翅目	Diptera	大蚊科	Tipulidae	白环大蚊属	*Tipulodina*	5.3
节肢动物门	Arthropoda	昆虫纲	Insecta	蜉蝣目	Ephemeroptera	栉颚蜉科	Ameletidae			1.3
节肢动物门	Arthropoda	昆虫纲	Insecta	蜉蝣目	Ephemeroptera	栉颚蜉科	Ameletidae	栉颚蜉属	*Ameletus*	1.3
节肢动物门	Arthropoda	昆虫纲	Insecta	蜉蝣目	Ephemeroptera	长跗蜉科	Ametropodidae			1.3
节肢动物门	Arthropoda	昆虫纲	Insecta	蜉蝣目	Ephemeroptera	长跗蜉科	Ametropodidae	长跗蜉属	*Ametropus*	1.3
节肢动物门	Arthropoda	昆虫纲	Insecta	蜉蝣目	Ephemeroptera	四节蜉科	Baetidae			3.8
节肢动物门	Arthropoda	昆虫纲	Insecta	蜉蝣目	Ephemeroptera	四节蜉科	Baetidae	狭翅蜉属	*Acentrella*	3.9
节肢动物门	Arthropoda	昆虫纲	Insecta	蜉蝣目	Ephemeroptera	四节蜉科	Baetidae	丽翅蜉属	*Alainites*	4.3
节肢动物门	Arthropoda	昆虫纲	Insecta	蜉蝣目	Ephemeroptera	四节蜉科	Baetidae	花翅蜉属	*Baetiella*	3.3
节肢动物门	Arthropoda	昆虫纲	Insecta	蜉蝣目	Ephemeroptera	四节蜉科	Baetidae	四节蜉属	*Baetis*	5.9
节肢动物门	Arthropoda	昆虫纲	Insecta	蜉蝣目	Ephemeroptera	四节蜉科	Baetidae	邦地蜉属	*Bungona*	3.9
节肢动物门	Arthropoda	昆虫纲	Insecta	蜉蝣目	Ephemeroptera	四节蜉科	Baetidae	刺翅蜉属	*Centroptilum*	2.6
节肢动物门	Arthropoda	昆虫纲	Insecta	蜉蝣目	Ephemeroptera	四节蜉科	Baetidae	二翅蜉属	*Cloeon*	5.9
节肢动物门	Arthropoda	昆虫纲	Insecta	蜉蝣目	Ephemeroptera	四节蜉科	Baetidae	虚蜉属	*Fallceon*	4.3
节肢动物门	Arthropoda	昆虫纲	Insecta	蜉蝣目	Ephemeroptera	四节蜉科	Baetidae	雅蜉属	*Gratia*	3.9
节肢动物门	Arthropoda	昆虫纲	Insecta	蜉蝣目	Ephemeroptera	四节蜉科	Baetidae	突唇蜉属	*Labiobaetis*	5.2
节肢动物门	Arthropoda	昆虫纲	Insecta	蜉蝣目	Ephemeroptera	四节蜉科	Baetidae	黑四节蜉属	*Nigrobaetis*	3.9
节肢动物门	Arthropoda	昆虫纲	Insecta	蜉蝣目	Ephemeroptera	四节蜉科	Baetidae	扁四节蜉属	*Platybaetis*	2.0
节肢动物门	Arthropoda	昆虫纲	Insecta	蜉蝣目	Ephemeroptera	四节蜉科	Baetidae	原二翅蜉属	*Procloeon*	3.9

续表

门	Phylum	纲	Class	目	Order	科	Family	属	Genus	耐污值
节肢动物门	Arthropoda	昆虫纲	Insecta	蜉蝣目	Ephemeroptera	四节蜉科	Baetidae	假二翅蜉属	*Pseudocloeon*	3.7
节肢动物门	Arthropoda	昆虫纲	Insecta	蜉蝣目	Ephemeroptera	无爪蜉科	Behningiidae			3.9
节肢动物门	Arthropoda	昆虫纲	Insecta	蜉蝣目	Ephemeroptera	无爪蜉科	Behningiidae	无爪蜉属	*Behningia*	3.9
节肢动物门	Arthropoda	昆虫纲	Insecta	蜉蝣目	Ephemeroptera	细蜉科	Caenidae			5.4
节肢动物门	Arthropoda	昆虫纲	Insecta	蜉蝣目	Ephemeroptera	细蜉科	Caenidae	短尾蜉属	*Brachycercus*	3.9
节肢动物门	Arthropoda	昆虫纲	Insecta	蜉蝣目	Ephemeroptera	细蜉科	Caenidae	细蜉属	*Caenis*	5.9
节肢动物门	Arthropoda	昆虫纲	Insecta	蜉蝣目	Ephemeroptera	细蜉科	Caenidae	刺眼细蜉属	*Caenoculis*	3.3
节肢动物门	Arthropoda	昆虫纲	Insecta	蜉蝣目	Ephemeroptera	细蜉科	Caenidae	寡毛蜉属	*Sparbarus*	4.3
节肢动物门	Arthropoda	昆虫纲	Insecta	蜉蝣目	Ephemeroptera	丽脉蜉科	Chromarcyidae			2.6
节肢动物门	Arthropoda	昆虫纲	Insecta	蜉蝣目	Ephemeroptera	丽脉蜉科	Chromarcyidae	丽脉蜉属	*Chromarcys*	2.6
节肢动物门	Arthropoda	昆虫纲	Insecta	蜉蝣目	Ephemeroptera	小蜉科	Ephemerellidae			3.9
节肢动物门	Arthropoda	昆虫纲	Insecta	蜉蝣目	Ephemeroptera	小蜉科	Ephemerellidae	巨颚蜉属	*Amurella*	2.6
节肢动物门	Arthropoda	昆虫纲	Insecta	蜉蝣目	Ephemeroptera	小蜉科	Ephemerellidae	带肋蜉属	*Cincticostella*	2.2
节肢动物门	Arthropoda	昆虫纲	Insecta	蜉蝣目	Ephemeroptera	小蜉科	Ephemerellidae	弯握蜉属	*Drunella*	0.7
节肢动物门	Arthropoda	昆虫纲	Insecta	蜉蝣目	Ephemeroptera	小蜉科	Ephemerellidae	锐利蜉属	*Ephacerella*	3.8
节肢动物门	Arthropoda	昆虫纲	Insecta	蜉蝣目	Ephemeroptera	小蜉科	Ephemerellidae	小蜉属	*Ephemerella*	1.8
节肢动物门	Arthropoda	昆虫纲	Insecta	蜉蝣目	Ephemeroptera	小蜉科	Ephemerellidae	盖鳃蜉属	*Hyrtanella*	2.6
节肢动物门	Arthropoda	昆虫纲	Insecta	蜉蝣目	Ephemeroptera	小蜉科	Ephemerellidae	背棘蜉属	*Notacanthella*	2.0
节肢动物门	Arthropoda	昆虫纲	Insecta	蜉蝣目	Ephemeroptera	小蜉科	Ephemerellidae	锯形蜉属	*Serratella*	4.1
节肢动物门	Arthropoda	昆虫纲	Insecta	蜉蝣目	Ephemeroptera	小蜉科	Ephemerellidae	多刺蜉属	*Spinorea*	2.6
节肢动物门	Arthropoda	昆虫纲	Insecta	蜉蝣目	Ephemeroptera	小蜉科	Ephemerellidae	亮蜉属	*Teloganopsis*	3.8
节肢动物门	Arthropoda	昆虫纲	Insecta	蜉蝣目	Ephemeroptera	小蜉科	Ephemerellidae	大鳃蜉属	*Torleya*	3.8
节肢动物门	Arthropoda	昆虫纲	Insecta	蜉蝣目	Ephemeroptera	蜉蝣科	Ephemeridae			3.5
节肢动物门	Arthropoda	昆虫纲	Insecta	蜉蝣目	Ephemeroptera	蜉蝣科	Ephemeridae	伊蜉属	*Eatonigenia*	3.9

续表

门	Phylum	纲	Class	目	Order	科	Family	属	Genus	耐污值
节肢动物门	Arthropoda	昆虫纲	Insecta	蜉蝣目	Ephemeroptera	蜉蝣科	Ephemeridae	蜉蝣属	*Ephemera*	3.5
节肢动物门	Arthropoda	昆虫纲	Insecta	蜉蝣目	Ephemeroptera	网脉蜉科	Euthyplociidae			3.3
节肢动物门	Arthropoda	昆虫纲	Insecta	蜉蝣目	Ephemeroptera	网脉蜉科	Euthyplociidae	繁脉蜉属	*Polyplocia*	3.3
节肢动物门	Arthropoda	昆虫纲	Insecta	蜉蝣目	Ephemeroptera	扁蜉科	Heptageniidae			3.8
节肢动物门	Arthropoda	昆虫纲	Insecta	蜉蝣目	Ephemeroptera	扁蜉科	Heptageniidae	亚非蜉属	*Afronurus*	5.4
节肢动物门	Arthropoda	昆虫纲	Insecta	蜉蝣目	Ephemeroptera	扁蜉科	Heptageniidae	腹鳃蜉属	*Anepeorus*	3.3
节肢动物门	Arthropoda	昆虫纲	Insecta	蜉蝣目	Ephemeroptera	扁蜉科	Heptageniidae	动蜉属	*Cinygma*	2.0
节肢动物门	Arthropoda	昆虫纲	Insecta	蜉蝣目	Ephemeroptera	扁蜉科	Heptageniidae	微动蜉属	*Cinygmula*	1.3
节肢动物门	Arthropoda	昆虫纲	Insecta	蜉蝣目	Ephemeroptera	扁蜉科	Heptageniidae	康扁蜉	*Compsoneuria*	2.6
节肢动物门	Arthropoda	昆虫纲	Insecta	蜉蝣目	Ephemeroptera	扁蜉科	Heptageniidae	扁蚴蜉属	*Ecdyonurus*	3.9
节肢动物门	Arthropoda	昆虫纲	Insecta	蜉蝣目	Ephemeroptera	扁蜉科	Heptageniidae	电泳蜉属	*Electrogena*	2.0
节肢动物门	Arthropoda	昆虫纲	Insecta	蜉蝣目	Ephemeroptera	扁蜉科	Heptageniidae	高翔蜉属	*Epeorus*	1.2
节肢动物门	Arthropoda	昆虫纲	Insecta	蜉蝣目	Ephemeroptera	扁蜉科	Heptageniidae	扁蜉属	*Heptagenia*	1.2
节肢动物门	Arthropoda	昆虫纲	Insecta	蜉蝣目	Ephemeroptera	扁蜉科	Heptageniidae	斑蜉属	*Maculogenia*	2.6
节肢动物门	Arthropoda	昆虫纲	Insecta	蜉蝣目	Ephemeroptera	扁蜉科	Heptageniidae	尼克斯蜉	*Nixe*	2.1
节肢动物门	Arthropoda	昆虫纲	Insecta	蜉蝣目	Ephemeroptera	扁蜉科	Heptageniidae	背刺蜉属	*Notacanthurus*	2.6
节肢动物门	Arthropoda	昆虫纲	Insecta	蜉蝣目	Ephemeroptera	扁蜉科	Heptageniidae	赞蜉属	*Paegniodes*	1.3
节肢动物门	Arthropoda	昆虫纲	Insecta	蜉蝣目	Ephemeroptera	扁蜉科	Heptageniidae	拟亚非蜉属	*Parafronurus*	2.6
节肢动物门	Arthropoda	昆虫纲	Insecta	蜉蝣目	Ephemeroptera	扁蜉科	Heptageniidae	律脉蜉属	*Regulaneuria*	2.6
节肢动物门	Arthropoda	昆虫纲	Insecta	蜉蝣目	Ephemeroptera	扁蜉科	Heptageniidae	短腮蜉属	*Thalerosphyrus*	3.8
节肢动物门	Arthropoda	昆虫纲	Insecta	蜉蝣目	Ephemeroptera	扁蜉科	Heptageniidae	溪颏蜉属	*Rhithrogena*	2.0
节肢动物门	Arthropoda	昆虫纲	Insecta	蜉蝣目	Ephemeroptera	等蜉科	Isonychidae			3.8
节肢动物门	Arthropoda	昆虫纲	Insecta	蜉蝣目	Ephemeroptera	等蜉科	Isonychidae	等蜉属	*Isonychia*	3.8
节肢动物门	Arthropoda	昆虫纲	Insecta	蜉蝣目	Ephemeroptera	细裳蜉科	Leptophlebiidae			3.9

续表

门	Phylum	纲	Class	目	Order	科	Family	属	Genus	耐污值
节肢动物门	Arthropoda	昆虫纲	Insecta	蜉蝣目	Ephemeroptera	细裳蜉科	Leptophlebiidae	宽基蜉属	*Choroterpes*	3.6
节肢动物门	Arthropoda	昆虫纲	Insecta	蜉蝣目	Ephemeroptera	细裳蜉科	Leptophlebiidae	似宽基蜉属	*Choroterpides*	5.4
节肢动物门	Arthropoda	昆虫纲	Insecta	蜉蝣目	Ephemeroptera	细裳蜉科	Leptophlebiidae	吉氏蜉属	*Gilliesia*	2.6
节肢动物门	Arthropoda	昆虫纲	Insecta	蜉蝣目	Ephemeroptera	细裳蜉科	Leptophlebiidae	柔裳蜉属	*Habrophlebiodes*	1.6
节肢动物门	Arthropoda	昆虫纲	Insecta	蜉蝣目	Ephemeroptera	细裳蜉科	Leptophlebiidae	印度蜉属	*Indialis*	2.6
节肢动物门	Arthropoda	昆虫纲	Insecta	蜉蝣目	Ephemeroptera	细裳蜉科	Leptophlebiidae	伊氏蜉属	*Isca*	2.0
节肢动物门	Arthropoda	昆虫纲	Insecta	蜉蝣目	Ephemeroptera	细裳蜉科	Leptophlebiidae	细裳蜉属	*Leptophlebia*	3.3
节肢动物门	Arthropoda	昆虫纲	Insecta	蜉蝣目	Ephemeroptera	细裳蜉科	Leptophlebiidae	拟细裳蜉属	*Paraleptophlebia*	3.3
节肢动物门	Arthropoda	昆虫纲	Insecta	蜉蝣目	Ephemeroptera	细裳蜉科	Leptophlebiidae	思罗蜉属	*Thraulus*	4.1
节肢动物门	Arthropoda	昆虫纲	Insecta	蜉蝣目	Ephemeroptera	长爪蜉科	Metretopodidae			3.3
节肢动物门	Arthropoda	昆虫纲	Insecta	蜉蝣目	Ephemeroptera	长爪蜉科	Metretopodidae	长爪蜉属	*Metretopus*	3.3
节肢动物门	Arthropoda	昆虫纲	Insecta	蜉蝣目	Ephemeroptera	新蜉科	Neoephemeridae			3.9
节肢动物门	Arthropoda	昆虫纲	Insecta	蜉蝣目	Ephemeroptera	新蜉科	Neoephemeridae	小河蜉属	*Potamanthellus*	3.9
节肢动物门	Arthropoda	昆虫纲	Insecta	蜉蝣目	Ephemeroptera	新蜉科	Neoephemeridae	艳蜉属	*Pulchephemera*	2.0
节肢动物门	Arthropoda	昆虫纲	Insecta	蜉蝣目	Ephemeroptera	寡脉蜉科	Oligoneuriidae			3.9
节肢动物门	Arthropoda	昆虫纲	Insecta	蜉蝣目	Ephemeroptera	寡脉蜉科	Oligoneuriidae	小寡脉蜉属	*Oligoneuriella*	3.9
节肢动物门	Arthropoda	昆虫纲	Insecta	蜉蝣目	Ephemeroptera	褶缘蜉科	Palingeniidae			3.9
节肢动物门	Arthropoda	昆虫纲	Insecta	蜉蝣目	Ephemeroptera	褶缘蜉科	Palingeniidae	禽基蜉属	*Anagenesia*	3.9
节肢动物门	Arthropoda	昆虫纲	Insecta	蜉蝣目	Ephemeroptera	褶缘蜉科	Palingeniidae	桑噶蜉属	*Chankagenesia*	3.9
节肢动物门	Arthropoda	昆虫纲	Insecta	蜉蝣目	Ephemeroptera	多脉蜉科	Polymytarcidae			3.9
节肢动物门	Arthropoda	昆虫纲	Insecta	蜉蝣目	Ephemeroptera	多脉蜉科	Polymytarcidae	埃蜉属	*Ephoron*	3.8
节肢动物门	Arthropoda	昆虫纲	Insecta	蜉蝣目	Ephemeroptera	河花蜉科	Potamanthidae			3.9
节肢动物门	Arthropoda	昆虫纲	Insecta	蜉蝣目	Ephemeroptera	河花蜉科	Potamanthidae	似河花蜉属	*Potamanthodes*	3.9
节肢动物门	Arthropoda	昆虫纲	Insecta	蜉蝣目	Ephemeroptera	河花蜉科	Potamanthidae	河花蜉属	*Potamanthus*	3.9

续表

门	Phylum	纲	Class	目	Order	科	Family	属	Genus	耐污值
节肢动物门	Arthropoda	昆虫纲	Insecta	蜉蝣目	Ephemeroptera	河花蜉科	Potamanthidae	红纹蜉属	*Rhoenanthus*	3.6
节肢动物门	Arthropoda	昆虫纲	Insecta	蜉蝣目	Ephemeroptera	鲎蜉科	Prosopistomatidae			2.0
节肢动物门	Arthropoda	昆虫纲	Insecta	蜉蝣目	Ephemeroptera	鲎蜉科	Prosopistomatidae	鲎蜉属	*Prosopistoma*	2.0
节肢动物门	Arthropoda	昆虫纲	Insecta	蜉蝣目	Ephemeroptera	短丝蜉科	Siphlonuridae			2.0
节肢动物门	Arthropoda	昆虫纲	Insecta	蜉蝣目	Ephemeroptera	短丝蜉科	Siphlonuridae	短丝蜉属	*Siphlonurus*	2.0
节肢动物门	Arthropoda	昆虫纲	Insecta	蜉蝣目	Ephemeroptera	古丝蜉科	Siphluriscidae			0.4
节肢动物门	Arthropoda	昆虫纲	Insecta	蜉蝣目	Ephemeroptera	古丝蜉科	Siphluriscidae	古丝蜉属	*Siphluriscus*	0.4
节肢动物门	Arthropoda	昆虫纲	Insecta	蜉蝣目	Ephemeroptera	晚蜉科	Teloganodidae			2.6
节肢动物门	Arthropoda	昆虫纲	Insecta	蜉蝣目	Ephemeroptera	晚蜉科	Teloganodidae	达氏蜉属	*Dudgeodes*	2.6
节肢动物门	Arthropoda	昆虫纲	Insecta	蜉蝣目	Ephemeroptera	越南蜉科	Vietnamellidae			2.7
节肢动物门	Arthropoda	昆虫纲	Insecta	蜉蝣目	Ephemeroptera	越南蜉科	Vietnamellidae	越南蜉属	*Vietnamella*	2.7
节肢动物门	Arthropoda	昆虫纲	Insecta	半翅目	Hemiptera	盖蝽科	Aphelocheiridae			1.3
节肢动物门	Arthropoda	昆虫纲	Insecta	半翅目	Hemiptera	盖蝽科	Aphelocheiridae	盖蝽属	*Aphelocheirus*	1.3
节肢动物门	Arthropoda	昆虫纲	Insecta	半翅目	Hemiptera	负蝽科	Belostomatidae			8.5
节肢动物门	Arthropoda	昆虫纲	Insecta	半翅目	Hemiptera	负蝽科	Belostomatidae	拟负蝽属	*Appasus*	8.5
节肢动物门	Arthropoda	昆虫纲	Insecta	半翅目	Hemiptera	负蝽科	Belostomatidae	负子蝽属	*Diplonychus*	9.0
节肢动物门	Arthropoda	昆虫纲	Insecta	半翅目	Hemiptera	负蝽科	Belostomatidae	鳖负蝽属	*Lethocerus*	9.0
节肢动物门	Arthropoda	昆虫纲	Insecta	半翅目	Hemiptera	划蝽科	Corixidae			6.5
节肢动物门	Arthropoda	昆虫纲	Insecta	半翅目	Hemiptera	划蝽科	Corixidae	壮划蝽属	*Agraptocorixa*	8.5
节肢动物门	Arthropoda	昆虫纲	Insecta	半翅目	Hemiptera	划蝽科	Corixidae	丽划蝽属	*Callicorixa*	8.5
节肢动物门	Arthropoda	昆虫纲	Insecta	半翅目	Hemiptera	划蝽科	Corixidae	脊划蝽属	*Cenocorixa*	6.5
节肢动物门	Arthropoda	昆虫纲	Insecta	半翅目	Hemiptera	划蝽科	Corixidae	划蝽属	*Corixa*	8.5
节肢动物门	Arthropoda	昆虫纲	Insecta	半翅目	Hemiptera	划蝽科	Corixidae	原划蝽属	*Cymatia*	6.5
节肢动物门	Arthropoda	昆虫纲	Insecta	半翅目	Hemiptera	划蝽科	Corixidae	夕划蝽属	*Hesperocorixa*	8.5

续表

门	Phylum	纲	Class	目	Order	科	Family	属	Genus	耐污值
节肢动物门	Arthropoda	昆虫纲	Insecta	半翅目	Hemiptera	划蝽科	Corixidae	副划蝽属	*Paracorixa*	8.5
节肢动物门	Arthropoda	昆虫纲	Insecta	半翅目	Hemiptera	划蝽科	Corixidae	烁划蝽属	*Sigara*	8.5
节肢动物门	Arthropoda	昆虫纲	Insecta	半翅目	Hemiptera	划蝽科	Corixidae	希划蝽属	*Xenocorixa*	6.5
节肢动物门	Arthropoda	昆虫纲	Insecta	半翅目	Hemiptera	蟾蝽科	Gelastocoridae			8.5
节肢动物门	Arthropoda	昆虫纲	Insecta	半翅目	Hemiptera	蟾蝽科	Gelastocoridae	蟾蝽属	*Nerthra*	8.5
节肢动物门	Arthropoda	昆虫纲	Insecta	半翅目	Hemiptera	蚤蝽科	Helotrephidae			5.4
节肢动物门	Arthropoda	昆虫纲	Insecta	半翅目	Hemiptera	蚤蝽科	Helotrephidae	斯蚤蝽属	*Distotrephes*	5.4
节肢动物门	Arthropoda	昆虫纲	Insecta	半翅目	Hemiptera	蚤蝽科	Helotrephidae	蚤蝽属	*Helotrephes*	5.4
节肢动物门	Arthropoda	昆虫纲	Insecta	半翅目	Hemiptera	蚤蝽科	Helotrephidae	锯蚤蝽属	*Idiotrephes*	5.4
节肢动物门	Arthropoda	昆虫纲	Insecta	半翅目	Hemiptera	蚤蝽科	Helotrephidae	普蚤蝽属	*Platytrephes*	5.4
节肢动物门	Arthropoda	昆虫纲	Insecta	半翅目	Hemiptera	蚤蝽科	Helotrephidae	密实蚤蝽属	*Trephotomas*	5.4
节肢动物门	Arthropoda	昆虫纲	Insecta	半翅目	Hemiptera	小划蝽科	Micronectidae			5.4
节肢动物门	Arthropoda	昆虫纲	Insecta	半翅目	Hemiptera	小划蝽科	Micronectidae	小划蝽属	*Micronecta*	5.4
节肢动物门	Arthropoda	昆虫纲	Insecta	半翅目	Hemiptera	潜蝽科	Naucoridae			5.4
节肢动物门	Arthropoda	昆虫纲	Insecta	半翅目	Hemiptera	潜蝽科	Naucoridae	长额潜蝽属	*Cheirochela*	5.4
节肢动物门	Arthropoda	昆虫纲	Insecta	半翅目	Hemiptera	潜蝽科	Naucoridae	细沼潜蝽属	*Ctenipocoris*	5.4
节肢动物门	Arthropoda	昆虫纲	Insecta	半翅目	Hemiptera	潜蝽科	Naucoridae	角潜蝽属	*Gestroiella*	5.4
节肢动物门	Arthropoda	昆虫纲	Insecta	半翅目	Hemiptera	潜蝽科	Naucoridae	沼潜蝽属	*Heleocoris*	8.5
节肢动物门	Arthropoda	昆虫纲	Insecta	半翅目	Hemiptera	潜蝽科	Naucoridae	潜蝽属	*Ilyocoris*	5.4
节肢动物门	Arthropoda	昆虫纲	Insecta	半翅目	Hemiptera	潜蝽科	Naucoridae	小潜蝽属	*Thurselinus*	5.4
节肢动物门	Arthropoda	昆虫纲	Insecta	半翅目	Hemiptera	蝎蝽科	Nepidae			4.3
节肢动物门	Arthropoda	昆虫纲	Insecta	半翅目	Hemiptera	蝎蝽科	Nepidae	类螳蝎蝽属	*Cercotmetus*	4.3
节肢动物门	Arthropoda	昆虫纲	Insecta	半翅目	Hemiptera	蝎蝽科	Nepidae	壮蝎蝽属	*Laccotrephes*	6.5
节肢动物门	Arthropoda	昆虫纲	Insecta	半翅目	Hemiptera	蝎蝽科	Nepidae	蝎蝽属	*Nepa*	6.5

续表

门	Phylum	纲	Class	目	Order	科	Family	属	Genus	耐污值
节肢动物门	Arthropoda	昆虫纲	Insecta	半翅目	Hemiptera	蝎蝽科	Nepidae	螳蝎蝽属	*Ranatra*	5.4
节肢动物门	Arthropoda	昆虫纲	Insecta	半翅目	Hemiptera	蝎蝽科	Nepidae	短尾蝎蝽属	*Telmatotrephes*	4.3
节肢动物门	Arthropoda	昆虫纲	Insecta	半翅目	Hemiptera	仰蝽科	Notonectidae			5.4
节肢动物门	Arthropoda	昆虫纲	Insecta	半翅目	Hemiptera	仰蝽科	Notonectidae	小仰蝽属	*Anisops*	5.4
节肢动物门	Arthropoda	昆虫纲	Insecta	半翅目	Hemiptera	仰蝽科	Notonectidae	粗仰蝽属	*Enithares*	5.4
节肢动物门	Arthropoda	昆虫纲	Insecta	半翅目	Hemiptera	仰蝽科	Notonectidae	大仰蝽属	*Notonecta*	5.4
节肢动物门	Arthropoda	昆虫纲	Insecta	半翅目	Hemiptera	仰蝽科	Notonectidae	细仰蝽属	*Nychia*	5.4
节肢动物门	Arthropoda	昆虫纲	Insecta	半翅目	Hemiptera	蜍蝽科	Ochteridae			5.4
节肢动物门	Arthropoda	昆虫纲	Insecta	半翅目	Hemiptera	蜍蝽科	Ochteridae	蜍蝽属	*Ochterus*	5.4
节肢动物门	Arthropoda	昆虫纲	Insecta	半翅目	Hemiptera	固蝽科	Pleidae			6.5
节肢动物门	Arthropoda	昆虫纲	Insecta	半翅目	Hemiptera	固蝽科	Pleidae	邻固蝽属	*Paraplea*	5.4
节肢动物门	Arthropoda	昆虫纲	Insecta	鳞翅目	Lepidoptera	草螟科	Crambidae			3.3
节肢动物门	Arthropoda	昆虫纲	Insecta	鳞翅目	Lepidoptera	草螟科	Crambidae	阿氏水螟属	*Agassiziella*	3.3
节肢动物门	Arthropoda	昆虫纲	Insecta	鳞翅目	Lepidoptera	草螟科	Crambidae	纹水螟属	*Cataclysta*	3.3
节肢动物门	Arthropoda	昆虫纲	Insecta	鳞翅目	Lepidoptera	草螟科	Crambidae	离水螟属	*Diathraustodes*	3.3
节肢动物门	Arthropoda	昆虫纲	Insecta	鳞翅目	Lepidoptera	草螟科	Crambidae	塘水螟属	*Elophila*	3.3
节肢动物门	Arthropoda	昆虫纲	Insecta	鳞翅目	Lepidoptera	草螟科	Crambidae	斑水螟属	*Eoophyla*	3.0
节肢动物门	Arthropoda	昆虫纲	Insecta	鳞翅目	Lepidoptera	草螟科	Crambidae	狭翅水螟属	*Eristena*	3.3
节肢动物门	Arthropoda	昆虫纲	Insecta	鳞翅目	Lepidoptera	草螟科	Crambidae	禾水螟属	*Neoschoenobia*	3.6
节肢动物门	Arthropoda	昆虫纲	Insecta	鳞翅目	Lepidoptera	草螟科	Crambidae	目水螟属	*Nymphicula*	3.3
节肢动物门	Arthropoda	昆虫纲	Insecta	鳞翅目	Lepidoptera	草螟科	Crambidae	水螟属	*Nymphula*	3.3
节肢动物门	Arthropoda	昆虫纲	Insecta	鳞翅目	Lepidoptera	草螟科	Crambidae	拟纹水螟属	*Paracataclysta*	3.3
节肢动物门	Arthropoda	昆虫纲	Insecta	鳞翅目	Lepidoptera	草螟科	Crambidae	波水螟属	*Paracymoriza*	3.3
节肢动物门	Arthropoda	昆虫纲	Insecta	鳞翅目	Lepidoptera	草螟科	Crambidae	筒水螟属	*Parapoynx*	0.4

续表

门	Phylum	纲	Class	目	Order	科	Family	属	Genus	耐污值
节肢动物门	Arthropoda	昆虫纲	Insecta	鳞翅目	Lepidoptera	草螟科	Crambidae	溪水螟属	*Potamomusa*	3.3
节肢动物门	Arthropoda	昆虫纲	Insecta	鳞翅目	Lepidoptera	草螟科	Crambidae	川水螟属	*Strepsinoma*	3.3
节肢动物门	Arthropoda	昆虫纲	Insecta	鳞翅目	Lepidoptera	草螟科	Crambidae	缨水螟属	*Thysanoidma*	3.3
节肢动物门	Arthropoda	昆虫纲	Insecta	鳞翅目	Lepidoptera	螟蛾科	Pyralidae			2.3
节肢动物门	Arthropoda	昆虫纲	Insecta	广翅目	Megaloptera	齿蛉科	Corydalidae			3.6
节肢动物门	Arthropoda	昆虫纲	Insecta	广翅目	Megaloptera	齿蛉亚科	Corydalinae			4.3
节肢动物门	Arthropoda	昆虫纲	Insecta	广翅目	Megaloptera	齿蛉亚科	Corydalinae	巨齿蛉属	*Acanthacorydalis*	4.1
节肢动物门	Arthropoda	昆虫纲	Insecta	广翅目	Megaloptera	齿蛉亚科	Corydalinae	齿蛉属	*Neoneuromus*	4.1
节肢动物门	Arthropoda	昆虫纲	Insecta	广翅目	Megaloptera	齿蛉亚科	Corydalinae	脉齿蛉属	*Nevromus*	3.6
节肢动物门	Arthropoda	昆虫纲	Insecta	广翅目	Megaloptera	齿蛉亚科	Corydalinae	星齿蛉属	*Protohermes*	4.1
节肢动物门	Arthropoda	昆虫纲	Insecta	广翅目	Megaloptera	鱼蛉亚科	Chauliodinae			4.3
节肢动物门	Arthropoda	昆虫纲	Insecta	广翅目	Megaloptera	鱼蛉亚科	Chauliodinae	臀鱼蛉属	*Anachauliodes*	3.6
节肢动物门	Arthropoda	昆虫纲	Insecta	广翅目	Megaloptera	鱼蛉亚科	Chauliodinae	栉鱼蛉属	*Ctenochauliodes*	3.6
节肢动物门	Arthropoda	昆虫纲	Insecta	广翅目	Megaloptera	鱼蛉亚科	Chauliodinae	斑鱼蛉属	*Neochauliodes*	4.1
节肢动物门	Arthropoda	昆虫纲	Insecta	广翅目	Megaloptera	鱼蛉亚科	Chauliodinae	准鱼蛉属	*Parachauliodes*	3.9
节肢动物门	Arthropoda	昆虫纲	Insecta	广翅目	Megaloptera	泥蛉科	Sialidae			4.1
节肢动物门	Arthropoda	昆虫纲	Insecta	广翅目	Megaloptera	泥蛉科	Sialidae	印泥蛉属	*Indosialis*	3.6
节肢动物门	Arthropoda	昆虫纲	Insecta	广翅目	Megaloptera	泥蛉科	Sialidae	泥蛉属	*Sialis*	4.1
节肢动物门	Arthropoda	昆虫纲	Insecta	脉翅目	Neuroptera	泽蛉科	Nevrorthidae			3.6
节肢动物门	Arthropoda	昆虫纲	Insecta	脉翅目	Neuroptera	泽蛉科	Nevrorthidae	汉泽蛉属	*Nipponeurorthus*	3.6
节肢动物门	Arthropoda	昆虫纲	Insecta	脉翅目	Neuroptera	泽蛉科	Nevrorthidae	华泽蛉属	*Sinoneurorthus*	3.6
节肢动物门	Arthropoda	昆虫纲	Insecta	脉翅目	Neuroptera	溪蛉科	Osmylidae			3.9
节肢动物门	Arthropoda	昆虫纲	Insecta	脉翅目	Neuroptera	水蛉科	Sisyridae			3.4
节肢动物门	Arthropoda	昆虫纲	Insecta	脉翅目	Neuroptera	水蛉科	Sisyridae	水蛉属	*Sisyra*	3.5

续表

门	Phylum	纲	Class	目	Order	科	Family	属	Genus	耐污值
节肢动物门	Arthropoda	昆虫纲	Insecta	脉翅目	Neuroptera	水蛉科	Sisyridae	阶水蛉属	*Sisyrina*	3.6
节肢动物门	Arthropoda	昆虫纲	Insecta	蜻蜓目	Odonata	蟌科	Coenagrionidae			7.8
节肢动物门	Arthropoda	昆虫纲	Insecta	蜻蜓目	Odonata	蟌科	Coenagrionidae	狭翅蟌属	*Aciagrion*	6.5
节肢动物门	Arthropoda	昆虫纲	Insecta	蜻蜓目	Odonata	蟌科	Coenagrionidae	小蟌属	*Agriocnemis*	7.8
节肢动物门	Arthropoda	昆虫纲	Insecta	蜻蜓目	Odonata	蟌科	Coenagrionidae	安蟌属	*Amphiallagma*	6.5
节肢动物门	Arthropoda	昆虫纲	Insecta	蜻蜓目	Odonata	蟌科	Coenagrionidae	黑蟌属	*Argiocnemis*	6.5
节肢动物门	Arthropoda	昆虫纲	Insecta	蜻蜓目	Odonata	蟌科	Coenagrionidae	黄蟌属	*Ceriagrion*	7.8
节肢动物门	Arthropoda	昆虫纲	Insecta	蜻蜓目	Odonata	蟌科	Coenagrionidae	蟌属	*Coenagrion*	6.5
节肢动物门	Arthropoda	昆虫纲	Insecta	蜻蜓目	Odonata	蟌科	Coenagrionidae	绿蟌属	*Enallagma*	7.4
节肢动物门	Arthropoda	昆虫纲	Insecta	蜻蜓目	Odonata	蟌科	Coenagrionidae	红眼蟌属	*Erythromma*	7.8
节肢动物门	Arthropoda	昆虫纲	Insecta	蜻蜓目	Odonata	蟌科	Coenagrionidae	异痣蟌属	*Ischnura*	8.3
节肢动物门	Arthropoda	昆虫纲	Insecta	蜻蜓目	Odonata	蟌科	Coenagrionidae	妹蟌属	*Mortonagrion*	6.5
节肢动物门	Arthropoda	昆虫纲	Insecta	蜻蜓目	Odonata	蟌科	Coenagrionidae	绿背蟌属	*Nehalennia*	6.5
节肢动物门	Arthropoda	昆虫纲	Insecta	蜻蜓目	Odonata	蟌科	Coenagrionidae	尾蟌属	*Paracercion*	7.8
节肢动物门	Arthropoda	昆虫纲	Insecta	蜻蜓目	Odonata	蟌科	Coenagrionidae	斑蟌属	*Pseudagrion*	7.0
节肢动物门	Arthropoda	昆虫纲	Insecta	蜻蜓目	Odonata	蟌科	Coenagrionidae	红蟌属	*Pyrrhosoma*	6.5
节肢动物门	Arthropoda	昆虫纲	Insecta	蜻蜓目	Odonata	扇蟌科	Platycnemididae			5.9
节肢动物门	Arthropoda	昆虫纲	Insecta	蜻蜓目	Odonata	扇蟌科	Platycnemididae	丽扇蟌属	*Calicnemia*	3.9
节肢动物门	Arthropoda	昆虫纲	Insecta	蜻蜓目	Odonata	扇蟌科	Platycnemididae	长腹扇蟌属	*Coeliccia*	3.5
节肢动物门	Arthropoda	昆虫纲	Insecta	蜻蜓目	Odonata	扇蟌科	Platycnemididae	狭扇蟌属	*Copera*	5.9
节肢动物门	Arthropoda	昆虫纲	Insecta	蜻蜓目	Odonata	扇蟌科	Platycnemididae	印扇蟌属	*Indocnemis*	3.9
节肢动物门	Arthropoda	昆虫纲	Insecta	蜻蜓目	Odonata	扇蟌科	Platycnemididae	同痣蟌属	*Onychargia*	4.9
节肢动物门	Arthropoda	昆虫纲	Insecta	蜻蜓目	Odonata	扇蟌科	Platycnemididae	扇蟌属	*Platycnemis*	5.9
节肢动物门	Arthropoda	昆虫纲	Insecta	蜻蜓目	Odonata	扇蟌科	Platycnemididae	微桥蟌属	*Prodasineura*	4.9

续表

门	Phylum	纲	Class	目	Order	科	Family	属	Genus	耐污值
节肢动物门	Arthropoda	昆虫纲	Insecta	蜻蜓目	Odonata	扇蟌科	Platycnemididae	拟狭扇蟌	*Pseudocopera*	5.9
节肢动物门	Arthropoda	昆虫纲	Insecta	蜻蜓目	Odonata	丝蟌科	Lestidae			5.4
节肢动物门	Arthropoda	昆虫纲	Insecta	蜻蜓目	Odonata	丝蟌科	Lestidae	印丝蟌属	*Indolestes*	5.4
节肢动物门	Arthropoda	昆虫纲	Insecta	蜻蜓目	Odonata	丝蟌科	Lestidae	丝蟌属	*Lestes*	5.9
节肢动物门	Arthropoda	昆虫纲	Insecta	蜻蜓目	Odonata	丝蟌科	Lestidae	长痣丝蟌属	*Orolestes*	5.4
节肢动物门	Arthropoda	昆虫纲	Insecta	蜻蜓目	Odonata	丝蟌科	Lestidae	黄丝蟌属	*Sympecma*	5.4
节肢动物门	Arthropoda	昆虫纲	Insecta	蜻蜓目	Odonata	综蟌科	Synlestidae			3.9
节肢动物门	Arthropoda	昆虫纲	Insecta	蜻蜓目	Odonata	综蟌科	Synlestidae	绿综蟌属	*Megalestes*	3.9
节肢动物门	Arthropoda	昆虫纲	Insecta	蜻蜓目	Odonata	综蟌科	Synlestidae	华综蟌属	*Sinolestes*	3.9
节肢动物门	Arthropoda	昆虫纲	Insecta	蜻蜓目	Odonata	扁蟌科	Platystictidae			3.9
节肢动物门	Arthropoda	昆虫纲	Insecta	蜻蜓目	Odonata	扁蟌科	Platystictidae	镰扁蟌	*Drepanosticta*	3.9
节肢动物门	Arthropoda	昆虫纲	Insecta	蜻蜓目	Odonata	扁蟌科	Platystictidae	原扁蟌	*Protosticta*	3.9
节肢动物门	Arthropoda	昆虫纲	Insecta	蜻蜓目	Odonata	扁蟌科	Platystictidae	华扁蟌属	*Sinosticta*	3.9
节肢动物门	Arthropoda	昆虫纲	Insecta	蜻蜓目	Odonata	扁蟌科	Platystictidae	滇扁蟌属	*Yunnanosticta*	3.9
节肢动物门	Arthropoda	昆虫纲	Insecta	蜻蜓目	Odonata	丽蟌科	Amphipterygidae			3.3
节肢动物门	Arthropoda	昆虫纲	Insecta	蜻蜓目	Odonata	丽蟌科	Amphipterygidae	德丽蟌属	*Devadatta*	3.9
节肢动物门	Arthropoda	昆虫纲	Insecta	蜻蜓目	Odonata	色蟌科	Calopterygidae			3.9
节肢动物门	Arthropoda	昆虫纲	Insecta	蜻蜓目	Odonata	色蟌科	Calopterygidae	基色蟌属	*Archineura*	3.9
节肢动物门	Arthropoda	昆虫纲	Insecta	蜻蜓目	Odonata	色蟌科	Calopterygidae	暗色蟌属	*Atrocalopteryx*	3.9
节肢动物门	Arthropoda	昆虫纲	Insecta	蜻蜓目	Odonata	色蟌科	Calopterygidae	闪色蟌属	*Caliphaea*	3.9
节肢动物门	Arthropoda	昆虫纲	Insecta	蜻蜓目	Odonata	色蟌科	Calopterygidae	色蟌属	*Calopteryx*	3.9
节肢动物门	Arthropoda	昆虫纲	Insecta	蜻蜓目	Odonata	色蟌科	Calopterygidae	厄色蟌属	*Echo*	3.9
节肢动物门	Arthropoda	昆虫纲	Insecta	蜻蜓目	Odonata	色蟌科	Calopterygidae	单脉色蟌属	*Matrona*	3.9
节肢动物门	Arthropoda	昆虫纲	Insecta	蜻蜓目	Odonata	色蟌科	Calopterygidae	绿色蟌属	*Mnais*	3.9

续表

门	Phylum	纲	Class	目	Order	科	Family	属	Genus	耐污值
节肢动物门	Arthropoda	昆虫纲	Insecta	蜻蜓目	Odonata	色蟌科	Calopterygidae	艳色蟌属	*Neurobasis*	3.9
节肢动物门	Arthropoda	昆虫纲	Insecta	蜻蜓目	Odonata	色蟌科	Calopterygidae	纤色蟌属	*Noguchiphaea*	3.9
节肢动物门	Arthropoda	昆虫纲	Insecta	蜻蜓目	Odonata	色蟌科	Calopterygidae	褐顶色蟌属	*Psolodesmus*	3.9
节肢动物门	Arthropoda	昆虫纲	Insecta	蜻蜓目	Odonata	色蟌科	Calopterygidae	宛色蟌属	*Vestalaria*	3.9
节肢动物门	Arthropoda	昆虫纲	Insecta	蜻蜓目	Odonata	色蟌科	Calopterygidae	细色蟌属	*Vestalis*	3.9
节肢动物门	Arthropoda	昆虫纲	Insecta	蜻蜓目	Odonata	隼蟌科	Chlorocyphidae			3.5
节肢动物门	Arthropoda	昆虫纲	Insecta	蜻蜓目	Odonata	隼蟌科	Chlorocyphidae	圣鼻蟌属	*Aristocypha*	3.5
节肢动物门	Arthropoda	昆虫纲	Insecta	蜻蜓目	Odonata	隼蟌科	Chlorocyphidae	阳鼻蟌属	*Heliocypha*	3.5
节肢动物门	Arthropoda	昆虫纲	Insecta	蜻蜓目	Odonata	隼蟌科	Chlorocyphidae	印隼蟌属	*Indocypha*	3.5
节肢动物门	Arthropoda	昆虫纲	Insecta	蜻蜓目	Odonata	隼蟌科	Chlorocyphidae	隼蟌属	*Libellago*	3.5
节肢动物门	Arthropoda	昆虫纲	Insecta	蜻蜓目	Odonata	隼蟌科	Chlorocyphidae	鼻蟌属	*Rhinocypha*	3.5
节肢动物门	Arthropoda	昆虫纲	Insecta	蜻蜓目	Odonata	溪蟌科	Euphaeidae			3.9
节肢动物门	Arthropoda	昆虫纲	Insecta	蜻蜓目	Odonata	溪蟌科	Euphaeidae	异翅溪蟌属	*Anisopleura*	3.9
节肢动物门	Arthropoda	昆虫纲	Insecta	蜻蜓目	Odonata	溪蟌科	Euphaeidae	尾溪蟌属	*Bayadera*	3.9
节肢动物门	Arthropoda	昆虫纲	Insecta	蜻蜓目	Odonata	溪蟌科	Euphaeidae	隐溪蟌属	*Cryptophaea*	3.9
节肢动物门	Arthropoda	昆虫纲	Insecta	蜻蜓目	Odonata	溪蟌科	Euphaeidae	暗溪蟌	*Dysphaea*	3.9
节肢动物门	Arthropoda	昆虫纲	Insecta	蜻蜓目	Odonata	溪蟌科	Euphaeidae	溪蟌属	*Euphaea*	3.9
节肢动物门	Arthropoda	昆虫纲	Insecta	蜻蜓目	Odonata	山蟌科	Megapodagrionidae			3.6
节肢动物门	Arthropoda	昆虫纲	Insecta	蜻蜓目	Odonata	山蟌科	Megapodagrionidae	野蟌属	*Agriomorpha*	3.9
节肢动物门	Arthropoda	昆虫纲	Insecta	蜻蜓目	Odonata	山蟌科	Megapodagrionidae	缅山蟌属	*Burmargiolestes*	3.6
节肢动物门	Arthropoda	昆虫纲	Insecta	蜻蜓目	Odonata	山蟌科	Megapodagrionidae	凸尾山蟌属	*Mesopodagrion*	3.9
节肢动物门	Arthropoda	昆虫纲	Insecta	蜻蜓目	Odonata	山蟌科	Megapodagrionidae	黑山蟌属	*Philosina*	3.8
节肢动物门	Arthropoda	昆虫纲	Insecta	蜻蜓目	Odonata	山蟌科	Megapodagrionidae	叶山蟌属	*Podolestes*	3.9
节肢动物门	Arthropoda	昆虫纲	Insecta	蜻蜓目	Odonata	山蟌科	Megapodagrionidae	古山蟌属	*Priscagrion*	3.6

续表

门	Phylum	纲	Class	目	Order	科	Family	属	Genus	耐污值
节肢动物门	Arthropoda	昆虫纲	Insecta	蜻蜓目	Odonata	山蟌科	Megapodagrionidae	鲨山蟌属	*Rhinagrion*	3.6
节肢动物门	Arthropoda	昆虫纲	Insecta	蜻蜓目	Odonata	山蟌科	Megapodagrionidae	扇山蟌属	*Rhipidolestes*	3.6
节肢动物门	Arthropoda	昆虫纲	Insecta	蜻蜓目	Odonata	山蟌科	Megapodagrionidae	华蟌属	*Sinocnemis*	3.6
节肢动物门	Arthropoda	昆虫纲	Insecta	蜻蜓目	Odonata	大溪蟌科	Philogangidae			3.8
节肢动物门	Arthropoda	昆虫纲	Insecta	蜻蜓目	Odonata	大溪蟌科	Philogangidae	大溪蟌属	*Philoganga*	3.8
节肢动物门	Arthropoda	昆虫纲	Insecta	蜻蜓目	Odonata	拟丝蟌科	Pseudolestidae			3.3
节肢动物门	Arthropoda	昆虫纲	Insecta	蜻蜓目	Odonata	拟丝蟌科	Pseudolestidae	拟丝蟌属	*Pseudolestes*	3.9
节肢动物门	Arthropoda	昆虫纲	Insecta	蜻蜓目	Odonata	原蟌科	Protoneuridae			3.9
节肢动物门	Arthropoda	昆虫纲	Insecta	蜻蜓目	Odonata	蜓科	Aeshnidae			5.1
节肢动物门	Arthropoda	昆虫纲	Insecta	蜻蜓目	Odonata	蜓科	Aeshnidae	绿蜓属	*Aeschnophlebia*	6.5
节肢动物门	Arthropoda	昆虫纲	Insecta	蜻蜓目	Odonata	蜓科	Aeshnidae	蜓属	*Aeshna*	6.5
节肢动物门	Arthropoda	昆虫纲	Insecta	蜻蜓目	Odonata	蜓科	Aeshnidae	翠蜓属	*Anaciaeschna*	5.4
节肢动物门	Arthropoda	昆虫纲	Insecta	蜻蜓目	Odonata	蜓科	Aeshnidae	伟蜓属	*Anax*	7.0
节肢动物门	Arthropoda	昆虫纲	Insecta	蜻蜓目	Odonata	蜓科	Aeshnidae	博蜓属	*Boyeria*	3.8
节肢动物门	Arthropoda	昆虫纲	Insecta	蜻蜓目	Odonata	蜓科	Aeshnidae	头蜓属	*Cephalaeschna*	4.6
节肢动物门	Arthropoda	昆虫纲	Insecta	蜻蜓目	Odonata	蜓科	Aeshnidae	长尾蜓属	*Gynacantha*	4.9
节肢动物门	Arthropoda	昆虫纲	Insecta	蜻蜓目	Odonata	蜓科	Aeshnidae	小蜓属	*Oligoaeschna*	4.6
节肢动物门	Arthropoda	昆虫纲	Insecta	蜻蜓目	Odonata	蜓科	Aeshnidae	佩蜓属	*Periaeschna*	4.6
节肢动物门	Arthropoda	昆虫纲	Insecta	蜻蜓目	Odonata	蜓科	Aeshnidae	叶蜓属	*Petaliaeschna*	4.6
节肢动物门	Arthropoda	昆虫纲	Insecta	蜻蜓目	Odonata	蜓科	Aeshnidae	黑额蜓属	*Planaeschna*	4.6
节肢动物门	Arthropoda	昆虫纲	Insecta	蜻蜓目	Odonata	蜓科	Aeshnidae	多棘蜓属	*Polycanthagyna*	4.6
节肢动物门	Arthropoda	昆虫纲	Insecta	蜻蜓目	Odonata	蜓科	Aeshnidae	飒蜓属	*Sarasaeschna*	4.6
节肢动物门	Arthropoda	昆虫纲	Insecta	蜻蜓目	Odonata	蜓科	Aeshnidae	四棘蜓属	*Tetracanthagyna*	4.6
节肢动物门	Arthropoda	昆虫纲	Insecta	蜻蜓目	Odonata	裂唇蜓科	Chlorogomphidae			3.9

续表

门	Phylum	纲	Class	目	Order	科	Family	属	Genus	耐污值
节肢动物门	Arthropoda	昆虫纲	Insecta	蜻蜓目	Odonata	裂唇蜓科	Chlorogomphidae	裂唇蜓属	*Chlorogomphus*	3.9
节肢动物门	Arthropoda	昆虫纲	Insecta	蜻蜓目	Odonata	裂唇蜓科	Chlorogomphidae	瓣裂唇蜓属	*Chloropetalia*	3.9
节肢动物门	Arthropoda	昆虫纲	Insecta	蜻蜓目	Odonata	大蜓科	Cordulegastridae			3.9
节肢动物门	Arthropoda	昆虫纲	Insecta	蜻蜓目	Odonata	大蜓科	Cordulegastridae	圆臀大蜓属	*Anotogaster*	3.8
节肢动物门	Arthropoda	昆虫纲	Insecta	蜻蜓目	Odonata	大蜓科	Cordulegastridae	大蜓属	*Cordulegaster*	3.9
节肢动物门	Arthropoda	昆虫纲	Insecta	蜻蜓目	Odonata	大蜓科	Cordulegastridae	角臀蜓属	*Neallogaster*	3.9
节肢动物门	Arthropoda	昆虫纲	Insecta	蜻蜓目	Odonata	伪蜻科	Corduliidae			5.6
节肢动物门	Arthropoda	昆虫纲	Insecta	蜻蜓目	Odonata	伪蜻科	Corduliidae	伪蜻属	*Cordulia*	4.9
节肢动物门	Arthropoda	昆虫纲	Insecta	蜻蜓目	Odonata	伪蜻科	Corduliidae	毛伪蜻属	*Epitheca*	4.9
节肢动物门	Arthropoda	昆虫纲	Insecta	蜻蜓目	Odonata	伪蜻科	Corduliidae	半伪蜻属	*Hemicordulia*	4.9
节肢动物门	Arthropoda	昆虫纲	Insecta	蜻蜓目	Odonata	伪蜻科	Corduliidae	异伪蜻属	*Idionyx*	4.3
节肢动物门	Arthropoda	昆虫纲	Insecta	蜻蜓目	Odonata	伪蜻科	Corduliidae	中伪蜻属	*Macromidia*	4.3
节肢动物门	Arthropoda	昆虫纲	Insecta	蜻蜓目	Odonata	伪蜻科	Corduliidae	金光伪蜻属	*Somatochlora*	4.9
节肢动物门	Arthropoda	昆虫纲	Insecta	蜻蜓目	Odonata	昔蜓科	Epiophlebiidae			3.9
节肢动物门	Arthropoda	昆虫纲	Insecta	蜻蜓目	Odonata	昔蜓科	Epiophlebiidae	昔蜓属	*Epiophlebia*	4.3
节肢动物门	Arthropoda	昆虫纲	Insecta	蜻蜓目	Odonata	春蜓科	Gomphidae			4.8
节肢动物门	Arthropoda	昆虫纲	Insecta	蜻蜓目	Odonata	春蜓科	Gomphidae	安春蜓属	*Amphigomphus*	5.0
节肢动物门	Arthropoda	昆虫纲	Insecta	蜻蜓目	Odonata	春蜓科	Gomphidae	异春蜓属	*Anisogomphus*	4.6
节肢动物门	Arthropoda	昆虫纲	Insecta	蜻蜓目	Odonata	春蜓科	Gomphidae	亚春蜓属	*Asiagomphus*	4.9
节肢动物门	Arthropoda	昆虫纲	Insecta	蜻蜓目	Odonata	春蜓科	Gomphidae	缅春蜓属	*Burmagomphus*	4.2
节肢动物门	Arthropoda	昆虫纲	Insecta	蜻蜓目	Odonata	春蜓科	Gomphidae	戴春蜓属	*Davidius*	4.8
节肢动物门	Arthropoda	昆虫纲	Insecta	蜻蜓目	Odonata	春蜓科	Gomphidae	曙春蜓属	*Eogomphus*	5.0
节肢动物门	Arthropoda	昆虫纲	Insecta	蜻蜓目	Odonata	春蜓科	Gomphidae	闽春蜓属	*Fukienogomphus*	5.0
节肢动物门	Arthropoda	昆虫纲	Insecta	蜻蜓目	Odonata	春蜓科	Gomphidae	长腹春蜓属	*Gastrogomphus*	5.6

续表

门	Phylum	纲	Class	目	Order	科	Family	属	Genus	耐污值
节肢动物门	Arthropoda	昆虫纲	Insecta	蜻蜓目	Odonata	春蜓科	Gomphidae	小叶春蜓属	*Gomphidia*	5.6
节肢动物门	Arthropoda	昆虫纲	Insecta	蜻蜓目	Odonata	春蜓科	Gomphidae	曦春蜓属	*Heliogomphus*	4.6
节肢动物门	Arthropoda	昆虫纲	Insecta	蜻蜓目	Odonata	春蜓科	Gomphidae	叶春蜓属	*Ictinogomphus*	5.4
节肢动物门	Arthropoda	昆虫纲	Insecta	蜻蜓目	Odonata	春蜓科	Gomphidae	猛春蜓属	*Labrogomphus*	5.0
节肢动物门	Arthropoda	昆虫纲	Insecta	蜻蜓目	Odonata	春蜓科	Gomphidae	环尾春蜓属	*Lamelligomphus*	5.1
节肢动物门	Arthropoda	昆虫纲	Insecta	蜻蜓目	Odonata	春蜓科	Gomphidae	纤春蜓属	*Leptogomphus*	4.6
节肢动物门	Arthropoda	昆虫纲	Insecta	蜻蜓目	Odonata	春蜓科	Gomphidae	大春蜓属	*Macrogomphus*	5.0
节肢动物门	Arthropoda	昆虫纲	Insecta	蜻蜓目	Odonata	春蜓科	Gomphidae	硕春蜓属	*Megalogomphus*	5.0
节肢动物门	Arthropoda	昆虫纲	Insecta	蜻蜓目	Odonata	春蜓科	Gomphidae	弯尾春蜓属	*Melligomphus*	5.0
节肢动物门	Arthropoda	昆虫纲	Insecta	蜻蜓目	Odonata	春蜓科	Gomphidae	长足春蜓属	*Merogomphus*	5.0
节肢动物门	Arthropoda	昆虫纲	Insecta	蜻蜓目	Odonata	春蜓科	Gomphidae	小春蜓属	*Microgomphus*	5.0
节肢动物门	Arthropoda	昆虫纲	Insecta	蜻蜓目	Odonata	春蜓科	Gomphidae	内春蜓属	*Nepogomphus*	5.0
节肢动物门	Arthropoda	昆虫纲	Insecta	蜻蜓目	Odonata	春蜓科	Gomphidae	日春蜓属	*Nihonogomphus*	5.0
节肢动物门	Arthropoda	昆虫纲	Insecta	蜻蜓目	Odonata	春蜓科	Gomphidae	奈春蜓属	*Nychogomphus*	5.0
节肢动物门	Arthropoda	昆虫纲	Insecta	蜻蜓目	Odonata	春蜓科	Gomphidae	蛇纹春蜓属	*Ophiogomphus*	4.6
节肢动物门	Arthropoda	昆虫纲	Insecta	蜻蜓目	Odonata	春蜓科	Gomphidae	东方春蜓属	*Orientogomphus*	3.8
节肢动物门	Arthropoda	昆虫纲	Insecta	蜻蜓目	Odonata	春蜓科	Gomphidae	副春蜓属	*Paragomphus*	5.0
节肢动物门	Arthropoda	昆虫纲	Insecta	蜻蜓目	Odonata	春蜓科	Gomphidae	奇春蜓属	*Perissogomphus*	5.0
节肢动物门	Arthropoda	昆虫纲	Insecta	蜻蜓目	Odonata	春蜓科	Gomphidae	显春蜓属	*Phaenandrogomphus*	5.0
节肢动物门	Arthropoda	昆虫纲	Insecta	蜻蜓目	Odonata	春蜓科	Gomphidae	刀春蜓属	*Scalmogomphus*	5.0
节肢动物门	Arthropoda	昆虫纲	Insecta	蜻蜓目	Odonata	春蜓科	Gomphidae	邵春蜓属	*Shaogomphus*	5.0
节肢动物门	Arthropoda	昆虫纲	Insecta	蜻蜓目	Odonata	春蜓科	Gomphidae	施春蜓属	*Sieboldius*	4.6
节肢动物门	Arthropoda	昆虫纲	Insecta	蜻蜓目	Odonata	春蜓科	Gomphidae	新叶春蜓属	*Sinictinogomphus*	6.0
节肢动物门	Arthropoda	昆虫纲	Insecta	蜻蜓目	Odonata	春蜓科	Gomphidae	华春蜓属	*Sinogomphus*	5.0

续表

门	Phylum	纲	Class	目	Order	科	Family	属	Genus	耐污值
节肢动物门	Arthropoda	昆虫纲	Insecta	蜻蜓目	Odonata	春蜓科	Gomphidae	尖尾春蜓属	*Stylogomphus*	3.8
节肢动物门	Arthropoda	昆虫纲	Insecta	蜻蜓目	Odonata	春蜓科	Gomphidae	扩腹春蜓属	*Stylurus*	5.0
节肢动物门	Arthropoda	昆虫纲	Insecta	蜻蜓目	Odonata	春蜓科	Gomphidae	棘尾春蜓属	*Trigomphus*	5.4
节肢动物门	Arthropoda	昆虫纲	Insecta	蜻蜓目	Odonata	蜻科	Libellulidae			7.0
节肢动物门	Arthropoda	昆虫纲	Insecta	蜻蜓目	Odonata	蜻科	Libellulidae	锥腹蜻属	*Acisoma*	7.0
节肢动物门	Arthropoda	昆虫纲	Insecta	蜻蜓目	Odonata	蜻科	Libellulidae	异蜻属	*Aethriamanta*	7.0
节肢动物门	Arthropoda	昆虫纲	Insecta	蜻蜓目	Odonata	蜻科	Libellulidae	野蜻属	*Agrionoptera*	7.0
节肢动物门	Arthropoda	昆虫纲	Insecta	蜻蜓目	Odonata	蜻科	Libellulidae	安蜻属	*Amphithemis*	7.0
节肢动物门	Arthropoda	昆虫纲	Insecta	蜻蜓目	Odonata	蜻科	Libellulidae	黑蜻属	*Atratothemis*	4.3
节肢动物门	Arthropoda	昆虫纲	Insecta	蜻蜓目	Odonata	蜻科	Libellulidae	疏脉蜻属	*Brachydiplax*	7.0
节肢动物门	Arthropoda	昆虫纲	Insecta	蜻蜓目	Odonata	蜻科	Libellulidae	黄翅蜻属	*Brachythemis*	7.4
节肢动物门	Arthropoda	昆虫纲	Insecta	蜻蜓目	Odonata	蜻科	Libellulidae	岩蜻属	*Bradinopyga*	7.0
节肢动物门	Arthropoda	昆虫纲	Insecta	蜻蜓目	Odonata	蜻科	Libellulidae	卡玛蜻属	*Camacinia*	7.0
节肢动物门	Arthropoda	昆虫纲	Insecta	蜻蜓目	Odonata	蜻科	Libellulidae	壮蜻属	*Cratilla*	7.0
节肢动物门	Arthropoda	昆虫纲	Insecta	蜻蜓目	Odonata	蜻科	Libellulidae	红蜻属	*Crocothemis*	7.0
节肢动物门	Arthropoda	昆虫纲	Insecta	蜻蜓目	Odonata	蜻科	Libellulidae	多纹蜻属	*Deielia*	7.0
节肢动物门	Arthropoda	昆虫纲	Insecta	蜻蜓目	Odonata	蜻科	Libellulidae	蓝小蜻属	*Diplacodes*	7.0
节肢动物门	Arthropoda	昆虫纲	Insecta	蜻蜓目	Odonata	蜻科	Libellulidae	楔翅蜻属	*Hydrobasileus*	7.0
节肢动物门	Arthropoda	昆虫纲	Insecta	蜻蜓目	Odonata	蜻科	Libellulidae	沼蜻属	*Hylaeothemis*	7.0
节肢动物门	Arthropoda	昆虫纲	Insecta	蜻蜓目	Odonata	蜻科	Libellulidae	印蜻属	*Indothemis*	7.0
节肢动物门	Arthropoda	昆虫纲	Insecta	蜻蜓目	Odonata	蜻科	Libellulidae	秘蜻属	*Lathrecista*	7.0
节肢动物门	Arthropoda	昆虫纲	Insecta	蜻蜓目	Odonata	蜻科	Libellulidae	白面蜻	*Leucorrhinia*	7.0
节肢动物门	Arthropoda	昆虫纲	Insecta	蜻蜓目	Odonata	蜻科	Libellulidae	蜻属	*Libellula*	5.4
节肢动物门	Arthropoda	昆虫纲	Insecta	蜻蜓目	Odonata	蜻科	Libellulidae	宽腹蜻属	*Lyriothemis*	6.5

续表

门	Phylum	纲	Class	目	Order	科	Family	属	Genus	耐污值
节肢动物门	Arthropoda	昆虫纲	Insecta	蜻蜓目	Odonata	蜻科	Libellulidae	漭蜻属	*Macrodiplax*	7.0
节肢动物门	Arthropoda	昆虫纲	Insecta	蜻蜓目	Odonata	蜻科	Libellulidae	红小蜻属	*Nannophya*	5.4
节肢动物门	Arthropoda	昆虫纲	Insecta	蜻蜓目	Odonata	蜻科	Libellulidae	斑小蜻属	*Nannophyopsis*	7.0
节肢动物门	Arthropoda	昆虫纲	Insecta	蜻蜓目	Odonata	蜻科	Libellulidae	脉蜻属	*Neurothemis*	7.0
节肢动物门	Arthropoda	昆虫纲	Insecta	蜻蜓目	Odonata	蜻科	Libellulidae	爪蜻属	*Onychothemis*	7.0
节肢动物门	Arthropoda	昆虫纲	Insecta	蜻蜓目	Odonata	蜻科	Libellulidae	灰蜻属	*Orthetrum*	7.4
节肢动物门	Arthropoda	昆虫纲	Insecta	蜻蜓目	Odonata	蜻科	Libellulidae	曲缘蜻属	*Palpopleura*	7.0
节肢动物门	Arthropoda	昆虫纲	Insecta	蜻蜓目	Odonata	蜻科	Libellulidae	黄蜻属	*Pantala*	8.0
节肢动物门	Arthropoda	昆虫纲	Insecta	蜻蜓目	Odonata	蜻科	Libellulidae	狭翅蜻属	*Potamarcha*	7.0
节肢动物门	Arthropoda	昆虫纲	Insecta	蜻蜓目	Odonata	蜻科	Libellulidae	玉带蜻属	*Pseudothemis*	7.4
节肢动物门	Arthropoda	昆虫纲	Insecta	蜻蜓目	Odonata	蜻科	Libellulidae	胭蜻属	*Rhodothemis*	7.0
节肢动物门	Arthropoda	昆虫纲	Insecta	蜻蜓目	Odonata	蜻科	Libellulidae	丽翅蜻属	*Rhyothemis*	7.0
节肢动物门	Arthropoda	昆虫纲	Insecta	蜻蜓目	Odonata	蜻科	Libellulidae	赛丽蜻属	*Selysiothemis*	7.0
节肢动物门	Arthropoda	昆虫纲	Insecta	蜻蜓目	Odonata	蜻科	Libellulidae	赤蜻属	*Sympetrum*	7.4
节肢动物门	Arthropoda	昆虫纲	Insecta	蜻蜓目	Odonata	蜻科	Libellulidae	方蜻属	*Tetrathemis*	7.0
节肢动物门	Arthropoda	昆虫纲	Insecta	蜻蜓目	Odonata	蜻科	Libellulidae	云斑蜻属	*Tholymis*	7.0
节肢动物门	Arthropoda	昆虫纲	Insecta	蜻蜓目	Odonata	蜻科	Libellulidae	斜痣蜻属	*Tramea*	7.0
节肢动物门	Arthropoda	昆虫纲	Insecta	蜻蜓目	Odonata	蜻科	Libellulidae	褐蜻属	*Trithemis*	7.0
节肢动物门	Arthropoda	昆虫纲	Insecta	蜻蜓目	Odonata	蜻科	Libellulidae	曲钩脉蜻属	*Urothemis*	7.0
节肢动物门	Arthropoda	昆虫纲	Insecta	蜻蜓目	Odonata	蜻科	Libellulidae	虹蜻属	*Zygonyx*	5.4
节肢动物门	Arthropoda	昆虫纲	Insecta	蜻蜓目	Odonata	蜻科	Libellulidae	细腰蜻属	*Zyxomma*	6.5
节肢动物门	Arthropoda	昆虫纲	Insecta	蜻蜓目	Odonata	大伪蜻科	Macromiidae			5.4
节肢动物门	Arthropoda	昆虫纲	Insecta	蜻蜓目	Odonata	大伪蜻科	Macromiidae	丽大伪蜻属	*Epophthalmia*	7.0
节肢动物门	Arthropoda	昆虫纲	Insecta	蜻蜓目	Odonata	大伪蜻科	Macromiidae	大伪蜻属	*Macromia*	4.9

续表

门	Phylum	纲	Class	目	Order	科	Family	属	Genus	耐污值
节肢动物门	Arthropoda	昆虫纲	Insecta	襀翅目	Plecoptera	黑襀科	Capniidae			1.3
节肢动物门	Arthropoda	昆虫纲	Insecta	襀翅目	Plecoptera	黑襀科	Capniidae	黑襀属	*Capnia*	1.6
节肢动物门	Arthropoda	昆虫纲	Insecta	襀翅目	Plecoptera	黑襀科	Capniidae	叉黑襀属	*Capniella*	1.0
节肢动物门	Arthropoda	昆虫纲	Insecta	襀翅目	Plecoptera	黑襀科	Capniidae	球黑襀属	*Eucapnopsis*	1.0
节肢动物门	Arthropoda	昆虫纲	Insecta	襀翅目	Plecoptera	黑襀科	Capniidae	同黑襀属	*Isocapnia*	0.7
节肢动物门	Arthropoda	昆虫纲	Insecta	襀翅目	Plecoptera	黑襀科	Capniidae	中黑襀属	*Mesocapnia*	0.7
节肢动物门	Arthropoda	昆虫纲	Insecta	襀翅目	Plecoptera	黑襀科	Capniidae	华黑襀属	*Sinocapnia*	0.7
节肢动物门	Arthropoda	昆虫纲	Insecta	襀翅目	Plecoptera	绿襀科	Chloroperlidae			1.3
节肢动物门	Arthropoda	昆虫纲	Insecta	襀翅目	Plecoptera	绿襀科	Chloroperlidae	北绿襀属	*Alaskaperla*	0.7
节肢动物门	Arthropoda	昆虫纲	Insecta	襀翅目	Plecoptera	绿襀科	Chloroperlidae	异襀属	*Alloperla*	2.0
节肢动物门	Arthropoda	昆虫纲	Insecta	襀翅目	Plecoptera	绿襀科	Chloroperlidae	简襀属	*Haploperla*	0.7
节肢动物门	Arthropoda	昆虫纲	Insecta	襀翅目	Plecoptera	绿襀科	Chloroperlidae	钩绿襀属	*Suwallia*	2.0
节肢动物门	Arthropoda	昆虫纲	Insecta	襀翅目	Plecoptera	绿襀科	Chloroperlidae	长绿襀属	*Sweltsa*	2.0
节肢动物门	Arthropoda	昆虫纲	Insecta	襀翅目	Plecoptera	绿襀科	Chloroperlidae	犹襀属	*Utaperla*	2.0
节肢动物门	Arthropoda	昆虫纲	Insecta	襀翅目	Plecoptera	卷襀科	Leuctridae			2.0
节肢动物门	Arthropoda	昆虫纲	Insecta	襀翅目	Plecoptera	卷襀科	Leuctridae	卷襀属	*Leuctra*	2.0
节肢动物门	Arthropoda	昆虫纲	Insecta	襀翅目	Plecoptera	卷襀科	Leuctridae	拟卷襀属	*Paraleuctra*	2.6
节肢动物门	Arthropoda	昆虫纲	Insecta	襀翅目	Plecoptera	卷襀科	Leuctridae	长卷襀属	*Perlomyia*	2.6
节肢动物门	Arthropoda	昆虫纲	Insecta	襀翅目	Plecoptera	卷襀科	Leuctridae	诺襀属	*Rhopalopsole*	2.6
节肢动物门	Arthropoda	昆虫纲	Insecta	襀翅目	Plecoptera	叉襀科	Nemouridae			0.7
节肢动物门	Arthropoda	昆虫纲	Insecta	襀翅目	Plecoptera	叉襀科	Nemouridae	倍叉襀属	*Amphinemura*	0.3
节肢动物门	Arthropoda	昆虫纲	Insecta	襀翅目	Plecoptera	叉襀科	Nemouridae	依叉襀属	*Illiesonemoura*	0.7
节肢动物门	Arthropoda	昆虫纲	Insecta	襀翅目	Plecoptera	叉襀科	Nemouridae	印叉襀属	*Indonemoura*	2.6
节肢动物门	Arthropoda	昆虫纲	Insecta	襀翅目	Plecoptera	叉襀科	Nemouridae	中叉襀属	*Mesonemoura*	1.0

续表

门	Phylum	纲	Class	目	Order	科	Family	属	Genus	耐污值
节肢动物门	Arthropoda	昆虫纲	Insecta	襀翅目	Plecoptera	叉𫌀科	Nemouridae	叉𫌀属	*Nemoura*	2.7
节肢动物门	Arthropoda	昆虫纲	Insecta	襀翅目	Plecoptera	叉𫌀科	Nemouridae	原叉𫌀属	*Protonemura*	1.0
节肢动物门	Arthropoda	昆虫纲	Insecta	襀翅目	Plecoptera	叉𫌀科	Nemouridae	球尾叉𫌀属	*Sphaeronemoura*	2.0
节肢动物门	Arthropoda	昆虫纲	Insecta	襀翅目	Plecoptera	叉𫌀科	Nemouridae	西叉𫌀属	*Zapada*	0.7
节肢动物门	Arthropoda	昆虫纲	Insecta	襀翅目	Plecoptera	扁𫌀科	Peltoperlidae			0.3
节肢动物门	Arthropoda	昆虫纲	Insecta	襀翅目	Plecoptera	扁𫌀科	Peltoperlidae	刺扁𫌀属	*Cryptoperla*	2.6
节肢动物门	Arthropoda	昆虫纲	Insecta	襀翅目	Plecoptera	扁𫌀科	Peltoperlidae	小扁𫌀属	*Microperla*	1.3
节肢动物门	Arthropoda	昆虫纲	Insecta	襀翅目	Plecoptera	扁𫌀科	Peltoperlidae	短扁𫌀属	*Peltoperlopsis*	0.7
节肢动物门	Arthropoda	昆虫纲	Insecta	襀翅目	Plecoptera	扁𫌀科	Peltoperlidae	亮扁𫌀属	*Soliperla*	0.7
节肢动物门	Arthropoda	昆虫纲	Insecta	襀翅目	Plecoptera	𫌀科	Perlidae			2.0
节肢动物门	Arthropoda	昆虫纲	Insecta	襀翅目	Plecoptera	𫌀科	Perlidae	钮𫌀属	*Acroneuria*	1.3
节肢动物门	Arthropoda	昆虫纲	Insecta	襀翅目	Plecoptera	𫌀科	Perlidae	剑𫌀属	*Agnetina*	2.0
节肢动物门	Arthropoda	昆虫纲	Insecta	襀翅目	Plecoptera	𫌀科	Perlidae	华𫌀属	*Chinoperla*	1.3
节肢动物门	Arthropoda	昆虫纲	Insecta	襀翅目	Plecoptera	𫌀科	Perlidae	锤𫌀属	*Claassenia*	2.0
节肢动物门	Arthropoda	昆虫纲	Insecta	襀翅目	Plecoptera	𫌀科	Perlidae	棒𫌀属	*Etrocorema*	1.3
节肢动物门	Arthropoda	昆虫纲	Insecta	襀翅目	Plecoptera	𫌀科	Perlidae	黄𫌀属	*Flavoperla*	2.0
节肢动物门	Arthropoda	昆虫纲	Insecta	襀翅目	Plecoptera	𫌀科	Perlidae	叉突𫌀属	*Furcaperla*	0.7
节肢动物门	Arthropoda	昆虫纲	Insecta	襀翅目	Plecoptera	𫌀科	Perlidae	瘤钮𫌀属	*Hemacroneuria*	1.3
节肢动物门	Arthropoda	昆虫纲	Insecta	襀翅目	Plecoptera	𫌀科	Perlidae	钩𫌀属	*Kamimuria*	1.4
节肢动物门	Arthropoda	昆虫纲	Insecta	襀翅目	Plecoptera	𫌀科	Perlidae	扣𫌀属	*Kiotina*	2.0
节肢动物门	Arthropoda	昆虫纲	Insecta	襀翅目	Plecoptera	𫌀科	Perlidae	新𫌀属	*Neoperla*	2.6
节肢动物门	Arthropoda	昆虫纲	Insecta	襀翅目	Plecoptera	𫌀科	Perlidae	近𫌀属	*Neoperlops*	2.0
节肢动物门	Arthropoda	昆虫纲	Insecta	襀翅目	Plecoptera	𫌀科	Perlidae	铗𫌀属	*Oyamia*	2.0
节肢动物门	Arthropoda	昆虫纲	Insecta	襀翅目	Plecoptera	𫌀科	Perlidae	纯𫌀属	*Paragnetina*	2.0

续表

门	Phylum	纲	Class	目	Order	科	Family	属	Genus	耐污值
节肢动物门	Arthropoda	昆虫纲	Insecta	襀翅目	Plecoptera	蜻科	Perlidae	珐蜻属	*Phanoperla*	1.3
节肢动物门	Arthropoda	昆虫纲	Insecta	襀翅目	Plecoptera	蜻科	Perlidae	华钮蜻属	*Sinacroneuria*	1.3
节肢动物门	Arthropoda	昆虫纲	Insecta	襀翅目	Plecoptera	蜻科	Perlidae	襟蜻属	*Togoperla*	2.0
节肢动物门	Arthropoda	昆虫纲	Insecta	襀翅目	Plecoptera	蜻科	Perlidae	瘤蜻属	*Tyloperla*	1.3
节肢动物门	Arthropoda	昆虫纲	Insecta	襀翅目	Plecoptera	网蜻科	Perlodidae			2.0
节肢动物门	Arthropoda	昆虫纲	Insecta	襀翅目	Plecoptera	网蜻科	Perlodidae	新网蜻属	*Arcynopteryx*	2.6
节肢动物门	Arthropoda	昆虫纲	Insecta	襀翅目	Plecoptera	网蜻科	Perlodidae	费蜻属	*Filchneria*	1.3
节肢动物门	Arthropoda	昆虫纲	Insecta	襀翅目	Plecoptera	网蜻科	Perlodidae	同蜻属	*Isoperla*	1.3
节肢动物门	Arthropoda	昆虫纲	Insecta	襀翅目	Plecoptera	网蜻科	Perlodidae	中网蜻属	*Mesoperlina*	1.3
节肢动物门	Arthropoda	昆虫纲	Insecta	襀翅目	Plecoptera	网蜻科	Perlodidae	新胡蜻属	*Neowuia*	0.7
节肢动物门	Arthropoda	昆虫纲	Insecta	襀翅目	Plecoptera	网蜻科	Perlodidae	拟同蜻属	*Parisoperla*	0.7
节肢动物门	Arthropoda	昆虫纲	Insecta	襀翅目	Plecoptera	网蜻科	Perlodidae	罗蜻属	*Perlodinella*	2.0
节肢动物门	Arthropoda	昆虫纲	Insecta	襀翅目	Plecoptera	网蜻科	Perlodidae	皮网蜻属	*Pictetiella*	2.0
节肢动物门	Arthropoda	昆虫纲	Insecta	襀翅目	Plecoptera	网蜻科	Perlodidae	波网蜻属	*Skwala*	1.3
节肢动物门	Arthropoda	昆虫纲	Insecta	襀翅目	Plecoptera	网蜻科	Perlodidae	狭蜻属	*Stavsolus*	2.0
节肢动物门	Arthropoda	昆虫纲	Insecta	襀翅目	Plecoptera	网蜻科	Perlodidae	藏同蜻属	*Tibetisoperla*	0.7
节肢动物门	Arthropoda	昆虫纲	Insecta	襀翅目	Plecoptera	大蜻科	Pteronarcyidae			3.3
节肢动物门	Arthropoda	昆虫纲	Insecta	襀翅目	Plecoptera	大蜻科	Pteronarcyidae	大蜻属	*Pteronarcys*	3.3
节肢动物门	Arthropoda	昆虫纲	Insecta	襀翅目	Plecoptera	刺蜻科	Styloperlidae			2.3
节肢动物门	Arthropoda	昆虫纲	Insecta	襀翅目	Plecoptera	刺蜻科	Styloperlidae	爪蜻属	*Cerconychia*	1.3
节肢动物门	Arthropoda	昆虫纲	Insecta	襀翅目	Plecoptera	刺蜻科	Styloperlidae	刺蜻属	*Styloperla*	2.0
节肢动物门	Arthropoda	昆虫纲	Insecta	襀翅目	Plecoptera	带蜻科	Taeniopterygidae			1.3
节肢动物门	Arthropoda	昆虫纲	Insecta	襀翅目	Plecoptera	带蜻科	Taeniopterygidae	驼翅带蜻属	*Kyphopteryx*	0.7
节肢动物门	Arthropoda	昆虫纲	Insecta	襀翅目	Plecoptera	带蜻科	Taeniopterygidae	魅带蜻属	*Mesyatsia*	1.3

续表

门	Phylum	纲	Class	目	Order	科	Family	属	Genus	耐污值
节肢动物门	Arthropoda	昆虫纲	Insecta	襀翅目	Plecoptera	带襀科	Taeniopterygidae	棒带襀属	*Taenionema*	1.3
节肢动物门	Arthropoda	昆虫纲	Insecta	毛翅目	Trichoptera	幻石蛾科	Apataniidae			3.6
节肢动物门	Arthropoda	昆虫纲	Insecta	毛翅目	Trichoptera	幻石蛾科	Apataniidae	幻石蛾属	*Apatania*	3.6
节肢动物门	Arthropoda	昆虫纲	Insecta	毛翅目	Trichoptera	幻石蛾科	Apataniidae	闭室沼石蛾属	*Apataniana*	3.6
节肢动物门	Arthropoda	昆虫纲	Insecta	毛翅目	Trichoptera	幻石蛾科	Apataniidae	腹突幻石蛾属	*Apatidelia*	3.6
节肢动物门	Arthropoda	昆虫纲	Insecta	毛翅目	Trichoptera	幻石蛾科	Apataniidae	长刺幻石蛾属	*Moropsyche*	3.6
节肢动物门	Arthropoda	昆虫纲	Insecta	毛翅目	Trichoptera	贝石蛾科	Beraeidae			0.1
节肢动物门	Arthropoda	昆虫纲	Insecta	毛翅目	Trichoptera	短石蛾科	Brachycentridae			1.6
节肢动物门	Arthropoda	昆虫纲	Insecta	毛翅目	Trichoptera	短石蛾科	Brachycentridae	短石蛾属	*Brachycentrus*	2.3
节肢动物门	Arthropoda	昆虫纲	Insecta	毛翅目	Trichoptera	短石蛾科	Brachycentridae	肩毛短石蛾属	*Hummeliella*	4.3
节肢动物门	Arthropoda	昆虫纲	Insecta	毛翅目	Trichoptera	短石蛾科	Brachycentridae	小短石蛾属	*Micrasema*	1.2
节肢动物门	Arthropoda	昆虫纲	Insecta	毛翅目	Trichoptera	枝石蛾科	Calamoceratidae			2.9
节肢动物门	Arthropoda	昆虫纲	Insecta	毛翅目	Trichoptera	枝石蛾科	Calamoceratidae	异距枝石蛾属	*Anisocentropus*	2.9
节肢动物门	Arthropoda	昆虫纲	Insecta	毛翅目	Trichoptera	枝石蛾科	Calamoceratidae	长室枝石蛾属	*Ascalaphomerus*	2.9
节肢动物门	Arthropoda	昆虫纲	Insecta	毛翅目	Trichoptera	枝石蛾科	Calamoceratidae	愈脉枝石蛾属	*Ganonema*	2.9
节肢动物门	Arthropoda	昆虫纲	Insecta	毛翅目	Trichoptera	枝石蛾科	Calamoceratidae	短室枝石蛾属	*Georgium*	2.9
节肢动物门	Arthropoda	昆虫纲	Insecta	毛翅目	Trichoptera	畸距石蛾科	Dipseudopsidae			4.4
节肢动物门	Arthropoda	昆虫纲	Insecta	毛翅目	Trichoptera	畸距石蛾科	Dipseudopsidae	畸距石蛾属	*Dipseudopsis*	4.4
节肢动物门	Arthropoda	昆虫纲	Insecta	毛翅目	Trichoptera	畸距石蛾科	Dipseudopsidae	透畸距石蛾属	*Hyalopsyche*	4.4
节肢动物门	Arthropoda	昆虫纲	Insecta	毛翅目	Trichoptera	径石蛾科	Ecnomidae			5.4
节肢动物门	Arthropoda	昆虫纲	Insecta	毛翅目	Trichoptera	径石蛾科	Ecnomidae	径石蛾属	*Ecnomus*	5.4
节肢动物门	Arthropoda	昆虫纲	Insecta	毛翅目	Trichoptera	舌石蛾科	Glossosomatidae			3.9
节肢动物门	Arthropoda	昆虫纲	Insecta	毛翅目	Trichoptera	舌石蛾科	Glossosomatidae	魔舌石蛾属	*Agepetus*	3.3
节肢动物门	Arthropoda	昆虫纲	Insecta	毛翅目	Trichoptera	舌石蛾科	Glossosomatidae	舌石蛾属	*Glossosoma*	4.8

续表

门	Phylum	纲	Class	目	Order	科	Family	属	Genus	耐污值
节肢动物门	Arthropoda	昆虫纲	Insecta	毛翅目	Trichoptera	瘤石蛾科	Goeridae			4.2
节肢动物门	Arthropoda	昆虫纲	Insecta	毛翅目	Trichoptera	瘤石蛾科	Goeridae	瘤石蛾属	*Goera*	4.2
节肢动物门	Arthropoda	昆虫纲	Insecta	毛翅目	Trichoptera	钩翅石蛾科	Helicopsychidae			2.5
节肢动物门	Arthropoda	昆虫纲	Insecta	毛翅目	Trichoptera	钩翅石蛾科	Helicopsychidae	钩翅石蛾属	*Helicopsyche*	2.3
节肢动物门	Arthropoda	昆虫纲	Insecta	毛翅目	Trichoptera	鳌石蛾科	Hydrobiosidae			4.9
节肢动物门	Arthropoda	昆虫纲	Insecta	毛翅目	Trichoptera	鳌石蛾科	Hydrobiosidae	竖毛鳌石蛾属	*Apsilochorema*	4.9
节肢动物门	Arthropoda	昆虫纲	Insecta	毛翅目	Trichoptera	纹石蛾科	Hydropsychidae			3.8
节肢动物门	Arthropoda	昆虫纲	Insecta	毛翅目	Trichoptera	纹石蛾科	Hydropsychidae	异长角纹石蛾属	*Aethaloptera*	4.3
节肢动物门	Arthropoda	昆虫纲	Insecta	毛翅目	Trichoptera	纹石蛾科	Hydropsychidae	周长角纹石蛾属	*Amphipsyche*	4.5
节肢动物门	Arthropoda	昆虫纲	Insecta	毛翅目	Trichoptera	纹石蛾科	Hydropsychidae	弓石蛾属	*Arctopsyche*	5.3
节肢动物门	Arthropoda	昆虫纲	Insecta	毛翅目	Trichoptera	纹石蛾科	Hydropsychidae	短脉纹石蛾属	*Cheumatopsyche*	3.9
节肢动物门	Arthropoda	昆虫纲	Insecta	毛翅目	Trichoptera	纹石蛾科	Hydropsychidae	腺纹石蛾属	*Diplectrona*	4.1
节肢动物门	Arthropoda	昆虫纲	Insecta	毛翅目	Trichoptera	纹石蛾科	Hydropsychidae	离脉纹石蛾属	*Hydromanicus*	5.5
节肢动物门	Arthropoda	昆虫纲	Insecta	毛翅目	Trichoptera	纹石蛾科	Hydropsychidae	纹石蛾属	*Hydropsyche*	3.9
节肢动物门	Arthropoda	昆虫纲	Insecta	毛翅目	Trichoptera	纹石蛾科	Hydropsychidae	长角纹石蛾属	*Macrostemum*	3.9
节肢动物门	Arthropoda	昆虫纲	Insecta	毛翅目	Trichoptera	纹石蛾科	Hydropsychidae	美赛弓石蛾属	*Maesaipsyche*	3.9
节肢动物门	Arthropoda	昆虫纲	Insecta	毛翅目	Trichoptera	纹石蛾科	Hydropsychidae	合脉长角纹石蛾属	*Oestropsyche*	5.5
节肢动物门	Arthropoda	昆虫纲	Insecta	毛翅目	Trichoptera	纹石蛾科	Hydropsychidae	绒弓石蛾属	*Parapsyche*	3.9
节肢动物门	Arthropoda	昆虫纲	Insecta	毛翅目	Trichoptera	纹石蛾科	Hydropsychidae	多型长角纹石蛾属	*Polymorphanisus*	5.5
节肢动物门	Arthropoda	昆虫纲	Insecta	毛翅目	Trichoptera	纹石蛾科	Hydropsychidae	缺距纹石蛾属	*Potamyia*	0.3
节肢动物门	Arthropoda	昆虫纲	Insecta	毛翅目	Trichoptera	小石蛾科	Hydroptilidae			5.6
节肢动物门	Arthropoda	昆虫纲	Insecta	毛翅目	Trichoptera	小石蛾科	Hydroptilidae	卡托小石蛾属	*Catoxyethira*	5.6
节肢动物门	Arthropoda	昆虫纲	Insecta	毛翅目	Trichoptera	小石蛾科	Hydroptilidae	丽小石蛾属	*Chrysotrichia*	5.6

续表

门	Phylum	纲	Class	目	Order	科	Family	属	Genus	耐污值
节肢动物门	Arthropoda	昆虫纲	Insecta	毛翅目	Trichoptera	小石蛾科	Hydroptilidae	小石蛾属	*Hydroptila*	5.6
节肢动物门	Arthropoda	昆虫纲	Insecta	毛翅目	Trichoptera	小石蛾科	Hydroptilidae	直毛小石蛾属	*Orthotrichia*	5.6
节肢动物门	Arthropoda	昆虫纲	Insecta	毛翅目	Trichoptera	小石蛾科	Hydroptilidae	尖毛小石蛾属	*Oxyethira*	5.6
节肢动物门	Arthropoda	昆虫纲	Insecta	毛翅目	Trichoptera	小石蛾科	Hydroptilidae	骨小石蛾属	*Scelotrichia*	5.6
节肢动物门	Arthropoda	昆虫纲	Insecta	毛翅目	Trichoptera	小石蛾科	Hydroptilidae	滴水小石蛾属	*Stactobia*	5.6
节肢动物门	Arthropoda	昆虫纲	Insecta	毛翅目	Trichoptera	小石蛾科	Hydroptilidae	乌干达小石蛾属	*Ugandatrichia*	5.6
节肢动物门	Arthropoda	昆虫纲	Insecta	毛翅目	Trichoptera	鳞石蛾科	Lepidostomatidae			3.0
节肢动物门	Arthropoda	昆虫纲	Insecta	毛翅目	Trichoptera	鳞石蛾科	Lepidostomatidae	鳞石蛾属	*Lepidostoma*	1.7
节肢动物门	Arthropoda	昆虫纲	Insecta	毛翅目	Trichoptera	鳞石蛾科	Lepidostomatidae	斑胸鳞石蛾属	*Paraphlegopteryx*	3.0
节肢动物门	Arthropoda	昆虫纲	Insecta	毛翅目	Trichoptera	长角石蛾科	Leptoceridae			3.0
节肢动物门	Arthropoda	昆虫纲	Insecta	毛翅目	Trichoptera	长角石蛾科	Leptoceridae	并脉长角石蛾属	*Adicella*	3.0
节肢动物门	Arthropoda	昆虫纲	Insecta	毛翅目	Trichoptera	长角石蛾科	Leptoceridae	埃长角石蛾属	*Athripsodes*	3.0
节肢动物门	Arthropoda	昆虫纲	Insecta	毛翅目	Trichoptera	长角石蛾科	Leptoceridae	突长角石蛾属	*Ceraclea*	3.0
节肢动物门	Arthropoda	昆虫纲	Insecta	毛翅目	Trichoptera	长角石蛾科	Leptoceridae	长角石蛾属	*Leptocerus*	2.9
节肢动物门	Arthropoda	昆虫纲	Insecta	毛翅目	Trichoptera	长角石蛾科	Leptoceridae	须长角石蛾属	*Mystacides*	3.0
节肢动物门	Arthropoda	昆虫纲	Insecta	毛翅目	Trichoptera	长角石蛾科	Leptoceridae	栖长角石蛾属	*Oecetis*	3.5
节肢动物门	Arthropoda	昆虫纲	Insecta	毛翅目	Trichoptera	长角石蛾科	Leptoceridae	姬长角石蛾属	*Setodes*	2.9
节肢动物门	Arthropoda	昆虫纲	Insecta	毛翅目	Trichoptera	长角石蛾科	Leptoceridae	叉长角石蛾属	*Triaenodes*	3.0
节肢动物门	Arthropoda	昆虫纲	Insecta	毛翅目	Trichoptera	长角石蛾科	Leptoceridae	毛姬长角石蛾属	*Trichosetodes*	3.0
节肢动物门	Arthropoda	昆虫纲	Insecta	毛翅目	Trichoptera	长角石蛾科	Leptoceridae	歧长角石蛾属	*Triplectides*	3.0
节肢动物门	Arthropoda	昆虫纲	Insecta	毛翅目	Trichoptera	沼石蛾科	Limnephilidae			3.9
节肢动物门	Arthropoda	昆虫纲	Insecta	毛翅目	Trichoptera	沼石蛾科	Limnephilidae	弧缘沼石蛾属	*Anabolia*	3.4
节肢动物门	Arthropoda	昆虫纲	Insecta	毛翅目	Trichoptera	沼石蛾科	Limnephilidae	窄茎沼石蛾属	*Aplatyphylax*	3.4
节肢动物门	Arthropoda	昆虫纲	Insecta	毛翅目	Trichoptera	沼石蛾科	Limnephilidae	片肢沼石蛾属	*Asynarchus*	3.4

续表

门	Phylum	纲	Class	目	Order	科	Family	属	Genus	耐污值
节肢动物门	Arthropoda	昆虫纲	Insecta	毛翅目	Trichoptera	沼石蛾科	Limnephilidae	双序沼石蛾属	*Dicosmoecus*	1.3
节肢动物门	Arthropoda	昆虫纲	Insecta	毛翅目	Trichoptera	沼石蛾科	Limnephilidae	刺肢沼石蛾属	*Ecclisomyia*	2.6
节肢动物门	Arthropoda	昆虫纲	Insecta	毛翅目	Trichoptera	沼石蛾科	Limnephilidae	小眼沼石蛾属	*Evanophanes*	3.4
节肢动物门	Arthropoda	昆虫纲	Insecta	毛翅目	Trichoptera	沼石蛾科	Limnephilidae	褐脉沼石蛾属	*Grammotaulius*	3.4
节肢动物门	Arthropoda	昆虫纲	Insecta	毛翅目	Trichoptera	沼石蛾科	Limnephilidae	水石蛾属	*Hydatophlax*	3.9
节肢动物门	Arthropoda	昆虫纲	Insecta	毛翅目	Trichoptera	沼石蛾科	Limnephilidae	鬃突沼石蛾属	*Hydatophylax*	3.9
节肢动物门	Arthropoda	昆虫纲	Insecta	毛翅目	Trichoptera	沼石蛾科	Limnephilidae	多斑沼石蛾属	*Lenarchus*	3.4
节肢动物门	Arthropoda	昆虫纲	Insecta	毛翅目	Trichoptera	沼石蛾科	Limnephilidae	沼石蛾属	*Limnephilus*	3.9
节肢动物门	Arthropoda	昆虫纲	Insecta	毛翅目	Trichoptera	沼石蛾科	Limnephilidae	粒沼石蛾属	*Nemotaulius*	3.4
节肢动物门	Arthropoda	昆虫纲	Insecta	毛翅目	Trichoptera	沼石蛾科	Limnephilidae	长须沼石蛾属	*Nothopsyche*	3.4
节肢动物门	Arthropoda	昆虫纲	Insecta	毛翅目	Trichoptera	沼石蛾科	Limnephilidae	刺突沼石蛾属	*Pseudopotamorites*	3.5
节肢动物门	Arthropoda	昆虫纲	Insecta	毛翅目	Trichoptera	沼石蛾科	Limnephilidae	伪突沼石蛾属	*Pseudostenophylax*	3.4
节肢动物门	Arthropoda	昆虫纲	Insecta	毛翅目	Trichoptera	锚石蛾科	Limnocentropodidae			2.6
节肢动物门	Arthropoda	昆虫纲	Insecta	毛翅目	Trichoptera	锚石蛾科	Limnocentropodidae	锚石蛾属	*Limnocentropus*	2.6
节肢动物门	Arthropoda	昆虫纲	Insecta	毛翅目	Trichoptera	细翅石蛾科	Molannidae			0.4
节肢动物门	Arthropoda	昆虫纲	Insecta	毛翅目	Trichoptera	细翅石蛾科	Molannidae	细翅石蛾属	*Molanna*	4.2
节肢动物门	Arthropoda	昆虫纲	Insecta	毛翅目	Trichoptera	细翅石蛾科	Molannidae	拟细翅石蛾属	*Molannodes*	3.9
节肢动物门	Arthropoda	昆虫纲	Insecta	毛翅目	Trichoptera	齿角石蛾科	Odontoceridae			0.7
节肢动物门	Arthropoda	昆虫纲	Insecta	毛翅目	Trichoptera	齿角石蛾科	Odontoceridae	奇齿角石蛾属	*Lannapsyche*	3.3
节肢动物门	Arthropoda	昆虫纲	Insecta	毛翅目	Trichoptera	齿角石蛾科	Odontoceridae	滨齿角石蛾属	*Marilia*	3.3
节肢动物门	Arthropoda	昆虫纲	Insecta	毛翅目	Trichoptera	齿角石蛾科	Odontoceridae	裸齿角石蛾属	*Psilotreta*	2.9
节肢动物门	Arthropoda	昆虫纲	Insecta	毛翅目	Trichoptera	等翅石蛾科	Philopotamidae			4.0
节肢动物门	Arthropoda	昆虫纲	Insecta	毛翅目	Trichoptera	等翅石蛾科	Philopotamidae	缺叉等翅石蛾属	*Chimarra*	3.3
节肢动物门	Arthropoda	昆虫纲	Insecta	毛翅目	Trichoptera	等翅石蛾科	Philopotamidae	短室等翅石蛾属	*Dolophilodes*	4.0

续表

门	Phylum	纲	Class	目	Order	科	Family	属	Genus	耐污值
节肢动物门	Arthropoda	昆虫纲	Insecta	毛翅目	Trichoptera	等翅石蛾科	Philopotamidae	合脉等翅石蛾属	*Gunungiella*	4.0
节肢动物门	Arthropoda	昆虫纲	Insecta	毛翅目	Trichoptera	等翅石蛾科	Philopotamidae	栉等翅石蛾属	*Kisaura*	4.0
节肢动物门	Arthropoda	昆虫纲	Insecta	毛翅目	Trichoptera	等翅石蛾科	Philopotamidae	蠕形等翅石蛾属	*Wormaldia*	4.0
节肢动物门	Arthropoda	昆虫纲	Insecta	毛翅目	Trichoptera	石蛾科	Phryganeidae			0.5
节肢动物门	Arthropoda	昆虫纲	Insecta	毛翅目	Trichoptera	石蛾科	Phryganeidae	苏石蛾属	*Agrypnia*	3.3
节肢动物门	Arthropoda	昆虫纲	Insecta	毛翅目	Trichoptera	石蛾科	Phryganeidae	褐纹石蛾属	*Eubasilissa*	3.3
节肢动物门	Arthropoda	昆虫纲	Insecta	毛翅目	Trichoptera	石蛾科	Phryganeidae	小口石蛾属	*Oligostomis*	3.3
节肢动物门	Arthropoda	昆虫纲	Insecta	毛翅目	Trichoptera	石蛾科	Phryganeidae	寡毛石蛾属	*Oligotricha*	3.3
节肢动物门	Arthropoda	昆虫纲	Insecta	毛翅目	Trichoptera	石蛾科	Phryganeidae	石蛾属	*Phryganea*	0.5
节肢动物门	Arthropoda	昆虫纲	Insecta	毛翅目	Trichoptera	石蛾科	Phryganeidae	趋石蛾属	*Semblis*	0.5
节肢动物门	Arthropoda	昆虫纲	Insecta	毛翅目	Trichoptera	拟石蛾科	Phryganopsychidae			2.6
节肢动物门	Arthropoda	昆虫纲	Insecta	毛翅目	Trichoptera	拟石蛾科	Phryganopsychidae	拟石蛾属	*Phryganopsyche*	2.6
节肢动物门	Arthropoda	昆虫纲	Insecta	毛翅目	Trichoptera	多距石蛾科	Polycentropodidae			3.8
节肢动物门	Arthropoda	昆虫纲	Insecta	毛翅目	Trichoptera	多距石蛾科	Polycentropodidae	纽多距石蛾属	*Neucentropus*	4.0
节肢动物门	Arthropoda	昆虫纲	Insecta	毛翅目	Trichoptera	多距石蛾科	Polycentropodidae	闭径多距石蛾属	*Nyctiophylax*	3.8
节肢动物门	Arthropoda	昆虫纲	Insecta	毛翅目	Trichoptera	多距石蛾科	Polycentropodidae	隐刺多距石蛾属	*Pahamunaya*	3.9
节肢动物门	Arthropoda	昆虫纲	Insecta	毛翅目	Trichoptera	多距石蛾科	Polycentropodidae	缘脉多距石蛾属	*Plectrocnemia*	3.9
节肢动物门	Arthropoda	昆虫纲	Insecta	毛翅目	Trichoptera	多距石蛾科	Polycentropodidae	多距石蛾属	*Polycentropus*	5.2
节肢动物门	Arthropoda	昆虫纲	Insecta	毛翅目	Trichoptera	多距石蛾科	Polycentropodidae	缺叉多距石蛾属	*Polyplectropus*	3.9
节肢动物门	Arthropoda	昆虫纲	Insecta	毛翅目	Trichoptera	弱脉石蛾科	Pseudoneureclipsidae			3.3
节肢动物门	Arthropoda	昆虫纲	Insecta	毛翅目	Trichoptera	弱脉石蛾科	Pseudoneureclipsidae	弱脉石蛾属	*Pseudoneureclipsis*	3.3
节肢动物门	Arthropoda	昆虫纲	Insecta	毛翅目	Trichoptera	蝶石蛾科	Psychomyiidae			6.6
节肢动物门	Arthropoda	昆虫纲	Insecta	毛翅目	Trichoptera	蝶石蛾科	Psychomyiidae	浅色蝶石蛾属	*Lype*	6.6
节肢动物门	Arthropoda	昆虫纲	Insecta	毛翅目	Trichoptera	蝶石蛾科	Psychomyiidae	蝶石蛾属	*Psychomyia*	6.6

续表

门	Phylum	纲	Class	目	Order	科	Family	属	Genus	耐污值
节肢动物门	Arthropoda	昆虫纲	Insecta	毛翅目	Trichoptera	原石蛾科	Rhyacophilidae			3.0
节肢动物门	Arthropoda	昆虫纲	Insecta	毛翅目	Trichoptera	原石蛾科	Rhyacophilidae	喜马原石蛾属	*Himalopsyche*	3.0
节肢动物门	Arthropoda	昆虫纲	Insecta	毛翅目	Trichoptera	原石蛾科	Rhyacophilidae	原石蛾属	*Rhyacophila*	3.6
节肢动物门	Arthropoda	昆虫纲	Insecta	毛翅目	Trichoptera	毛石蛾科	Sericostomatidae			0.7
节肢动物门	Arthropoda	昆虫纲	Insecta	毛翅目	Trichoptera	毛石蛾科	Sericostomatidae	毛石蛾属	*Gumaga*	0.7
节肢动物门	Arthropoda	昆虫纲	Insecta	毛翅目	Trichoptera	角石蛾科	Stenopsychidae			3.3
节肢动物门	Arthropoda	昆虫纲	Insecta	毛翅目	Trichoptera	角石蛾科	Stenopsychidae	角石蛾属	*Stenopsyche*	3.3
节肢动物门	Arthropoda	昆虫纲	Insecta	毛翅目	Trichoptera	乌石蛾科	Uenoinae			1.0
节肢动物门	Arthropoda	昆虫纲	Insecta	毛翅目	Trichoptera	乌石蛾科	Uenoinae	新乌石蛾属	*Neophylax*	3.9
节肢动物门	Arthropoda	昆虫纲	Insecta	毛翅目	Trichoptera	乌石蛾科	Uenoinae	乌石蛾属	*Uenoa*	3.9
节肢动物门	Arthropoda	昆虫纲	Insecta	毛翅目	Trichoptera	剑石蛾科	Xiphocentronidae			0.7
节肢动物门	Arthropoda	昆虫纲	Insecta	毛翅目	Trichoptera	剑石蛾科	Xiphocentronidae	黑毛剑石蛾属	*Melanotrichia*	0.7
节肢动物门	Arthropoda	软甲纲	Malacostraca	糠虾目	Mysida	糠虾科 *	Mysidae			4.3
节肢动物门	Arthropoda	软甲纲	Malacostraca	糠虾目	Mysida	糠虾科	Mysidae	新糠虾属 *	*Neomysis*	4.3
节肢动物门	Arthropoda	软甲纲	Malacostraca	端足目	Amphipoda	藻钩虾科 *	Ampithoidae			5.4
节肢动物门	Arthropoda	软甲纲	Malacostraca	端足目	Amphipoda	藻钩虾科	Ampithoidae	藻钩虾属 *	*Ampithoe*	5.4
节肢动物门	Arthropoda	软甲纲	Malacostraca	端足目	Amphipoda	异钩虾科 *	Anisogammaridae			5.4
节肢动物门	Arthropoda	软甲纲	Malacostraca	端足目	Amphipoda	异钩虾科	Anisogammaridae	异钩虾属	*Anisogammarus*	5.4
节肢动物门	Arthropoda	软甲纲	Malacostraca	端足目	Amphipoda	异钩虾科	Anisogammaridae	原钩虾属 *	*Eogammarus*	5.4
节肢动物门	Arthropoda	软甲纲	Malacostraca	端足目	Amphipoda	异钩虾科	Anisogammaridae	宽肢钩虾属	*Eurypodogammarus*	5.4
节肢动物门	Arthropoda	软甲纲	Malacostraca	端足目	Amphipoda	异钩虾科	Anisogammaridae	抚仙钩虾属	*Fuxiana*	3.9
节肢动物门	Arthropoda	软甲纲	Malacostraca	端足目	Amphipoda	异钩虾科	Anisogammaridae	复兴钩虾属	*Fuxigammarus*	3.9
节肢动物门	Arthropoda	软甲纲	Malacostraca	端足目	Amphipoda	异钩虾科	Anisogammaridae	汲钩虾属 *	*Jesogammarus*	4.3
节肢动物门	Arthropoda	软甲纲	Malacostraca	端足目	Amphipoda	刀钩虾科 *	Aoridae			5.4

续表

门	Phylum	纲	Class	目	Order	科	Family	属	Genus	耐污值
节肢动物门	Arthropoda	软甲纲	Malacostraca	端足目	Amphipoda	刀钩虾科	Aoridae	大螯蜚属 *	*Grandidierella*	5.4
节肢动物门	Arthropoda	软甲纲	Malacostraca	端足目	Amphipoda	少鳃钩虾科	Bogidiellidae			3.3
节肢动物门	Arthropoda	软甲纲	Malacostraca	端足目	Amphipoda	少鳃钩虾科	Bogidiellidae	少鳃钩虾属	*Bogidiella*	3.3
节肢动物门	Arthropoda	软甲纲	Malacostraca	端足目	Amphipoda	蜾蠃蜚科 *	Corophiidae			5.4
节肢动物门	Arthropoda	软甲纲	Malacostraca	端足目	Amphipoda	蜾蠃蜚科	Corophiidae	蜾蠃蜚属 *	*Corophium*	5.4
节肢动物门	Arthropoda	软甲纲	Malacostraca	端足目	Amphipoda	蜾蠃蜚科	Corophiidae	华蜾蠃蜚属 *	*Sinocorophium*	5.4
节肢动物门	Arthropoda	软甲纲	Malacostraca	端足目	Amphipoda	长足钩虾科 *	Dexaminidae			5.4
节肢动物门	Arthropoda	软甲纲	Malacostraca	端足目	Amphipoda	钩虾科	Gammaridae			3.8
节肢动物门	Arthropoda	软甲纲	Malacostraca	端足目	Amphipoda	钩虾科	Gammaridae	钩虾属	*Gammarus*	4.9
节肢动物门	Arthropoda	软甲纲	Malacostraca	端足目	Amphipoda	钩虾科	Gammaridae	萨钩虾属	*Sarothrogammarus*	3.3
节肢动物门	Arthropoda	软甲纲	Malacostraca	端足目	Amphipoda	平额钩虾科 *	Haustoriidae			5.4
节肢动物门	Arthropoda	软甲纲	Malacostraca	端足目	Amphipoda	平额钩虾科	Haustoriidae	始根钩虾属 *	*Eohaustorius*	5.4
节肢动物门	Arthropoda	软甲纲	Malacostraca	端足目	Amphipoda	玻璃钩虾科 *	Hyalidae			5.4
节肢动物门	Arthropoda	软甲纲	Malacostraca	端足目	Amphipoda	玻璃钩虾科	Hyalidae	玻璃钩虾属 *	*Hyale*	5.4
节肢动物门	Arthropoda	软甲纲	Malacostraca	端足目	Amphipoda	卡马钩虾科 *	Kamakidae			5.4
节肢动物门	Arthropoda	软甲纲	Malacostraca	端足目	Amphipoda	卡马钩虾科	Kamakidae	异卡马钩虾属 *	*Heterokamaka*	5.4
节肢动物门	Arthropoda	软甲纲	Malacostraca	端足目	Amphipoda	卡马钩虾科	Kamakidae	卡马钩虾属 *	*Kamaka*	5.4
节肢动物门	Arthropoda	软甲纲	Malacostraca	端足目	Amphipoda	马耳他钩虾科 *	Melitidae			5.4
节肢动物门	Arthropoda	软甲纲	Malacostraca	端足目	Amphipoda	马耳他钩虾科	Melitidae	马耳他钩虾属 *	*Melita*	5.4
节肢动物门	Arthropoda	软甲纲	Malacostraca	端足目	Amphipoda	合眼钩虾科 *	Oedicerotidae			5.4
节肢动物门	Arthropoda	软甲纲	Malacostraca	端足目	Amphipoda	合眼钩虾科	Oedicerotidae	湖泊独眼钩虾属 *	*Limnoculodes*	5.4
节肢动物门	Arthropoda	软甲纲	Malacostraca	端足目	Amphipoda	合眼钩虾科	Oedicerotidae	独眼钩虾属 *	*Monoculodes*	5.4
节肢动物门	Arthropoda	软甲纲	Malacostraca	端足目	Amphipoda	合眼钩虾科	Oedicerotidae	周眼钩虾属 *	*Perioculodes*	5.4

续表

门	Phylum	纲	Class	目	Order	科	Family	属	Genus	耐污值
节肢动物门	Arthropoda	软甲纲	Malacostraca	端足目	Amphipoda	尖头钩虾科 *	Phoxocephalidae			5.4
节肢动物门	Arthropoda	软甲纲	Malacostraca	端足目	Amphipoda	假褐钩虾科	Pseudocrangonycti-dae			3.9
节肢动物门	Arthropoda	软甲纲	Malacostraca	端足目	Amphipoda	假褐钩虾科	Pseudocrangonycti-dae	假褐钩虾属	*Pseudocrangonyx*	3.9
节肢动物门	Arthropoda	软甲纲	Malacostraca	端足目	Amphipoda	跳钩虾科 *	Talitrinae			5.4
节肢动物门	Arthropoda	软甲纲	Malacostraca	端足目	Amphipoda	跳钩虾科	Talitrinae	鲍氏跳钩虾属	*Bousfieldia*	5.4
节肢动物门	Arthropoda	软甲纲	Malacostraca	端足目	Amphipoda	跳钩虾科	Talitrinae	弗跳钩虾属	*Floresorchestia*	5.4
节肢动物门	Arthropoda	软甲纲	Malacostraca	端足目	Amphipoda	跳钩虾科	Talitrinae	侯李钩虾属	*Houlia*	5.4
节肢动物门	Arthropoda	软甲纲	Malacostraca	端足目	Amphipoda	跳钩虾科	Talitrinae	森野钩虾属	*Morinoia*	5.4
节肢动物门	Arthropoda	软甲纲	Malacostraca	端足目	Amphipoda	跳钩虾科	Talitrinae	板跳钩虾属 *	*Platorchestia*	5.4
节肢动物门	Arthropoda	软甲纲	Malacostraca	等足目	Isopoda	纺锤水虱科 *	Aegidae			5.4
节肢动物门	Arthropoda	软甲纲	Malacostraca	等足目	Isopoda	纺锤水虱科	Aegidae	罗司水虱属 *	*Rocinela*	5.4
节肢动物门	Arthropoda	软甲纲	Malacostraca	等足目	Isopoda	背尾水虱科 *	Anthuridae			5.4
节肢动物门	Arthropoda	软甲纲	Malacostraca	等足目	Isopoda	背尾水虱科	Anthuridae	杯状水虱属 *	*Cyathura*	5.4
节肢动物门	Arthropoda	软甲纲	Malacostraca	等足目	Isopoda	栉水虱科	Asellidae			5.4
节肢动物门	Arthropoda	软甲纲	Malacostraca	等足目	Isopoda	栉水虱科	Asellidae	栉水虱属	*Asellus*	5.4
节肢动物门	Arthropoda	软甲纲	Malacostraca	等足目	Isopoda	浪漂水虱科 *	Cirolanidae			4.3
节肢动物门	Arthropoda	软甲纲	Malacostraca	等足目	Isopoda	浪漂水虱科	Cirolanidae	浪漂水虱属 *	*Cirolana*	4.3
节肢动物门	Arthropoda	软甲纲	Malacostraca	等足目	Isopoda	珊瑚水虱科	Corallanidae			5.4
节肢动物门	Arthropoda	软甲纲	Malacostraca	等足目	Isopoda	珊瑚水虱科	Corallanidae	急游水虱属	*Tachaea*	5.4
节肢动物门	Arthropoda	软甲纲	Malacostraca	等足目	Isopoda	全颚水虱科 *	Holognathidae			5.4
节肢动物门	Arthropoda	软甲纲	Malacostraca	等足目	Isopoda	全颚水虱科	Holognathidae	崇西水虱属 *	*Chongxidotea*	5.4
节肢动物门	Arthropoda	软甲纲	Malacostraca	等足目	Isopoda	全颚水虱科	Holognathidae	似棒鞭水虱属 *	*Cleantioides*	5.4
节肢动物门	Arthropoda	软甲纲	Malacostraca	等足目	Isopoda	盖鳃水虱科 *	Idoteidae			5.4

续表

门	Phylum	纲	Class	目	Order	科	Family	属	Genus	耐污值
节肢动物门	Arthropoda	软甲纲	Malacostraca	等足目	Isopoda	盖鳃水虱科	Idoteidae	节鞭水虱属 *	*Synidotea*	5.4
节肢动物门	Arthropoda	软甲纲	Malacostraca	等足目	Isopoda	海蟑螂科 *	Ligiidae			5.4
节肢动物门	Arthropoda	软甲纲	Malacostraca	等足目	Isopoda	海蟑螂科	Ligiidae	海蟑螂属 *	*Ligia*	5.4
节肢动物门	Arthropoda	软甲纲	Malacostraca	等足目	Isopoda	潮虫科	Oniscidae			5.4
节肢动物门	Arthropoda	软甲纲	Malacostraca	等足目	Isopoda	拟背尾水虱科 *	Paranthuridae			5.4
节肢动物门	Arthropoda	软甲纲	Malacostraca	等足目	Isopoda	拟背尾水虱科	Paranthuridae	拟背尾水虱属 *	*Paranthura*	5.4
节肢动物门	Arthropoda	软甲纲	Malacostraca	等足目	Isopoda	团水虱科 *	Sphaeromatidae			5.4
节肢动物门	Arthropoda	软甲纲	Malacostraca	等足目	Isopoda	团水虱科	Sphaeromatidae	著名团水虱属 *	*Gnorimosphaeroma*	5.4
节肢动物门	Arthropoda	软甲纲	Malacostraca	等足目	Isopoda	团水虱科	Sphaeromatidae	团水虱属 *	*Sphaeroma*	5.4
节肢动物门	Arthropoda	软甲纲	Malacostraca	原足目	Tanaidacea	长尾虫科 *	Apseudidae			5.4
节肢动物门	Arthropoda	软甲纲	Malacostraca	涟虫目	Cumacea	尖额涟虫科 *	Leuconidae			4.3
节肢动物门	Arthropoda	软甲纲	Malacostraca	十足目	Decapoda	对虾科 *	Penaeidae			4.3
节肢动物门	Arthropoda	软甲纲	Malacostraca	十足目	Decapoda	对虾科	Penaeidae	仿对虾属 *	*Parapenaeopsis*	4.3
节肢动物门	Arthropoda	软甲纲	Malacostraca	十足目	Decapoda	对虾科	Penaeidae	对虾属 *	*Penaeus*	4.3
节肢动物门	Arthropoda	软甲纲	Malacostraca	十足目	Decapoda	樱虾科 *	Sergestidae			5.4
节肢动物门	Arthropoda	软甲纲	Malacostraca	十足目	Decapoda	樱虾科	Sergestidae	毛虾属 *	*Acetes*	5.4
节肢动物门	Arthropoda	软甲纲	Malacostraca	十足目	Decapoda	鼓虾科 *	Alpheidae			4.3
节肢动物门	Arthropoda	软甲纲	Malacostraca	十足目	Decapoda	鼓虾科	Alpheidae	鼓虾属 *	*Alpheus*	4.3
节肢动物门	Arthropoda	软甲纲	Malacostraca	十足目	Decapoda	长眼虾科 *	Ogyrididae			5.4
节肢动物门	Arthropoda	软甲纲	Malacostraca	十足目	Decapoda	匙指虾科	Atyidae			4.3
节肢动物门	Arthropoda	软甲纲	Malacostraca	十足目	Decapoda	匙指虾科	Atyidae	仿匙虾属	*Atyopsis*	2.6
节肢动物门	Arthropoda	软甲纲	Malacostraca	十足目	Decapoda	匙指虾科	Atyidae	南匙指虾属	*Australatya*	4.3
节肢动物门	Arthropoda	软甲纲	Malacostraca	十足目	Decapoda	匙指虾科	Atyidae	米虾属	*Caridina*	4.3
节肢动物门	Arthropoda	软甲纲	Malacostraca	十足目	Decapoda	匙指虾科	Atyidae	缺鞭米虾属	*Mancicaris*	2.6

续表

门	Phylum	纲	Class	目	Order	科	Family	属	Genus	耐污值
节肢动物门	Arthropoda	软甲纲	Malacostraca	十足目	Decapoda	匙指虾科	Atyidae	新米虾属	*Neocaridina*	4.3
节肢动物门	Arthropoda	软甲纲	Malacostraca	十足目	Decapoda	匙指虾科	Atyidae	拟米虾属	*Paracaridina*	3.9
节肢动物门	Arthropoda	软甲纲	Malacostraca	十足目	Decapoda	匙指虾科	Atyidae	华米虾属	*Sinodina*	4.3
节肢动物门	Arthropoda	软甲纲	Malacostraca	十足目	Decapoda	匙指虾科	Atyidae	盲米虾属	*Typhlocaridina*	3.9
节肢动物门	Arthropoda	软甲纲	Malacostraca	十足目	Decapoda	长臂虾科 *	Palaemonidae			5.4
节肢动物门	Arthropoda	软甲纲	Malacostraca	十足目	Decapoda	长臂虾科	Palaemonidae	细腕虾属 *	*Leptocarpus*	5.4
节肢动物门	Arthropoda	软甲纲	Malacostraca	十足目	Decapoda	长臂虾科	Palaemonidae	沼虾属 *	*Macrobrachium*	5.4
节肢动物门	Arthropoda	软甲纲	Malacostraca	十足目	Decapoda	长臂虾科	Palaemonidae	长臂虾属 *	*Palaemon*	5.4
节肢动物门	Arthropoda	软甲纲	Malacostraca	十足目	Decapoda	长臂虾科	Palaemonidae	岩虾属 *	*Periclimenes*	5.4
节肢动物门	Arthropoda	软甲纲	Malacostraca	十足目	Decapoda	美螯虾科	Cambaridae			5.4
节肢动物门	Arthropoda	软甲纲	Malacostraca	十足目	Decapoda	美螯虾科	Cambaridae	原螯虾属	*Procambarus*	5.4
节肢动物门	Arthropoda	软甲纲	Malacostraca	十足目	Decapoda	活额寄居蟹科 *	Diogenidae			5.4
节肢动物门	Arthropoda	软甲纲	Malacostraca	十足目	Decapoda	玉蟹科 *	Leucosiidae			4.3
节肢动物门	Arthropoda	软甲纲	Malacostraca	十足目	Decapoda	玉蟹科	Leucosiidae	拳蟹属 *	*Philyra*	4.3
节肢动物门	Arthropoda	软甲纲	Malacostraca	十足目	Decapoda	膜壳蟹科 *	Hymenosomatidae			5.4
节肢动物门	Arthropoda	软甲纲	Malacostraca	十足目	Decapoda	膜壳蟹科	Hymenosomatidae	新尖额蟹属 *	*Neorhynchoplax*	5.5
节肢动物门	Arthropoda	软甲纲	Malacostraca	十足目	Decapoda	梭子蟹科 *	Portunidae			3.9
节肢动物门	Arthropoda	软甲纲	Malacostraca	十足目	Decapoda	梭子蟹科	Portunidae	青蟹属 *	*Scylla*	3.9
节肢动物门	Arthropoda	软甲纲	Malacostraca	十足目	Decapoda	拟地蟹科	Gecarcinucidae			4.3
节肢动物门	Arthropoda	软甲纲	Malacostraca	十足目	Decapoda	拟地蟹科	Gecarcinucidae	束腰蟹属	*Somanniathelphusa*	4.3
节肢动物门	Arthropoda	软甲纲	Malacostraca	十足目	Decapoda	溪蟹科	Potamidae			3.9
节肢动物门	Arthropoda	软甲纲	Malacostraca	十足目	Decapoda	溪蟹科	Potamidae	纺锤溪蟹属	*Acartiapotamon*	3.9
节肢动物门	Arthropoda	软甲纲	Malacostraca	十足目	Decapoda	溪蟹科	Potamidae	爱云溪蟹属	*AiyunamonPan*	3.9
节肢动物门	Arthropoda	软甲纲	Malacostraca	十足目	Decapoda	溪蟹科	Potamidae	非拟溪蟹属	*Aparapotamon*	3.9

续表

门	Phylum	纲	Class	目	Order	科	Family	属	Genus	耐污值
节肢动物门	Arthropoda	软甲纲	Malacostraca	十足目	Decapoda	溪蟹科	Potamidae	非仿溪蟹属	*Apotamonautes*	3.9
节肢动物门	Arthropoda	软甲纲	Malacostraca	十足目	Decapoda	溪蟹科	Potamidae	弓肢溪蟹属	*Arquatopotamon*	3.9
节肢动物门	Arthropoda	软甲纲	Malacostraca	十足目	Decapoda	溪蟹科	Potamidae	紧腹溪蟹属	*Artopotamon*	3.9
节肢动物门	Arthropoda	软甲纲	Malacostraca	十足目	Decapoda	溪蟹科	Potamidae	美髯蟹属	*Barbamon*	3.9
节肢动物门	Arthropoda	软甲纲	Malacostraca	十足目	Decapoda	溪蟹科	Potamidae	博特溪蟹属	*Bottapotamon*	3.9
节肢动物门	Arthropoda	软甲纲	Malacostraca	十足目	Decapoda	溪蟹科	Potamidae	岩溪蟹属	*Calcipotamon*	3.9
节肢动物门	Arthropoda	软甲纲	Malacostraca	十足目	Decapoda	溪蟹科	Potamidae	清溪蟹属	*Candidiopotamon*	3.9
节肢动物门	Arthropoda	软甲纲	Malacostraca	十足目	Decapoda	溪蟹科	Potamidae	粤溪蟹属	*Cantopotamon*	3.9
节肢动物门	Arthropoda	软甲纲	Malacostraca	十足目	Decapoda	溪蟹科	Potamidae	中国溪蟹属	*Chinapotamon*	3.9
节肢动物门	Arthropoda	软甲纲	Malacostraca	十足目	Decapoda	溪蟹科	Potamidae	隐溪蟹属	*Cryptopotamon*	3.9
节肢动物门	Arthropoda	软甲纲	Malacostraca	十足目	Decapoda	溪蟹科	Potamidae	戴溪蟹属	*Daipotamon*	3.9
节肢动物门	Arthropoda	软甲纲	Malacostraca	十足目	Decapoda	溪蟹科	Potamidae	地狱溪蟹属	*Diyutamon*	3.9
节肢动物门	Arthropoda	软甲纲	Malacostraca	十足目	Decapoda	溪蟹科	Potamidae	东风溪蟹属	*Eurusamon*	3.9
节肢动物门	Arthropoda	软甲纲	Malacostraca	十足目	Decapoda	溪蟹科	Potamidae	泽蟹属	*Geothelphusa*	3.9
节肢动物门	Arthropoda	软甲纲	Malacostraca	十足目	Decapoda	溪蟹科	Potamidae	海南溪蟹属	*Hainanpotamon*	3.9
节肢动物门	Arthropoda	软甲纲	Malacostraca	十足目	Decapoda	溪蟹科	Potamidae	异掌溪蟹属	*Heterochelamon*	3.9
节肢动物门	Arthropoda	软甲纲	Malacostraca	十足目	Decapoda	溪蟹科	Potamidae	华南溪蟹属	*Huananpotamon*	3.9
节肢动物门	Arthropoda	软甲纲	Malacostraca	十足目	Decapoda	溪蟹科	Potamidae	中印溪蟹属	*Indochinamon*	3.9
节肢动物门	Arthropoda	软甲纲	Malacostraca	十足目	Decapoda	溪蟹科	Potamidae	江淮溪蟹属	*Jianghuaimon*	3.9
节肢动物门	Arthropoda	软甲纲	Malacostraca	十足目	Decapoda	溪蟹科	Potamidae	潭蟹属	*Lacunipotamon*	3.9
节肢动物门	Arthropoda	软甲纲	Malacostraca	十足目	Decapoda	溪蟹科	Potamidae	宽胸溪蟹属	*Latopotamon*	3.9
节肢动物门	Arthropoda	软甲纲	Malacostraca	十足目	Decapoda	溪蟹科	Potamidae	卷肢溪蟹属	*Lophopotamon*	3.9
节肢动物门	Arthropoda	软甲纲	Malacostraca	十足目	Decapoda	溪蟹科	Potamidae	泥溪蟹属	*Luteomon*	3.9
节肢动物门	Arthropoda	软甲纲	Malacostraca	十足目	Decapoda	溪蟹科	Potamidae	中溪蟹属	*Mediapotamon*	3.9

续表

门	Phylum	纲	Class	目	Order	科	Family	属	Genus	耐污值
节肢动物门	Arthropoda	软甲纲	Malacostraca	十足目	Decapoda	溪蟹科	Potamidae	巨腹蟹属	*Megapleonum*	3.9
节肢动物门	Arthropoda	软甲纲	Malacostraca	十足目	Decapoda	溪蟹科	Potamidae	湄公泉蟹属	*Mekhongthelphusa*	3.9
节肢动物门	Arthropoda	软甲纲	Malacostraca	十足目	Decapoda	溪蟹科	Potamidae	闽溪蟹属	*Minpotamon*	3.9
节肢动物门	Arthropoda	软甲纲	Malacostraca	十足目	Decapoda	溪蟹科	Potamidae	微溪蟹属	*Minutomon*	3.9
节肢动物门	Arthropoda	软甲纲	Malacostraca	十足目	Decapoda	溪蟹科	Potamidae	南海溪蟹属	*Nanhaipotamon*	3.9
节肢动物门	Arthropoda	软甲纲	Malacostraca	十足目	Decapoda	溪蟹科	Potamidae	内陆溪蟹属	*Neilupotamon*	3.9
节肢动物门	Arthropoda	软甲纲	Malacostraca	十足目	Decapoda	溪蟹科	Potamidae	新内溪蟹属	*Neotiwaripotamon*	3.9
节肢动物门	Arthropoda	软甲纲	Malacostraca	十足目	Decapoda	溪蟹科	Potamidae	拟溪蟹属	*Parapotamon*	3.9
节肢动物门	Arthropoda	软甲纲	Malacostraca	十足目	Decapoda	溪蟹科	Potamidae	仿拟溪蟹属	*Parapotamonoides*	3.9
节肢动物门	Arthropoda	软甲纲	Malacostraca	十足目	Decapoda	溪蟹科	Potamidae	拟川蟹属	*Pararanguna*	3.9
节肢动物门	Arthropoda	软甲纲	Malacostraca	十足目	Decapoda	溪蟹科	Potamidae	拟刺溪蟹属	*Paratelphusula*	3.9
节肢动物门	Arthropoda	软甲纲	Malacostraca	十足目	Decapoda	溪蟹科	Potamidae	小巧溪蟹属	*Parvuspotamon*	3.9
节肢动物门	Arthropoda	软甲纲	Malacostraca	十足目	Decapoda	溪蟹科	Potamidae	幽灵溪蟹属	*Phasmon*	3.9
节肢动物门	Arthropoda	软甲纲	Malacostraca	十足目	Decapoda	溪蟹科	Potamidae	近溪蟹属	*Potamiscus*	3.9
节肢动物门	Arthropoda	软甲纲	Malacostraca	十足目	Decapoda	溪蟹科	Potamidae	黔溪蟹属	*Qiangpotamon*	3.9
节肢动物门	Arthropoda	软甲纲	Malacostraca	十足目	Decapoda	溪蟹科	Potamidae	黔桂溪蟹属	*Qianguimon*	3.9
节肢动物门	Arthropoda	软甲纲	Malacostraca	十足目	Decapoda	溪蟹科	Potamidae	瑞玉溪蟹属	*Ruiyupotamon*	3.9
节肢动物门	Arthropoda	软甲纲	Malacostraca	十足目	Decapoda	溪蟹科	Potamidae	半圆溪蟹属	*Semicirculara*	3.9
节肢动物门	Arthropoda	软甲纲	Malacostraca	十足目	Decapoda	溪蟹科	Potamidae	华石蟹属	*SinolapotamonTai*	3.9
节肢动物门	Arthropoda	软甲纲	Malacostraca	十足目	Decapoda	溪蟹科	Potamidae	华溪蟹属	*Sinopotamon*	3.9
节肢动物门	Arthropoda	软甲纲	Malacostraca	十足目	Decapoda	溪蟹科	Potamidae	小石蟹属	*Tenuilapotamon*	3.9
节肢动物门	Arthropoda	软甲纲	Malacostraca	十足目	Decapoda	溪蟹科	Potamidae	小溪蟹属	*Tenuipotamon*	3.9
节肢动物门	Arthropoda	软甲纲	Malacostraca	十足目	Decapoda	溪蟹科	Potamidae	潮汕溪蟹属	*Teoswamon*	3.9
节肢动物门	Arthropoda	软甲纲	Malacostraca	十足目	Decapoda	溪蟹科	Potamidae	平滑溪蟹属	*Teretamon*	3.9

续表

门	Phylum	纲	Class	目	Order	科	Family	属	Genus	耐污值
节肢动物门	Arthropoda	软甲纲	Malacostraca	十足目	Decapoda	溪蟹科	Potamidae	内溪蟹属	*Tiwaripotamon*	3.9
节肢动物门	Arthropoda	软甲纲	Malacostraca	十足目	Decapoda	溪蟹科	Potamidae	卷溪蟹属	*Tortomon*	3.9
节肢动物门	Arthropoda	软甲纲	Malacostraca	十足目	Decapoda	溪蟹科	Potamidae	毛肢溪蟹属	*Trichopotamon*	3.9
节肢动物门	Arthropoda	软甲纲	Malacostraca	十足目	Decapoda	溪蟹科	Potamidae	浅胸溪蟹属	*Vadosapotamon*	3.9
节肢动物门	Arthropoda	软甲纲	Malacostraca	十足目	Decapoda	溪蟹科	Potamidae	亚热溪蟹属	*Yarepotamon*	3.9
节肢动物门	Arthropoda	软甲纲	Malacostraca	十足目	Decapoda	溪蟹科	Potamidae	粤北溪蟹属	*Yuebeipotamon*	3.9
节肢动物门	Arthropoda	软甲纲	Malacostraca	十足目	Decapoda	华溪蟹科	Sinopotamidae			3.9
节肢动物门	Arthropoda	软甲纲	Malacostraca	十足目	Decapoda	毛带蟹科*	Dotillidae			5.4
节肢动物门	Arthropoda	软甲纲	Malacostraca	十足目	Decapoda	毛带蟹科	Dotillidae	泥蟹属*	*Ilyoplax*	5.4
节肢动物门	Arthropoda	软甲纲	Malacostraca	十足目	Decapoda	大眼蟹科*	Macrophthalmidae			2.6
节肢动物门	Arthropoda	软甲纲	Malacostraca	十足目	Decapoda	大眼蟹科	Macrophthalmidae	大眼蟹属*	*Macrophthalmus*	2.6
节肢动物门	Arthropoda	软甲纲	Malacostraca	十足目	Decapoda	沙蟹科*	Ocypodidae			4.3
节肢动物门	Arthropoda	软甲纲	Malacostraca	十足目	Decapoda	沙蟹科	Ocypodidae	澳招潮属*	*Austruca*	4.3
节肢动物门	Arthropoda	软甲纲	Malacostraca	十足目	Decapoda	沙蟹科	Ocypodidae	丑招潮属*	*Gelasimus*	4.3
节肢动物门	Arthropoda	软甲纲	Malacostraca	十足目	Decapoda	沙蟹科	Ocypodidae	管招潮属*	*Tubuca*	4.3
节肢动物门	Arthropoda	软甲纲	Malacostraca	十足目	Decapoda	方蟹科*	Grapsidae			4.3
节肢动物门	Arthropoda	软甲纲	Malacostraca	十足目	Decapoda	相手蟹科*	Sesarmidae			4.3
节肢动物门	Arthropoda	软甲纲	Malacostraca	十足目	Decapoda	相手蟹科	Sesarmidae	螳臂相手蟹属*	*Chiromantes*	5.1
节肢动物门	Arthropoda	软甲纲	Malacostraca	十足目	Decapoda	相手蟹科	Sesarmidae	相手蟹属*	*Sesarma*	4.3
节肢动物门	Arthropoda	软甲纲	Malacostraca	十足目	Decapoda	弓蟹科*	Varunidae			4.3
节肢动物门	Arthropoda	软甲纲	Malacostraca	十足目	Decapoda	弓蟹科	Varunidae	绒螯蟹属*	*Eriocheir*	5.4
节肢动物门	Arthropoda	软甲纲	Malacostraca	十足目	Decapoda	弓蟹科	Varunidae	厚蟹属*	*Helice*	4.3
节肢动物门	Arthropoda	软甲纲	Malacostraca	十足目	Decapoda	弓蟹科	Varunidae	近方蟹属*	*Hemigrapsus*	4.3

注：*可出现在入海河口地区